教育部大学计算机课程改革项目规划教材

循序渐进C语言

蓝集明　吴亚东　成新文　主编
郑宗良　廖婉婷　张　谊　编著

中国教育出版传媒集团
高等教育出版社·北京

内容提要

本书依据教育部高等学校大学计算机课程教学指导委员会最新编制的《新时代大学计算机基础课程教学基本要求》进行编写，以计算思维和课程思政为两条主线，贯穿全书始终。本书以潜移默化、润物无声的方式将课程思政元素融入丰富的经典案例之中，并通过具体的编程训练和动手实践培养读者的计算思维能力，以达到立德赋能的教学目的。本书按照循序渐进的认知规律安排所有内容，共分为8章，主要包括C语言的发展历史、C语句的基本构成要素、C程序的三大控制结构、一个完整的C程序结构、构造类型、指针、文件和在相关专业领域的具体应用。

本书内容丰富、案例典型、图文并茂、深入浅出、循序渐进，既注重思维培养，又兼顾应用需求，在满足趣味性和实用性的前提下，尽可能地展示C语言程序设计的魅力。本书可作为各类高等学校“C语言程序设计”课程的教材使用，也可供对C语言感兴趣的读者阅读。

图书在版编目（CIP）数据

循序渐进C语言 / 蓝集明，吴亚东，成新文主编．--北京：高等教育出版社，2024.3

ISBN 978-7-04-061881-5

Ⅰ．①循…　Ⅱ．①蓝…　②吴…　③成…　Ⅲ．①C语言-程序设计　Ⅳ．①TP312.8

中国国家版本馆CIP数据核字(2024)第045071号

Xunxu Jianjin C Yuyan

策划编辑　刘　娟　　责任编辑　刘　娟　　封面设计　张申申　易斯翔　　版式设计　徐艳妮
责任绘图　易斯翔　　责任校对　刘娟娟　　责任印制　朱　琦

出版发行　高等教育出版社
社　　址　北京市西城区德外大街4号
邮政编码　100120
印　　刷　大厂益利印刷有限公司
开　　本　787 mm×1092 mm　1/16
印　　张　27.5
字　　数　660千字
购书热线　010-58581118
咨询电话　400-810-0598
网　　址　http://www.hep.edu.cn
　　　　　http://www.hep.com.cn
网上订购　http://www.hepmall.com.cn
　　　　　http://www.hepmall.com
　　　　　http://www.hepmall.cn
版　　次　2024年3月第1版
印　　次　2024年3月第1次印刷
定　　价　49.00元

物 料 号　61881-00

全书微视频资源索引

第 1 章　初识 C 语言

C 语言的现状及未来

浅谈 C 语言中的变量

第 2 章　C 语句的构成要素

C 语言中的数据类型

C 语言中的整数溢出

第 3 章　C 程序的控制结构

关系与逻辑运算

复合语句在结构化控制语句中的使用

正常循环结束和意外循环结束的描述

程序的调试 1

程序的调试 2

第 4 章　C 程序的整体结构

自定义函数的编写和使用

变量的作用范围及使用

第5章　C语言的构造类型

函数的参数传递

数组下标的控制

快速排序1

快速排序2

认识共同体

第6章　指针

C语言的指针1

C语言的指针2

单向链表的创建1

单向链表的创建2

第7章　文件操作

利用异或操作文件的加密解密1

利用异或操作文件的加密解密2

前　言

2016年12月，在全国高校思想政治工作会议上，习近平总书记强调，把思想政治工作贯穿教育教学全过程，实现全程育人、全方位育人，努力开创我国高等教育事业发展新局面。他还强调，各门课都要守好一段渠、种好责任田，使各类课程与思想政治理论课同向同行，形成协同效应。要加快构建中国特色哲学社会科学学科体系和教材体系，推出更多高水平教材。为此，本书教学团队深入挖掘了“C语言程序设计”课程中蕴含的课程思政元素，以潜移默化、润物无声的方式巧妙地融入教学内容之中，让读者在感受C语言魅力的同时，还能深刻体会到我国传统文化和古典数学的博大精深。

根据教育部高等学校大学计算机课程教学指导委员会编制的《新时代大学计算机基础课程教学基本要求》，本书作为非计算机专业“大学计算机”或计算机专业“计算机科学导论”的后续课程“C语言程序设计”的教材，主要面向各类高等学校理工科专业的学生，借助C语言编程工具培养学生基本的程序设计能力，以及将一个实际问题转变为一个计算机可以解决的计算问题的能力，并与相关专业深度融合，为学生将来利用计算机解决自身专业领域的复杂问题打下坚实的基础，使“计算思维+课程思政”两条主线贯穿整个大学计算机基础课程体系的始终进一步丰富和完善了教学团队提出的基于“双螺旋”结构的大学计算机基础课程新体系。

本书遵照循序渐进的认知规律，由浅入深地组织和安排学习内容。全书共分为8章，主要内容如下：

第1章是初识C语言，主要介绍C语言的发展历程和一些简单的概念。

第2章是C语句的构成要素，主要介绍构成一条C语句的基本成分，包括各种基本的数据类型、运算符和表达式等内容。

第3章是C程序的控制结构，主要介绍程序设计中最基本的三大控制结构：顺序结构、选择结构和循环结构。

第4章是C程序的整体结构，主要介绍一个完整的C程序是如何构建而成的。

第5章是C语言的构造类型，主要介绍数组、字符串、结构体、位段、联合体、枚举类型及用户自定义类型。

第6章是指针，主要介绍如何借助指针来处理各种类型的数据。

第7章是文件操作，主要介绍文件的基本概念和对文件的各种操作。

第8章是C语言与相关专业的深度融合，主要介绍了两个面向实际应用的综合案例。一个是面向智能家居领域的智能彩灯设计与实现，与我校“中国彩灯学院”相关专业深度融合，聚焦“天下第一灯”的地方特色，为落实《自贡市“彩灯进家庭”实施方案》起到了抛砖引玉的作用。另一个是面向仿生机械领域的四足仿生机器猫设计与实现，与我校机械、电子类相关专业深度融合，焦“恐龙之乡”的地方特色，为后续设计和制作四足仿生恐龙奠定了坚实的基础。

本书建议授课学时为48~56学时，以线下教学为主线上资源为辅，单独开设实验课，培养学生独立思考、动手实践、解决问题的能力。本书没有单独安排习题部分，而是将思考题目融入教材的行文中，供学有余力的读者有针对性地思考。另外，与本书章节完全同步的实验题目和练习题目全部安排在配套实验教材《循序渐进C语言实验》中，建议读者选用。书中带有“*”的内容为选讲内容，对电子类、机械类专业的学生来说，在学时允许的情况下应该讲授。

本书由蓝集明、吴亚东、成新文担任主编。蓝集明负责了全书的框架设计和组织安排，并在撰稿过程中对所有章节多次提出修改建议并反复修改，直至最后交稿。吴亚东规划设计了教学改革框架，并在编写过程中给予了许多指导性意见。成新文参与了统稿工作，并在撰稿过程中提出了许多好的建议。本书第1、2、3、7章由蓝集明编写，第4章由廖婉婷、蓝集明编写，第5章由成新文、柳川编写，第6章由郑宗良、张谊编写，第8章由成新文编写。宋健参与了本书的前期工作，并付出了大量精力。

作为2021年四川轻化工大学产教融合项目资助教材，本书得到了四川轻化工大学教务处和计算机科学与工程学院相关领导的大力支持，也得到了高等教育出版社相关领导和编辑的热心帮助，以及合作企业四川滕洋智能科技有限公司张谊董事长的亲自参与，在此一并致谢！

由于作者水平有限，对有些知识的理解和研究不够深入，书中难免存在不足之处，在此恳请各位专家、学者、同仁和广大读者批评指正！作者的电子邮箱地址是lan_jiming@ qq. com。

编者

2023年8月于大山铺

目　录

第1章　初识C语言

电子教案

凭谁问：廉颇老矣，尚能饭否？

——〔南宋〕辛弃疾

众所周知，计算机是一种不会思考、没有生命的机器，但它却是目前人类所使用过的最“聪明”的工具！它之所以能非常“聪明”地为人类完成各种各样的任务，是因为其内部存储和执行了相应的程序。因此，计算机的本质是运行程序的机器。所有的程序都是人用程序设计语言编写出来的。在琳琅满目的编程语言中，C语言是其中的佼佼者，深受程序员的喜爱，并广泛应用于多种重要领域，特别是面向计算机底层的开发，成为了计算机领域流行时间最长、使用人数最多的一棵“常青树”。

1.1　C语言概述

1.1.1　C语言的历史

1. C语言的前世

C语言的前世如图1-1-1所示，其发展历程最早可以追溯到ALGOL 60（Algorithmic language 60）。1960年1月，在巴黎举行的一次有全世界一流软件专家参加的研讨会上，艾伦·佩利（Alan J. Perlis）发表了“算法语言ALGOL 60报告”，程序设计语言ALGOL 60从此诞生了。1962年，艾伦·佩利又发表了“算法语言ALGOL 60的修改报告”。ALGOL 60不是计算机制造商为某种特定机器设计的语言，而是纯粹面向描述计算过程的，也就是面向算法描述的程序设计语言。它是程序设计语言发展史上的一个里程碑，标志着程序设计语言由一种“技艺”转而成为一门“科学”，开拓了程序设计语言的研究领域，并为后来软件自动化以及软件可靠性的发展奠定了基础。作为ALGOL语言和计算机科学的“催生者”，艾伦·佩利于1966年成为了首届图灵奖当之无愧的获得者！

1963年，英国剑桥大学在ALGOL 60的基础上研发出了CPL（Combined Programming Language）语言。CPL语言比ALGOL 60更接近硬件，但规模过于庞大和复杂，导致很难实现。1967年，剑桥大学的马丁·理查兹（Martin Richards）对CPL语言做了简化，推出了BCPL（Basic CPL）语言。BCPL程序从一个主函数中开始，功能模块可以添加在各个函数中，函数支持嵌套和递归。BCPL的语法更加接近机器本身，适合于开发精巧、要求高的应用程序，对编译器的要求也不高。BCPL是最早使用库函数封装基本输入输出的语言之一，这使得其跨平

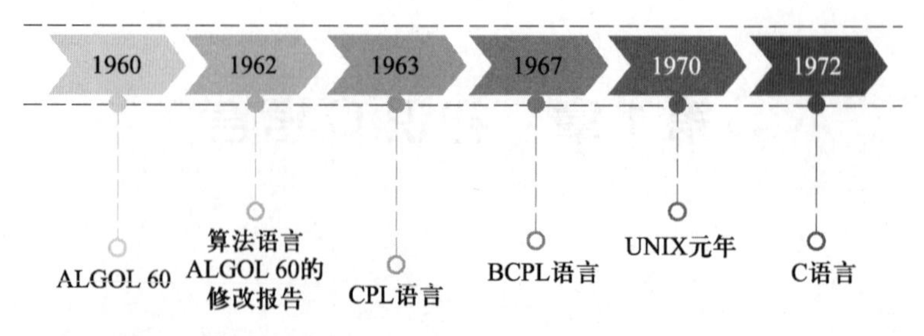

图 1-1-1 C 语言的前世

台的移植性很好。后来通过美国贝尔实验室的改进和推广，BCPL 成为了 UNIX 上的常用开发语言。BCPL 语言是无类型的编程语言，它仅能操作一种数据类型，即机器字（machine word）。

1969 年，美国贝尔实验室的肯尼斯·蓝·汤普森（Kenneth Lane Thompson），小名肯·汤普森（Ken Thompson），在被迫退出 MULTICS（MULTiplexed Information and Computing System，分时操作系统）以后，为了能够继续玩耍自己编写的一款名为“Space Travel”游戏，想为它开发一个简单的操作系统。于是，他找来了同事丹尼斯·麦卡利斯泰尔·里奇（Dennis MacAlistair Ritchie），并用汇编语言在一台废旧的 Digital PDP-7 小型计算机上，仅用一个月的时间就开发出了一款操作系统。但是，这款操作系统在当时的 PDP-7 上只能支持两个使用者，于是被同事布莱恩·威尔森·克尼汉（Brian Wilson Kernighan）戏称为 UNICS（UNiplexed Information and Computing System）。当时的时间是 1969 年 8 月。后来大家就取其谐音为“UNIX”。于是，计算机领域大名鼎鼎的 UNIX 操作系统就这样在游戏和玩笑声中诞生了。1970 年也就成为了 UNIX 元年。

后来，肯·汤普森和丹尼斯·里奇深感用汇编语言做 UNIX 移植是一件非常头痛的事情。于是，他们就大胆地设想用一种高级语言来实现。刚开始的时候，他们试过 FORTRAN，没成功，又用过 BCPL，不理想。肯·汤普森就在 BCPL 语言的基础上，做了进一步的简化，设计出了一种很简单的而且很接近硬件的编程语言，并取名为 B 语言，意思是去除了 CPL 冗余的成分，只提取了它精华的内容（boiling CPL down to its basic good features），恰好也是 BCPL 的第一个字母。可是，B 语言过于简单，依然无类型，还是不能满足开发 UNIX 的要求。丹尼斯·里奇便对 B 语言进行了改良，尝试通过增加数据类型来处理那些不同类型的数据。1972 年 11 月，一个在 B 语言基础上改进而来的新语言诞生了。它取了 BCPL 的第二个字母，也正好是“B”字母的下一个字母，被命名为 C 语言。C 语言保持了 B 语言“精练、接近硬件”的优点，又克服了 B 语言“过于简单，数据无类型”的缺点。

应该说：没有 UNIX，也就没有 C 语言。

2. C 语言的今生

C 语言的诞生改变了程序设计语言发展的轨迹，是程序设计语言发展过程中又一个重要的里程碑！与它同一个时代诞生的语言，甚至后来才诞生的语言，很多都已寿终正寝，销声匿迹，而它依然广泛流行，至今未有衰落的迹象。一门计算机语言能流行 50 多年还不见淘汰的迹象，这应该算是计算机领域的一大奇迹！

C 语言的今生如图 1-1-2 所示。1973 年，丹尼斯·里奇和肯·汤普森用 C 语言重写了

UNIX 内核，这就是 UNIX 第 3 版。至此，UNIX 的修改和移植问题就变得相当便利了。随着 UNIX 的发展，C 语言也在不断地完善。UNIX 和 C 语言比翼双飞，并完美地融合在一起，分别成为了操作系统和编程语言领域的两大神话！直到今天，各种版本的 UNIX 内核和周边工具仍然使用 C 语言作为其最主要的开发语言，其中依然还有不少继承了肯・汤普森和丹尼斯・里奇的代码。

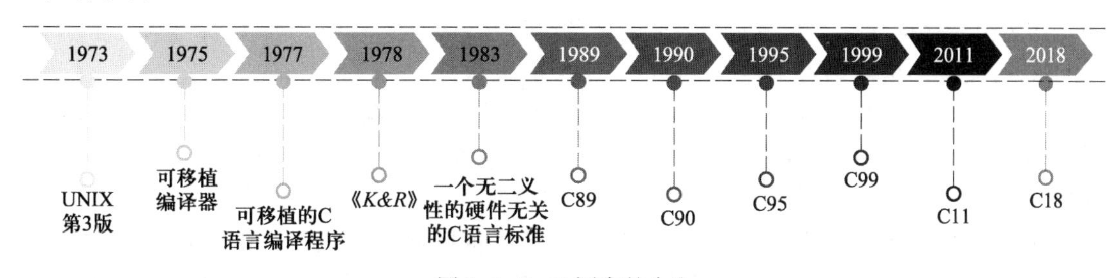

图 1-1-2 C 语言的今生

1980 年，因为“设计了 UNIX 操作系统，它的效率、广度、力量和风格指导了一代在小型计算机进行开发的人”，肯・汤普逊当选美国国家工程院院士。1983 年，因为“发展了通用操作系统理论，尤其是实现了 UNIX 操作系统”，肯・汤普逊与丹尼斯・里奇二人共同获得了美国计算机协会（Association for Computing Machinery，ACM）颁发的图灵奖。1999 年 4 月 27 日，因为“发展 C 语言和 UNIX 操作系统”，二人又共同获得了由时任美国总统比尔・克林顿颁发的 1998 年度美国国家技术奖！

C 语言从一开始就是为系统编程而设计的，看重程序的运行效率，因此，C 语言具有与计算机硬件良好匹配的能力。1975 年，C 语言开始移植到其他机器上使用。史蒂芬・强生（Stephen C. Johnson）设计实现了一套“可移植编译器”，这套编译器修改起来相对容易，并且可以为不同的机器生成代码。从那时起，C 语言开始在大多数计算机上被使用，范围从微型计算机到超级计算机。C 语言编写的程序，无须修改就可以运行在任何支持 C 语言的计算机上。1977 年丹尼斯・里奇发表了不依赖于具体机器系统的 C 语言编译文本“可移植的 C 语言编译程序”。

1978 年，布莱恩・克尼汉和丹尼斯・里奇合著出版了影响深远的“*The C Programming Language*”（习惯简称为 *K&R*，也有人称之为 *K&R* 标准）。该书是计算机科学领域的杰作，也是解释现代程序设计理念的一个重要参考。时至今日，它仍然是计算机专业学生学习程序设计的经典必读教材。但是，*K&R* 并没有定义一套完整的 C 语言标准，导致后来一些开发机构相继推出了自己的 C 语言版本，这些版本之间存在一些微小的差异，这就导致兼容性问题比较突出。为此，1983 年美国国家标准学会（American National Standards Institute，ANSI）下属的计算机与信息处理部（X3）成立了“X3J11 技术委员会”，专门负责制定“一个无二义性的硬件无关的 C 语言标准”。1989 年，这个 C 语言标准被正式批准，编号为 ANSI X3.159-1989。这个版本的 C 语言标准通常被称为 ANSI C。又由于这个版本是 1989 年完成制定的，因此也被称为 C89。

1990 年，国际标准化组织（International Organization for Standardization，ISO）成立了 ISO/IEC JTC1/SC22/WG14 工作组，来规定 C 语言的国际标准，通过对 ANSI 提交的 ANSI C 标准做

少量修改，最终制定了 ISO/IEC 9899:1990，称为ISO C，其中9899 是C语言在ISO标准中的代号，冒号之后的1990 是指标准发布的年份是在1990 年，因此也被称为C90。随后，ANSI 也接受了ISO C，并不再发展新的C标准。ANSI C（C89）与ISO C（C90）内容基本相同，只是格式组织不一样而已。因此，C标准可以说是ANSI C，也可以说是ISO C，或者说是ANSI/ISO C。以后大家在不同的书上可能会看到不同的提法，不管是ANSI C、ISO C、C89 还是C90，其实都是一样的，不要被它们表面的名字所迷惑。目前，ANSI/ISO C 标准被几乎所有的开发工具所支持，是C语言用得最广泛的一个标准版本。

后来，ISO 又分别在1994、1996 年发布了C90 的技术勘误文档，更正了一些印刷错误，并在1995 年对C90 进行了微小的扩充，通过了一份技术补充文档。经过扩充后的ISO C 被称为C95。

1999 年，ISO 又对C语言标准进行修订，在基本保留原来C语言特征的基础上，新增了一些功能，并命名为ISO/IEC 9899:1999，也称为C99。1999 年12 月16 日，ISO 正式发布C99 标准。

2011 年12 月8 日，ISO 又正式发布了新的C语言标准C11，之前被称为C1X，官方名称为ISO/IEC 9899:2011。新的标准提高了对C++的兼容性，并增加了一些新的特性，包括泛型宏、多线程、带边界检查的函数、匿名结构等。之后，还先后出现过C17 和C18，但C17/C18 只是对C11 的一些缺陷进行了修复而已，没有任何新的特性。可以认为C18 就是C17，因为2017 年C17 没有发布正式版，2018 年6 月发布后就变成了C18。C18 是当前C标准的最新版。

在C语言一系列眼花缭乱的标准中，其实主要的版本就只有3 个，即C89、C99 和C11，其他都只是补丁版，没有实质性的改动。到目前为止，流行的C语言编译器也只能做到对C89 的完全支持，很难做到对C99 的完全支持，比如，主流的GCC 和Clang 编译器现在可以支持到90%以上，而Microsoft Visual Studio 2015 中的C编译器只能支持到70%左右。本书中所有代码均以Microsoft Visual C++ 2010 学习版集成开发环境为准，少量涉及C99 的内容将在文中单独提示。

1.1.2 C语言的特点

C语言能够从众多编程语言中脱颖而出，并不断刷新流行时间长度，确实有许多与众不同的地方。归结起来，大致有以下几点：

（1）C语言是一种编译型的程序设计语言。

在《大学计算机》中已经介绍过，用机器语言编写的程序可以直接被计算机执行，但用汇编语言和高级语言编写的程序是不能被计算机直接执行的，都需要将其翻译成由机器代码构成的可执行程序后才能被计算机执行。因此，由汇编语言和高级语言编写的程序，被称为源程序（source program）或源代码（source code）。这是相对于机器代码而言的。担任翻译任务的程序称为翻译程序，也称为语言处理程序，包括汇编程序、编译程序和解释程序。高级语言按照计算机执行方式的不同可分为两类：静态语言和脚本语言。静态语言采用编译执行方式，脚本语言采用解释执行方式。由C语言编辑完成的源文件就需要C编译器一次性编译为对应的机器代码文件后，才可能被计算机所执行，因此C语言属于静态语言、编译型程序设计语言。

这种计算机能识别、能执行的机器代码文件，称为可执行文件。因此，计算机执行的不是 C 语言的源程序，也不是采用的翻译一条 C 语句就执行一条 C 语句的执行方式，而是将 C 源程序全部翻译成可执行文件以后再执行的。这种编译型的执行方式也明显要比解释型的执行方式速度更快，效率更高。

（2）C 语言是一种中级语言。它既具有高级语言的功能和特性，比如，具有丰富的数据类型，具有很强的数据表达能力，可以实现对复杂数据结构的处理，结合丰富的运算符可以构成简练、灵活的表达式，以较少的代码就可以实现强大的运算功能；也具有低级语言的一些功能和特性，比如，它可以像汇编语言一样对地址、字节甚至位进行操作，这是其他高级语言所不具备的功能。因此，C 语言所处的位置介于汇编语言和高级语言之间，有人便称之为中级语言。这种叫法有它的道理，但也有不严格的地方。

（3）C 程序的代码量小。完成同一个功能，用 C 语言编写出来的源程序最后生成的机器代码量很小，比其他高级语言程序生成的代码量都要小很多。

（4）C 程序的执行速度快，效率高，功能强。前面的三大特点是导致 C 语言具有本特点的原因之一。当前，市面上比较有名的三大操作系统：UNIX 和 Linux 都是用纯 C 语言编写的，Windows 的内核也是用 C 语言编写的。为什么这三大操作系统的内核全部都选择使用 C 语言来编写呢？就是因为在一台计算机上操作系统太重要了，它是计算机上所有硬件和软件的管理者，必须要选择一门生成代码量小，运行速度快，执行效率高，能够访问和控制硬件，功能强大的编程语言才能担此重任。然而，横看当今众多编程语言，唯有 C 语言才是最佳的选择！C 语言原本就是为操作系统而生的。因此，C 语言非常适合用于开发对运行效率要求较高的系统软件、驱动程序和嵌入式软件等，主要面向计算机的底层开发。

1.2　C 语言的基本概念

磨刀不误砍柴工，在正式学习 C 语言之前，首先来理解几个基本的概念。

1.2.1　常量和变量

1. 常量

常量（constant）是指程序中保持类型和值都不变化的数据。它在程序运行的过程中不会被修改。在 C 语言中，常量通常包括字面常量、宏常量和 const 常量 3 种。

（1）字面常量（literal constant）是指在 C 程序中直接给出的一个值。比如：

```
1  a=3; b=3.51;
```

其中的 3 和 3.51 都是字面常量。根据所属数据类型的不同，字面常量又可以分为：整型常量、实型常量、字符常量、字符串常量等。在编写程序的过程中经常都要用到各种字面常量，本书将从第 2 章开始陆续介绍它们。

（2）宏常量，也称为符号常量（symbolic constant），是通过预处理命令“#define”定义的一种宏名，在源程序中经常把它作为一种常量来使用，其目的是便于程序的阅读和修改。

比如：

```
1  #define PI 3.14          //这是一条宏定义命令，末尾没有分号
```

这就定义了一个宏名PI，它代表了一个实型常量3.14，因此也被称为宏常量PI。在后续的源代码中，所有使用PI的地方都等于是使用的3.14。如果程序员认为3.14并不能满足自己程序的计算精度，需要将π提高到3.1415926，那么就只需要将上面这条宏定义命令中的3.14改成3.1415926即可，后面所有用到PI的地方就自动被修改了，达到了“一改俱改”的目的。详细内容将在第4章中介绍。

（3）const常量的定义形式与稍后要介绍的变量定义形式很相似，只需在变量的定义形式中增加一个关键字“const”即可。比如：

```
1  const double Pi = 3.1415926;      //定义了一个 const 常量 Pi
2  double const Eps =0.000001;       //定义了一个 const 常量 Eps
```

上面两种定义形式在C99中都是允许的，只是多数人喜欢使用前者。程序员可以根据自己的理解和喜好坚持使用其中的一种即可。const常量与符号常量在使用时有相似的地方，就是两者都是名字常量，都可以用来为某个常量取一个名字，便于在程序中引用，增强程序的可读性；但也有不同的地方，就是const常量一般用于出现变量的位置，而符号常量一般用于出现字面常量的位置。字面常量就是一个字面值，没有名字，在程序中直接使用，不便于多次引用，也不便于阅读者理解其含义，一般用于临时使用、不具有通用性的数据。比如，一种商品的定价：最低价不能低于3.5元，最高价不能高于7.7元。在程序中，就可以使用名字常量来处理。如果使用符号常量，就可以取名为TOP_PRICE和BTM_PRICE；如果使用const常量就可以取名为TopPrice和BtmPrice。如果在程序中只是临时使用一个价格，如5.166，那么就可以直接使用字面常量。

表面上看，在C程序中所使用的常量与人们生活中所使用的数值、符号类似，但实际是有区别的，具体区别如下：

（1）C程序中的常量具有类型。在C语言中，所有常量都是有类型的，在使用时都必须遵守不同数据类型的语法规定，不能像生活中那样随意使用。例如，21.0这个数值，在生活中写成21和21.0都是可以的，不做区分，但在C语言中两者却是不同的：21是整型常量，21.0是实型常量。

（2）C程序中的常量需要占用计算机存储空间。在C语言中，常量经常被直接使用，有人就误认为，在编译的过程中常量不占用计算机的存储空间。实际上，所有常量都将被放入相应的存储单元中，否则计算机就无法获得常量或者说“看不见”常量，常量就不能参与到计算机的运算过程中。不仅如此，像字符串这种常量还需要单独进行存储，具体将在5.2节中介绍。生活中所使用的常量则不存在存储的问题。

2. 变量

变量（variable）这个概念来源于数学领域，在计算机语言中，它是一个能够存储数据和表示数据的概念。在程序执行过程中，它的值可以被修改，是变化的。它是高级语言中存储数据的一种重要方式。

从用户的角度看，变量就像一个有规格的“盒子”，可以容纳同种类型的数据。当有新的数据装入这个“盒子”的时候，“盒子”中原来的数据就会被替换。

从计算机的角度看，变量实际是编译系统在内存中划分的一个存储区域。数据通过数据总线传递到这片存储区域。一旦有新的数据写入该存储区域，该存储区域中的电路状态（比如，高、低电平或通、断状态）就会发生相应的变化，原来存储的数据就会自然丢失，被新的数据所取代，这就是刷新。

在C语言中，要使用一个变量，必须先创建这个变量，即必须遵守“先定义，后使用”的原则。一个完整的变量定义格式为：

```
[存储类型]   数据类型   变量名1 [,变量名2,…,变量名n];
```

其中，方括号[ ]中的内容是可以省略的。存储类型，将在4.2.2节中详细介绍。数据类型包括有符号基本整型int、无符号基本整型unsigned int、字符型char、单精度实型float、双精度实型double，等等，数据类型将从第2章开始逐一介绍。每个变量都需要取一个变量名，才能方便在程序中引用，这就像每一个人都需要取一个人名一样，才便于在生活中使用。比如：

```
1  short int age;
2  float height, weight;
```

第一条语句就定义了一个变量名为age的短整型变量。编译系统在处理这条变量定义语句时，就会在内存空间中为其分配2字节的存储空间，变量名对应着该存储空间在内存空间中的位置（即地址），并按整型变量的存储格式对该存储空间进行读写数据。以此类推，第二条语句则定义了两个变量名分别为height和weight的单精度实型变量。编译系统在处理这条变量定义语句时，就会在内存空间中为每个变量分配4字节的存储空间，两个变量名分别对应着两个不同存储空间的地址，并按实型变量的存储格式对这两个存储空间进行读写数据。

定义一个变量的作用如下：

（1）便于编译系统根据变量的存储类型和数据类型为其分配相应的内存空间。

（2）保证变量的正确引用（变量的地址在哪里，有多少字节，存储格式是什么）。

（3）根据变量的类型确定变量参与的运算是否合法。

以上3点内容，初学者可能很难一下完全理解，需要在后面的学习过程中不断地反刍。

下面再看一个例子：

```
1  short int age=18;
2  float height=1.75, weight=62.5;
```

像这种在定义一个变量的同时就给该变量赋一个初始值的操作，叫作变量的初始化（initialization）。它的作用是使变量在内存中一旦分配了相应的存储空间以后，立即就有了一个确定的值。比如，“short int age=18;”这一条语句就等价于“short int age; age=18;”这两条语句，即定义一个变量age以后，马上就取值18。一个变量在定义的时候如果没有初始化，且定义以后也没有赋予一个具体的值，则该变量的取值是不确定的，要由具体的系统来定。如果在程序中引用一个取值不确定的变量，这是没有意义的，在VC++ 2010集成开发环境中运行这样的程序也是会报错的。因此，在程序中引用一个变量的时候，程序员必须要考虑该变量是否已经有了一个确定的值，这个值可以是人为直接赋予的，也可以是在程序执行过程中通过运算而来的。

在对变量进行初始化的时候，还应注意，必须对每个要初始化的变量分别进行初始化，不能连续初始化，或者说链式初始化。比如：

```
1  int a=3,b=3,c=3; //合法的初始化方式，a、b、c 三个变量分别被初始化为 3
   //合法的初始化方式，但只把 c 变量初始化为 3 了，a、b 没有初始化
2  int a,b,c=3;
3  int a=b=c=3;        //非法的初始化方式，不能链式初始化
```

1.2.2 保留字和标识符

在 C 语言中，为了表示某个对象、指令或命令，需要用到一些符号为其命名，便于编程时使用。这包括一些保留字和标识符。

1. 保留字

C 语言预留了一些由小写字母组成的符号，称为保留字（reserved word），也称为关键字（keyword）。这些保留字在 C 语言中已有特定的含义，即已被系统占用。编程人员只能根据自己的需要直接使用它们，但不能再利用它们来为自己所用到的对象命名，否则就会引起冲突，出现语法错误。C89 规定的保留字有如下 32 个：

auto，break，case，char，const，continue，default，do，double，else，enum，extern，float，for，goto，if，int，long，register，return，short，signed，sizeof，static，struct，switch，typedef，union，unsigned，void，volatile，while

后来，C99 又新增了 5 个保留字：inline、restrict、_Bool、_Complex 和_Imaginary。C11 只增加了 1 个保留字：_Generic。

以上这些保留字，绝大多数会在后面的学习中讲到。

2. 标识符

标识符（identifier）是 C 语言系统或程序员为变量、函数、数组、文件、类型等所取的名字，是由一些有效字符组成的一个序列。它包括预定义标识符和用户标识符两类。预定义标识符是 C 语言系统预先定义好的一种名称符号，比如，主函数名 main，库函数名 printf、scanf、putchar、getchar，等等。用户标识符是程序员根据编程需要为自己单独所用到的对象自行命名的符号，比如，前面所提到的变量名 age、height、weight，以及将在例 1-3-2 中提到的自定义函数名 average，等等。

标识符的命名必须满足以下规定：

（1）由英文字母、数字和下划线组成，且必须以字母或下划线开头。

（2）区分大小写，即一个英文字母以大写和小写形式出现时，将被区分为不同的字母，比如，Sum 和 sum 是两个不同的变量名。

（3）标识符具有一定的长度限制。C89 规定，编译器能够处理的内部标识符（internal

identifier）的最大长度为 31，外部标识符（external identifier）的最大长度为 6。C99 规定，编译器能够处理的内部标识符的最大长度为 63，外部标识符的最大长度为 31。当然，程序员也可以使用超出最大长度限制的字符来命名标识符，但编译器会忽略超出的那部分字符，只能识别未超出限制的那部分字符。比如，有些古老的编译器只能处理 8 个字符以内的标识符，对于这样的编译器，标识符 studentName 和 studentNumber 就是等价的，即系统无法区分出这是两个不同的变量名。不同的编译器能够处理的标识符长度是不一样的，程序员确实需要关心的时候可以查阅相应编译器的手册。现在通用的编译器一般都是能满足程序员的编程需要的，所以不用太在意。比如，VC++ 2010 规定 C 语言的内部标识符和外部标识符的最大长度是 247。

（4）不能使用保留字。

标识符的命名应尽量满足以下约定：

（1）应尽量“简洁明了，见名知意”。比如，可以把 stuName 和 stuNumber 用作“学生姓名”和“学生学号”的变量名。单词的缩写应尽量采用大家公认的缩写形式。

（2）以下划线开头的标识符通常留给 C 语言系统使用，用户源程序中不应出现这类标识符，以免与系统内部的标识符出现冲突。

（3）不同的开发环境和开发团队可能会使用不同的命名规范，程序员应尽量采用与自己的开发环境和开发团队相一致的命名规范。目前，市面上有多种命名规范，还有很多开发公司自己制定的命名规范。这一直都是一个备受争议的话题，很难说哪一种命名规范就是最好的，只能说适合自己的就是最好的，采用一种大家公认的命名规范总比不采用任何规范随意地乱命名好，还有就是在同一项目中必须采用同一种命名规范并一以贯之。要进一步了解命名规范的内容，请参看《循序渐进 C 语言实验》第 1.6.2 节。本书主要采用最基本的骆驼命名法。

（4）尽量不要把预定义标识符用于用户标识符。预定义标识符与保留字不同，程序员可以使用预定义标识符来为自己所用到的对象命名，即为预定义标识符赋予新的含义。但是，这种做法会使预定义标识符失去原来大家公认的含义，造成误解，引起混乱，带来很多麻烦，所以建议程序员在为用户标识符命名时要尽量符合大家的编程习惯。

1.3　简单的 C 程序

前面介绍了一些关于 C 语言最基本的概念，下面从最简单的 C 程序开始，逐步认识 C 程序的基本结构和构成要素，渐入佳境。

1.3.1　第一个简单的 C 程序

前已述及，布莱恩·克尼汉和丹尼斯·里奇于 1978 年合著出版了一本影响深远的经典著作“*The C Programming Language*”。在这本书中，作者使用的第一个 C 程序就是在屏幕上输出一行文字“hello, world”。这个很不经意、很不起眼的例子，居然就成了后来众多编程书籍争先效仿的经典实例！不仅仅是 C 语言的书籍，其他语言的书籍也是如此。足见“*The C Programming Language*”这本书有多么经典！连一个很小的例子都被大家在众多语言的众多书籍中纷纷模仿！也可见该书在计算机编程领域的影响是多么深远！

本书也不例外，按照“国际惯例”，也将“hello，world”作为初学者的第一个程序。这个程序虽然简单但展现了C程序的基本结构，麻雀虽小，五脏俱全。

【例1-3-1】在屏幕上输出一行文字“hello，world”。

```
1   /*
2   文件名称:1-3-1helloWorld.c
3   程序功能:在屏幕上输出一行文字“hello,world”
4   */
5   #include <stdio.h>
6   int main(void)
7   {
8       printf("hello, world \n");     //调用 printf()函数输出“hello,
                                         world”这行字符
9       return 0;
10  }
```

本程序展示了C程序的以下3个基本组成部分：

1. 预处理部分

为了减轻程序员的负担，避免重复劳动，让程序员把有限的时间和精力都放到如何解决自己所面临的问题上，从ANSI C开始就明确规定了一些标准库，每个负责具体实现的C系统都必须支持标准库中所定义的函数、类型和宏。这些内容都是程序员在编写C程序的过程中会经常遇到的一些共性问题，比如，通过键盘输入数据，将运行结果显示到显示器上，等等。程序员在遇到这些共性问题的时候，只需要从标准库中将这些内容拿过来，在自己的源程序中使用即可。同时，只要程序员都按照规定使用标准库中的内容，也能解决C程序的可移植性问题。ANSI C规定的标准库有：<stdio. h><ctype. h><stdlib. h><string. h><assert. h><limits. h><stddef. h><time. h><float. h><math. h><errno. h><locale. h><setjmp. h><signal. h><stdarg. h>，共计15个文件。

本程序的第5行就是一条预处理命令。它告诉预处理器在本源程序中将用到标准库<stdio. h>中所定义的内容。文件名stdio. h的主文件名是stdio（standard input and output，标准输入与输出），扩展名是h（head，头）。由于这类文件都是通过预处理命令“#include”被放在用户源程序的开头，故称之为“头文件”。stdio. h是C系统自带的一个头文件，其中定义了与标准输入与输出有关的很多函数、类型和宏，其数量几乎占了整个标准库的1/3。

“#include”与前面提到的“#define”类似，也是一种预处理命令，也对应着一种替换操作，只是替换的方式和内容不同而已。对于后者，预处理器是用宏定义命令中宏名之后的字符串去替换源程序中所有使用宏名的地方；对于前者，预处理器首先是找到尖括号<>中所指明的头文件，然后将其内容包含到本源程序中来，替换掉这条包含命令。也就是说，经过预处理过后的C程序不会再有#include这条命令了。

2. 主函数部分

本程序的第6~10行都属于主函数部分。

在第 6 行中出现的 main 称为主函数。主函数是一个非常特殊的函数，它是由 C 系统规定的，具有以下特点：

（1）不管 main 函数被书写在源程序的什么位置，程序的执行总是从 main 函数开始；也不管 main 函数中调用了多少其他函数，最终都会回到 main 函数结束。

（2）主函数的名字必须是 main，固定不变。程序员一旦把主函数的名字改为了其他名字，系统就无法找到用户程序的入口，用户程序也就无法被执行。

（3）所有的 C 源程序都必须要有一个 main 函数，而且有且只有一个。如果没有，系统就找不到该 C 程序的入口；如果有多个，系统也不知道从哪个入口进入。这些都会导致 C 程序无法被执行。

另外，第 6 行代码开头的关键字 int（integer，整数）表示 main 函数执行完毕后将返回一个整型值，即 main 函数的返回类型是整型。

在第 6 行 main 的后面紧跟着一对圆括号，这是所有函数的固定格式，即只要是函数都会有这样一对圆括号。圆括号里面放的是该函数需要外界传入的参数。如果不需要外界传入参数，建议用 void 来指明。这里就表明该 main 函数没有参数。

第 7 行的左花括号和第 10 行的右花括号是一对不可分割的符号，必须成对出现，这里表示 main 函数的函数体，括起来的内容是 main 函数的执行部分，即 main 函数需要执行的任务。第 6 行正好就是 main 函数的函数头。main 函数的函数头和函数体合在一起，才构成了一个完整的 main 函数结构，就像一个人的脑袋和身体一样构成了一个完整的人体。

第 8 行从 printf 开始到分号‘；’结束，是一条函数调用语句。其中，printf 函数就是一个在 stdio. h 头文件中已经定义好的、现成的函数，程序员只需在第 5 行上通过一条包含命令把它所在的头文件包含进来即可使用。这种在 C 系统的标准库中已经定义好的、现成的函数，称为库函数。printf 函数的功能是将双引号内的字符串“hello，world”输出到屏幕上，其中符号“\n”代表一个换行符，表示在输出完这个字符串以后，光标将移到下一行的开头。这里的分号是 C 语句的结束标志。

第 9 行是一条返回语句。return 的作用是将程序的执行流程从当前函数的当前位置返回到上一级函数调用本函数的位置，return 后面的 0 是将要给上一级函数带回的一个整型值，这个值的类型必须与第 6 行上定义的 main( ) 函数的返回类型一致。需要说明的一点是：main 函数没有上一级函数，调用 main 函数执行用户程序的是操作系统，因此 main 函数的返回值是返回给操作系统的。操作系统默认，返回 0 表示用户程序正常执行结束，返回非 0 表示用户程序在执行的过程中出现了异常或错误，意外结束。因此，请初学者一开始就要养成良好的编程习惯，在 main( ) 函数正常结束的位置明确写上一条“return 0;”的返回语句，表示程序执行到此属于正常结束。

3. 注释部分

本程序第 1~4 行/ *   * /之间的内容和第 8 行//之后直到该行结束的内容，都是注释。注释不是 C 可执行程序的组成部分，计算机不会执行注释的内容。也就是说，注释不是写给计算机看的，而是写给人看的。注释一般用在源程序的开头说明本程序的一些概要信息，比如，版权、文件名、功能、创建者和创建日期，等等；也用在源程序中一些关键、核心或复杂

的代码旁边，帮助作者和别人阅读、理解代码。

注释的格式有以下两种：

（1）在/＊ … ＊/之间书写注释内容。这种一般用于大范围的跨行注释或小范围的语句内部的插入注释。

（2）在//…之后书写注释内容。这种一般用于行末注释，从//开始一直到该行结束的内容都属于注释的内容。

关于C程序的注释规范，详细请见《循序渐进C语言实验》第1.6.1节。

1.3.2 第二个简单的C程序

在第一个简单的C程序中，在main函数的固定框架里，只有一条printf函数调用语句，只在屏幕上输出了一串文字，功能十分简单。一个C程序要从简单到复杂，完成一个又一个复杂的任务，就需要不断地往main函数的框架里装入完成任务的语句，使其功能不断增强。

【例1-3-2】 张三的期末考试课程及成绩分别是：语文91分、数学98分、英语96分。请编程计算张三这三门课程的总分。

```
1   /*
2   文件名称:1-3-2totalScore.c
3   程序功能:求张三语文、数学、英语三门课程的总分
4   */
5   #include<stdio.h>
6   int main(void)
7   {
8       int chinese, math, eng;        //定义了3个整型变量,分别对应3门课程
9       int sum;                       //定义了一个求和变量
10      chinese = 91;                  //分别为3门课程赋初值
11      math = 98;
12      eng = 96;
13      sum = chinese+math+eng;        //求和
14      printf("sum = %d \n", sum);
15      return 0;
16  }
```

与第一个简单的C程序相比，本程序在main函数的函数体中装入的语句数量明显增多，语句种类也更加丰富，程序的功能也显著增强，实现了对三门课程成绩的求和并输出。为了便于产生明显的对比效果，提示读者，在例1-3-1和例1-3-2中均对main函数体内装入的语句进行了斜体标注。

本程序的第1~4行依然是注释信息，介绍了本源程序对应的文件名称和程序功能。

本程序的具体功能是由main函数的函数体，即{}之间的代码来实现的。它包括以下两部分：

（1）数据说明部分。第8、9行是本程序的数据说明部分。它定义了3个整型变量chinese、math、eng，用来分别对应3门课程，并存储这3门课程的成绩；另外还定义了1个整型变量sum，用来存放3门课程的总分，经常称之为求和变量。在C源程序中，通常是将一个函数中要用到的所有数据说明内容都集中放在函数体的开头部分，而将所有的执行语句部分放在其下面。

（2）执行语句部分。第10~15行是本程序的执行语句部分。其中，第10~12行是3条赋值语句，分别将3门课程的成绩放入3个对应的变量中。第13行实现求和计算，并将计算的结果放入求和变量sum中。第14行实现将计算结果输出到屏幕上显示，其中双引号中的内容称为格式控制串，用来控制后面所有输出项的输出格式。这里的“%d”就是用来控制后面的sum按十进制基本整型格式输出的，在屏幕上显示的时候将被sum的值所取代；其他像“sum =”和“\n”都属于原样输出字符，将原样显示在屏幕上。

1.4 运行一个C程序

前已述及，计算机只能识别和执行二进制代码，“看不懂”用高级语言书写的源程序。用高级语言书写的源程序必须翻译成可执行文件后才能被执行。那么，从程序员编写一个C程序到运行一个C程序并得到一个正确的运行结果，其间究竟要经历一个怎样的过程呢？

1.4.1 运行一个C程序的过程

程序员从开始编写一个C程序到运行出结果，需要经历以下几个基本过程。

1. 编辑

编辑（edit）就是程序员使用程序设计语言编写源程序的过程，或者说也是程序员借助程序设计语言实现自己想法的过程。这就如同一位画家，在自己大脑里面有了一个创作构思以后，还需要借助纸、笔、颜料等把自己的构思一笔一笔地绘制出来。编辑的过程通常包括输入、修改和保存源代码等操作。在这个过程中，程序员会尽可能地使自己编写的源程序完整、正确地，实现自己的想法，达到自己的目的，但并不能保证就没有问题。当程序员认为没有问题或差不多了以后，就需要保存自己的源文件（source file）。源文件在保存的时候需要取一个主文件名和扩展名，主文件名也尽量要做到“见名知意”，扩展名为.c。为了便于分工协作和处理，一个庞大复杂的C源程序可能会被分解成若干个C源文件来实现。在初学阶段，一个C源程序一般就由一个C源文件构成，这是一种比较简单的情况。

2. 预处理

源程序保存好以后，并不能立即运行，还需要经过一系列的处理。第一个处理就是预处理（preprocessing）。它是在编译器进行编译之前，由预处理器读入源代码，并扫描源代码，对源代码中的预处理命令进行相应的转换，产生新的源代码，再提供给编译器处理的过程。需要说明的一点是，在集成开发环境中，这个过程往往和后面的编译过程紧密联系在一起，一气呵成，不单独实现，也不由程序员单独控制。但是，C 系统中确实存在一个预处理器负责这样一个预处理的过程，初学者应该清楚有这样一个过程的存在，做到概念清晰。详细内容将在 4.3 节中介绍。

3. 编译

编译（compile）是将预处理过后的源代码翻译成二进制目标代码的过程。在这个过程中，编译器（compiler）要做以下几件事情：语法和语义分析、优化程序、生成目标代码等。其间，编译器如果发现用户程序中有语法错误，比如，写错了保留字，圆括号和花括号不成对等不符合 C 语言规定的地方，那么就会报错，并停止编译。根据编译器的不同，可能报错的信息有所不同，但绝大多数编译器都会提醒程序员可能出错的语句行、错误代码、错误类型及简短的错误描述。编译器提醒的错误信息也不一定都是准确的，这是要视用户程序的具体情况和不同的编译器而定，但有一点是准确的，就是用户程序确实有问题。用户程序一旦有语法错误，就必须返回到编辑环境，根据错误信息和程序员的判断重新修改源程序，再保存，再编译。如此反复，直到编译通过。编译器是以源文件为单位进行编译的，每个源文件在编译通过以后都会生成一个对应的目标文件（object file）。该目标文件的主文件名与源文件一致，但扩展名会变成 .obj。

4. 链接

目标文件虽然是二进制文件，但依然还不能运行，因为它还不是一个完整的可执行程序（executable program）。首先，一个完整的 C 程序可能由多个源文件组成，因此就会生成多个对应的目标文件，这些目标文件之间存在交叉引用和相互协作的问题，无法独立运行。其次，在用户程序中程序员往往都会调用一些库函数，有时甚至会调用到很多库函数，而这些库函数在用户程序中并未定义。为此，就需要把这些目标文件和库函数模块以及运行 C 程序所需要的公共运行系统，以不同的方式组装起来，生成一个可执行程序。这样的一个组装过程，就叫作链接（link）。在链接的过程中也可能出错，比如，用户程序中调用的库函数并不存在，等等。一旦链接出错，程序员又必须回到编辑环境中修改源程序，再保存，再编译，再链接。如此反复，直到链接成功以后生成一个可执行程序。该可执行程序的主文件名与集成开发环境中程序员指定的项目名称一致，但扩展名是 .exe。

5. 运行

生成可执行程序以后，就可在集成开发环境或命令提示符界面中运行该程序了。但是，一个程序可以运行了，并不等于说该程序就没有问题了。该程序在运行的过程中依然可能报错，比如，遇到数组超界、指针指向有误等问题；即使运行顺利结束了，结果也可能是错误的，比如，题目要求求和，结果是求的差等；还有的程序在处理一组测试数据时能够得出正确答案，换一组测试数据后就又错了。总之，不管出现什么样的问题，只要有错，就还得返回编辑环境重新修改源程序，再编译，再链接，再运行，直到程序满足用户的需求为止。

一个 C 程序的完整实现过程，如图 1-4-1 所示。

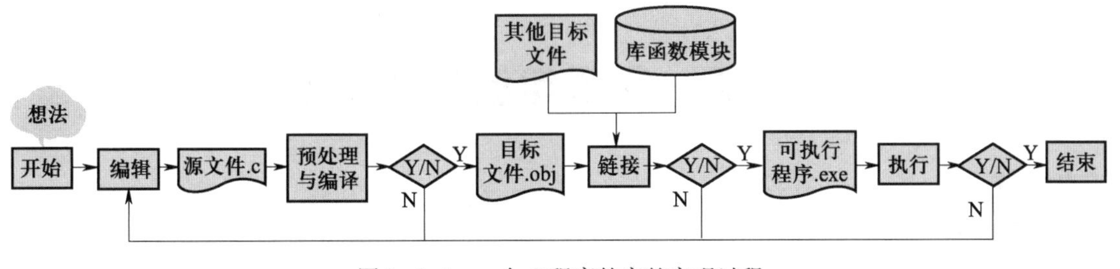

图 1-4-1 一个 C 程序的完整实现过程

1.4.2 在 VC++ 2010 学习版中运行一个 C 程序

在不同的操作系统中编译、链接、运行和调试 C 程序的工具可能存在很大的差异，比如，以前在 DOS 操作系统中使用的是 Turbo C，现在苹果公司的 MacOS 中运行的是 Xcode，而 UNIX 和 Linux 中广泛使用的是 GCC（GNU Compiler Collection）+GDB。目前，GCC 已经成为 Linux 操作系统中开发嵌入式系统最常用的一种编译器，是 Linux 平台编译器的事实标准。但是，鉴于多数初学者，特别是非计算机专业的初学者，目前最熟悉的操作系统还是 Windows 系统，对 Linux 系统还比较陌生，另外也是为了与全国计算机等级考试（C 语言程序设计）接轨，做到无缝衔接，便于大家备考，也便于部分专业的学生将来在 Windows 环境中进一步学习 C++程序设计。因此，本套教材仅以 Microsoft Visual C++ 2010 Express（中文版称为 Microsoft Visual C++ 2010 学习版，简称 VC++ 2010 学习版）集成开发环境（integrated development environment，IDE）为代表，介绍 C 程序的编辑、编译、链接、运行和调试方法。

熟练掌握并灵活运用一套软件开发工具进行程序设计，是初学者学习编程，以及将来开发应用程序所必需的一项基本要求。因此，本套教材要求初学者首先熟悉 VC++ 2010 学习版，并在此集成开发环境中完成后续所有的程序设计任务。关于 VC++ 2010 学习版的安装、设置，以及如何在 VC++ 2010 学习版中创建、运行、调试一个 C 程序，请见《循序渐进 C 语言实验》第 1 章，在此就不再赘述了。

第 2 章　C 语句的构成要素

电子教案

合抱之木，生于毫末；九层之台，起于累土；千里之行，始于足下。

——〔春秋〕老子

自本章起，将从构成 C 语句最基本的一些要素逐一讲起。“不积跬步，无以至千里；不积小流，无以成江海。”如果不先搞清楚参与运算的这些最基本的运算对象、运算符和表达式，就无法书写出正确的 C 语句，也就很难编写出一个功能强大的 C 程序。

2.1　数据类型概述

2.1.1　数据类型与数据值

在程序设计中，一个数据都包含了数据类型（type）和数据值（value）两个重要的部分。数据类型是指一个数据所属的种类。数据值是指一个数据具体的取值。其实，在现实生活中大家经常用到的数据也有意识或无意识地包含了数据类型和数据值两个部分。比如，一个班级的人数是多少？一个花园里种了多少棵树？等等。其答案都只能是整数，这就是整数类型。又比如，一个人的身高和体重分别是多少？一张课桌的长、宽、高分别又是多少？等等。其答案都应该是一些小数，不可能只取整数，这就是实数类型。再比如，一个人的性别是什么？今天是星期几？等等。其答案只可能是“男”或“女”，“星期一”到“星期日”这几个列举出来的有限值之一，而不可能再取其他的值，这就是枚举类型。程序设计，就是要利用计算机工具来解决工作、学习和生活中的实际问题，因此作为一门程序设计语言，要描述现实生活中的这样一些实际问题，也应该提供相应的这样一些数据类型。除此之外，程序设计中的数据还包括各种字符（数字、字母、标点符号等）和由各种字符组成的字符串等。

2.1.2　C 语言的数据类型

C 语言的数据类型如图 2-1-1 所示。其中，基本类型都是一些数值型数据，它们都不可以再分为其他类型的数据，是 C 语言中最基础、最简单的数据类型。构造类型是指其值可以被分解成若干个基本类型的数据类型，也就是说，它是由一些基本的数据类型构造而成的。枚举类型是一种其值只能取几个有限值之一的数据类型。空类型是所有具体数据类型的反面，即什么类型都不是的一种抽象数据类型，主要用于指定函数无返回值，或用于不确定数据类型的指针。指针类型是一种特殊而重要的数据类型，它不是一种孤立存在的数据类型，需要与前面

提到的所有数据类型中的一种结合，表示指向某种数据在内存中的地址。

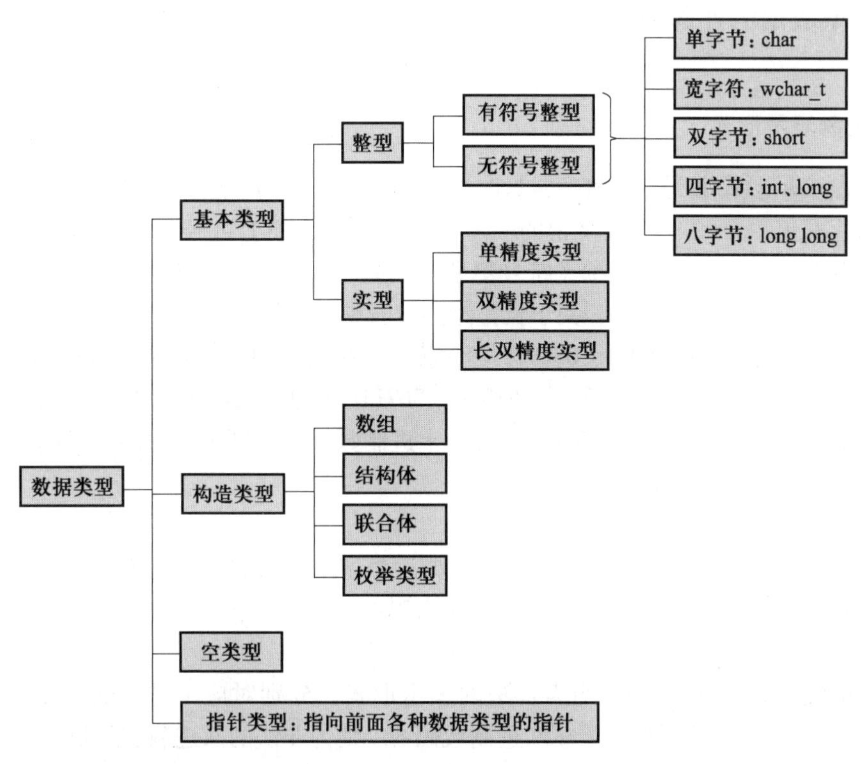

图 2-1-1　C 语言的数据类型

2.1.3　数据的表示形式

在程序设计中，经常要用到数据的两种表示形式。一种是数据的外部表示形式。它是指程序员在编写源程序时所使用的一种书写数据的形式，或者用户在运行程序的过程中为程序录入数据时所使用的一种输入数据的形式，或者程序将运行结果反馈给用户时所使用的一种输出数据的形式。也就是说，数据的外部表示形式，实际上就是数据的书写、录入和显示的格式。数据的外部表示形式是以 ASCII 字符方式表示的。另一种是数据的内部表示形式。它是指数据在计算机内部的一种存储形式，包括数据的存储格式和存储空间大小。它是一种二进制的编码形式，是计算机处理数据时的一种真实形式。不同的数据类型在程序设计中采用不同的外部表示形式，在计算机内部则采用不同的内部表示形式。初学者要区分不同的数据类型，就必须要把握数据在计算机内部的存储格式和存储空间大小两个重要的方面。这也是下面学习各种数据类型的两条主线。

2.2　整数类型

整数（integer）类型，简称整型，是一种只能用于处理整数的数据类型。

2.2.1 整型数据的外部表示形式

1. 十进制表示形式

以十进制表示形式书写一个整型常量时，要用一串连续的十进制数字序列来表示。序列中的每一位数字只能取0~9十个数字中的一个。在负数前面加上负号“-”；除表示整型数值0外，不以0开头。后缀U或u表示无符号整型，L或l表示长整型，LL或ll表示双长整型。关于无符号整型，请见2.2.2小节。关于长整型和双长整型，请见2.2.3节。

例如，168、0、-315、459L、63893l（注意这是小写字母“l”，而不是数字“1”，初学者要注意区分这种容易混淆的字符）、56789u、567LU均为合法的表示形式，而023（含有前导0，这不是十进制表示形式）、23D（含有非十进制数码D）则为非法的十进制表示形式。

2. 八进制表示形式

以八进制表示形式书写一个整型常量时，要用数字0开头的一串连续的八进制数字序列来表示。序列中的每一位数字只能取0~7八个数字中的一个。负号和后缀的使用形式与十进制相同。

例如，015、-011、0177777均为合法的表示形式，分别对应十进制数13、-9、65 535；而315（无前缀0）、0382（包含了非八进制数码8）则为非法的八进制表示形式。

3. 十六进制表示形式

以十六进制表示形式书写一个整型常量时，要用0X或0x开头的一串连续的十六进制字符序列来表示。序列中的每一位字符只能取0~9、A~F（或a~f）十六个字符中的一个。负号和后缀的使用形式与十进制相同。

例如，0X2A、0XA0、0XFFFF均为合法的表示形式，分别对应十进制数42、160、65 535；而5A（无前缀0X）、0X3H（含有非十六进制数码H）则为非法的十六进制表示形式。

注意：

① 在源程序的编辑过程中，程序员在书写一个整型常量时，是根据不同的前缀来区分不同进制的。如果程序员写错了前缀，就得不到自己想要的数值。

② 在以上3种进制表示形式中，所述内容主要是针对在源程序中书写整型常量而言的；对于录入和显示整型数据的问题，暂未讨论，将在3.1.1节中讨论。

2.2.2 整型数据的内部表示形式

按照整型数据存储格式的不同，整型数据分为无符号整型和有符号整型两种。其实，在生活中也确实存在上述两种类型的数据，比如，前面提到的学生人数和树木棵数，都是大于或等于0的整数，在没有负数的情况下，即为无符号整型；再如办公大楼的层数，地上有1层、2

层、3 层等，地下有-1 层、-2 层等，可正可负，即为有符号整型。这两种整型数据分别对应两种内部表示形式：一种是无符号的整型存储格式，另一种是有符号的整型存储格式。

1. 无符号整型存储格式

无符号整型存储格式是将存储空间中所有的二进制位全部用于表示数的大小，比如，用一个字节（8 个二进制位）来存储 127 和 128 两个无符号整型数据，如图 2-2-1 所示。

d7	d6	d5	d4	d3	d2	d1	d0	
0	1	1	1	1	1	1	1	对应十进制127
1	0	0	0	0	0	0	0	对应十进制128

图 2-2-1　无符号整型存储格式图示

由此可见，如果用一个字节来存储无符号整型数据的话，其存储范围是 0~255（即 2^8-1），而用两个字节（16 个二进制位）来存储无符号整型数据的话，其存储范围是 0~65 535（即 $2^{16}-1$），其他以此类推。

2. 有符号整型存储格式

有符号整型在计算机中的存储格式是把存储空间的最高位作为符号位，“0”表示正数，“1”表示负数，最高位以下的各位则用来表示正的或负的多少，其编码格式通常有原码和补码两个格式。原码是指正数的符号位用 0 表示，负数的符号位用 1 表示的二进制数。在 C 语言中，有符号整型的存储格式采用的是补码格式。在《大学计算机》教材中已经述及，一个正数的补码与其原码、反码的形式均相同；一个负数的补码为其对应的正数（绝对值）的原码按位求反，再加 1，简称“取反加 1”。同样地，如果已知一个负数的补码（内部表示形式），要手工计算出其对应的十进制整数（外部表示形式），也是将该补码“取反加 1”得到其对应正数的原码，再转换成十进制正数，并加上负号即可。另外，负数的反码为其对应正数的原码“按位取反”。反码只是一种用于求补码的过渡编码，实际很少使用。

假设用一个字节来存储整数+127 和-127，则它们的内部表示形式如图 2-2-2 所示。

d7	d6	d5	d4	d3	d2	d1	d0	
0	1	1	1	1	1	1	1	对应十进制+127的补码和原码
1	0	0	0	0	0	0	0	取反
1	0	0	0	0	0	0	1	加1
1	0	0	0	0	0	0	1	得到十进制-127的补码

图 2-2-2　+127 和-127 在一个字节中的内部表示形式

则十进制-128 所对应的补码形式如图 2-2-3 所示。

由此可推出，如果用一个字节来存储有符号整型数据的话，其存储范围是-128~+127（即 2^7-1），而用两个字节来存储有符号整型数据的话，其存储范围是-32 768~+32 767（即 $2^{15}-1$），其他以此类推。

d7	d6	d5	d4	d3	d2	d1	d0	
1	0	0	0	0	0	0	0	对应十进制128
0	1	1	1	1	1	1	1	取反
1	0	0	0	0	0	0	0	加1
1	0	0	0	0	0	0	0	得到十进制-128的补码

图 2-2-3　-128 在一个字节中的内部表示形式

2.2.3　整型数据的分类

前已述及，按照存储格式的不同，整型数据可以分为有符号整型和无符号整型。如果按照存储空间的大小，整型数据又可以分为短整型（short int）、基本整型（int）、长整型（long int）和双长整型（long long int），如表 2-2-1 所示。

表 2-2-1　整型数据的分类

类型名称	类型说明符	所占字节数	取值范围
有符号短整型	[signed]short[int]	2	-32 768~32 767 即-2^{15}~$(2^{15}-1)$
无符号短整型	unsigned short[int]	2	0~65 535 即0~$(2^{16}-1)$
有符号基本整型	[signed]int	4	-2 147 483 648~2 147 483 647 即-2^{31}~$(2^{31}-1)$
无符号基本整型	unsigned[int]	4	0~4 294 967 295 即0~$(2^{32}-1)$
有符号长整型	[signed]long[int]	4	-2 147 483 648~2 147 483 647 即-2^{31}~$(2^{31}-1)$
无符号长整型	unsigned long[int]	4	0~4 294 967 295 即0~$(2^{32}-1)$
有符号双长整型	[signed]long long[int]	8	-9 223 372 036 854 775 808~ 9 223 372 036 854 775 807 即-2^{63}~$(2^{63}-1)$
无符号双长整型	unsigned long long[int]	8	0~18 446 744 073 709 551 615 即0~$(2^{64}-1)$

说明：

① 表中方括号“[ ]”括起来的内容，表示是可以省略的内容。

② 表中所占字节数是以 VC++ 2010 编译器为准的。若使用其他编译器，可能会有所不同，具体哪个编译器分别是多少字节，程序员可以在源程序中使用保留字 sizeof 对相应的类型进行测量，以查看其实际所占的空间大小，比如，使用下面这条语句可以查看有符号长整型所占的字节数：

```
printf("% d", sizeof(long int));
```

③ 通过表 2-2-1 可知，在 VC++ 2010 中，有符号长整型和有符号基本整型的存储格式和存储空间大小都是相同的，因此这两者在 VC++ 2010 中不进行区分。同样地，无符号长整型和无符号基本整型也是如此。

④ 有符号双长整型和无符号双长整型是在 C99 标准中新增的类型。VC++ 2010 编译器支持这两种数据类型，但并不保证其他编译器也支持。

2.2.4　关于整型常量与整型变量的问题

1. 关于整型常量的书写问题

程序员在源程序中书写一个整型常量时，如果没有特别指明，VC++ 2010 编译器会将其默认为基本整型（长整型）。若其值的大小超过了基本整型的取值范围而没有超过双长整型的取值范围，编译系统会自动将其默认为双长整型。若其值的大小超过了双长整型的取值范围，则编译时会报语法错误，提示“error C2177：常量太大”。

另外，前已述及，程序员在源程序中书写一个整型常量时，可以在该常量的末尾加上后缀 U 或 u、L 或 l 和 LL 或 ll，人为地指定其类型，但如果该常量的取值超出了人为指定数据类型的取值范围，为了保证数据的正确性，VC++ 2010 编译器将无视人为指定的数据类型，以该常量实际所在的取值范围为准，如下面这个程序片段所示：

```
1  printf("% d, ",sizeof(18L));
2  printf("% d, ",sizeof(18LL));
3  printf("% d\n",sizeof(-18446744073709551615L));
```

此程序片段的输出结果是：4，8，8

最后，还需说明一点的是，如果在一个整型常量的末尾既加了后缀 U 或 u，又加了后缀 L 或 l（LL 或 ll），那么要注意 U 或 u 必须写在 L 或 l（LL 或 ll）之前，即必须首先指明存储格式，再指明存储空间大小。

2. 关于整型变量的溢出问题

不管哪种整型变量，其存放整型数据的存储空间大小总是有限的，因此其取值范围也就是有限的。当程序员将一个整型常量赋值给一个整型变量时，若常量值超出了变量的取值范围，则会发生数据溢出。在计算机运算过程中，若运算结果超出了变量的表示范围，则保存到变量后也会出现溢出。一旦出现溢出，计算机就不能再保证数据的正确性。因此，计算机具有运算准确的特性是相对而言的。

【例 2-2-1】 假设有一个有符号短整型变量，其取值为最大值+32 767，给该变量加 1 后产生溢出现象，试分析这种现象。

```
1   /*
2   程序名称:2-2-1Overflow.c
3   程序功能:观察、分析整型数据的溢出现象
4   */
5   #include<stdio.h>
6   int main()
7   {
8       short int x = 32767;
9       short int y;
10      y = x + 1;
11      printf("x=%hd\n",x);     //%hd 表示按照短整型十进制格式输出
12      printf("y=%hd\n",y);     //%hd 表示按照短整型十进制格式输出
13      return 0;
14  }
```

程序运行结果如图 2-2-4 所示。

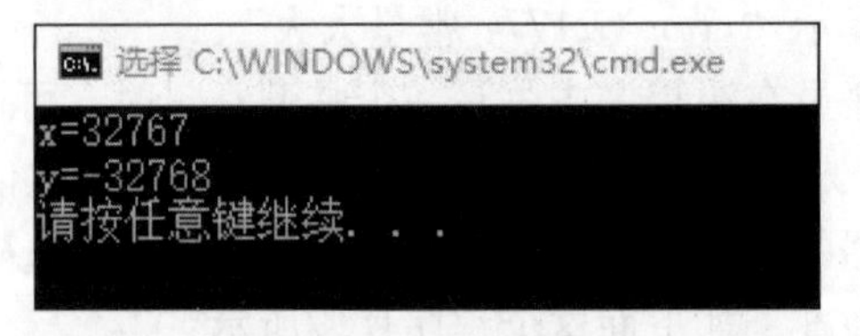

图 2-2-4　运行结果

众所周知，32 767 加 1 显然应该是 32 768，为什么计算机算出来的答案却是-32 768 呢？相差如此之大！连这样的简单运算都会算错！为此，说明以下几点：

(1) 此程序首先将有符号短整型变量 x 取值为+32 767，其内部表示形式如图 2-2-5 所示。

d15	d14	d13	d12	d11	d10	d9	d8	d7	d6	d5	d4	d3	d2	d1	d0
0	1	1	1	1	1	1	1	1	1	1	1	1	1	1	1

图 2-2-5　x 在两个字节中的内部表示形式

如果在此基础上加 1，显然，就会从 d0 位开始向前不断出现进位，直到 d0 到 d14 全为 0，d15 为 1，如图 2-2-6 所示。显然，图 2-2-6 中得到的这个数据已经超出了 y 变量两字节所能表示的最大正整数（上限），从+32 767 加 1 后变成了一个负数（符号位为 1），这就是整型变量的溢出。按照前面所讲的内容，编译器根据其符号位为 1 立即就可判定这个二进制串是一个负整数的补码，要知道它对应的十进制数是多少，只需采用取反加 1 的操作即可得到其对应的正整数原码，然后转换成十进制，并加上负号就行了。由此可知，图 2-2-6 中这个补码表示的十进制数是-32 768。这就是以上程序输出-32 768 的原因。

(2) 编译器在将一个二进制串转换为十进制数的过程中，如果发现其最高位（符号位）为 0，则判定该数为正数。因为正数的补码和原码是相同的，所以就只需将这个二进制数直接

d15	d14	d13	d12	d11	d10	d9	d8	d7	d6	d5	d4	d3	d2	d1	d0
1	0	0	0	0	0	0	0	0	0	0	0	0	0	0	0

图 2-2-6　-32 768 在两字节中的内部表示形式

按位权展开并求和便能得到对应的十进制数（外部表示形式）。

（3）就例 2-2-1 而言，由于 y 变量在第 10 行上就已经产生溢出了，所以即使把第 12 行的%hd 改成%d，其输出依然是-32 768。

（4）在例 2-2-1 中，为了避免 y 变量产生溢出，可以将 y 变量定义为存储空间更大、表示范围更广的 int 类型，如下所示：

```
1   #include <stdio.h>
2   int main()
3   {
4       short int x = 32767;
5       int y;
6       y = x + 1;
7       printf("x=%hd\n",x);        //%hd 表示按照短整型十进制格式输出
8       printf("y=%d\n",y);         //%d 表示按照基本整型十进制格式输出
9       return 0;
10  }
```

（5）本例意在告诉读者：计算机运算准确是相对而言的，只有在它的运算范围以内才是准确的；程序员在编程的过程中应该根据自己的计算需要（运算范围）选取、定义合适的变量，以保证运算的正确性，防止出现数据溢出的现象；但也不提倡远远超出自己的实际需求一味地使用存储空间很大的数据类型。

2.3　字符类型

字符（character）类型，简称字符型，是一种主要用于处理文字的数据类型。

2.3.1　字符型数据的外部表示形式

字符型数据的外部表示形式有两种情况：一种是单个字符的表示，另一种是任意多个字符的表示。在书写源程序的过程中，要表示单个字符时使用一对单引号把它引起来；要表示任意多个字符时使用一对双引号把它们引起来，这种由若干个字符组成的字符序列，称为字符串（string）。例如，'A' 'd' '$'和"Sichuan University of Science & Engineering" "beijing 2008"都是合法的表示方法，而'ab'则是不合法的表示方法。"L"则表示的是一个字符串常量，它只有一个有效字符，而非一个字符常量。一对双引号紧紧地靠在一起（""）则表示的是一个空字符串，而一对单引号紧紧地靠在一起（''）则表示的是一个空字符。

另外，有些特殊的字符确实很难在源程序中书写出来，有的甚至不可能通过键盘直接输

入，也不可能由显示器显示出来。比如，在 C 语言程序设计中经常要用到的一个特殊字符——空字符。它的 ASCII 码值是 0，表示所有具体字符的反面，即什么字符都不是的一种抽象字符。再比如，响铃字符，它只对应着计算机的一个铃声。像这些字符，它们的外部表示形式又该如何书写呢？为此，就要用到转义字符的概念。

转义字符是一种特殊的字符表示形式。它的书写格式是以反斜线“ \ ”开头，后跟一个或几个具有特定含义的字符，来表示一个指定的字符。由于这种书写格式中的字符并不是要处理的字符本身，而是要处理字符的含义，所以这种字符表示形式称为转义字符（escape character)。它可以作为单个字符放在一对单引号内，表示一个字符常量；也可以作为单个字符放在一对双引号内，成为一个字符串常量中的一个字符。例如：

```
1  printf( "beijing 2008 \n" );
```

这条 printf 函数调用语句是要输出一个字符串，其中就包括了一个转义字符“\n”。它并不表示“n”这个字符本身，而表示的是“换行”。因此，这条语句会在屏幕输出一串字符“beijing 2008”以后换一个行，然后光标跳到下一行的开头。

其实，在 C 语言中最早使用的转义字符形式是反斜线后面紧跟一个 ASCII 码值，这个 ASCII 码值可以有两种书写形式：一种是 1 到 3 位的八进制形式，另一种是以 x 开头的 1 到 2 位的十六进制形式。这种'\八进制 ASCII 码值'或'\x 十六进制 ASCII 码值'的进制转义类字符表示形式是最通用的。因为在 ASCII 表中，每一个字符都有一个唯一的 ASCII 码值，所以只要知道一个字符的 ASCII 码值，就可以使用这种形式来表示。也就是说，ASCII 表中的任何字符都可以使用这种通用形式进行表示。比如，'\101'表示的就是字母'A'，'\x0A'表示的就是换行符，'\0'表示的就是空字符。

但是，在实际编程的过程中，程序员要记忆每个字符的 ASCII 码值是比较困难的，或者每次都去查询 ASCII 码表也是不方便的。为此，针对常用的一些控制字符，C 语言又定义了一些简写的方式，比如，前面提到的换行符就书写为'\n'，回车符书写为'\r'，等等。常用的几种转义字符及其含义，如表 2-3-1 所示。

表 2-3-1　常用的转义字符及其含义

类　别	转义字符	含　义	ASCII 值
进制转义类	\ddd	1 到 3 位八进制所代表的字符	任意值
	\xhh	1 到 2 位十六进制所代表的字符	任意值
声音转义类	\a	鸣铃（BEL）	7
光标转义类	\b	退格（BS），将当前位置移到前一列	8
	\t	水平制表（HT），跳到下一个 tab 位置	9
	\n	换行（LF），将当前位置移到下一行开头	10
	\v	垂直制表（VT），将'\v'后面的字符垂直跳到下一行，并从'\v'前一个字符的后一列开始输出	11
	\f	换页（FF），将当前位置移到下页开头	12
	\r	回车（CR），将当前位置移到本行开头	13

续表

类　别	转义字符	含　义	ASCII 值
原样转义类	\"	双引号字符	34
	\'	单引号字符	39
	\\	反斜杠字符	92

2.3.2　字符型数据的内部表示形式

一个 ASCII 表中的字符型数据在计算机内部只占用一字节的存储空间，这个字节存储的就是该字符在 ASCII 码表中所对应的 ASCII 码值的二进制形式。

例如，读者已经熟知的大写字母'A'在计算机内部的表示形式就是它所对应的 ASCII 码值 65 的二进制形式，其实际存储情况如图 2-3-1 所示。

d7	d6	d5	d4	d3	d2	d1	d0
0	1	0	0	0	0	0	1

图 2-3-1　字符'A'的实际存储情况

实际上，C 语言就是把单个的 ASCII 码字符型数据视为一种单字节的整型数据来处理的，即把一个字符处理成一个 ASCII 码值的单字节整型。因此，可以认为字符类型就是单字节的整数类型，是整型的一种特例。

确实，在定义一个字符型变量时，也可以像定义整型变量那样，定义为 signed 或 unsigned 的 char 类型，比如，下面的程序片段是合法的：

```
1  signed char a;          //等同于"char a";，其取值范围为(-128~127)
2  unsigned char a;        //取值范围为(0~255)
```

再如下面的程序片段：

```
1  signed char c = '\376';
2  printf ( "%d", c);
```

其输出结果为：-2

请读者利用前面所学知识自行分析和思考以上程序片段的输出结果为什么是-2?

下面介绍一下关于字符串的内部表示形式。在计算机内部使用一片连续的字节空间依次存储一个字符串中所有字符的二进制 ASCII 码值时，会在最后多存储一个“空字符”作为该字符串的结尾标志，这个“空字符”的 ASCII 码值为 0，例如，字符串"SUSE"在内存中实际存储的情况如图 2-3-2 所示。

01010011	01010101	01010011	01000101	00000000

图 2-3-2　字符串"SUSE"的实际存储情况

说明：

由于“空字符”非常特殊，无法通过键盘直接输入，也不能在显示器或打印机上直接输出，也就是说，在人们正常使用的有效字符中不会使用到“空字符”，所以在C程序中才使用“空字符”作为一个字符串的结束标志，便于程序员对字符串进行各种处理。本书将在5.2节中对字符串作进一步介绍。

*2.3.3 关于窄字符和宽字符的问题

前已述及，一个char字符型变量在计算机内存中只占1字节（8位），最多也就能区分256个状态，即表示256个字符，包括ASCII码值为0~127的128个基本ASCII字符和128~255的128个扩充ASCII字符。显然，这对世界上的很多语言来说，都是不够的。为此，C语言中引入了wchar_t字符型变量，它在计算机内存中占2字节（16位）或4字节（32位），具体由不同平台上的C语言库来决定。为了区别，习惯将char字符称为窄字符，将wchar_t字符称为宽字符。在未单独指明时，本书所说的字符均默认为窄字符。

在Windows下的VC++ 2010环境中，C语言库提供的wchar_t长度是2字节，被定义为：

```
1  typedef unsigned short wchar_t;          //16位
```

VC++ 2010不仅能处理ASCII编码字符，也能处理部分Unicode编码字符。为什么是部分呢？因为一个Unicode编码，不管是采用UTF-8、UTF-16还是UTF-32，都可能用到4字节，而VC++ 2010中的wchar_t长度只有2字节，采用的是UTF-16编码，无法表示UTF-16编码中长度为4字节的字符，即wchar_t只表示了UTF-16的一个子集。但是，这对汉字来说已经足够了，因为一个汉字编码字符在计算机内存中只占2字节。观察以下程序：

```
1   #include <stdio.h>
2   #include <locale.h>
3   int main()
4   {
5       wchar_t wc1 = L'中';          //存储的是Unicode编码
6       wchar_t wc2 = '中';           //存储的是GB 2312编码
7       wchar_t wc3 = L'A';           //存储的是Unicode编码
8       wchar_t wc4 = 'A';            //存储的是ASCII编码
9       setlocale(LC_ALL, "");        //或者setlocale(LC_ALL, "chs");
        //将4个变量都按Unicode编码，并输出其对应的字符
10      wprintf(L"%c,%c,%c,%c\n",wc1,wc2,wc3,wc4);
11      printf("%d,%d,%d,%d\n",sizeof(wc1),sizeof(wc2),sizeof
    (wc3),sizeof(wc4));
        //将4个变量按十六进制格式输出
12      printf("%x,%x,%x,%x\n",wc1,wc2,wc3,wc4);
```

```
13 |     return 0;
14 | }
```

程序运行结果如图 2-3-3 所示。

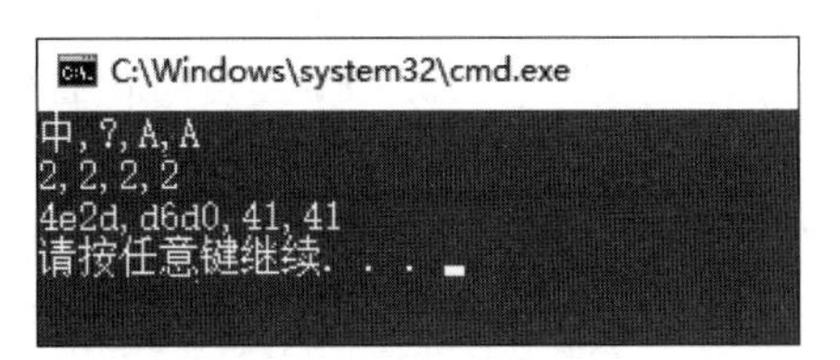

图 2-3-3　运行结果

说明：

（1）输出结果中的 4e2d 就是汉字“中”的 Unicode 编码，而 d6d0 却是汉字“中”的 GB 2312 编码，因此最后在通过 wprintf 函数将宽字符统一按 Unicode 编码输出时，wc2 变量就无法正常显示了。但是，对于 ASCII 码表中的字符来说，其 ASCII 编码和 Unicode 编码是一样的，所以 wc3 和 wc4 两个变量都能正常显示。

（2）setlocale 函数位于头文件 locale.h 中，既可以用来对当前程序进行地域设置（本地设置、区域设置），也可以用来获取当前程序的地域设置信息，其函数原型为：

```
char * setlocale (int category, const char * locale);
```

其中的参数 category 用于地域设置的影响范围，上述程序中为"LC_ALL"表示影响所有内容；参数 locale 用于地域设置的名称（字符串），也就是指定当前程序使用哪种语言，上述程序中为空字符串（""）表示使用当前操作系统默认的地域设置，这可以提高 C 程序的兼容性，如果设置为"chs"则表示指定为中文。

2.4　实数类型

实数（real number）类型，简称实型，也称为浮点（floating-point）类型，是 C 语言中用来处理带有小数的一种数据类型。

2.4.1　实型数据的外部表示形式

在 C 语言中，实数只采用十进制，但有两种书写形式：小数形式和指数形式。

1. 小数形式

由数码 0～9 和小数点组成，其中，小数点是必须要有的。例如，1.68、0.315、.56、78.、0.0 等均为合法的小数书写形式。

2. 指数形式

由十进制数、指数标志符号“e”或“E”，以及指数部分组成。其中，e（或 E）表示以

10 为底；e（或 E）之前必须要有数字，但可以没有小数点，若没有小数点则默认小数点在该整数的末尾；e（或 E）之后的指数必须为整数，且可以带有正负号，表示小数点向右或向左移动的位数；e（或 E）前后以及数字之间不得有空格。例如，2.3E5、500e-2、-2.8E2 等均为合法的指数书写形式，它们分别等于 $2.3*10^5$、$500*10^{-2}$、$-2.8*10^2$，而 E7（E 之前无十进制数）、.5e3.6（指数部分必须为整数）、315.-E8（负号位置错误）、2.7E（E 之后缺指数部分）等都是非法的指数书写形式。

标准 C 允许在书写浮点数时使用后缀。后缀“f”或“F”表示该数为单精度浮点数，比如，315.0f 和 315.F 都是合法的，也是等价的，但 315F 或 315f 是不合法的。

一个实数的指数形式表示方法不止一种，比如，264.9e+11、26.49E+12、2.649E13 三种形式表示的都是同一个数值。为了便于统一，就把在字母 e（或 E）之前的小数部分中小数点左边有且只有一位非零数字的这种形式，称为规范化的指数形式。这样，一个实数的规范化指数形式就只有一种了，具有唯一性。

2.4.2 实型数据的内部表示形式

在外部表示形式中，一个实数的指数表示形式包括小数部分和指数部分，分别对应该实数在内部表示形式中的尾数部分和阶码部分。根据 IEEE（Institute of Electrical and Electronics Engineers，电气电子工程师学会）于 1985 年发布的 IEEE-754 二进制浮点数运算标准，规定实型数据在计算机中的存储格式如图 2-4-1 所示。

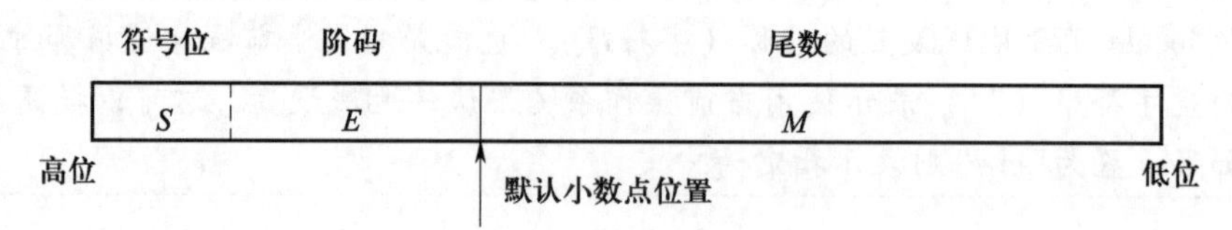

图 2-4-1 实型数据的内部表示形式

其中，尾数 M 是纯小数，表示一个浮点数的小数部分；阶码 E 是整数，表示该浮点数的指数部分，即表示小数点在尾数中从默认位置开始向左或向右移动多少位；符号位 S 表示该浮点数的正负号。这种内部表示形式所表示的实数值为：

$$N=(-1)^S \times m \times 2^e\text{，其中，}m=1.M\text{ 或 }0.M\text{，}e=E-\text{bias}$$

显然，当 $S=0$ 时，N 为正数；当 $S=1$ 时，N 为负数。E 为该浮点数在计算机中存储的无符号部分，而 e 才是真实的指数，bias 为偏移值，$\text{bias}=2^{\text{len}(E)-1}-1$。对于单精度浮点数来说，$\text{len}(E)=8$，即 bias=127，这样通过 E-bias 算出来的 e 就是一个真实的指数值了，有正有负，范围为 -126～+127（因 $E=0$ 和 $E=255$ 用于表示特殊含义了）。一般情况下，m 取正规化（normalize）的尾数，即在小数点之前有且仅有一个非 0 的数字，也就是说，在二进制尾数 M 之前还隐含有一个二进制 1，所以 $m=1.M$。如果 $E=0$，则表示 m 是一个非正规化的尾数，即 $m=0.M$。具体请参见《大学计算机》教材 2.2.3 节或者参阅 W. Kahan 教授的论文“*Lecture Notes on the Status of IEEE Standard 754 for Binary Floating-Point Arithmetic*”。

说明：

（1）对于单精度浮点数来说，其符号位占 1 个二进制位，阶码占 8 个二进制位，尾数占 23 个二进制位，共计 4 字节；而对于双精度浮点数来说，其符号位占 1 个二进制位，阶码占 11 个二进制位，尾数占 52 个二进制位，共计 8 字节。

（2）根据以上分析可知，尾数的二进制位数越多，能够存储的有效数字就越多，所能表示的精度就越高。同样地，阶码的二进制位数越多，阶码的取值就越大，所能表示的数值范围就越大。因此，尾数的二进制位数决定了所能表示数据的精度，阶码的二进制位数则决定了所能表示数据的范围。

2.4.3　实型数据的分类

按照存储空间的大小不同，实型数据可以分为：单精度（float）实型、双精度（double）实型和长双精度（long double）实型三类。具体情况如表 2-4-1 所示。

表 2-4-1　实数类型的分类

类型名称	类型说明符	比特数	十进制有效数字位数	表示的数值范围（约等于）
单精度实型	float	32	6~7	$-3.4\times10^{38}\sim-1.18\times10^{-38}\cup$ $1.18\times10^{-38}\sim3.4\times10^{38}$
双精度实型	double	64	15~16	$-1.79\times10^{308}\sim-2.23\times10^{-308}\cup$ $2.23\times10^{-308}\sim1.79\times10^{308}$
长双精度实型	long double	64	15~16	$-1.79\times10^{308}\sim-2.23\times10^{-308}\cup$ $2.23\times10^{-308}\sim1.79\times10^{308}$
		128	18~19	$-1.2\times10^{4932}\sim-3.4\times10^{-4932}\cup$ $3.4\times10^{-4932}\sim1.2\times10^{-4932}$

从表 2-4-1 中可以看出，对于单精度实型数据，其十进制有效数字位数只有 6~7 位。也就是说，23 个二进制位能够存放的尾数部分对应的十进制最多也就 6~7 位，因为 2^{23} = 8 388 608。同样地，对于双精度实型数据，其十进制有效数字位数也只有 15~16 位，因为 2^{52} = 4 503 599 627 370 496。对于长双精度实型数据，不同的编译器可能会有所不同，有的分配 8 个字节，有的分配 16 字节。VC++ 2010 为双精度和长双精度实型数据分配的都是 8 字节。

2.4.4　关于实型数据的存储误差问题

从理论上讲，在外部表示形式中，一个实型常量的有效数字位数可以由程序员任意书写，即外部表示的精度可以很高。但是，在内部表示形式中，由于存放实型数据的内存单元比特数总是有限的，所以其尾数部分的比特数也是有限的，即计算机能够提供的有效位数也就是有限的，超出有效位数范围以外的数字将被自动丢失，从而造成误差。比如，一个单精度实型变量共占 32 个二进制位，用于存放尾数的部分只有 23 个二进制位，对应十进制也就 6~7 位，如果要存储一个像 123 456. 789 这样的十进制小数，将其转换为二进制尾数以后，就会存储到 23 位之后，即超出尾数部分 23 个二进制位的存储能力，则系统会自动丢失第 24 位、第 25 位等位数上的内容，造成误差。

【例 2-4-1】分别在单精度和双精度两个实型变量中存放一个实型常量 987 654. 321，然后输出这两个变量中存放的实型值，比较它们的十进制有效数字位数。

```
1   /*
2   程序名称：2-4-1RealError.c
3   程序功能：比较单精度和双精度两个实型变量的十进制有效数字位数
4   */
5   #include<stdio.h>
6   int main()
7   {
8       float rf;
9       double rd;
10      rf = 987654.321;
11      rd = 987654.321;
12      printf("rf=%f\n",rf);
13      printf("rd=%f\n",rd);
14      rd = 987654.3210123456789;
15      printf("rd=%.13f\n",rd);
16      return 0;
17  }
```

程序运行结果如图 2-4-2 所示。

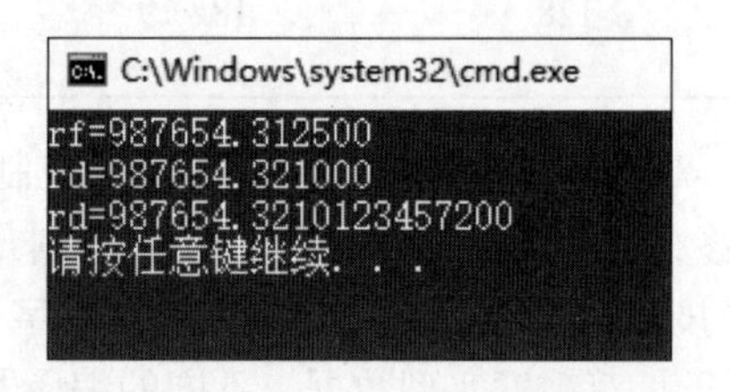

图 2-4-2　运行结果

从程序的运行结果不难看出，单精度实型变量 rf 的十进制有效数字位数只有 6~7 位，能够保证正确的只有前 7 位：987 654. 3，从第 8 位开始后面的数字都是不准确的，这便产生了误差。但是，同样一个实型数值，存储到双精度实型变量 rd 中，却没有出现误差。因为双精度实型变量的十进制有效数字位数是 15~16 位，完全能够保证 987 654. 321 这个只有 9 位十进制数字的实型数值的准确性。然而，当把一个具有 19 位十进制数字的实型数值 987 654. 321 012 345 678 9 存入 rd 变量时，从第 16 位开始又不准确了，再次出现误差。

因此，程序员在设计程序的过程中如果要用到实型变量，一定要考虑它的有效数字位数能否满足当前需求。

2.5　运算符和表达式

前面所介绍的各种数据，都是要告诉计算机对“谁”进行处理，即运算的对象；除此之外，还有一个重要问题，就是程序还必须告诉计算机对这些数据进行“怎样”的处理，即运算的种类。这就是下面即将介绍的各种运算符要实现的功能。运算符，就是用来告诉计算机对数据进行什么运算的符号。由运算符和运算对象（数据）构成的式子，称为表达式。在 C 语言中，运算符和表达式是非常丰富和灵活的，功能也是非常强大的，初学者一定要认真理解，仔细比较，灵活使用。下面就从最简单的运算符——算术运算符开始介绍，其他的运算符将在后面的章节中介绍，所有的运算符都可以在附录 2 中进行查阅。

2.5.1　算术运算符和算术表达式

1. 基本的算术运算符及其表达式

基本的算术运算符包括加、减、乘、除、求余、正号和负号 7 种，它们都是在算术运算中经常用到的，也是 C 语言中最简单、最常用的一类运算符，具体如表 2-5-1 所示，其中假设 a 变量的取值为 3，b 变量的取值为 5。

表 2-5-1　基本的算术运算符

运算符	运算符名称	表达式范例	运算结果
+	正号运算符	+a	3
-	负号运算符	-a	-3
+	加法运算符	a+b	8
-	减法运算符	a-b	-2
*	乘法运算符	a * b	15
/	除法运算符	a/b	0
%	求余运算符	a%b	3

说明：

（1）在 C 语言中，根据运算对象的个数，可以把运算符分为单目运算符、双目运算符和三目运算符，分别对应 1 个、2 个和 3 个运算对象。在上述 7 种算术运算符中只有正号和负号是单目运算符，其余 5 种均为双目运算符。

（2）正号运算符对运算对象实际上并没有做任何操作，因此很多书上都没有讲，在实际编程的过程中也很少使用，没有什么实用价值，但它确实存在。

（3）当除法运算符的运算对象都是整型或字符型时，需要注意其运算结果是没有小数的，比如，表 2-5-1 中的算术表达式 a/b，其运算结果本应该是 0.6，但实际却是 0；再比如，-9/5 的运算结果本应该是-1.8，但实际却是-1。产生这种现象的原因是，同一种数据类型经过算术运算后得到的结果还是这种数据类型，即整型除以整型，得到的还是整型。另外，对于整型除以整型这种情况，计算机在处理其运算结果时也并不采用数学中常用的“四舍五入”方法进行取整而是采用“向零取整”方法，即截尾取整，或者说直接“砍掉”小数部分。

(4) 求余运算符，也称为模运算符，要求其运算对象只能是整型（包含字符型）而不能是实型数据，否则会产生语法错误。其运算对象可正可负，但运算结果的正负号由被除数的符号决定。比如，10%3 为 1，10%-3 也为 1，-10%-3 为-1，-10%3 为-1。

(5) 由算术运算符和圆括弧将运算对象（常量、变量、函数等）连接起来的合法式子，称为算术表达式。比如，假设 a、b 都是两个已经有值的整型变量，则 a+b%3，(8 * a)-b/5 和-1.35+sin(x)-cos(y)都是合法的算术表达式，但 8a-b/5 就不是合法的算术表达式。

2. 自增、自减运算符及其表达式

在 C 语言程序设计中，特别是在一些计数的地方，经常需要对一个变量进行不断地加 1 或减 1 操作。为了简化操作，C 语言提供了两个专门用于对某个变量进行加 1 和减 1 运算的运算符，即自增++（auto increment）和自减--（auto decrement）运算符。其作用是使变量（整型、实型、指针型）的值增 1 或减 1。其使用格式有两种：一种是前置运算，如++i 和--i；另一种是后置运算，如 i++和 i--。

为了便于初学者弄清楚自增、自减运算符的运算规则，并灵活运用，下面分析几个具体的例子：

```
1  int j, i = 3;
2  j = ++i ;
```

以上语句的执行过程为：首先将 i 的值自增 1，变为 4，然后将 i 赋值给变量 j，最后 i 和 j 都等于 4。

又比如：

```
1  float j, i = 3.5;
2  j = i++ ;
```

以上语句的执行过程为：首先将 i 的值赋值给变量 j，然后 i 再自增 1，变为 4.5，最后 j 等于 3.5，i 等于 4.5。

再比如：

```
1  int i = 3 ;
2  printf ("% d" , i++ ) ;
```

运行上述程序，屏幕上将输出 3，但这两条语句执行完以后，在执行后续语句之前 i 的值是 4。

```
1  int i =3 ;
2  printf ( "% d", ++i ) ;
```

运行上述程序，屏幕上将输出 4，这两条语句执行完以后 i 的值也是 4。

下面对自增、自减运算符进行以下几点说明：

（1）自增、自减运算只能作用于变量，不能用于常量和表达式。比如，5++，（a+b）++，（－i）++都是不合法的。

（2）对一个变量做自增或自减的运算过程，实际上就是将该变量的值读到运算器中做一次加 1 或减 1 运算，然后将运算结果再赋值给该变量，覆盖原来的值，即 i++和++i 运算结束以后的效果等价于 i=i+1，而--i 和 i--运算结束以后的效果等价于 i=i-1。

（3）自增、自减运算将在后面的循环语句和指针变量中大量使用。

（4）当同一个表达式中出现多个自增、自减运算符时，不同的 C 语言编译器可能有不同的处理顺序，可能会得出不同的运算结果，因此，为了提高程序的可读性和可移植性，请在书写程序的过程中，尽量不要在同一个表达式中使用多个，甚至多种自增、自减运算符，避免产生歧义。比如，下面这段程序就让人很费解：

```
1  int i = 3 ;
2  printf ("i=%d \n", (i++)+(++i)+(i++)) ;
```

把时间和精力用来研究上述这种程序段的执行过程，是毫无意义的。

3. 算术运算符的优先级和结合性

在同一个表达式中如果出现了多个，甚至多种运算符，在没有使用圆括号做出限定的情况下，该先算哪一个后算哪一个呢？C 语言规定，在同一个表达式中不同的运算符由其相应的优先级来决定，优先级高的先算，优先级低的后算；优先级相同的运算符则按其结合性进行运算。每个运算符都有其优先级（precedence），即优先运算的级别，通常用数字来表示，数字越小，级别越高。每个运算符也都有其结合性（associativity），即在同一个表达式中，优先级相同的运算符是按从左到右的顺序计算还是按从右到左的顺序计算的一种特性。关于每种运算符的优先级和结合性，请参见附录 2。这里仅以算术运算符的优先级和结合性为例进行讲解，以后对其他运算符的学习和使用，也要从这两个方面去把握。

在算术运算符中，如附录 2 所示，加（+）、减（-）的优先级位于第 4 级，结合性“从左至右”；乘（*）、除（/）和求余（%）的优先级位于第 3 级，结合性“自左至右”；而正号（+）和负号（-）的优先级则位于第 2 级，结合性“自右至左”。正因为乘、除、求余的优先级高于加、减的优先级，所以才有“先乘除后加减”的算术运算顺序。比如，a-b * c 的运算顺序是：因为乘法运算符的优先级（第 3 级）高于减法运算符的优先级（第 4 级），所以要先算 b * c，再将 a 减去 b * c 的积。这样，a-b * c 就等价于 a-(b * c)了。再比如，a+b-c 的运算顺序是：因为加法运算符和减法运算符的优先级是相同的，都为第 4 级，所以按其结合性“从左至右”进行运算，即先算 a+b，再将 a+b 的和减去 c。这样，a+b-c 就等价于(a+b)-c 了。

前面的例子都很简单，因为数学里面就是这样用的。下面来看这个例子：2-+a 该怎么计算呢？在这个表达式中，正号运算符的优先级（第 2 级）高于减号运算符的优先级（第 4 级），因此要先算+a，即得到 a，再将 2 减去 a 得到表达式的值。再看 2-++a 又该怎么计算呢？由于自增运算符的优先级高于减法运算符的优先级，所以应该先对 a 做自增运算，再将 2 减去自增以后的 a 得到表达式的值。再比如，下面这个程序片段：

```
1 int j, i = 3;
2 j = -i++;
3 printf( "%d, %d\n", j, i );
```

请问上述程序的输出结果会是什么?

其中，表达式-i++中有两个运算符——自增运算符和负号运算符，它们的优先级是相同的，均为第2级。因此，按照结合性“自右至左”进行运算，即等价于-(i++)，而不等价于(-i)++。这样，运行结果就应该是：-3, 4。同样地，这里也要提醒初学者，不要随意写一些纷繁复杂的表达式，建议多使用圆括号进行限定，指明表达式的运算顺序，提高程序的可读性。

2.5.2 赋值运算符和赋值表达式

1. 简单的赋值运算符

赋值运算符的符号是“=”，其作用是将运算符右侧的常量、变量或表达式的值赋给左侧的变量。赋值运算符对应的赋值运算是一种“写”操作，即为变量写入一个确定的值。由赋值运算符和赋值运算对象构成的式子，称为赋值表达式。赋值表达式的语法格式如下：

```
<变量>=<表达式>
```

这种只有一个“=”的赋值运算符，称为简单的赋值运算符。其左侧只能是一个能够接收值的变量，不能是一个常量或表达式，因为常量是不能被修改的，无法接收一个新的值；而表达式的运算结果是一个位于运算器中的中间值，并不是一个可以存储数据的内存空间，也不能接收一个新的值。这种可以位于赋值运算符左侧，对应内存单元，其值可以被修改的运算对象称为左值（left value，lvalue）。赋值运算符右侧是一个合法的表达式，只要能够得到一个确定的、符合语法规则的值即可；如果是一个单独的常量或变量，可以理解成是一个表达式最简单的情况。这种位于赋值运算符右侧，对应着一个取值的运算对象，称为右值（right value，rvalue）。左值可以作为右值，但右值不一定能作为左值。这里强调了两个“合法”：一个是右侧的表达式本身书写要符合语法规则；另一个是右侧常量、变量的值或表达式运算出来的值，要尽量和左侧变量的数据类型一致，至少也要满足赋值兼容的条件，否则可能得不到希望的结果，甚至出现语法错误。例如：

```
1 int x, y;
2 y = 5166;          //将常量 5166 赋给变量 y
3 x = y;             //将变量 y 的值赋给变量 x
4 x = y+5403;        //将算术表达式 y+5403 的运算结果赋给变量 x
```

另外，一个表达式中如果出现了多种运算符，即一个表达式中如果嵌套多种子表达式，那这个表达式被称为什么表达式呢？为了便于描述，习惯上用这个表达式中最后计算的那个运算来命名。比如，上述的 x = y+5403 这个表达式，由于右侧的算术表达式 y+5403 优先级最高要先算，最后运算的是左侧的赋值运算，所以这个表达式就叫赋值表达式。

最后，还需要注意的一点是：赋值运算符用“=”来表示，初学者容易按照数学中的习惯，把它读成和理解成“等于”，这是不正确的。在 C 语言中，“等于”或“不等于”意味着关系运算，有专门的关系运算来实现，将在 3.2.1 节中介绍，请大家一开始就引起注意，不要混淆。

2. 复合的赋值运算符

简单的赋值运算符还可以与二目运算符和位运算符结合在一起，构成复合的赋值运算符。其语法格式为：

```
<变量>OPR=<表达式>
```

其中，OPR 可以是+、-、*、/、%、<<、>>、&、^和 | 这 10 个二目运算符中的任意一个。因此，复合的赋值运算符共有 10 种，即+=、-=、*=、/=、%=、>>=、<<=、&=、^=和|=，其作用等价于：<变量>=(<变量>OPR<表达式>)。注意这里的圆括号很重要，不能随便省略。比如，a += 5 等价于 a = a+5，x /= y 等价于 x = x/y，但 x *= y-a+5 就只能等价于 x = x * (y-a+5)，不能省略圆括号。

C 语言使用复合的赋值运算符有两个目的：一是为了简化程序，使程序变得更加的精练；二是为了提高编译效率。

3. 赋值运算符的优先级和结合性

简单的赋值运算符和复合的赋值运算符优先级都是第 14 级，结合性自右至左。比如，赋值表达式 a = (b = 5)的含义就是将 5 的值赋给 b 变量，圆括号中是一个赋值表达式。所有的表达式都是用来对数据进行加工和处理的，都会有一个运算结果，即一个值。赋值表达式的值，就是赋值运算符左侧变量的值。因此，(b = 5)的值就是 5，再将 5 赋给 a 变量，最后 a 变量的值也是 5。同样地，再比如，以下程序片段：

```
1  int a, b, c;
2  c = (a = 20)/( b = 3);
```

就表达式 c = (a = 20)/(b = 3)而言，先算(a = 20)的值为 20，再算(b = 3)的值为 3，然后计算 20/3 得到 6，最后将 6 赋给 c 变量，c 的值就是 6。

为了加深对赋值运算符的优先级与结合性的理解，请再看一个程序片段：

```
1  int x = 10;
2  x += x -= x*x;
3  printf("x = %d\n", x);
```

这段程序执行以后，屏幕上将输出 x = -180。在 x +=x -= x*x 这个表达式中，只有两种运算符：一种是算术运算符*，另一种是复合的赋值运算符+=和-=。其中优先级最高的是算术运算符*，它的优先级是第 3 级，因此首先运算 x*x 得到 100。然后因为复合的赋值运算符+=和-=的优先级相同，结合性自右至左，所以先算 x -=100，即赋值表达式 x = x-100 的值为-90，x 的值也被修改为-90；再算 x += -90，即赋值表达式 x = x+(-90)的值为-180，x 的值也再次被修改为-180。

在1.2.1节中已经介绍过C语言不允许链式初始化，但这里允许链式赋值，或者说连续赋值。比如：

```
1  int a, b, c;
2  c = b = a = 3;
```

在表达式c = b = a = 3中，只有3个简单的赋值运算符，优先级相同，结合性自右至左。c = b = a = 3就等价于表达式c = (b = (a = 3))。因此，首先将3的值赋值给a变量，a = 3表达式的值就为a变量的值3，再将3赋值给b变量，b = 3表达式的值也就是b变量的值3，以此类推，最后c的值也为3。

4. 关于赋值兼容与赋值转换的问题

在C语言中，强调赋值运算符左侧和右侧的数据类型要尽可能一致，以保证数据在赋值过程中的正确性。但是，有时候难免会在赋值运算符两侧出现类型不一致的情况，C语言允许这种不一致的情况存在于某些数据类型相似的数据之间，比如，在不同的基本数据类型之间，以及后面要介绍的不同指针类型之间。这种C语言允许的在赋值运算符两侧出现不同数据类型的情况，称为C语言的赋值兼容。在编译的时候，编译器会对这种赋值兼容的情况发出警告，建议程序员修改，避免出现问题。当然，程序员可以固执己见，让程序依然进入链接、执行环节，但这种做法确实不提倡。C语言不允许在差异很大、明显不同的数据类型之间相互赋值，比如，在非基本数据类型与基本数据类型之间是不允许相互赋值的，若强行赋值会导致编译时出现语法错误，而非警告。

对于满足赋值兼容的情况，系统将按照一定的规则自动实现类型转换，把赋值运算符右侧的数据类型转换成左侧的数据类型，这叫作赋值转换。在基本数据类型中，赋值转换存在以下几种转换规则：

(1) 把实型数据赋值给整型变量时，截去实型数据的小数部分，只留下其整数部分，并按整型格式存储。

(2) 把整型数据赋值给实型变量时，数值大小不变，但要增加小数部分（小数部分的值为0），并按浮点格式存储。

(3) 由小空间到大空间的整型赋值，要考虑无符号扩展与有符号扩展两种情况。比如，将一个字符型数据赋值给一个短整型变量时，由于字符型数据占一个字节（0~7位），而短整型数据占两个字节（0~15位），故将字符型数据的第0~7位放到短整型变量对应的第0~7位中，短整型变量的高八位（第8~15位）则要分两种情况进行考虑：如果是无符号数，则高八位要进行“无符号扩展”，全部置0；如果是有符号数，则高八位要进行“有符号扩展”，正数全部置0，负数全部置1。总之，要尽量保证赋值前和赋值后的数值大小不变。

【例2-5-1】比较无符号扩展与有符号扩展的情况。

```
1  /*
2  程序名称：2-5-1Unsigned&SignedExtension.c
3  程序功能：比较无符号扩展与有符号扩展的情况
4  */
```

```
5   #include<stdio.h>
6   int main()
7   {
8       unsigned char a=251;
9       char b=251;
10      short int i=0, j=0;
11      i=a;
12      j=b;
13      printf("i=%d, j=%d\n",i, j);
14      return 0;
15  }
```

上例中的赋值情况如图 2-5-1 所示

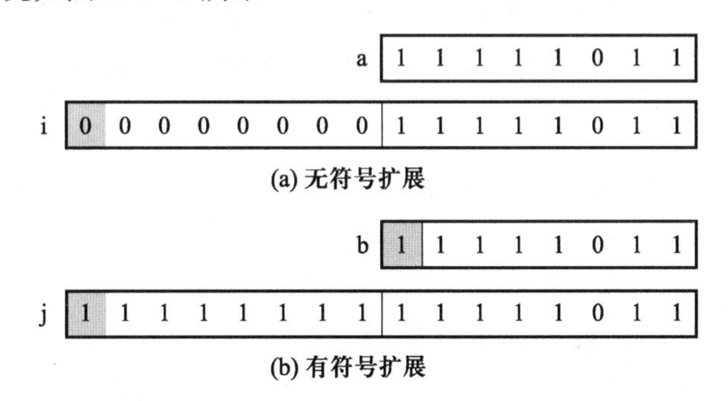

图 2-5-1　无符号扩展与有符号扩展图示

程序运行结果为：

```
i=251, j= -5
```

其他由小空间到大空间的整型赋值情况，比如，字符型到基本整型或双长整型、短整型到基本整型或双长整型、基本整型到双长整型的赋值情况，以此类推，都要根据情况考虑是无符号扩展还是有符号扩展。

（4）反之，由大空间到小空间的整型赋值，则小空间变量只能尽其所能地容纳大空间数据。比如，双长整型赋值给基本整型、短整型或字符型，基本整型赋值给短整型或字符型，则依然是从最低位开始依次往高位赋值，容纳不下的高位数据将自然丢失，造成数据溢出。这里就以短整型赋值给字符型为例，比如将例 2-5-1 中的 j 变量反过来赋值给 b 变量，b 变量只能容纳下 j 变量的低八位，而 j 变量的高八位就会丢失。此时如果再按无符号整型格式输出 b 变量的话，屏幕上就会显示 b 变量的值为 251。

（5）同样地，由小空间到大空间的实型赋值，则不会有任何问题。比如，将一个单精度实型数据赋值给双精度实型变量，是不会出现任何麻烦的。但是反之，由大空间到小空间的实型赋值，则可能会丢失有效数字，造成精度损失。请初学者上机自行测试，这里就不再赘述。

总之，在满足赋值兼容的情况下，赋值转换首先是从源存储单元的低位开始，依次向目标存储单元对应的二进制位原样传输，若目标存储单元的字节数更多，再根据目标存储单元的数据类型决定采用哪种符号扩展。

2.5.3 逗号运算符和逗号表达式

C 语言提供了一种用于连接多个子表达式的运算符，即逗号运算符“,”。由逗号运算符连接多个子表达式构成的表达式，称为逗号表达式。逗号表达式的语法格式如下：

```
子表达式 1,子表达式 2, . . . ,子表达式 n
```

说明：

(1) n 是大于或等于 2 的自然数。

(2) 逗号运算符的优先级是所有运算符中最低的，位于第 15 级，其结合性从左至右。因此，逗号表达式的求解顺序是从左至右依次求解，即先求解子表达式 1，再求解子表达式 2，以此类推，最后求解子表达式 n。所以，逗号运算符又称为“顺序求值运算符”。

(3) 逗号表达式也有自己的表达式值，逗号表达式的值为最后一个子表达式 n 的值。

比如，以下程序片段：

```
1  int a=2, x, y1, y2, y3, y4;
2  x = 3*a, x*5;
3  y1 = (x = 3*a, x*5);
4  y2 = ((x = 3*a, x*5), x+5);
5  y3 = (a=3, a*5);
6  y4 = a = 4, a*5;
```

其中，第 2 行从整体上看，x = 3*a, x*5 是一个逗号表达式，先算 x = 3*a，x 的取值为 6，再算 x*5 的值为 30，整个逗号表达式的值也就是 30。但是，x*5 这个算术表达式值计算出来以后没有赋值给任何变量，即其属于一个临时的中间计算结果，没有被保存下来。

再看第 3 行程序就又不一样了。它是将第 2 行的整个逗号表达式的值赋值给 y1，所以 y1 的值是 30。

在第 4 行中，将逗号表达式(x = 3*a, x*5)作为子表达式 1，嵌入逗号表达式((x = 3*a, x*5), x+5)中，最后 y2 的值是取子表达式 x+5 的值，为 11。

在第 5 行中，y3 最后的值为 15，但在第 6 行中，y4 的值为 4。

关于逗号表达式还需要说明以下两点：

(1) 程序中使用逗号表达式，通常是用来依次求解逗号表达式中各子表达式的值，并不一定要使用整个逗号表达式的值，比如，逗号表达式 x = 3*a, y=x*5 就是这样。这在后面学习的 for 循环中经常出现，往往在 for 循环的表达式 1 和表达式 3 中放入一个逗号表达式，用于顺序求解各子表达式的值。

(2) 程序中并不是所有的逗号都是逗号运算符，当然也就意味着不可能所有的逗号都能构成逗号表达式了。比如，前面程序片段中第 1 行在定义多个变量时，在多个变量名之间使用了逗号进行分隔；还有就是即将在第 4.1.4 节中介绍的函数调用，当函数中有多个实参，在多

个实参之间需要使用逗号作为分隔。在上述这些地方，逗号都是用于书写间隔的分隔符，而不是运算符。

2.5.4　各种数值型数据之间的混合运算

在同一个表达式中，参与运算的量（常量、变量或子表达式的值）可能不是同一种数据类型，即存在多种数据类型的情况。然而，计算机的运算器在一次运算的过程中，不能同时处理两种及以上的数据类型，只能对同一种数据类型进行运算。为此，要在不同的数据类型之间进行混合运算就必须要先将它们转换成同一种数据类型。进行数据类型转换的方式有两种：隐式类型转换和显式类型转换。

1. 隐式类型转换

这里先看一个例子：x=3+2.5。在这个表达式中，3 是整型，2.5 是实型，整型和实型是无法在计算机的一次运算中同时进行的，这就需要转换。首先是将 3 转换成双精度实型 3.0，再与双精度实型 2.5 进行求和运算，运算结果也是双精度实型 5.5。像上面这种类型的转换方式是由编译系统自动完成的，无须程序员人为指定，称为隐式类型转换。

隐式类型转换的规则如图 2-5-2 所示。

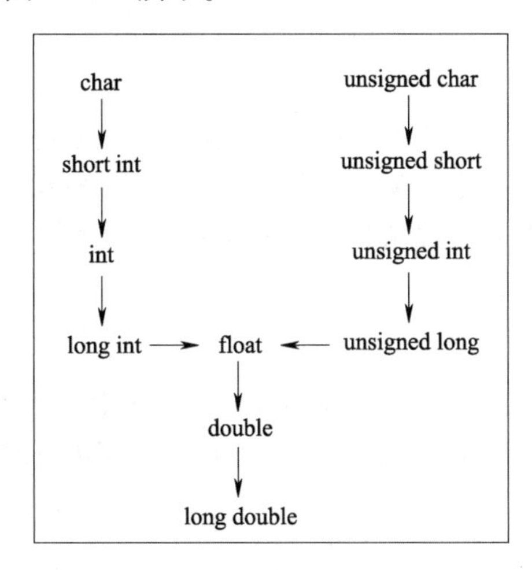

图 2-5-2　隐式类型转换的规则

从图 2-5-2 不难看出隐式类型转换具有以下两条基本规律：

（1）当存储格式相同时，向存储空间大的方向转换。

（2）当存储格式不同时，向实型方向转换。

如果进行混合运算的数据类型，其存储格式是相同的，仅仅是存储空间大小不同，则向存储空间大的方向转换，这叫作类型提升（type promotion）。类型提升可以保证转换后的数值大小和精度不受影响。比如，char 型和 short int 型的存储格式是相同的，都是有符号整型存储格式，它们在进行混合运算的时候，就需要先把 char 型转换成 short int 型再进行运算。再比如，char 型和 long int 型数据进行运算时，就必须先将 char 型转换成 long int 型再运算。

当参与混合运算的数据类型存储格式不同时，则都朝着实型方向转换。比如，char 型和 unsigned char 这两种数据类型要进行混合运算，在图 2-5-2 中它们分别位于不同的列，对应着不同的存储格式，两者按照箭头所指的方向在 float 型这里汇合，因此需要先将 char 和 unsigned char 都分别转换成 float 型以后再进行运算，运算结果也是 float 型。

另外，为了保证运算精度，所有的实型常量默认都按双精度实型处理，运算结果也是 double 型。当然，程序员也可以人为指定实型常量按单精度实型处理，这需要在实型常量后面加上一个后缀“f”或“F”进行标示。比如，2.3+5 的运算结果是 double 型，而 2.3F+5 的运算结果则是 float 型。

在满足 2.5.2 节中所讲的赋值兼容条件时，若在赋值运算符两侧出现的数据类型不相同，则要以左侧的数据类型为准，将赋值运算符右侧的数据类型赋值转换成左侧的数据类型。

最后，假设已经定义：int i = 10; long j = 15; float a = 1.2; double b = 2.0;，则表达式 'a'/i+ 3 + a * b-j的运算过程如下：

第 1 步：将字符常量'a'转换为 int 型 97，然后 97/10 得 int 型 9；

第 2 步：将 float 型 a 转换为 double 型，然后 a * b 得 double 型 2.4；

第 3 步：将第 1 步的中间结果 int 型 9 与整常量 3 相加，得 int 型 12；

第 4 步：将 int 型 12 转换为 double 型，然后和 double 型 2.4 相加，得 double 型 14.4；

第 5 步：将 long 型 j 转换为 double 型，然后 14.4-15.0，得 double 型-0.6。

2. 显式类型转换

与隐式类型转换相对应的是显式类型转换。它是由程序员人为指定某个变量、常量或表达式从一种数据类型转换为另一种数据类型的方法。它不是按隐式类型转换的规律自动实现的，而是按程序员指定的目标类型进行强制转换的，因此这种类型转换又叫作强制类型转换。

强制类型转换的一般形式为：

```
(类型名)(表达式)
```

其功能是把“表达式”的运算结果强制转换成“类型名”所指定的类型。其中的“表达式”可以是一个比较复杂的表达式，也可以是一个简单的变量或常量。

假设有程序片段：

```
1  int i = 10, j;
2  float a = 3.8;
3  j = i % (int)a;
```

根据求余运算符的语法规则，参与求余运算的两个量都必须是整型，而表达式 i%(int)a 中只有 i 是整型，a 却是实型变量。若按隐式类型转换的话，则会将 i 转换成 float 型，最后 i 和 a 都是 float 型，再进行求余运算。显然，这并不能满足求余运算符的要求。因此，靠隐式类型转换是无法完成这个表达式的运算的，在编译时会报语法错误。这里就只能使用强制类型转换了，即将 a 中的数据 3.8 读出来转换成整型 3 再参与运算。这样才能满足参与求余运算的两个量都是整型。最后，计算出 j 的值为 1。

在使用强制转换时应注意以下两点：

（1）“类型名”必须用圆括弧括起来，而“表达式”若是单个变量或常量的话，可以省略圆括号，否则也必须加上圆括弧。比如，(int)(a+b * 3.14)和(int)a+b * 3.14 是完全不同的，前者是将整个表达式的结果转换成整型，而后者只是将 a 变量的值转换成整型。

（2）无论是强制类型转换还是隐式类型转换，都只是为了本次运算的需要而对数据量进行临时性地转换，若该数据量为变量，则类型转换以后不会改变该变量原来的类型和数值大小。比如，上述的表达式 i%(int)a，在转换时是先到内存中找到 a 变量，并把它的值 3.8 读入运算器中，去掉小数部分转换成整数 3，然后再与 i 变量作求余运算，结果是 1，最后将结果 1 写入 j 变量中。在这整个转换和运算的过程中，都没有出现对 a 变量的写操作。因此，a 变量最后依然还是 float 型，其值也还是 3.8。并不会因为对它做了强制类型转换，它就发生了变化。

2.6　C 语句

通过前面介绍的数据类型、运算符和表达式，可以构成各种各样的 C 语句。再通过各种 C 语句的组合，就可以构成 C 程序，完成一个特定的任务。这就像可以由最基本的建筑材料沙子、水泥和钢筋构造成各种各样的预制板，再由这些预制板就可以修建起各种各样的房屋和桥梁，等等。程序告诉计算机要做一件“什么样的事情”或者说完成“什么样的任务”，做这件事情或者说完成这个任务，需要由很多的步骤来实现，语句就规定了计算机按照“什么样的步骤”来实现。计算机就是这样按照一条一条的语句，一步一步地完成任务的。

在 C 语言中，语句是描述计算过程的最基本单位，其用分号“;”作为结束标志。C 语句共有五大类：

（1）控制语句。用来完成选择、循环和跳转三种流程控制功能，共有 9 条语句。它们分别是条件语句：if 和 switch 语句，循环语句：while、do while 和 for 语句，跳转语句：break、continue、return 和 goto 语句。

（2）表达式语句。由一个表达式加上语句结束标志——分号构成。比如：

```
1  a = 168;
2  ++a;
```

任何表达式都可以加上语句结束标志——分号构成表达式语句，这是 C 语言的一个重要特色。因此，也有人称 C 语言为“表达式语言”。

（3）函数调用语句。由一个函数调用加上语句结束标志——分号构成。比如：

```
1  printf("Hello, World !");
```

（4）空语句。只由一个语句结束标志——分号构成。空语句是一种很特殊的语句，它不作任何具体的操作，通常用作程序的转向点或循环语句中的空循环体。

（5）复合语句。将若干条语句（可以是一条或多条）用花括号{ }括起来表示一种结构或一个程序块。比如，在第 3 章中即将学习的循环语句中的循环体部分，选择语句中条件成立时要执行的分支部分和条件不成立时要执行的分支部分，都可能要执行一系列的语句。这些语句就可以用花括号括起来，构成一个复合语句。由于花括号已经有界定的作用，所以其后就不再使用分号作为结束标志了。

第 3 章　C 程序的控制结构

电子教案

道生一，一生二，二生三，三生万物。

——〔春秋〕老子

“万物之始，大道至简，衍化至繁”，以简驭繁。理论上已经证明，不管一个算法有多么的复杂，总可以由顺序、选择和循环三种最基本的控制结构组合而成。为此，首先熟练掌握这三种控制结构，是将来编写复杂程序，实现强大功能的基石。

3.1　顺序结构

顺序结构（sequential structure）是按每条语句在程序中出现的先后顺序从上到下依次执行的一种最简单的程序结构。在这种控制结构中，所有语句有且仅有一次被执行的机会，其流程如图 3-1-1 所示。由于这种结构非常简单，不需要专门的流程控制语句来控制就能自动实现，所以在此不再赘述。下面主要讲解在编写一个 C 程序时都会遇到的数据输入与输出的问题。

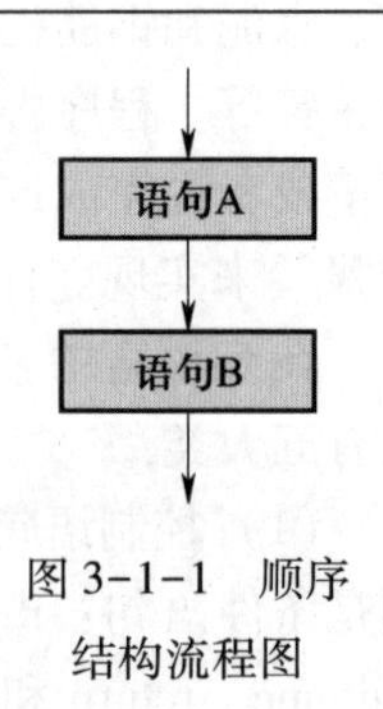

图 3-1-1　顺序结构流程图

3.1.1　标准输入和标准输出

一个应用程序要加工处理的数据需要用户从外界提供，加工处理后的数据（包括中间结果和最终结果）又需要反馈给用户，回到外界。用户向程序提供数据和程序向用户反馈结果，通常都会有各种各样的方式。本节只介绍最常用的方式，即通过键盘输入数据和通过显示器输出数据。由于这种输入输出方式是最常用的，一般默认就是这种方式，所以它又被称为标准输入和标准输出方式。

在 C 语言中，从键盘输入数据和向显示器输出数据，都是通过一些库函数来实现的。在 1.3.1 节中介绍的 stdio.h 头文件就包含了众多实现标准输入与输出的库函数。本节仅介绍其中 4 个最常用的输入输出函数，其中包括两类：一类是字符输入输出函数 getchar( ) 和 putchar( )，另一类是格式化输入输出函数 scanf( ) 和 printf( )。另外，在调用这 4 个函数之前，需要在源程序的开头添加预编译包含命令：

```
#include <stdio.h>   //或者#include "stdio.h"
```

1. 字符输入函数 getchar( )

（1）函数原型。

```
int getchar(void)
```

（2）函数功能。

getchar( )函数用于从标准输入设备（键盘）上读入一个字符，返回该字符的 ASCII 码值，并将该字符型数据转换成整型数据。如果到达文件末尾或发生读取错误，则返回 EOF。EOF 在 stdio. h 中有具体的定义，是常数-1。需要说明的一点是，C 标准只是将 EOF 定义成一个负整数，通常是-1，但这并不意味着所有的系统都是-1，有的系统有可能把它定义成了其他值。在本函数原型中，圆括号内的保留字 void 表示本函数没有参数，无须从外界传入数据。

本函数从键盘上读入的字符如果需要保存起来以便后面使用，则需要将该字符放入一个变量中。比如，下面这个程序片段就将读入的字符放入到了 ch 中：

```
1  char ch;
2  ch = getchar();
```

当然，如果从键盘上读入的这个字符立即就被使用了（比如，作为表达式中的一个运算对象立即参与运算），或不被使用就直接丢弃了，则无须将它赋给一个变量保存起来。

2. 字符输出函数 putchar( )

（1）函数原型。

```
int putchar(char ch)
```

（2）函数功能。

putchar( )函数用于向标准输出设备（显示器）输出一个字符 ch，然后将成功输出的这个字符 ch 的 ASCII 码值转换成整型返回。其中，参数 ch 可以是一个字符型常量（包括转义字符常量）或变量，也可以是一个满足赋值兼容条件的整型常量或变量。

【例 3-1-1】字符输入函数和输出函数的使用。

```
1   /*
2   程序名称：3-1-1Input&OutputChar.c
3   程序功能：字符输入函数和输出函数的使用
4   */
5   #include<stdio.h>
6   int main()
7   {
8       char c1, c2, c3 ;
9       c1 = getchar();
10      getchar();
11      c2 = getchar();
```

```
12        putchar(c1);
13        putchar(c2);
14        c3 =getchar();
15        putchar(c3);
16        printf("% d",c3);
17        return 0;
18  }
```

此程序执行以后，假如从键盘上一次性输入的不只是一个字符，而是一串字符，比如，为abcd↙，则此程序的运行结果如图 3-1-2 所示。

图 3-1-2　运行结果

程序运行结果分析：虽然 getchar( ) 函数的功能是从键盘上读入一个字符，但并不是指当用户在键盘上按下一个字符键时，该字符就立即被读入并赋给相应的字符型变量；而是先将输入的字符送到键盘输入缓冲区（内存中的一块区域）中，当用户按下 Enter 键表示确认以后，getchar( ) 函数才从键盘输入缓冲区中将最前面的那个字符读走，并赋给相应的变量。因此，当上面这个程序执行到第 9 行的 getchar( ) 函数时，由于键盘缓冲区中此时还没有输入有数据，是空的，系统就会在命令提示符界面上出现闪烁的光标，提示并等待用户输入数据。若此时用户一次性输入 abcd↙，则键盘缓冲区中存放的内容就是"abcd↙"这五个字符的 ASCII 码值。当系统接收到 Enter 键以后，第 9 行的 getchar( ) 函数才从键盘输入缓冲区中读走第 1 个字符'a'的 ASCII 码值并放入 c1 变量中。当执行到第 10 行的 getchar( ) 函数时，由于键盘缓冲区中还有数据，所以此时系统不会提示用户输入数据，而是直接从键盘缓冲区中读取当前最前面的那个字符'b'，但这里的 getchar( ) 读走'b'字符以后并未赋值给任何变量，故丢弃。当执行到第 11 行的 getchar( ) 函数时，读到'c'字符，并将其赋值给了 c2 变量。接下来，第 12 行和第 13 行分别输出'a' 'c'两个字符。第 14 行的 c3 变量得到'd'字符。第 15 行输出'd'字符，第 16 行输出'd'字符的 ASCII 码值 100。这样，便得到了图 3-1-2 所示的运行结果。

思考：

执行此程序以后，在命令提示符界面中提示输入数据时，如果用户一次性输入的不是abcd↙，而是 ABC↙或 AB↙，又会出现什么样的运行结果和情况呢？请读者认真分析，务必搞清楚。

3. 格式化输出函数 printf( )

printf( ) 函数名中的 print 是"打印"的意思，f 是 format 的第一个字母，是"格式化"的意思，所以 printf( ) 被称为格式化输出函数。

（1）函数原型。

```
int printf( const char * format, ... )
```

（2）函数功能。

首先可以将 printf( ) 函数的参数分为前后两部分。第一个参数 const char ＊format 构成 printf 函数的前部分参数，它是一个字符型指针常量，将在第 6.4.1 节中介绍，这里只需知道它是一个特殊的字符串，用来指明后面部分的各输出数据在屏幕上的输出格式，它通常被称为格式控制串。从 printf( ) 函数的第二个参数开始直到结束，是 printf( ) 函数的后部分参数，是需要输出的所有数据项。这些数据项都必须按照从左到右的先后顺序与格式控制串中指定的格式说明一一对应地进行输出。因此，printf( ) 函数的原型也可写作 printf（格式控制串，输出数据项）。综上所述，printf( ) 函数的功能就是，将输出数据项中的各项数据按照格式控制串中指定的格式输出到显示器上，最后返回成功输出的字符个数。

（3）相关说明。

现对格式控制串和输出数据项两部分的具体使用方法做如下说明：

1）格式控制串：是 printf( ) 函数的第一项参数，是用双引号引起来的一个字符串。该字符串只包含两种字符：格式控制字符和原样输出字符。

● 格式控制字符：包括%、格式修饰符和格式字符三种，共同构成一个完整的格式说明，如%d、%f、%c、%5d、%8.3f、%8.5s，等等。其作用是为输出数据项中要输出的各项数据指定相应的输出格式。一个格式说明的完整形式为：

```
% [格式修饰符]格式字符
```

在 printf( ) 函数的格式控制串中允许使用的格式字符如表 3-1-1 所示。

表 3-1-1　printf( ) 函数中格式字符的种类和含义

格式字符	含　义
d 或 i	按有符号基本整型格式以十进制形式输出一个数据（正数不输出符号）
u	按无符号基本整型格式以十进制形式输出一个数据
o	将整型内存单元中的各二进制位 3 位为一组，以八进制形式输出
x	将整型内存单元中的各二进制位 4 位为一组，以十六进制小写形式输出
X	将整型内存单元中的各二进制位 4 位为一组，以十六进制大写形式输出
p	按编译器地址位数，以十六进制形式输出一个内存地址（指针）
f	以十进制小数形式输出一个单精度或双精度实数，默认先将整数部分全部输出，再另外输出 6 位小数，但并不保证这 6 位小数都是有效数字
e	以科学计数法指数形式输出一个单精度或双精度实数，小写字母 e 表示指数部分
E	以科学计数法指数形式输出一个单精度或双精度实数，大写字母 E 表示指数部分
g	以%f 或%e 中输出宽度较短的格式输出一个单精度或双精度实数
G	以%f 或%E 中输出宽度较短的格式输出一个单精度或双精度实数
c	输出单个字符
s	输出一个字符串

另外，在%和格式字符之间还可以插入如表 3-1-2 所示的格式修饰符。格式修饰符主要用来指定输出数据的类型长度、所占的最小输出列宽（域宽）、对齐方式和精度等。方括号[ ]表示该项为可选项，即用户可以根据自己的需要选用或不选用。

表 3-1-2 printf( )函数中格式修饰符的种类和含义

格式修饰符	含　义
h	英文字母 h 加在格式字符 d、i、o、x、u 之前用于输出 short 型数据
l	英文小写字母 l 加在格式字符 d、i、o、x、u 之前用于输出 long 型数据
L	英文大写字母 L 加在格式字符 f、e、g 之前用于输出 long double 型数据
m	m 是一个具体的正整数，指定输出项在输出时所占的域宽。当 m 大于输出数据实际的显示宽度时，则输出内容在域内右对齐，左边补空格；当 m 小于输出数据实际的显示宽度时，则按实际宽度输出数据，以保证数据的正确性。若在 m 的前面加上数字 0，当 m 大于输出数据实际的显示宽度时，则输出内容在域内依然右对齐，但左边补 0，而不是空格
-m	-m 是一个具体的负整数，指定输出数据在输出时所占的域宽。当 m 大于输出数据实际的显示宽度时，则输出内容在域内左对齐，右边补空格；当 m 小于输出数据实际的显示宽度时，则按实际宽度输出数据，以保证数据的完整性
.n	n 是一个具体的大于或等于 0 的整数，指定输出数据的精度或长度。若有指定域宽时，指定精度要紧靠域宽修饰符之后。当 .n 对应的输出数据是实数时，用于指定其需要保留的小数位数；当 .n 对应的输出数据是字符串时，用于指定从左到右截取该字符串的长度
+	输出值为正时加上正号，为负时加上负号
空格	输出值为正时加上空格，为负时加上负号
#	对 c、s、d、u 格式字符无影响；对 o 类，在输出时会加上前缀 o；对 x 类，在输出时会加上前缀 0x；对 e、g、f 格式字符，当结果有小数时才给出小数点

- 原样输出字符：在格式控制串中，除了格式控制字符以外的字符，都是原样输出字符，将原样显示到显示屏上。

2）输出数据项：从 printf( )函数的第二个参数开始直到最后一个参数结束，都是输出数据项的内容，也就是需要输出显示到显示屏上的各项数据。由于每个输出数据都是 printf( )函数的一个参数，所以各项数据之间在书写时要用逗号（半角）进行分隔。

比如，有程序片段：

```
1  int i=3, c=97, a=7, b=8;
2  printf("a=%d, b=%c", i, c);
```

在 printf( )函数的格式控制串中，只有%d 和%c 是格式控制字符，与后面的两个输出项 i 和 c 一一对应，用来分别控制这两个变量的输出格式。%d 表示将 i 的值按十进制基本整型格式输出，%c 表示将 c 的值按字符型格式输出。在 printf( )函数的格式控制串中，除了格式控制字符%d 和%c 以外的“a=”和“,b=”都是原样输出字符，将原样显示在屏幕上。因此，该程序片段的输出结果应该是：

```
a=3,b=a
```

3）%的匹配问题：一个正确的格式说明总是以%开头，以相应的控制字符结束，中间可以插入一些格式修饰符。在匹配的时候，%总是和它后面紧跟的字符匹配，如果它的后面是d、o、x、u、c、s、f、e、g等格式字符中的一个，则匹配为相应的格式控制字符；如果它的后面又是一个%，则表示要输出一个%；如果它的后面是一个其他的字符，则匹配错误，从匹配错误的位置开始到匹配正确之前的部分全部原样输出。比如，有以下程序片段：

```
1  printf("%%%f",1.0/3);
2  printf("%%%,%f",1.0/3);
```

其输出结果应该是：

```
%0.333333
%,0.333333
```

由于%已经用于格式说明，具有特殊的含义了，如果程序员就想在printf()函数中输出一个%，那么就得使用两个%，表示输出一个%。在上述程序片段的第一个printf()函数中，第一个%便与紧跟其后的第二个%匹配成了一个%，即第二个%才是程序企图要输出的内容。第三个%又是一个格式说明的开始，它与紧跟其后的f匹配成一个实型数据的输出格式，正好对应后面的输出项1.0/3。于是，这条printf()函数调用语句的输出结果就是%0.333333。其中%f只输出6位小数，所以在小数点后只有6个3。

同样地，在第二个printf()函数中，前面两个%匹配成一个%了。第三个%与其后面紧跟的逗号匹配，出现错误，因为没有逗号这样的格式字符。从匹配错误的逗号开始，直到匹配正确之前的部分都将按原样输出。第四个%又是一个格式说明的开始，它占紧跟其后的f匹配成一个实型数据的输出格式，正好对应后面的输出项1.0/3。于是，这个printf()函数的输出结果就是%，0.333333。

【例3-1-2】printf()函数的使用。

```
1   /*
2   程序名称:3-1-2Printf.c
3   程序功能:printf()函数的使用
4   */
5   #include<stdio.h>
6   int main()
7   {
8       char a='X';
9       int  b=15;
10      float  c=987.123456789;
11      double d=987.123456789;
12      unsigned short int e=65535;
13      printf("a=%c,%5c,%05c\n",a,a,a);
14      printf("b=%d,%+5d,%o,%x \n",b,b,b,b);
15      printf("c=%f,%-8.2f,%015.9f,%e\n",c,c,c,c);
```

```
16 |     printf("d=% f,% f% % ,% 15.9f,% 8.2lf\n",d,d,d,d);
17 |     printf("% -8.3s,% 8.5s\n","computer","computer");
18 |     printf("% d,% hd,% u,% X\n",e,e,e,e);
19 |     return 0;
20 | }
```

程序的运行结果如图 3-1-3 所示。

```
选择 C:\WINDOWS\system32\cmd.exe
a=X,     X,0000X
b=15,   +15,17,f
c=987.123474,987.12   ,00987.123474121,9.871235e+002
d=987.123457,987.123457%,   987.123456789,   987.12
com     ,    compu
65535,-1,65535,FFFF
请按任意键继续. . .
```

图 3-1-3　运行结果

下面对运行结果作部分说明，未说明的部分请自行理解。在执行第 13 行语句时，%5c 表示在输出'X'字符时要占 5 个字符的列宽，而实际只有 1 个字符，所以左边补 4 个空格，而%05c则表示左边补 4 个 0。在执行第 15 行语句时，%f 是输出实型数据的基本格式，它在输出第一个 c 变量时，首先输出整数部分 987 和小数点，然后再输出 6 位小数，这 6 位小数本来应该是 123456，但由于 c 是 float 型变量，其十进制有效位数只有 7 位，所以最后两位“74”是不准确的。而在执行第 16 行语句时，由于 d 变量是 double 型，十进制有效位数可以达到 15~16 位，因此其有效位数完全可以满足本例的精度要求，但在输出第一个 d 变量时，由于%f 最后只输出 6 位小数，所以第 6 位小数上出现了四舍五入，结果显示为 987.123457。

最后分析一下第 12 行和第 18 行。第 12 行定义了一个短整型变量 e，只占 2 个字节，16 位。将整数 65 535 放入 e 变量，正好使这 16 个二进制位上都是 1。然后，在第 18 行上，分别按十进制有符号基本整型、十进制有符号短整型、十进制无符号基本整型和十六进制格式来输出 e。同一个变量，同样的 16 个二进制位，按不同的格式来理解，其输出的结果是不一样的。这就好像当年苏轼游庐山时的感受“横看成岭侧成峰，远近高低各不同”，同样一座山，从不同的角度去看，看出来的效果是不一样的。

此例稍显复杂，但作为例题，目的在于让读者体会一下 printf( ) 函数在输出数据时的控制作用。printf( ) 函数的格式字符种类较多，也存在各种灵活多变的搭配方式，读者可以根据自己实际的编程需要进行选用，并上机验证。本书不提倡一开始就把初学者的注意力集中于这些细枝末节的问题上，能够掌握几种基本的输出格式就可以了，至于其他的内容，不需要去死记硬背，今后用到的时候再查阅资料即可。

4. 格式化输入函数 scanf( )

（1）函数原型。

```
int scanf( const char * format, ... )
```

（2）函数功能。

与 printf( )函数类似，scanf( )函数的参数也可以分为两部分，即 scanf（格式控制串，输入数据的存放位置）。也就是，按格式控制串所指定的格式说明从键盘上一一对应地输入数据，并将输入的数据依次存放到输入数据的存放位置，最后返回成功输入的数据个数。若输入数据出错，返回 EOF(-1)。

（3）相关说明。

1）格式控制串：就格式控制串的用法而言，scanf( )函数格式控制串和 printf( )函数基本相同，只不过 scanf( )函数是用来控制数据的输入格式罢了。格式控制串也是 scanf( )函数的第一项参数，是用双引号引起来的一个字符串。该字符串也只包含两种字符：格式控制字符和原样输入字符。下面只作简要介绍，不再详细探讨，读者可以参考关于 printf( )函数的格式控制串的介绍。

- 格式控制字符：scanf( )函数的格式控制字符也包括%、格式修饰符和格式字符这三种，它们共同构成一个完整的格式说明，如%d、%f、%c、%5d、%8s，等等。其作用是为要输入的各项数据指定相应的输入格式。在 scanf( )函数中，一个完整的格式说明依然是：

```
%[格式修饰符]格式字符
```

scanf( )函数的格式控制串中允许使用的格式字符如表 3-1-3 所示。这些格式字符主要用来表示输入数据的类型。

表 3-1-3　scanf( )函数中格式字符的种类和含义

格式字符	含　义
d 或 i	输入十进制整数
o	输入八进制整数
x	输入十六进制整数
u	输入无符号十进制整数
f	按小数形式输入一个实数
e	按指数形式输入一个实数
c	输入单个字符，其中空白字符（包括空格、制表符和换行符）也是一个字符，也将被作为一个有效字符由%c 输入
s	输入一个字符串，在遇到第一个空白字符（包括空格、制表符和换行符）时结束

scanf( )函数中允许使用的格式修饰符如表 3-1-4 所示。这些格式修饰符主要用来表示输入数据类型的长度和域宽等。

表 3-1-4　scanf( )函数中格式修饰符的种类和含义

格式修饰符	含　义
h	英文字母 h 加在格式字符 d、i、o、x、u 之前用于输入 short 型数据
l	英文小写字母 l 加在格式字符 d、i、o、x、u 之前用于输入 long 型数据；加在格式字符 f、e 之前用于输入 double 型数据

续表

格式修饰符	含　义
L	英文大写字母 L 加在格式字符 f、e 之前用于输出 long double 型数据
m	m 是一个具体的正整数，指定输入数据在输入时所占的域宽，系统会根据这个指定的宽度来截取输入数据
*	星号表示该输入项在读入后不会被赋值给任何变量，即丢弃

- 原样输入字符：在格式控制串中，除了格式控制字符以外的字符都是原样输入字符，需要从键盘上原样输入这些字符。

2）输入数据的存放位置：从 scanf( ) 函数的第二个参数开始直到最后一个参数结束，都属于输入数据项的存放位置，用来指明从键盘上输入的各项数据将被分别放在哪里。这里所说的"哪里"是指具体的位置，也就是内存的地址。每个变量在内存中都有一个具体的地址，就像电影院的每个座位都有一个座位号。每个看电影的人，都必须根据电影票上的座位号找到属于自己的座位。对变量的访问（读取或写入）也是这样，必须根据变量在内存中的地址来进行。在程序中定义一个变量以后，如何知道该变量的地址呢？C 语言提供了一个专门的运算符 &，用来获取一个变量在内存中的地址，称为取址运算符（address operator）。它的优先级位于第 2 级，是一个单目运算符，结合性为自右向左。由于每个输入数据对应的存放位置都是 scanf( ) 函数的一个参数，所以各个存放位置之间在书写时也要用逗号（半角）进行分隔。

【例 3-1-3】 scanf( ) 函数的使用。

```
1   /*
2   程序名称：3-1-3ScanfSimple.c
3   程序功能：scanf()函数的常规应用
4   */
5   #include<stdio.h>
6   int main()
7   {
8       int a,b,c;
9       scanf("%d%d%d",&a,&b,&c);               //基本格式
10      printf("a=%d,b=%d,c=%d\n",a,b,c);
11      scanf("%d,%d%d",&a,&b,&c);              //常见格式
12      printf("a=%d,b=%d,c=%d\n",a,b,c);
13      return 0;
14  }
```

此程序运行以后，从键盘上输入的数据和在显示器上显示的数据如图 3-1-4 所示。

上述程序执行到第 9 行语句，遇到 scanf( ) 函数时，光标将出现在命令提示符中，不断闪烁，等待用户输入数据。这里 scanf( ) 函数的格式控制串是"%d%d%d"。在这个格式控制串中，除了格式控制字符以外没有别的原样输入字符，而且三个格式说明都是%d。像这种所有格式说明都是同一种数值类型，且没有任何原样输入字符的格式控制串，是一种最简单的格式

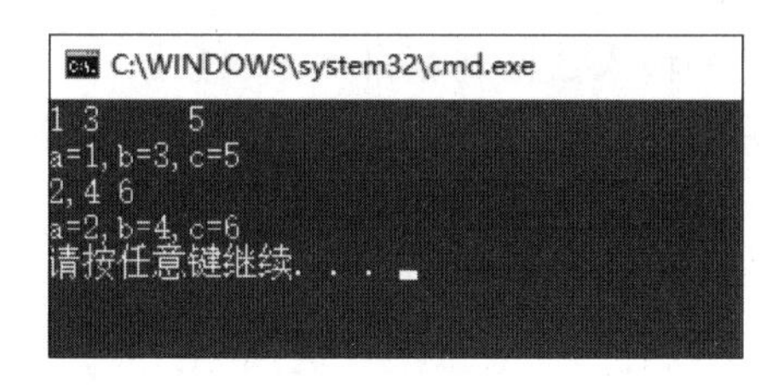

图 3-1-4　运行结果

控制串。对于这种格式控制串，从键盘上输入数值型（包括整型和实型）数据时，在数值型数据之间可以使用空格、制表符（Tab）和换行符（line feed）三者中的任何一种来间隔，比如，与第 9 行"%d%d%d"对应的用户输入数据可以是“1 空格 3Tab5”，最后呈现的显示效果如图 3-1-4 所示。

但是，对于第 11 行上的"%d,%d %d"格式控制串，就和第 9 行不一样了。在"%d,%d %d"中除了 3 个%d 是格式控制字符以外，另外还有 1 个逗号和 1 个空格是原样输入字符，因此通过键盘输入数据时必须按照一一对应的原则，比如，可以输入“2,4 空格 6”。这样，2 就对应第一个%d，放入变量 a 中；逗号对应逗号；4 对应第二个%d，放入变量 b 中；空格对应空格；6 对应第三个%d，放入变量 c 中。如果不严格按照这个格式进行输入，就会出现错误。比如，如果输入“2,4,6”的话，按照一一对应的原则，就只有 a 和 b 能够分别得到正确的数值 2 和 4，从第二个逗号开始就和格式控制串中的空格不对应了，从这个不对应的位置开始，后面将无法正确输入数据。变量 c 将无法得到正确的数值 6。同样地，如果输入“2 空格 4Tab6”的话，就只有 a 变量能够正确得到 2，b 和 c 都无法得到正确的数值。

3）下面就 scanf( )函数的格式单独说明以下几点，请读者引起重视。

① 与输入数值型数据不同的是，在使用%c 格式说明来输入字符时，不能使用空白字符作为字符与字符之间的间隔，否则空白字符也会作为有效字符被输入。比如，有以下程序片段：

```
1  char  c1,c2,c3;
2  scanf("%c%c%c", &c1, &c2, &c3);
```

若输入：

a␣b␣c↙

其中，符号␣是手写的空格符号，表示在这里输入的是一个空格符。c1 将得到字符'a'，c2 将得到字符'␣'，c3 将得到字符'b'。最后，键盘输入缓冲区中还剩下“␣c\n”三个字符。这里需要说明的一点是，在键盘上按下一次 Enter 键实际上对应的是'\n'和'\r'两个字符，但在输入到计算机内存中时只保留下'\n'，自动丢弃'\r'。计算机在输出内存中的'\n'时，又会自动加上'\r'。这就是前面 printf( )函数和 putchar( )函数在输出'\n'，为什么会出现“换行”（光标换到下一行）和“回车”（光标回到本行开头）两个字符的效果的原因，相当于按下一次 Enter 键。

对于上面这个程序片段，如果输入：

a↙

bc↙

请读者自行思考并回答：c1、c2、c3 的 ASCII 码值将分别是多少？

② 系统可以按照用户指定的输入数据列宽自动截取数据。

③ 格式修饰符“ * ”表示读入该输入项后，不赋给相应的变量，即跳过该输入值。比如，有如下程序片段：

```
1  scanf("% 2d % * 3d % 2d,% * d,% 1d", &a, &b, &c);
2  printf("a=% d, b=% d, c=% d\n", a, b,c);
```

如果从键盘上输入的数据是：

12 345 67,89012,345

则得到的输出结果就应该是：

a=12, b=67, c=3

④ 为实型变量输入数据时，不能指定精度。比如：

```
1  float a;
2  scanf("% 10.2f", &a);
```

就是不合法的。

⑤ 为 short int 型和 double 型变量输入数据时，必须分别使用%hd 和%lf。若使用%d 和%f，则会因为格式说明与实际变量的存储格式不匹配造成数据错误。比如，下面的程序片段：

```
1  double g;
2  scanf("% f", &g);
```

如果在输入数据时，从键盘上输入的是：0. 12345678999↙，然后通过调试工具监视变量 g，会发现 g 变量得到的值是 4. 65905335771326e231，并不正确！

在 VC++ 2010 中，由于 long int 和 int 的存储格式是一样的，所以在为 long int 输入数据时，可以使用格式说明%ld，也可以使用%d。

⑥ 由于系统默认将空格、制表符和换行符这三种空白字符作为数值型数据之间的分隔符，所以在为数值型变量输入数值型数据时，若一开始就遇到空白字符，系统会自动跳过这些空白字符，认为它们都是一些分隔符，然后从第一个合法的数值型数据开始依次读取，直到遇到合法的分隔符，或者遇到其他非法的数值型数据，或者达到指定的列宽时才停止。比如，下面的程序片段：

```
1  char b, d, f;
2  int a=5, e=5, g=5;
3  float c;
4  scanf("% d% c% f% c% d", &a, &b, &c, &d, &e);
5  scanf("% c% d", &f, &g);
```

程序执行以后，若通过键盘一次性输入的是：

123p123o.26↙

则按照一一对应的原则，变量 a 通过第一个%d 读到的是 123，当遇到字符'p'（非法的数值型数据）时 a 变量输入结束；接下来，b 变量通过%c 正好读到字符'p'；c 变量通过%f 读到 123，当遇到小写字母'o'时 c 变量输入结束；d 变量通过%c 正好读到字符'o'；e 变量通过%d 读到小数点，小数点属于非整型数据，这条语句立即结束执行，这使得 e 变量没有从键盘输入缓冲区中读到任何数据，继续保持原来的值 5；接着，变量 f 通过%c 便正好读到小数点；最后变量 g 通过%d 读到 26。

需要提醒读者的是，在实际的编程过程中，不要像上面这段程序这样，在一个 scanf( ) 函数中输入多种不同类型的数据。这种纷繁复杂、让人迷惑的输入方法会降低程序的可读性，通常情况是被反对使用的。这里只是作为一个入门的例子，让初学者熟悉 scanf( ) 函数输入数据的过程。

在 VC++ 2010 集成开发环境中实际调试程序时，读者会发现使用了 scanf( ) 函数的源程序在编译时都会出现警告，提示这个函数是不安全的，并建议使用 scanf_s( ) 函数。确实，在历史上，scanf( ) 函数曾出现过很多 bug，暴露出了一些问题，直到现在它依然存在一些安全隐患。比如，在第 5 章中为一个一维字符型数组输入字符串时，预先定义的这个字符型数组的长度总是确定的，当通过键盘为这个字符型数组输入的字符串，其长度超过了该字符型数组的长度时，scanf( ) 函数并不做任何检查，是不能被发现的。它只会“傻乎乎”地把这个字符串中所有的字符逐个地“搬”到字符型数组中，到达数组末尾了也不知道，还继续往后存放，直到“搬”完所有的字符。这样，就会造成数组超界的问题。关于数组超界和字符串的输入输出问题，将在第 5.1.1 和 5.2.1 节中讨论。scanf_s( ) 函数是 Microsoft 公司从 VC++ 2005 开始为程序员提供的一个与 scanf( ) 函数功能相同但安全性更好的标准输入函数，其用法与 scanf( ) 大同小异，不同之处只在于 scanf_s( ) 为每个输入数据多设计了一个用于指定存储空间长度的参数，以避免内存访问越界问题的发生。其具体用法请见 5.2.1 节或查阅相关手册。

如果程序员在 C 源文件中使用了像 scanf( )、gets( )、strcpy( ) 和 strcat( ) 等不安全的函数，但又不想让 VC++ 2010 编译器发出警告，则可以在该源文件的最前面添加一个宏定义#define _CRT_SECURE_NO_WARNINGS，但这种方式只对该源文件有效，如果希望对该项目中的所有源文件均有效，则需要在项目属性页面中进行配置，如图 3-1-5 所示。

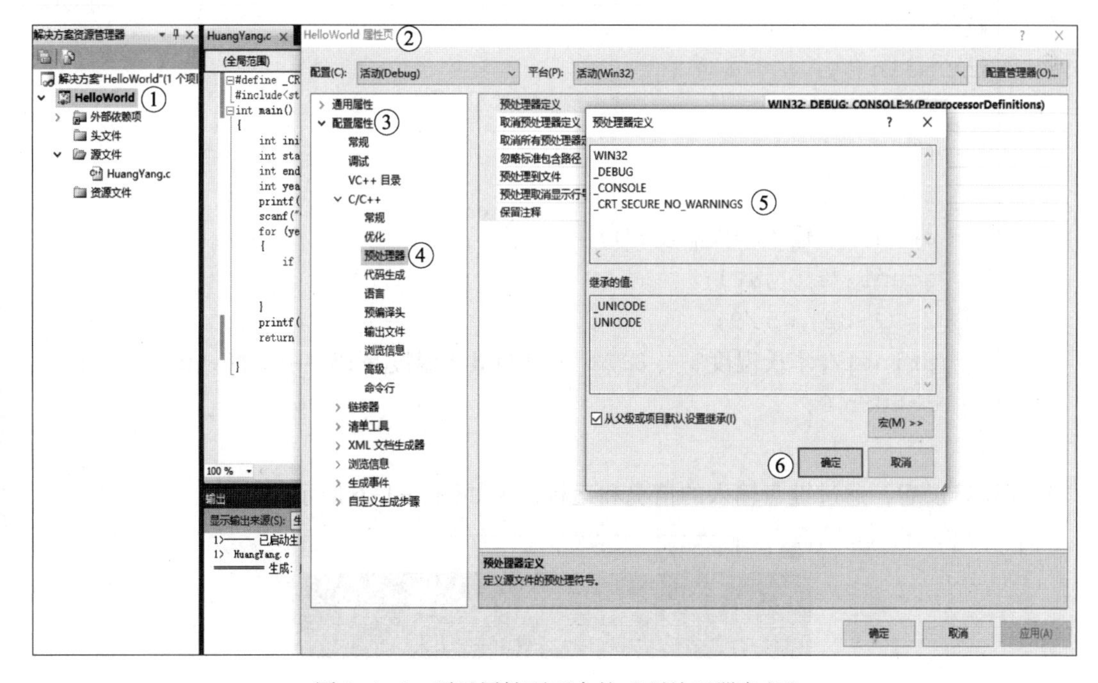

图 3-1-5　项目属性页面中的“预处理器定义”

3.1.2 顺序结构程序示例

在学习了前面内容的基础上，下面就可以编写一些简单的C程序了。

【例3-1-4】 编程实现：通过键盘输入一个华氏温度，然后根据公式 $C=\frac{5}{9}(F-32)$ 将输入的华氏温度转换成对应的摄氏温度，最后将两个温度显示到屏幕上。要求显示的格式为：两个温度分别占8列宽、都左对齐、正数显示正号、负数显示负号、结果保留两位小数。

解题思路：

(1) 变量必须先定义后使用。本程序需要两个变量，一个用来存放通过键盘输入的华氏温度 F，另一个用来存放转换以后得到的摄氏温度 C。根据生活经验，温度是一个连续变化的数值，因此在C语言中应该将温度定义为实型。

(2) 通过键盘输入华氏温度 F，可以利用 scanf() 函数来实现。

(3) 程序读入华氏温度 F 以后，再根据题干上的数学转换公式计算出摄氏温度 C。注意：编程时需要将数学转换公式翻译成C语言表达式才可以。

(4) 将计算出来的摄氏温度 C 按指定格式进行输出，可以利用 printf() 函数来实现。

源程序如下：

```
1   /*
2   程序名称：3-1-4F2C.c
3   程序功能：实现从华氏温度到摄氏温度的转换
4   */
5   #include<stdio.h>
6   int main()
7   {
8       float F;
9       float C;
10      printf("输入华氏温度:");
11      scanf("%f",&F);
12      C=(F-32)*5/9;
13      printf("华氏温度%+-8.2f对应的摄氏温度是:%+-8.2f.\n",F,C);
14      return 0;
15  }
```

程序运行以后，通过键盘输入的情况和运行结果如图3-1-6所示。

图3-1-6 运行结果

思考：

如果将第12行的语句改写为“C=5/9*(F-32);”，其他语句都不变，运行程序还能得到正确结果吗？请分析原因。

【例3-1-5】 编程实现：在一家商店里，售货员需要找钱给顾客。现在，售货员的收银柜里只有50元、5元和1元三种纸币，每种纸币的数量足够多。请通过键盘输入一个整数金额，编写程序计算出一种最佳的找钱方案，即找给顾客的纸币张数最少。

解题思路： 根据本题要求，要实现找给顾客的纸币张数最少，很自然地就会想到尽可能地先找面额最大的纸币，然后再找次大的纸币，以此类推。为了得到最佳的找钱方案，需要总是立足当前，一步一步地做出当前的最佳选择，得到局部最优解，从而逐步逼近问题的整体最优解。可见，找钱问题满足贪心选择性质和最优子结构性质，可以使用贪心算法来求解。关于贪心法的讲解，请见《大学计算机》第6章。

源程序如下：

```
1   /*
2   * 程序名称: Change.c
3   * 程序功能: 求解最佳找零方案
4   */
5   #include<stdio.h>
6   int main()
7   {
8       int amount, m50, m5, m1;
9       printf("请输入一个找零金额:");
10      scanf_s("%d",&amount);
11      m50 = amount/50;
12      amount = amount%50;
13      m5 = amount/5;
14      amount = amount%5;
15      m1 = amount;
16      printf("50元纸币:%d张,5元纸币:%d张,1元纸币:%d张.\n",m50, m5, m1);
17      return 0;
18  }
```

程序运行结果如图3-1-7所示。

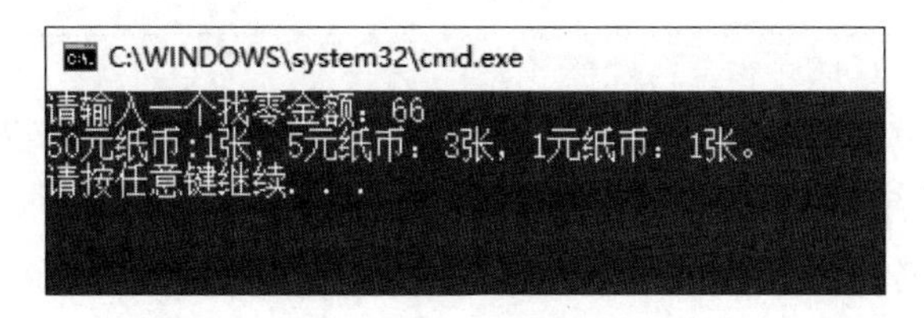

图3-1-7　运行结果

就本题而言，使用贪心算法从当前出发，逐步得到全局最优解，是可行的。但是，只需将本题的三种纸币稍作修改，使用贪心算法得到的解就可能不是一个最优解了，而是一个近似解。比如，只将面额为50元的纸币改为11元，其他两种纸币不变。若通过键盘输入找零金额为15元后，则程序算出的答案就是：1张11元，4张1元，而最优解应该是：3张5元。若通过键盘输入找零金额为66元，则程序算出的答案又是最优解了。关于贪心算法的进一步理解，感兴趣的读者可以自行查阅相关资料进行学习。

3.2 选择结构

选择结构（selection structure）又称为分支结构。它是根据不同的条件或情况做出不同的选择，执行不同的分支，处理不同的内容。在正式学习选择结构之前，读者需要首先掌握关系运算符和关系表达式，以及逻辑运算符和逻辑表达式。这两种运算符及其表达式经常被用在判断表达式中，用于判断条件的真假。

3.2.1 关系运算符和关系表达式

1. 关系运算符

关系运算符（relational operator）用于判断两个数之间是否存在着某种关系，是一种简单的比较运算。它用于将两个值进行大小和等于的比较，判断其比较的结果是否符合给定的条件。若比较的结果为真，则说明符合给定的条件，用数值“1”来表示；若比较的结果为假，则说明不符合给定的条件，用数值“0”来表示。关系运算符共有6个，具体如表3-2-1所示。

表3-2-1　关系运算符

符　号	名　称	优 先 级	结 合 性
>	大于	6	自左至右
<	小于	6	自左至右
>=	大于或等于	6	自左至右
<=	小于或等于	6	自左至右
==	等于	7	自左至右
!=	不等于	7	自左至右

说明：

（1）所有关系运算符的结合性都是从左至右，其优先级都低于算术运算符，要注意==和!=的优先级又低于另外4个。

（2）读者要注意等于关系运算符（==）的书写形式与赋值运算符（=）的书写形式是不同的，两者不能混淆。初学者务必要区分开。

2. 关系表达式

由关系运算符和关系运算对象可以构成关系表达式，例如，a+b > b+c、(a=3) > (b=5)、'a' > 'b' 都是合法的关系表达式。

关系表达式中参与运算的对象也可以是关系表达式，即在关系表达式中可以出现嵌套情况。例如，假定已有：

```
1 | int a=3,b=2,c=1;
```

则表达式 a>b>c 的值是真还是假呢？

初看表达式 a>b>c，它很像在数学中习惯书写的一种形式，其含义是表示 b 介于 a 和 c 之间，但在 C 语言中不能这样理解。在 C 语言中，应该将其理解为：两个>运算符的优先级相同，则按结合性从左至右，首先计算 a>b，结果为 1，表示真；再将 1 和 c 比较，结果为 0，表示假。因此，表达式 a>b>c 的最终结果应该为 0（假）。也就是说，在 C 语言中，a>b>c 实际上是一个嵌套的关系表达式，其完全等价于(a>b)>c。为此，需要特别提醒读者，在初学 C 语言时，有很多地方都需要仔细区分数学表达式和 C 语言表达式之间的差异。

如果程序员确实想实现数学表达式 a>b>c 表示“b 介于 a 和 c 之间”这样的判断，就需要用到下面即将介绍的逻辑运算符和逻辑表达式了。

3.2.2　逻辑运算符和逻辑表达式

1. 逻辑运算符

表示逻辑或命题运算的运算符称为逻辑运算符（logic operator）。逻辑运算也称为布尔运算。C 语言提供了三种逻辑运算符：逻辑与（&&）、逻辑或（‖）、逻辑非（!）。其中，逻辑与（&&）和逻辑或（‖）都为双目运算符，结合性都是从左至右，但是前者的优先级为 11，后者的优先级为 12。但是，逻辑非（!）却是单目运算符，结合性为从右至左，优先级为 2。它与自增、自减运算符优先级相同，但比前面所学过的另外几种运算符的优先级都要高。

下面，介绍一下逻辑运算的规则，如表 3-2-2 所示。

表 3-2-2　逻辑运算的规则

a	b	a&&b	a‖b	!a	!b
0	0	0	0	1	1
0	非 0	0	1	1	0
非 0	0	0	1	0	1
非 0	非 0	1	1	0	0

说明：

(1) 逻辑运算的结果只可能是 1（真）或 0（假）中的一个，但参与逻辑运算的对象可以是非 0（真）或 0（假）。也就是说，在判断一个数是真是假时，以非 0 为真，0 为假；

而在给出一个运算结果时，只以1为真，0为假。

(2) 从表3-2-2所示的运算规则中还可以看出，0&& 任何数（0、非0）均为0（假），非0‖任何数（0、非0）均为1（真）。

2. 逻辑表达式

逻辑表达式是指由逻辑运算符和逻辑运算对象构成的表达式。比如：

```
1  int a=3, b=2, c=1;
2  int result1, result2;
3  result1 = a>b && b>c;
4  result2 =a==b || (c=a+b);
```

其中的C语言逻辑表达式a>b && b>c就等价于数学表达式a>b>c，因此，result1得到的值为1。在逻辑表达式a==b ‖ (c=a+b)中，首先计算a==b，结果为0（假）；再计算a+b，结果为5；接着计算赋值表达式c=a+b，得到c的值为5，最后逻辑表达式非0为真，最后逻辑表达式a==b ‖ (c=a+b)的结果就为1（真）。因此，result2得到的值就为1，c最终的值为5。

但是，只需要将上面的逻辑表达式a==b ‖ (c=a+b)改为a==3 ‖ (c=a+b)，就会发现result2得到的值依然是1，但c最终的值却是1，并非5。为什么会出现这种情况呢？这就需要单独介绍一下逻辑与（&&）和逻辑或（‖）两种特殊运算符的运算规则了。

由逻辑运算符&&（或‖）构成的逻辑表达式，其运算顺序是先计算位于运算符左侧的子表达式，若该子表达式的值为非0（或0），再计算右侧的子表达式，最终得出逻辑表达式的值；但是，若先计算出来的左侧的子表达式的值已经为0（或非0）了，则计算机不会再去计算右侧的子表达式了。因为很明显，当已知逻辑与运算符左侧的值为0了，则整个逻辑与表达式的值就已经确定为0了；同样地，当已知逻辑或运算符左侧的值为非0了，则整个逻辑或表达式的值就已经确定为1了。因为逻辑与和逻辑或两种运算符都具有上述这一特性，存在只需要计算左侧子表达式的值就能直接得出整个逻辑表达式的值的情况，所以有人又称这两种运算符为“短路运算符”。这样，读者就能分析上述例子中为什么a==3 ‖ (c=a+b)的运算结果是1，而c的结果也依然是1的原因了。再比如：

```
1  int a=3, b=4, c=5, d=6, m=7, n=8, x;
2  x = (m=a>b) && (n=c>d);
```

思考：

以上程序片段运行以后，m、n、x的值将分别变为多少？

在学习了关系运算符和关系表达式，以及逻辑运算符和逻辑表达式以后，最常见的一个例子就是判断某一年是否是闰年。

众所周知，地球围绕太阳公转一周所需的时间是365天5小时48分46秒（365.242 19天），即一回归年（tropical year）；而公历年只有365天，比回归年短了0.242 19天。因此，每隔4年两者就会累计相差0.968 76天（约1天）。于是，为了让公历年与回归年同步，人们

就想到了在每隔 4 年的第 2 月末加上 1 天，使当年的历年长度为 366 天，这一年就称为闰年。但是，按照每隔 4 年出现一个闰年的频率进行计算，平均每年就要多算出(1-0.968 76)/4=0.007 81 天，经过 400 年后就会多算出大约 3 天。于是，人们又想到了在每 400 年中减少 3 个闰年，即当年份是整百时，必须是 400 的倍数才是闰年。综上所述，公历中闰年的条件就有以下两个：

条件 1　普通闰年：公历年份是 4 的倍数，但不是 100 的倍数。

条件 2　世纪闰年：公历年份是 100 的倍数，且必须是 400 的倍数。

现在，假设通过键盘随机输入了一个公历年份 year，请问该如何利用 C 语言表达式来判断 year 是否是闰年呢？为此，程序员必须认真分析前面所提到的两个闰年条件。首先，条件①和条件②只需满足一个即可，因此两个条件是或的关系。其次，在条件①中，前半句话和后半句话都必须同时满足，因此这两者是与的关系。接下来，在条件②中，前半句话包括的范围比后半句话更大，即后半句话所描述的集合是前半句话所描述集合的真子集。也就是说，条件②后半句话的限制更强。为此，条件②的前半句话是多余的，可以不用管它。理清楚两个条件各部分之间的逻辑关系以后，便可写出以下 C 语言表达式：

```
1 | ((year% 4 = =0)&&(year% 100 ! =0)) ||(year% 400 = =0)
```

若去掉上述表达式中的所有圆括号，得到如下表达式：

```
1 |year% 4 = =0&&year% 100 ! =0 ||year% 400 = =0
```

请问上述表达式是否还能用来判断 year 是否是闰年呢？请读者根据运算符的优先级和结合性进行分析。若将上述表达式整体括起来，再求非，又是否还能判断 year 是否是闰年呢？表达式如下：

```
1 |!(year% 4 = =0&&year% 100 ! =0 ||year% 400 = =0)
```

感兴趣的读者还可以分析下面这个表达式是否还能用来判断 year 是否是闰年呢：

```
1 |year% 4 ! =0 || year% 100 = =0&&year% 400 ! =0
```

最后提醒一下读者：上面这 4 个表达式，仅仅是针对初学者编写的，目的在于帮助初学者尽快熟练掌握相关运算符的语法规则；在实际编程过程中，如果一个表达式中出现了多个和多种运算符，为了提高程序的可读性，同时避免出错，建议多使用圆括号明确指示该表达式的运算顺序，例如，这 4 个表达式中的第一个。

3.2.3　条件语句

条件语句是对预先给定的条件进行判断，以决定执行某一段分支程序的语句。在 C 语言中，使用 if 语句来实现条件语句，构成选择结构，有选择性地执行某段程序。C 语言的 if 语句有 3 种基本形式：单分支、双分支、多分支。

1. 单分支条件语句

if 语句的单分支形式：

```
if (判断表达式)
  语句块
```

其执行流程如图 3-2-1 所示。当判断表达式的值为非 0（真）时，执行语句块的内容；当判断表达式的值为 0（假）时，跳过语句块的内容（即不做任何处理），执行 if 语句的后续语句。

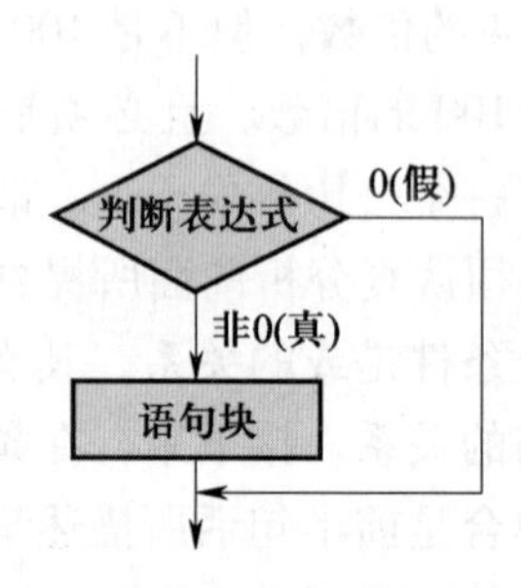

图 3-2-1　if 单分支条件语句执行流程

说明：

（1）判断表达式可以是 C 语言中合法的任意表达式，是一种广义的表达式，包括单个常量、变量，以及由各种运算符、运算对象构成的普通表达式。由于它是起条件判断的作用，所以本书为了突出该表达式的功能，让初学者更加明晰其概念，单独将它命名为判断表达式。只要判断表达式的运算结果为 0 便视为假，非 0 便视为真。非 0 的情况有无限多种，比如，if ('a')、if (−5)、if (3.14 * r * r) 等都属于非 0 的情况。这个说明同样适用于 C 语言后续章节中要讲的其他判断表达式。

（2）语句块是由{}括起来的若干条或单独的一条语句，若只有一条语句时，也可以使用{}。当判断表达式为真时，则执行该语句块，否则，则直接跳过该语句块，执行 if 语句的后续语句。这里所讲的“语句块”的概念也同样适用于 C 语言后续章节中要讲的其他“语句块”。

【例 3-2-1】 编程实现：通过键盘输入任意的两个整数，然后将这两个整数按由大到小的顺序显示在屏幕上。

解题思路： 由于本题从键盘上输入的两个整数是随机的，因此预先无法知道谁大谁小，所以只能在程序中对输入的两个整数进行大小比较，最后按由大到小的顺序输出。

源程序如下：

```
1  /*
2  程序名称：3-2-1selection-single.c
3  程序功能：按由大到小的顺序输出两个整数
4   */
5  #include <stdio.h>
6  int main()
```

```
7  {
8      int num1, num2;
9      int temp;
10     printf("请任意输入两个整数:");
11     scanf("% d% d",&num1,&num2);
12     if(num1<num2)                    /* 单分支条件语句 * /
13     {
14         temp = num1;
15         num1 = num2;
16         num2 = temp;
17     }
18     printf("由大到小输出这两个整数: % d,% d\n",num1,num2);
19     return 0;
20 }
```

程序运行情况如图 3-2-2 所示。

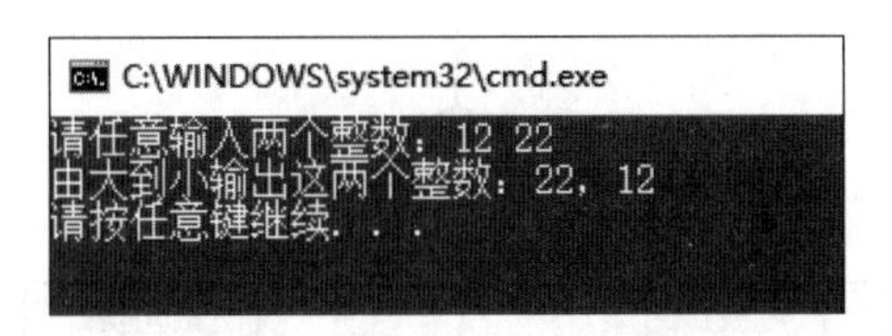

图 3-2-2　运行情况

在以上程序中，用到了一个简单、基本的算法，即两个变量之间的数据交换算法。该算法的核心是借助一个临时变量 temp 暂存数据，然后在两个变量之间进行数据转移，从而实现数据的交换。读者可以将第 14～16 行的执行过程在草稿纸上手工演示一遍，帮助理解。为了加深印象，这里给大家分享一个生活中的类似的例子。这个例子是作者在 1990 年于自贡蜀光中学初次接触 BASIC 编程时，计算机老师所使用的例子。同时，也想以此表达对启蒙老师的敬意之情！老师说："现在桌上有两个相同大小的瓶子，一个瓶子装满了白酒，另一个装满了白水，请问如何互换这两个瓶子中的内容？很自然地就会想到，需要借助第三个这样的空瓶子，将白水临时倒入空瓶中，然后将白酒倒入白水瓶中，再将临时存放的白水倒入白酒瓶中。这样，白酒瓶和白水瓶中的内容便实现了互换"。这和上述程序中两个变量之间的数据交换完全是一个道理。

为了激发初学者学习 C 语言的兴趣，这里还想告诉读者一个生活中的有趣的例子。现在教室里面有两个座位，一个座位上坐着张三，另一个座位上坐着李四，请问张三和李四之间要互换座位，还需要第三个空座位吗？显然不需要。张三和李四只需要同时起身相互侧身即可完成互换。那么，C 语言中的两个变量要互换数据，能像张三和李四这样直接侧身就互换了吗？这个问题留给读者思考，本书将在 5.4.2 节中介绍。

最后，再留下一个问题供读者

思考：

例 3-2-1 实现了两个数由大到小降序排列，如果要实现三个数、百个数、千个数……由大到小降序排列，又该如何呢？

2. 双分支条件语句

if 语句的双分支形式：

```
if (判断表达式)
    语句块 1
else
    语句块 2
```

其执行流程如图 3-2-3 所示。当判断表达式的值为非 0（真）时，执行语句块 1 的内容；当判断表达式的值为 0（假）时，执行语句块 2 的内容。也就是说，if 双分支条件语句能够根据判断表达式的真假情况，做出不同的选择，决定执行不同的分支，处理不同的内容。无论执行哪条分支上的语句块，执行完毕后，都将转到 if 语句的后续语句继续执行。

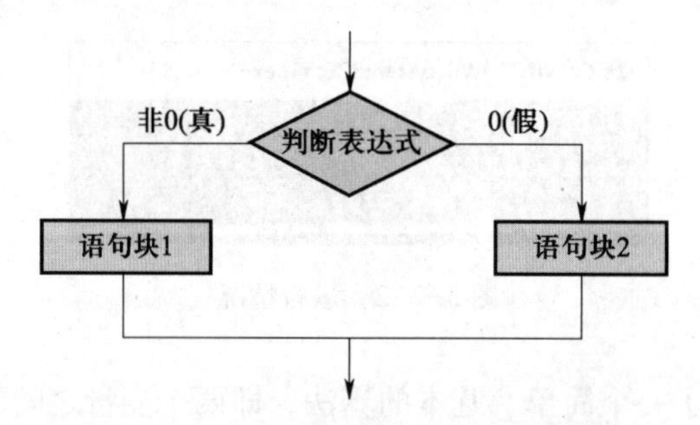

图 3-2-3　if 双分支条件语句执行流程

说明：

（1）就单独的一条双分支条件语句而言，由于判断表达式的运算结果只可能是真或假两者之一，不可能同时既为真又为假，所以“语句块 1”和“语句块 2”两条分支中也就只可能有一条分支被执行，而且只被执行一次。

（2）保留字 else 不能单独作为一条语句来使用，它必须与 if 配对使用。也就是说，可以只有 if 而没有 else，但绝不可以只有 else 而没有 if。

【例 3-2-2】 编程实现：通过键盘输入任意两个整数，求出其中的较大值，并将该值显示在屏幕上。

解题思路： 要求出两个整数中的较大值，就需要对两个整数进行比较，将比较的结果，即两者中的较大值存放到一个 max 变量中，最后输出 max。

源程序如下：

```
1   /*
2   程序名称：3-2-2selection-double.c
```

```
3  程序功能:求两个整数中的较大值
4  */
5  #include <stdio.h>
6  int main( )
7  {
8      int num1, num2, max;
9      printf("Input two numbers:");
10     scanf("%d,%d",&num1,&num2);
11     if(num1 > num2)
12         max=num1;
13     else
14         max=num2;
15     printf("max=%d\n",max);
16     return 0;
17 }
```

程序运行情况如图 3-2-4 所示。

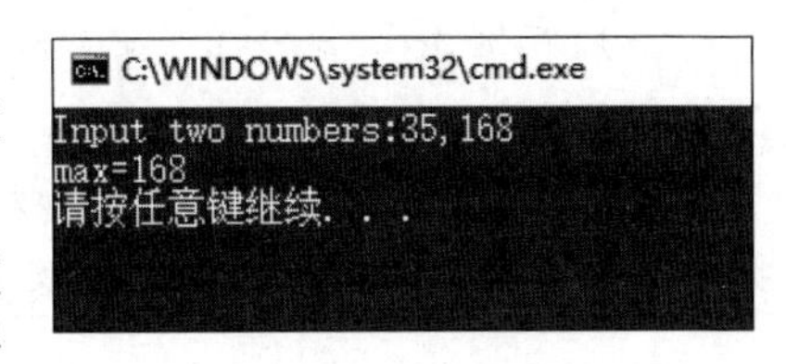

图 3-2-4　运行情况

在以上程序中，也用到了一个简单、基本的算法，就是求两个数中的较大值的算法。此算法比较简单，这里就不再赘述。

需要单独说明的一点是，当 if-else 语句的两个分支都对同一个变量进行赋值时，比如，本例的第 12～14 行语句就都是对 max 变量赋值，对于这种简单、特殊的情况，C 语言提供了一个专门的条件运算符来实现，以简化程序，提高程序的运行效率。条件运算符的语法格式为：

```
判断表达式 ? 表达式1 : 表达式2
```

可见，该运算符需要 3 个运算对象，是 C 语言中唯一的一个三目运算符（ternary operator）。其中的问号（?）和冒号（:）都是条件运算符的组成部分，缺一不可。条件运算符的优先级是 13 级，结合性从右至左。至此，读者已经学过了 C 语言中所有从右至左的运算符了，包括单目运算符（优先级为 2）、赋值运算符（优先级为 14），以及这里介绍的条件运算符。其中，赋值运算符又包括简单赋值运算符和复合赋值运算符。除了这 3 种运算符的结合性是从右至左外，其他运算符的结合性都是从左至右。这样，读者就能很容易地记住所有运算符的结合性了。

条件表达式的执行过程是：先求解判断表达式的值，如果其值为非 0（真），则求解表达式 1，并把表达式 1 的值作为整个条件表达式的值；如果其值为 0（假），则求解表达式 2，并把表达式 2 的值作为整个条件表达式的值。在条件表达式的一次执行过程中，表达式 1 和表达式 2 不可能被同时执行，只有其中的一个表达式会被执行。具体执行流程如图 3-2-5 所示。

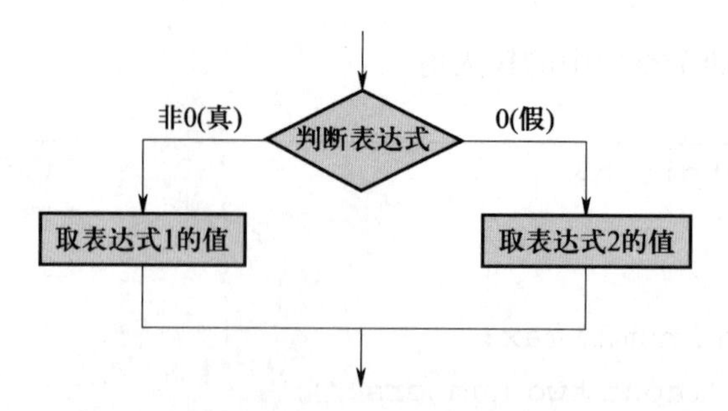

图 3-2-5 条件表达式的执行流程

为此，例 3-2-2 中第 11~14 行，可以简写成一条语句来实现，即：

```
1  max = (num1>num2) ? num1 : num2;
```

当然，条件表达式并不能完全取代 if-else 语句，只有当 if-else 语句中两个分支都对同一变量进行赋值时，才能代替 if-else 语句。if-else 语句能处理的情况更多，功能更强；而条件表达式只对应 if-else 语句中的一种特殊情况。

思考：

最后，再针对例 3-2-2 提以下两个问题供读者思考：

(1) 在例 3-2-2 的程序中，如果不定义 max 变量，该如何修改程序，使之实现相同的功能。

(2) 例 3-2-2 求两个数中的较大值，是通过 if-else 双分支条件语句来实现的，如果要求三个数中的最大值，求百个数中的最大值，求千个数中的最大值……又该如何实现呢？

3. 多分支条件语句

if 语句除了能实现单分支和双分支结构以外，还可以实现多分支结构。if 语句的多分支形式为：

```
if (判断表达式 1)
    语句块 1
else if (判断表达式 2)
    语句块 2
    ......
else if (判断表达式 n)
    语句块 n
else
    语句块 n+1
```

其执行流程如图 3-2-6 所示。当判断表达式 1 的值为非 0（真）时，执行语句块 1；当判断表达式 1 的值为 0（假）时，求解判断表达式 2，相当于在第一个 if-else 语句的 else 分支上又嵌套了一个 if-else 语句。以此类推，当判断表达式 2 的值为非 0（真）时，执行语句块 2；当判断表达式 2 的值为 0（假）时，求解判断表达式 3……如果判断表达式 1 到 $n-1$ 都为假，则最后求解判断表达式 n；如果判断表达式 i 为真，则执行语句块 i，判断表达式 $i+1$ 到 n 都不会被执行。在 if 多分支条件语句的一次执行过程中，也只有语句块 1 到语句块 $n+1$ 中的一个语句块被执行，其他语句块都没有被执行的机会。

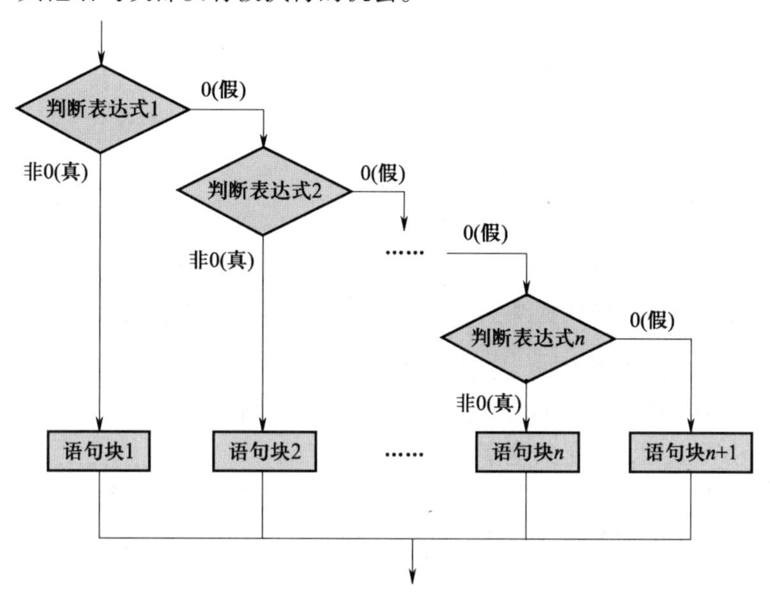

图 3-2-6　if 多分支条件语句执行流程

说明：

(1) 在 if 多分支语句中，每条分支之间并非是平等、并列的关系，而是嵌套的关系。也就是说，程序的执行并不是直接从某个判断表达式进入执行相应的分支，也不是先把所有的判断表达式都求解出来了再看哪个为真就执行哪个分支，而是从判断表达式 1 开始依次求解，一旦遇到哪个判断表达式为真就执行那个分支的内容。比如，以下程序片段：

```
int x;
scanf("% d", &x);
if(x > 0)
    printf("x > 0 \n");
else if(x > 10)
    printf("x > 10 \n");
else if(x > 20)
    printf("x > 20 \n");
else
    printf("others \n");
```

我们的初衷是想判断通过键盘输入的整数 x 是落在 1~10、11~20 和 21 以上的哪个范围内，但程序的执行结果并非我们所愿。只要用户通过键盘输入一个大于 0 的正整数，如 5、16 或 128 等，程序都会输出结果：x> 0，无法进行准确的分段判断。只有当用户输入一个小于或等于 0 的整数时，才会输出结果：others。

为了实现上述的分段判断，可将以上程序片段修改为：

```
if(x <= 0)
    printf("others \n");
else if(x <= 10)
    printf("10>=x>0 \n");
else if(x <= 20)
    printf("20>=x>10 \n");
else
    printf("x>20 \n");
```

（2）根据程序的实际情况需要，有时语句块 n+1 可能没有，这时可以理解为在判断表达式 n−1 的 else 分支上嵌套了一个 if 单分支语句。

【例 3-2-3】 编程实现：通过键盘输入一个字符，并判断这个字符的种类是控制字符、数字、大写字母、小写字母，还是其他字符。

解题思路： 每类字符在 ASCII 表中都位于一个连续的区间，题干要求判断 4 类字符，就分别对应 4 个不同的 ASCII 码区间。因此，可以考虑使用 if 多分支语句来实现对 4 个不同区间的判断。

源程序如下：

```
1   /*
2   程序名称：3-2-3Selection-Muti.c
3   程序功能：判断通过键盘输入的字符的种类
4   */
5   #include<stdio.h>
6   int main()
7   {
8       char ch;
9       printf("Input a character:");
10      ch=getchar();
11      if(ch<32)
12          printf("This is a control character.\n");
13      else if('0'<=ch && ch<='9')
14          printf("This is a digit character.\n");
15      else if('A'<=ch && ch<='Z')
16          printf("This is a capital letter.\n");
17      else if('a'<=ch && ch<='z')
18          printf("This is a small letter.\n");
19      else
```

```
20 |        printf("This is an other character.\n");
21 |    return 0;
22 |}
```

程序的运行情况如图3-2-7所示。

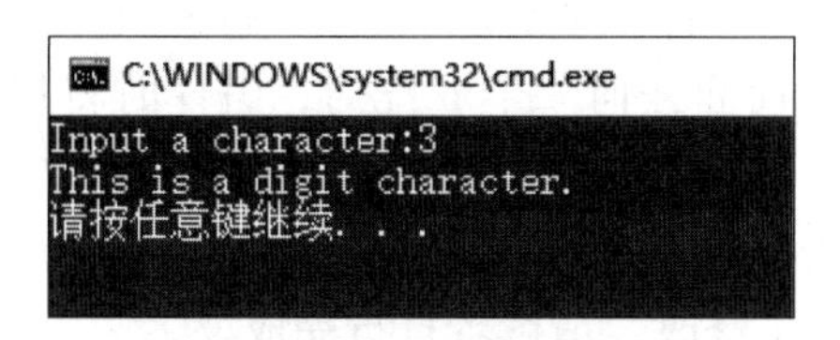

图3-2-7　运行情况

以上程序在判断区间时，直接使用了字符常量，这有利于提高程序的可读性。当然，也可以使用ASCII码，比如，第15行在判断是否为大写字母时，也可以写成：65<=ch && ch<=90。

另外，如果仅仅是判断这4类字符，不判断其他字符的话，也可以不用多分支结构，每一种情况使用一个if单分支语句即可。严格地说，if语句最基本的形式就只有if-else这一种。if单分支形式可以理解成if-else的一种特例，即条件不成立时不做任何处理；if多分支形式可以理解成if-else的一种嵌套。

4. 条件语句的嵌套

根据程序设计的需要，可以在if语句的各个分支中再嵌入if语句，甚至进行层层嵌套。但是，在进行if语句嵌套的时候，务必要注意以下几点：

（1）首先要理清楚程序每一层的逻辑关系和嵌套关系是否吻合。

（2）当某个分支内容不止一条语句时，一定要加上花括号做出界定。

（3）当某个嵌套关系有可能被计算机误解时，一定要加上花括号做出界定。

比如，以下程序片段：

```
1 |if (score <= 0)
2 |    if (score == 0)
3 |        printf("该考生成绩为0分，请系统管理员确认成绩.");
4 |else
5 |    if (score>=60)
6 |        printf("该考生通过本次机考测试.");
7 |        printf("请该考生准备面试.");
8 |    else
9 |printf("该考生没有通过本次机考测试.");
```

根据以上程序的缩进关系，大致可以明白该程序是用于对一名考生的机考成绩做出判断：大于或等于60分就通过机考，进入面试环节；1～59分就直接判定为没有通过；0分必须谨慎，需要系统管理员确认，因为可能是由于考试系统出了问题，导致成绩丢失。很明显，由于没有理清程序的逻辑关系和嵌套关系，没有用好花括号，所以该程序中存在错误，首先来看两个明显的错误：

（1）第4行的else无法与第1行的if配对。else和if的配对原则是：在没有花括号作出限定的情况下，else总是与它上面的离它最近的且没有与其他else配对的if配对。按照这一配对原则，计算机将把第4行的else与第2行的if进行配对，这就违背了原本的意图了。因此，应该使用花括号将第2~3行括起来，做出明确的界定，使第4行的else只可能与第1行的if配对。

（2）第8行的else无法与前面任何一个if配对，编译时将报语法错误。当第5行条件成立时要执行的分支应该包括第6~7行，因此应该用花括号将第6~7行括起来，表示条件成立时应该执行一个复合语句（语句块），而不是单条语句。

关于以上程序片段更进一步修改，请读者自行完成。

【例3-2-4】编程实现：通过键盘输入一位献血者的年龄、性别和体重信息，程序根据献血标准对该献血者进行判断，看他是否符合献血条件。对献血者年龄、性别和体重的要求是：① 年龄必须在18~55周岁之间；② 男性体重必须≥50 kg；③ 女性体重必须≥45 kg。

```
1   /*
2   程序名称:3-2-4Selection-nest.c
3   程序功能:根据献血者的个人信息,判断他是否符合献血条件
4   */
5   #include<stdio.h>
6   int main()
7   {
8       char sex;
9       int age;
10      float weight;
11      printf("Input the information about the blood donor:age,gen-
    der,weight(Kg)\n");
12      scanf("%d,%c,%f",&age,&sex,&weight);
13      if(18<=age && age<=55)
14          if(sex=='f' || sex=='F')
15              if(weight>=45)
16                  printf("符合年龄和体重要求,可以考虑献血.\n");
17              else
18                  printf("符合年龄要求,但体重太轻,不能献血.\n");
19          else if(sex=='m' || sex=='M')
20              if(weight>=50)
21                  printf("符合年龄和体重要求,可以考虑献血.\n");
22              else
23                  printf("符合年龄要求,但体重太轻,不能献血.\n");
24          else
```

```
25             printf("输入的性别有错,请输入'f''F''m''M'四者之一 .\n");
26     else
27         printf("年龄不符合要求,不能献血 .\n");
28     return 0;
29 }
```

程序的运行情况如图 3-2-8 所示。

```
C:\WINDOWS\system32\cmd.exe
Input the information about the blood donor:age,gender,weight(Kg)
23,m,48
符合年龄要求，但体重太轻，不能献血.
请按任意键继续. . .
```

图 3-2-8　运行情况

请读者根据题干的要求和逻辑关系，自行梳理本程序的嵌套关系。本程序采用了规范的缩进格式，读者可以根据每段程序的缩进情况理清其嵌套关系。

思考：

在此，提以下两个问题供读者思考：

(1) 如果本程序不是首先判断年龄是否符合要求，而是先判断性别和体重，会出现什么情况？为了提高程序的执行效率和代码的质量，应该先判断什么后判断什么？

(2) 在前面的多分支条件语句中，本书使用了连续函数和不连续函数的分段判断例子，这里又使用了多变量（因素）组合判断的例子，请读者细心比较各种情况所对应的程序代码有何不同？请读者尽量概括出一定的编程规律，提高自己的代码质量和编程能力。

3.2.4　开关语句

前已述及，if 语句实现的多分支结构实际是一层一层的嵌套关系，每个分支之间并非是平等、并列的关系。为此，C 语言提供了 switch 语句来实现真正意义上的多分支结构。

switch 语句的一般形式为：

```
switch (表达式 0)
{
    case 常量表达式 1: 语句块 1
    case 常量表达式 2: 语句块 2
        ......
    case 常量表达式 n: 语句块 n
    default:语句块 n+1
}
```

其执行流程如图 3-2-9 所示。当程序流程执行到 switch 语句的时候，首先求解表达式 0 的

值，然后将表达式 0 的值与下面各种情况（常量表达式 1 到 n）进行匹配，一旦与其中一种情况的常量表达式 i 匹配上，便从这里进入，执行相应的语句块 i、语句块 i+1……直到把语句块 n+1 执行完以后，退出 switch 结构，继续执行 switch 语句的后续语句。

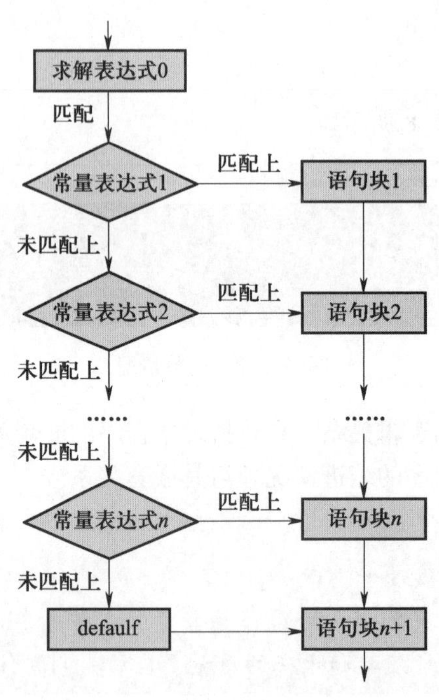

图 3-2-9　switch 语句的执行流程

说明：

(1) 这里的表达式 0 与前面介绍的条件语句中的判断表达式是不一样的，两者不能混淆。判断表达式的结果，最终只被认定为两种情况：非 0 为真，条件成立；0 为假，条件不成立。而表达式 0 的计算结果可能有无限多种情况，从常量表达式 1 到 n 只是可能的 n 种有限情况，还有很多情况就都属于其他情况，其他情况的处理就执行 default 分支。由于 switch 语句是将表达式 0 的值和常量表达式 1 到 n 依次匹配，一旦匹配成功就从该位置进入相应的分支执行任务，这个依次匹配的过程，很像是一台电风扇的挡位切换开关从 1 挡切换到 N 挡，一旦切换到哪一挡就接通该挡的电路开始工作，所以这种语句使用英文单词 switch 来命名，有的教材干脆就称之为开关语句，形象生动，便于理解和记忆。

(2) 每个 case 保留字后面只能是常量或常量表达式，不允许是变量或含有变量的表达式。也就是说，case 后面必须是一个在编译阶段就能确定的值。因为这是一个标注程序段的标号，该标号对应该程序段在内存中的地址，也就是程序执行流程转向的入口地址，是在编译阶段就必须确定的，不能等到程序运行阶段才确定。为了帮助理解，初学者可以把它理解为就像每间教室的门牌号码一样，必须是一个确定的值，不能是随时变化的，也不能是等到上课了才确定的，必须是在上课之前，在排课的时候就已经预先确定了。

(3) 常量表达式 1 到 n 也不允许是实型表达式。因为实型数据在表示时会出现误差，无法精确对应。

(4) 常量表达式1到n的值必须是互不相同的，否则就会出现互相矛盾的现象。这就像多间教室的门牌都一样了，学生就不知道从哪道门进去了。

(5) 所有case和default的出现次序没有严格规定，程序员可以根据需要自行决定，甚至可以将default放到前面去，但要小心这可能会导致程序的运行结果发生变化。

(6) 在书写时，初学者要注意：在case与其后的常量表达式之间必须要有空格，否则保留字case与常量表达式就粘在一起了，编译系统也就无法正确识别出case保留字。

【例3-2-5】编程实现：把一个百分制成绩转换成一个五分制成绩。转换的规则是：90~100分对应"优秀"，80~89分对应"良好"，70~79分对应"中等"，60~69分对应"及格"，0~59分对应"不及格"，其他对应"无效成绩"。

```
1   /*
2   程序名称:3-2-5CentesimalSystemToFivePointScale.c
3   程序功能:实现从百分制到五分制的转换
4   */
5   #include<stdio.h>
6   int main()
7   {
8       int score,grade;
9       printf ("Please input your score(1-100): ");
10      scanf ("%d", &score);
11      if(0<=score && score<=100)
12          grade=score/10;           //整型数除以整型数得到整型数
13      else
14          grade=-1;
15      switch (grade)
16      {
17          case 10:
18          case 9: printf ("该学生成绩%d分: 优秀\n", score);
19          case 8: printf ("该学生成绩%d分: 良好\n", score);
20          case 7: printf ("该学生成绩%d分: 中等\n", score);
21          case 6: printf ("该学生成绩%d分: 及格\n", score);
22          case 5:
23          case 4:
24          case 3:
25          case 2:
26          case 1:
27          case 0:printf ("该学生成绩%d分:不及格\n", score);
28          default:printf ("该学生成绩%d分:为无效成绩!\n", score);
```

```
29 |    }
30 |    return 0;
31 |}
```

以上程序片段的运行情况如图 3-2-10 所示。

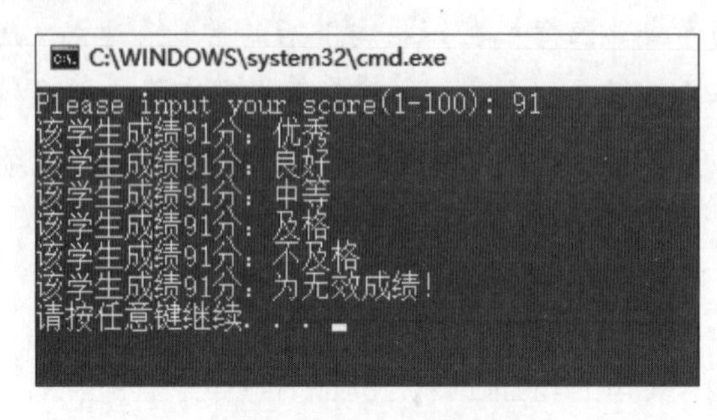

图 3-2-10　运行情况

很明显，上面的运行结果是错误的。但仔细观察各行的输出信息就会发现，程序将 91 分判断为优秀，这一行是正确的，后面的就都错了，而且不应出现后面的这些输出信息。分析程序第 18~28 行就会明白，程序执行了第 18 行以后，不应该再继续执行第 19~28 行的内容，应该直接退出 switch 结构，执行后续语句。

为了实现执行一个分支语句块以后就退出 switch 结构，不再执行其他分支的内容，C 语言提供了专门的 break 语句，用来退出当前的 switch 结构和下一节即将介绍的循环结构。如果在每个分支的最后都加上 break 语句，那才构成了真正意义上的多分支结构。比如，分别在上述程序的第 18、19、20、21、27 行末尾加上一条 break 语句，程序的运行结果就能满足题干的要求了。修改后的程序片段如下：

```
15 |switch (grade)
16 |{
17 |    case 10:
18 |    case 9:printf ("该学生成绩%d分:优秀\n", score); break;
19 |    case 8:printf ("该学生成绩%d分:良好\n", score); break;
20 |    case 7:printf ("该学生成绩%d分:中等\n", score); break;
21 |    case 6:printf ("该学生成绩%d分:及格\n", score); break;
22 |    case 5:
23 |    case 4:
24 |    case 3:
25 |    case 2:
26 |    case 1:
27 |    case 0:printf ("该学生成绩%d分:不及格\n", score); break;
28 |    default:printf ("该学生成绩%d分:为无效成绩!\n", score);
29 |}
```

说明：

（1）如果在图 3-2-9 中的每个语句块后面都加上 break 语句，程序的执行流程就变成图 3-2-11 所示的情况了。

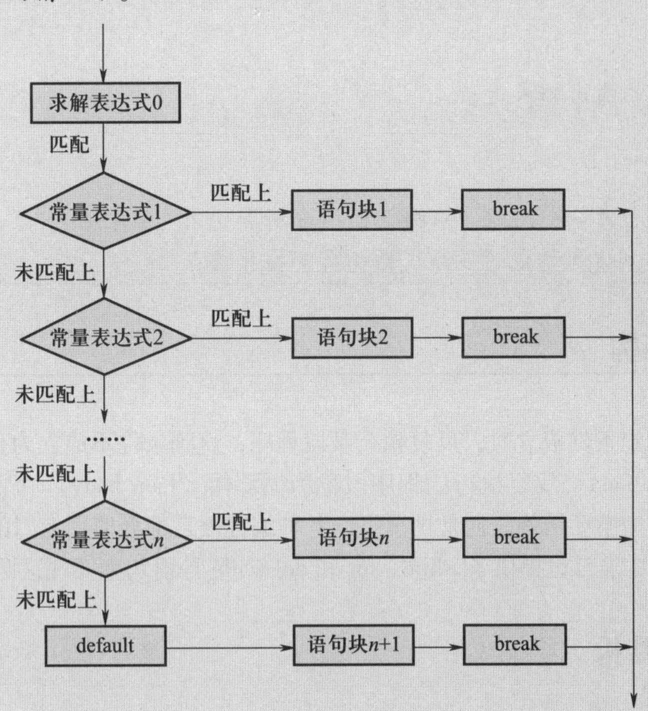

图 3-2-11　带 break 语句的 switch 多分支结构执行流程

（2）如果每个分支的最后都带上 break 语句，那么这些分支出现的先后顺序可以被打乱，不会影响程序的执行结果，每个分支间的关系才是真正意义上的平等关系和并列关系。一般情况下，最后一个分支的 break 语句是可以省略的，因为它已经是最后一个分支了，即使没有 break 语句，程序的执行流程也将退出 switch 结构。

（3）例 3-2-5 源程序的第 17 行冒号之后并没有执行语句，表示 case 10 这种情况与下一种情况 case 9 对应同一种处理方式；同样地，第 22～26 行的冒号之后也没有执行语句，表示从 case 5 到 case 0 这 6 种情况都对应着同一种处理方式。

（4）switch 语句也可以嵌套，但用在内层的 break 语句只能终止内层的 switch 结构。比如，下面这个程序片段：

```
switch(2)
{
    case 1:
    case 2: switch (1)
        {
            case 1: printf("switch 2_1.\n");  break;
            case 2: printf("switch 2_2.\n");  break;
```

```
        }
        printf("switch 1_2.\n");   break;
    case 3:  printf("switch 1_3.\n");  break;
}
```

以上程序片段的输出结果是：

```
switch 2_1.
switch 1_2.
```

最后，请读者思考一个问题：根据前面的分析和讲解，比较一下由switch语句构成的多分支结构与由if-else if构成的多分支结构有哪些异同点。

3.3 循环结构

循环结构是在给定条件成立时，反复执行某段程序，直到条件不成立为止。给定的条件称为循环条件（loop condition），反复执行的程序段称为循环体（loop body）。循环结构通常有两种：当型循环结构和直到型循环结构。通常情况下，各种编程语言都会使用专门的语句来实现这两种最基本的循环结构。C语言也提供了while、for和do-while等语句来实现这两种基本结构。

3.3.1 当型循环结构

当型循环结构是首先判断循环条件是否成立，当循环条件成立时才执行循环体，直到循环条件不成立时退出循环结构。也就是说，这是一种先判断后执行的循环结构。C语言使用while语句和for语句实现当型循环结构。

1. while语句

while语句的一般形式为：

```
while (判断表达式)
    循环体
```

while语句的执行流程如图3-3-1所示。其中，这里及其后面所使用的判断表达式都与3.2.3节中条件语句所使用的判断表达式一样，可以是符合C语言语法规定的任何表达式，最终以非0为真，0为假。但是，这些判断表达式在功能上、称呼略有不同，在条件语句中起分支选择的作用，可以称为选择条件；而在循环语句中起控制循环的作用，可以称为循环条件。

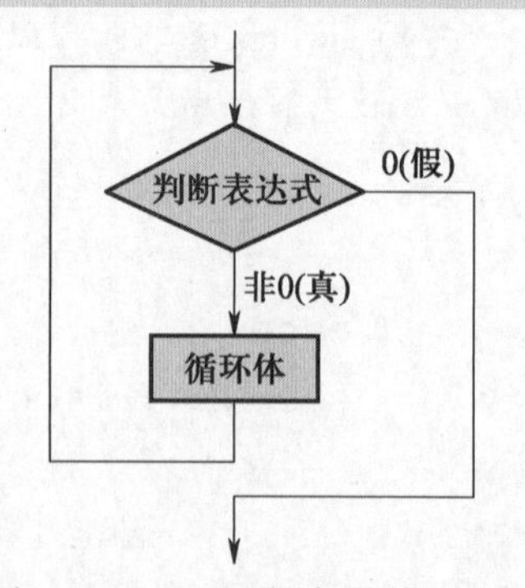

图3-3-1　while语句的执行流程

当程序执行到while后，首先计算判断表达式的值，若为0（假）则直接退出while结构，循环体一次也不执行；若为非0（真）则执行循环体，循环体执行完毕后，再返回继续计算判

断表达式的值，若还是非 0（真）则再次执行循环体，直到判断表达式的值为 0（假）时退出 while 结构。退出后，程序将继续执行 while 语句的后续语句。

【例 3-3-1】 编程实现：通过键盘输入任意多个学生的单科百分制成绩（当输入无效成绩时结束输入），要求统计出这些成绩中的最高分和最低分，并计算其平均分，将结果输出显示。

解题思路：

(1) 例 3-2-2 实现了查找两个数中的较大值，比较简单。要从众多数中找出最大值和最小值，需要用到《大学计算机》第 6 章中讲到的“打擂法”。

(2) 要计算所有成绩的平均分，就需要首先计算所有成绩的和，方法可用《大学计算机》第 6 章中讲到的“迭代法求和”。另外，还需要知道输入成绩的个数，可用一个计数变量 count 不断记录输入成绩的个数。

(3) 由于本题是输入任意多个学生的成绩，所以预先并不知道用户将输入多少个成绩，这使得循环体的执行次数无法事先确定。但是，根据题干的要求，当输入无效成绩时程序运行结束，这实际上就已经告诉了我们循环的终止条件了。本题是最适合采用 while 语句来实现的。

源程序如下：

```
1   /*
2   程序名称：3-3-1StudentScores.c
3   程序功能：统计任意多个学生成绩中的最高分和最低分，并计算其平均分
4   */
5   #include<stdio.h>
6   int main()
7   {
8       int score, max, min, sum=0, count=0;
9       float average;
10      scanf("%d",&score);
11      count++;
12      max=min=score;                          //先将第一个数放在擂台上
13      while(0<=score && score<=100)           //这里不能有分号
14      {
15          sum=sum+score;                      //求累加和
16          if (score>max)  max=score;          //用打擂法求最大值
17          if (score<min)  min=score;          //用打擂法求最小值
18          scanf("%d",&score);
19          count++;                            //统计输入成绩的个数
20      }                                       //这里无须分号
21      if (count != 1)
```

```
22  |     {
23  |         average=(float)sum/(count-1);     //将 sum 强制转换成实型
24  |         printf("average=%g\t",average);
25  |         printf("max=%d\t",max);
26  |         printf("min=%d\n",min);
27  |     }
28  |     else
29  |     {
30  |         printf("输入的第一个成绩就无效!");
31  |     }
32  |     return 0;
33  | }
```

程序运行结果如图 3-3-2 所示。

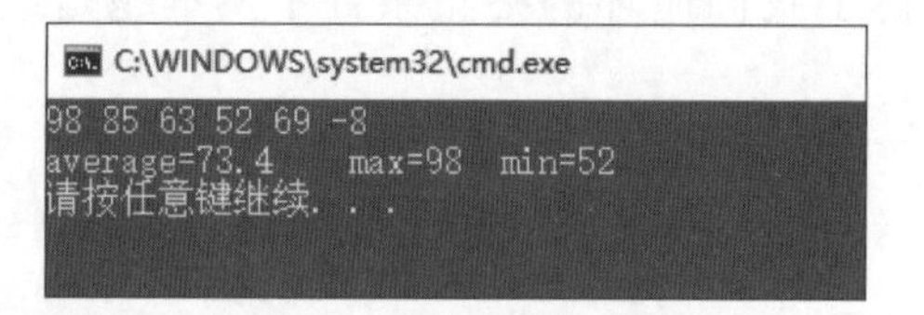

图 3-3-2 运行情况

说明:

(1) 与选择结构中的分支结构一样，循环体如果是一个语句块（复合语句）则必须用花括号括起来，如果只是一条单独的语句则可以省略花括号。比如，第 14 行和第 20 行的花括号是不能省略的。

(2) 在第 13 行圆括号的末尾不能有分号。如果有分号，就相当于将当前的 while 循环结构的头部（循环条件）和身体（循环体）分开了，第 14~20 行的内容就不再属于 while 循环结构的内容了。这样，while 的循环体就只有一个分号了，这就是空语句作为循环体。while 循环体什么都不干，循环条件又一直都成立，这就构成了一个无休止的循环，称为无限循环（infinite loop），也称为死循环。这是使用循环结构必须要引起重视和避免的，因为死循环违背了算法的有穷性。

(3) 第 20 行反花括号后面也无须使用分号。因为花括号本身就有界定的作用，表示循环体到此结束，所以再使用分号是多余的。

(4) 在所有的循环结构中，读者都务必要注意循环变量的边界值，也就是在进入循环和退出循环的一瞬间，循环变量的取值情况。比如，第 23 行在计算平均值时，为什么 count 要减 1？因为在第 13 行循环条件不满足，退出 while 循环结构时，count 的取值已经多加了 1 次，就是成绩无效的这一次。再比如，以下程序片段：

```
1  | int  n = 0 ;
2  | while (n++ <= 1)
```

```
3 | printf ("%d \n", n);
4 | printf (" %d \n", n);
```

以上程序片段的执行结果将是什么？请读者自行思考并分析。

(5) 本例统计了任意多个百分制成绩中的最高分、最低分和平均分，请读者思考：就用本例的方法又能否实现统计这任意多个百分制成绩的中位数？中位数也称为中值，是指按顺序排列的一组数据中居于中间位置的数。这组数据如果是奇数个，就正好是中间那个数；如果是偶数个，就取中间两个数的平均数。它可将这组数据划分为个数相等的前后两部分。

2. for 语句

for 语句的一般形式为：

```
for (表达式1; 表达式2; 表达式3)
    语句块
```

for 语句的执行流程如图 3-3-3 所示。当程序执行到 for 语句时，首先求解表达式 1，通常表达式 1 是用来设置循环初始情况的，比如，设置循环变量的初始值等。然后求解表达式 2，表达式 2 就是一个判断表达式，用作循环条件。当表达式 2 的值为 0（假）时，直接退出 for 循环结构；它的值为非 0（真）时执行语句块和表达式 3，然后再判断循环条件是否成立，若还成立就继续循环，直到循环条件为 0（假）退出 for 循环结构为止。因此，for 语句的循环条件就是表达式 2，循环体则由语句块和表达式 3 共同构成。

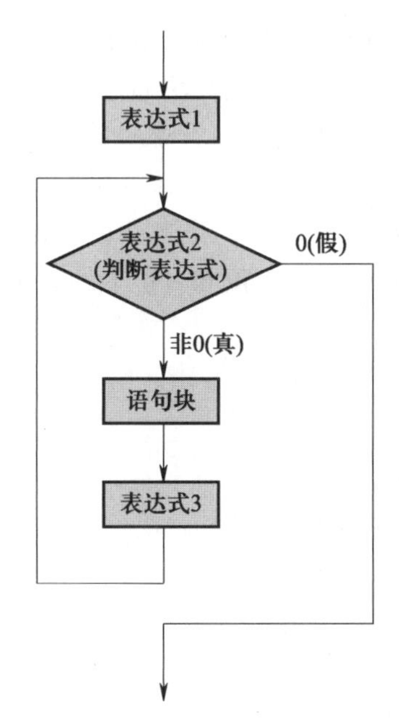

图 3-3-3　for 语句的执行流程

for 语句的执行过程也可以用图 3-3-4 来形象地表示。

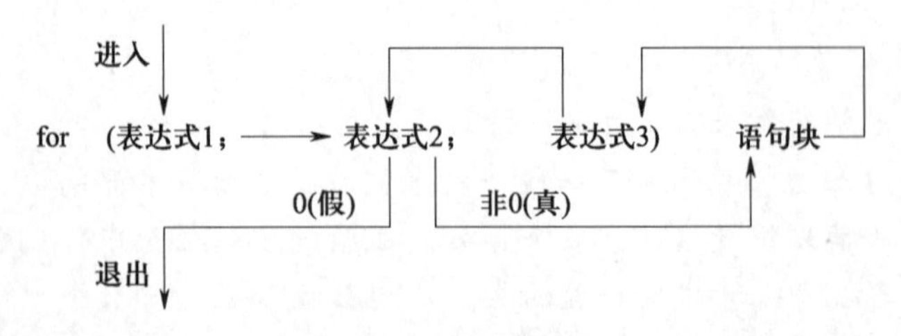

图 3-3-4　for 语句执行过程的另一种表示法

【例 3-3-2】 在数学中，如果一个 n 位数各位数字的 n 次幂之和等于该数本身，则称该数为自幂数，也称为自恋数（narcissistic number）。这是数学家马达齐在 1966 年给出的名字。英语单词 narcissistic 来源于希腊神话中的自恋美少年 Narcissus，后来他变成了水仙花，因此，narcissus 就是“水仙花”的意思。后来，我国著名的数学科普作家谈祥柏就将最常见的 3 位自幂数命名为水仙花数。根据自幂数的定义，自幂数应该有很多。中国国防科技大学的刘江宁通过计算机的超强运算已经找到了全部的自幂数，共有 88 个。目前，按照位数进行划分，常见的 1 到 10 位自幂数都分别有一个好听的名字：1 位自幂数，叫独身数；2 位自幂数，没有；3 位自幂数，叫水仙花数；4 位自幂数，叫四叶玫瑰数；5 位自幂数，叫五角星数；6 位自幂数，叫六合数；7 位自幂数，叫北斗七星数；8 位自幂数，叫八仙数；9 位自幂数，叫九九重阳数；10 位自幂数，叫十全十美数。下面请编程实现：在屏幕上输出所有的水仙花数，也就是要找出所有的 3 位数，满足其各位数字的立方和等于它本身。比如，370 就是一个水仙花数，它等于 3×3×3+7×7×7+0。

解题思路： 首先题干已经明确指出要找的水仙花数是一些 3 位数，即在 100～999 之间的一些数。这就给定了计算的范围。其次，我们无法通过某个确定的公式直接算出所有的水仙花数，只能通过穷举法从 100～999 逐个地去试，看哪些数符合水仙花数的定义。穷举法是计算机求解问题最擅长的一种策略，具体请见《大学计算机》第 6 章。至此，我们已经确定了穷举的起止范围，是一个已知循环次数的问题，很自然就应该想到使用 for 循环来实现。另外，本题还需要从一个 3 位数中分离出个位、十位和百位上的数字。分离的方法就是不断地用该数对 10 求余作除。

源程序如下：

```
1  /*
2  程序名称：3-3-2narcissus.c
3  程序功能：输出显示所有的水仙花数
4  */
5  #include<stdio.h>
6  int main()
7  {
8      int ones, tens,hundreds, number;
9      printf("水仙花数有：\n");
```

```
10	    for(number=100; number<1000; number++)
11	    {
12	        ones = number% 10;
13	        tens = number/10% 10;
14	        hundreds = number/100;
15	        if(number==ones * ones * ones+tens * tens * tens+hundreds *
	        hundreds * hundreds)
16	            printf("% 5d", number);
17	    }
18	    printf("\n\n");
19	    return 0;
20	}
```

程序的运行结果如图 3-3-5 所示。

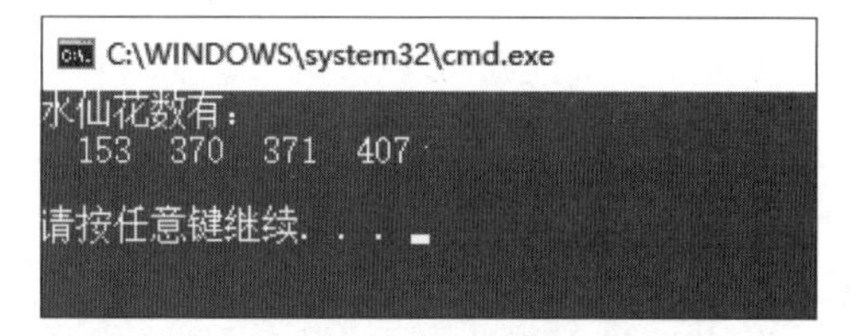

图 3-3-5　运行情况

说明：

（1）for 语句的表达式 1 一般用来设置循环变量的初值，当然也可以用作与循环变量无关的表达式，甚至可以省略。省略表达式 1 以后，应考虑在 for 语句之前使用相应的语句设定循环变量的初值，以扮演表达式 1 的角色。比如，程序片段：

```
1	for(i=1, fact=1; i<=7; i++)
2	  fact = fact * i ;
```

可以改写为：

```
1	i=1;
2	fact=1;
3	for(   ; i<=7; i++)
4	    fact = fact * i ;
```

（2）for 语句的表达式 2 只能用作循环条件，也可以省略。若没有表达式 2，则循环条件默认总是成立的。这时，需要在循环体中加入用于跳出循环的控制语句，以扮演表达式 2 的角色，否则就会出现死循环。比如，程序片段：

```
1	for(i=1, fact=1;  ; i++)          /* 其中的分号一个都不能省略 */
2	{
```

```
3    fact *=i;
4    if(i>7)  break;                /* 控制循环的退出 */
5  }
```

这里的break语句与在switch多分支结构中使用的break语句作用相似，即用于退出当前的循环结构，使程序转向该结构之后的语句继续执行。

(3) for语句的表达式3一般用于修改循环变量，使循环条件趋于结束，当然也可以用作其他表达式。表达式3也可以省略，但此时应另外设法保证循环能正常结束。比如：

```
1  for(i=1, fact=1; i<=7;  )  /* 其中的分号一个都不能省略 */
2  {
3     fact *=i;
4     i++;                       /* 修改循环变量，使循环不断趋于结束 */
5  }
```

(4) for语句的表达式1、2、3可同时省略，但省略后可能会出现死循环。一个循环是否是死循环，不能简单地只看循环条件是否已经书写了。比如：

```
1  i=1, fact=1;                 /* 设定循环初始状态 */
2  for( ;  ;  )
3  {
4     fact *= i++;              /* 修改循环变量，使循环不断趋于结束 */
5     if(i>7)  break;           /* 根据判断表达式的值决定是否退出循环 */
6  }
```

(5) for语句在省略表达式1和表达式3只留下表达式2时，就等价于while语句只有一个循环条件的情况。因此，for语句比while语句更灵活，功能也更强，特别适用于循环次数已知的情况。当然，for语句也可以用于循环次数未知的情况，以取代while语句实现循环结构。比如，程序片段：

```
1  for(count=0; getchar()!='\n'; count++) ;  /* 注意这里的分号不能少 */
```

以上程序片段的作用是不断地通过键盘输入字符，并统计输入字符的个数，直到按下Enter键为止。这种情况下，for语句的循环次数就无法预先确定，循环体将被执行多少次需要根据用户输入的字符情况来定。

3.3.2 直到型循环结构

直到型循环结构的执行过程是：首先执行一次循环体，然后再判断循环条件是否成立，当循环条件成立时继续执行循环体，直到循环条件不成立时退出循环结构。也就是说，直到型循环结构是一种先执行后判断的循环结构。C语言使用do-while语句来实现直到型循环结构。

do-while语句的一般形式为：

```
do
  循环体
while (判断表达式);
```

do-while 语句的执行流程如图 3-3-6 所示。当程序执行到 do-while 语句时，首先执行一次循环体，然后求解判断表达式的值，若判断表达式的值为非 0（真）就继续执行循环体，若判断表达式的值为 0（假）就结束循环，退出 do-while 语句，继续执行后续语句。

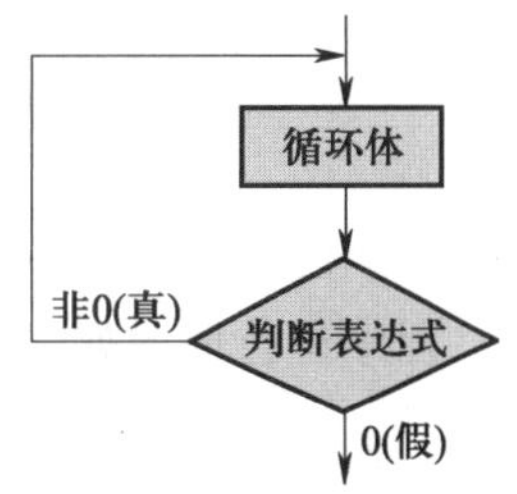

图 3-3-6　do-while 语句的执行流程

【例 3-3-3】 编程实现：通过键盘任意输入一个整数，将该整数各位上的数值转换成对应的数字字符，并用空格作为间隔输出每个数字字符。

解题思路： 在例 3-2-2 源程序的第 12~14 行中，程序实现了求一个 3 位数的个位、十位和百位上的数值。这是已知整数有几位的情况。在本例中，我们并不知道用户通过键盘随机输入的整数有几位。这就要求程序要能分离任意一个整数每一位上的数值，实现分离的方法依然是不断地对 10 求余作除，直到除到 0 为止。除此之外，还有一个问题需要解决，那就是如何将分离出来的各位数值转换成对应的数字字符？读者只需翻开 ASCII 表一看便知，原来数字字符'0'到'9'在 ASCII 表中是依次排列的，只需将分离出来的各位数值都加上基准字符'0'即可，由此问题便迎刃而解了。

源程序如下：

```
1   /*
2   程序名称:3-3-3I2C.c
3   程序功能:分离出任意一个整数各位上的数字,并将分离出的数字转换成相应的数
            字字符.
4   */
5   #include<stdio.h>
6   int main()
7   {
8       long number,sign;
9       char temp;
10      scanf("%ld",&number);
11      if ((sign=number) < 0)
12          number=-number;            //求绝对值
13      do
14      {
15          temp = number%10 + '0';    //对 10 求余
16              printf("%c ", temp);
17          number = number/10;        //对 10 作除
18      }while(number>0);              //直到除到 0 为止
```

```
19      if (sign < 0)
20          printf("-\n");
21      else if (sign > 0)
22          printf("+\n");
23      else
24          printf(" \n");
25      return 0;
26  }
```

程序运行情况如图 3-3-7 所示。

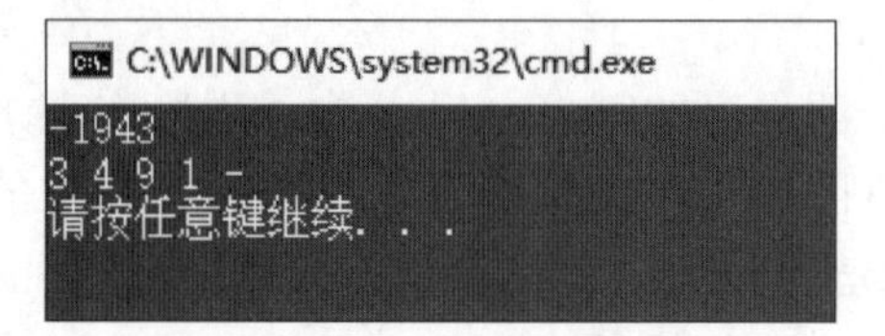

图 3-3-7　运行情况

说明：

（1）本题非常适合使用 do-while 循环，因为无论用户通过键盘输入的整数是什么，都需要执行循环体至少一次，哪怕就是通过键盘直接输入一个 0，也需要执行一次循环体。

（2）一般情况下，用 while 语句和用 do-while 语句处理同一个循环问题时，若两者的循环体部分一样，则它们的结果也一样。但是，如果 while 后面的循环条件一开始就取 0 值，则两种循环结构的执行结果是不同的。while 语句和 do-while 语句的区别不仅仅在于前者是先判断后执行，后者是先执行后判断，这只是一个表面现象，它们最本质的区别在于：while 语句的循环体可能一次也不执行，而 do-while 语句的循环体至少要执行一次；while 语句的循环体执行次数要比循环条件的判断次数少一次，而 do-while 语句的循环体执行次数和循环条件的判断次数是相同的。比如，例 3-3-1 中，如果用户一开始输入的百分制成绩就不在 0 到 100 之间，则 while 语句的循环体一次也不执行，符合题意；但是如果改用 do-while 语句，即使用户一开始输入的就是一个非法成绩，该成绩还是会被统计进去，这不满足题意。因此，就例 3-3-1 这种情况而言，最适合使用 while 语句，而不适合使用 do-while 语句。

（3）do-while 语句实际相当于提前将循环体部分单独执行了一遍，然后再执行了一遍有着同样内容的 while 语句。比如，下面这两个程序片段就是完全等价的：

```
1  int num, sum=0, count=0;
2  do
3  {
4      scanf_s("%d", &num);
5      sum=sum+num;
6      count++;
7  }while ( count<=10 );          //此处的分号不能少
```

完全等价于：

```
1   int num, sum=0, count=0;
2   scanf_s("%d", &num);
3   sum=sum+num;
4   count++;
5   while ( count<=10 )          //此处不能有分号
6   {
7       scanf_s("%d", &num);
8       sum=sum+num;
9       count++;
10  }
```

（4）在do-while语句循环条件的末尾，不能省略分号，因为反圆括号不能作为语句的结束。

（5）对C语言初学者来说，学会使用C语言实现对一个任意的十进制整数的拆分，有利于训练必要的编程能力，包括逻辑思维能力和熟练应用C语言的能力。比如，例3-3-2和例3-3-3采用对10求余和作除的方法分离出了一个整数各位上的数字，那又能否采用求余作除的方法拆分出一个整数后面的某几位呢？在此，留下一个题目：通过键盘任意输入一个正整数，判断它是否是同构数。所谓同构数是指：它出现在它自身的平方数右侧，比如，5就出现在它的平方数25的右侧，76也出现在它的平方数5776的右侧，所以5和76都是同构数。请读者自行思考和分析，并编程实现。

3.3.3 循环结构的嵌套

循环结构的嵌套是指将一个循环结构作为另一个循环结构的循环体。对于一个只有一次嵌套的双重循环来说，外循环执行一次，内循环要从头到尾执行完它应该执行的所有循环次数（假定为 n 次），然后外循环才执行下一次循环，内循环又从头到尾执行完 n 次……依此类推，直到外循环执行完它应该执行的所有次数（假定为 m 次）以后才结束并退出整个双重循环，继续执行后续语句。也就是说，内循环的循环体总共执行了 $m*n$ 次。

C语言允许while、do-while和for三种循环结构自我嵌套、相互嵌套，甚至多层嵌套。嵌套以后的循环结构肯定要比没有嵌套的单循环结构复杂得多，读者务必理清楚其执行过程。

【例3-3-4】 编程实现：在屏幕上输出一个梅花阵，该梅花阵由若干行、若干列的小梅花“*”构成，矩阵的行数和列数由用户通过键盘随机输入。

解题思路： 本题需要考虑两个问题。一个是通过键盘输入的行数和列数不能是小于或等于0的数，否则就无法构成矩阵。另一个是要输出若干行、若干列的矩阵，可以考虑用一个外循环来控制行，每一行要输出若干列，又可以考虑用一个内循环来控制列，这样就构成了一个双重循环来控制这个矩阵的输出。

源程序如下：

```
1   /*
2   程序名称：3-3-4Plum-blossomMatrix.c
3   程序功能：输出显示一个梅花阵
4    */
5   #include<stdio.h>
6   int main( )
7   {
8       int row, column, height, width;
9       puts("please input the height and width.");
10      do                          //此循环检查用户输入的行列数是否合法
11      {
12          printf("height = "); scanf("% d", &height);
13          if (height <= 0)
14              puts("the height should be > 0 ");
15          printf("width = "); scanf("% d", &width);
16          if (width <= 0)
17              puts("the width should be > 0 ");
18      }while (height <= 0 || width <= 0);      //行列数不合法，重新输入
19      for (row = 1; row <= height; row++)      //外循环控制行
20      {
21          for (column = 1; column <= width; column++)   //内循环控制列
22              putchar('*');
23          putchar('\n');              //在每一行的末尾输出一个换行符
24      }
25      return 0;
26  }
```

程序运行情况如图 3-3-8 所示。

```
C:\WINDOWS\system32\cmd.exe
please input the height and width.
height = 0
the height should be > 0
width = 6
height = 5
width = -3
the width should be > 0
height = 5
width = 8
********
********
********
********
********
请按任意键继续. . .
```

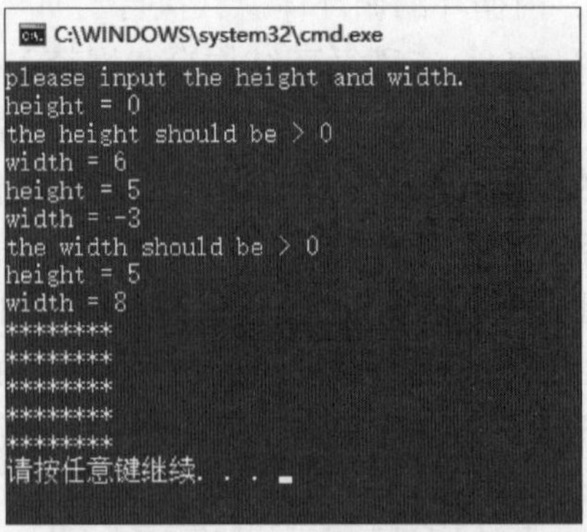

图 3-3-8　运行情况

说明：

（1）这是一个简单的双重循环。为了让读者一开始就能彻底搞清楚循环嵌套的执行过程，建议老师在课堂上使用单步执行和变量监视等调试工具和调试方法进行演示，学生也务必利用课外时间或实验时间上机进行验证，观察程序每一步的执行过程。这是帮助初学者读懂或调试复杂程序非常有效的手段。关于调试工具和调试方法的介绍，请见本书第 1 章，这里不再赘述。从第 19~24 行的这个双重循环结构的执行流程如图 3-3-9 所示。

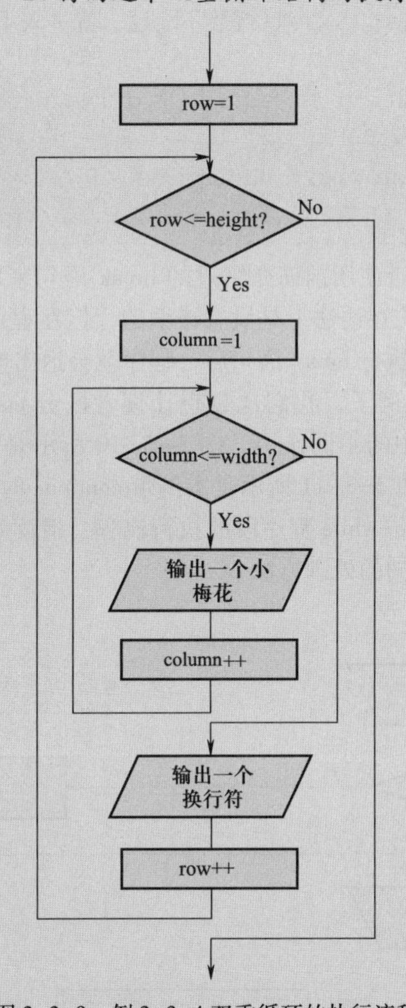

图 3-3-9　例 3-3-4 双重循环的执行流程

（2）从运行情况可以看出，当程序执行到第 12 行代码提示用户输入矩阵的行数时，若此时输入了一个小于或等于 0 的数，按理就应该进入下一次循环了，因为此时已经无法构成一个矩阵了，但是当前程序会再执行第 15 行代码提示用户输入该矩阵的列数，这是没有意义的。针对这种情况，C 语言提供 continue 语句来解决。continue 语句的作用就是跳过本次循环体中后面尚未执行的部分，直接进入下一次循环，即提前结束本次循环。加上 continue 语句以后的程序片段如下：

```
10 do                      //此循环检查用户输入的行列数是否合法
11 {
12     printf("height = "); scanf("% d", &height);
13     if (height <= 0)
14     {
15         puts("the height should be > 0 ");
16         continue;  //一旦行数不合法，就进入下一次循环，无须再录入列数
17     }
18     printf("width = "); scanf("% d", &width);
19     if (width <= 0)
20         puts("the width should be > 0 ");
21 }while (height <= 0 || width <= 0);   //行列数不合法，重新输入
```

可能有读者会想，这里能否使用前面介绍过的 break 语句来取代 continue 语句呢？答案是不能。这里如果使用 break 语句在语法上是没有错误的，但在程序功能方面会有不足，即一旦用户输入了一个非法的行数，执行 break 语句后，程序就会退出整个 do-while 循环结构，而不会进入下一次循环。通过这个例子，我们也是想让读者区分 continue 和 break 两种跳转语句（jump statement）在循环结构中的不同作用。图 3-3-10 所示是本例不带 continue 和 break 时 do-while程序段的执行流程，图 3-3-11 所示是本例带 continue 时 do-while 程序段的执行流程，图 3-3-12 是本例带 break 时 do-while 程序段的执行流程，请读者认真比较这三者的差异，便于将来根据自己的需要选用不同的处理方法。

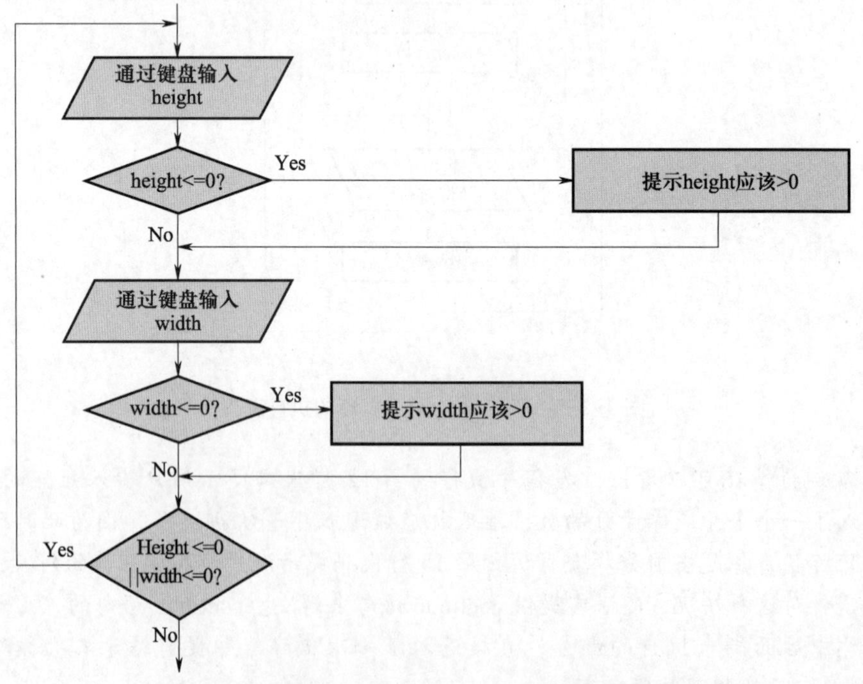

图 3-3-10　例 3-3-4 不带 continue 和 break 时的执行流程

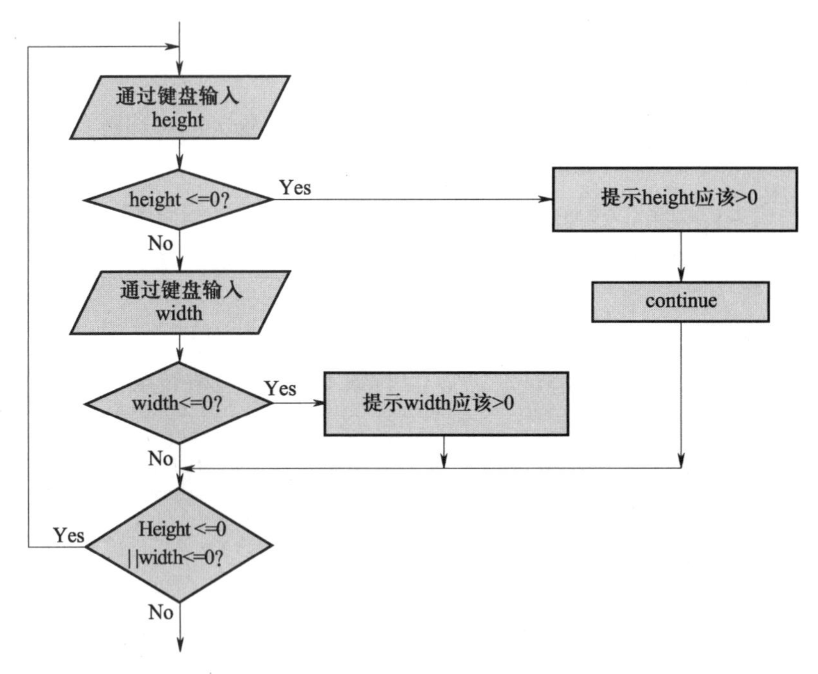

图 3-3-11　例 3-3-4 带 continue 时的执行流程

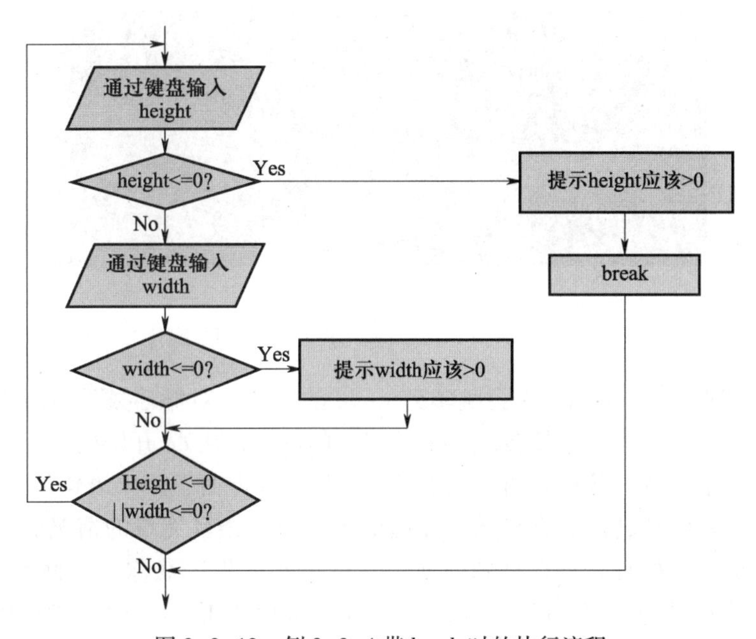

图 3-3-12　例 3-3-4 带 break 时的执行流程

其实，在这里还可以使用 C 语言提供的 goto 无条件转向语句来实现。它是 C 语言提供的第三种跳转语句。其语法格式为：

```
goto 标号;
```

其中，标号是在某行代码的开始位置按照用户标识符的命名规则取的一个名字，它对应该行代码在内存中的地址。执行 goto 语句时，没有任何条件判断，直接转向程序中标号的位置，继续执行。比如，86 页的代码段可用 goto 语句修改为：

```
10 loop: do                         //此循环检查用户输入的行列数是否合法
11     {
12         printf("height = "); scanf("% d", &height);
13         if (height <= 0)
14         {
15             puts("the height should be > 0 ");
16             goto loop;     //一旦行数不合法，就跳转至下次循环的开始位置
17         }
18         printf("width = "); scanf("% d", &width);
19         if (width <= 0)
20             puts("the width should be > 0 ");
21     }while (height <= 0 || width <= 0);          //行列数不合法，重新输入
```

用 goto 语句和用 continue 语句（86 页处）修改后的代码的执行情况一样如图 3-3-13 所示。

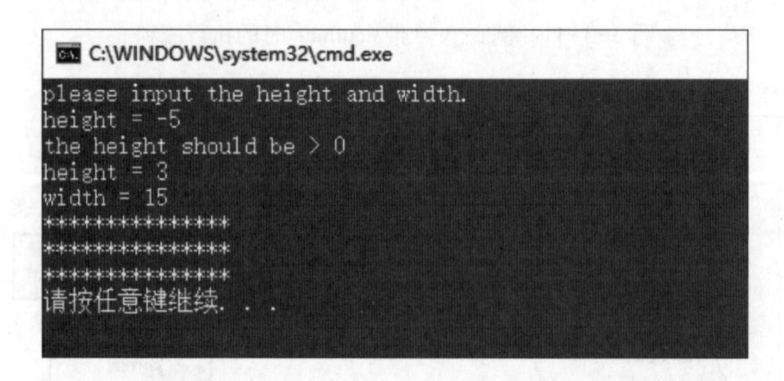

图 3-3-13　运行情况

两者唯一的区别在于：continue 会跳转到 while 的位置，对循环条件进行判断，然后再进入下一次循环；而 goto 语句会直接转向 loop 所标记的位置，从 do 开始执行下一次循环。

最后再提醒一下读者，虽然 C 语言提供了 goto 语句，但由于 goto 语句是无条件转向语句，如果大量使用，或者随意转向，会导致程序的流程线出现杂乱无章的情况，就像锅里纵横交错、乱七八糟的面条，故有人将这种到处使用 goto 语句的程序戏称为“面条程序”。实践证明，在 C 语言程序设计中，完全可以不用 goto 语句，即使要用，也必须有限制地使用。

【例 3-3-5】 编程实现：按下三角格式输出显示九九乘法表，输出结果如图 3-3-14 所示。

解题思路： 例 3-3-4 利用双重循环输出了一个标准的矩阵，本例要输出的形状却并非是一个标准的矩形，因此不能严格套用例 3-3-4 的代码。读者仔细观察这个下三角图形，会发现它依然是由若干行和若干列构成的图形，而且图形中的每一项输出内容都与其所在的位置（行号和列号）有关。也就是说，我们只需要找到每个输出项的内容与行号和列号之间的关系，即可依次输出每一项内容。为此，本题仍需要使用双重循环来输出这个下三角图形，外循

环控制行，内循环控制列。

```
C:\WINDOWS\system32\cmd.exe
1*1= 1
1*2= 2  2*2= 4
1*3= 3  2*3= 6  3*3= 9
1*4= 4  2*4= 8  3*4=12  4*4=16
1*5= 5  2*5=10  3*5=15  4*5=20  5*5=25
1*6= 6  2*6=12  3*6=18  4*6=24  5*6=30  6*6=36
1*7= 7  2*7=14  3*7=21  4*7=28  5*7=35  6*7=42  7*7=49
1*8= 8  2*8=16  3*8=24  4*8=32  5*8=40  6*8=48  7*8=56  8*8=64
1*9= 9  2*9=18  3*9=27  4*9=36  5*9=45  6*9=54  7*9=63  8*9=72  9*9=81
请按任意键继续. . .
```

图 3-3-14　下三角格式的九九乘法表

源程序如下：

```
1   /*
2   程序名称：3-3-5MultiplicationTable.c
3   程序功能：输出显示一个九九乘法表
4   */
5   #include<stdio.h>
6   int main()
7   {
8       int row, col;
9       for (row=1; row<10; row++)
10      {
11          for (col=1; col<=row ; col++)    //注意列号的上限值
                //输出内容与行列之间的关系
12              printf("%d*%d=%2d  ", col , row , row*col );
13          printf("\n");
14      }
15      return 0;
16  }
```

说明：

(1) 外循环变量 row 控制行，一共有 9 行，因此 row 的变化范围是 1 到 9。但是，内循环变量 col 在每一行上并非从第 1 列输出到第 9 列。仔细观察就会发现 col 在每一行上的结束列正好是所在的行号，即到 row 列结束，比如，第 3 行正好在第 3 列结束，第 5 行正好在第 5 列结束。因此，源程序第 11 行代码中 col 的上限值应该是 col<=row。

(2) 再观察每一项输出内容会发现，每项输出内容都与其所在的行号和列号有关，正好是“列号 * 行号=行号与列号之积”，如第 12 行代码所示。

(3) 如果要将九九乘法表按上三角格式输出，输出结果如图 3-3-15 所示，请读者思考一下，又该如何修改程序才能实现呢？

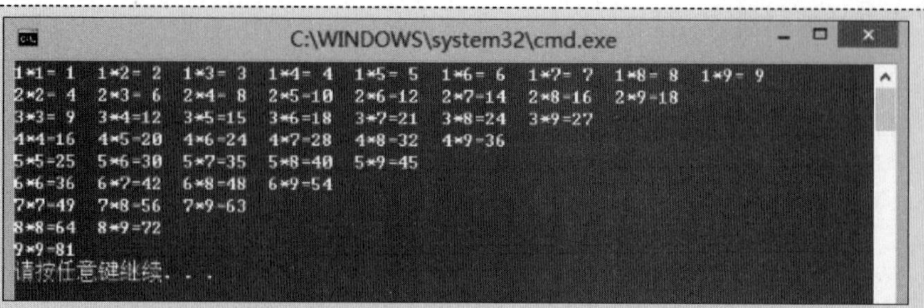

```
C:\WINDOWS\system32\cmd.exe
1*1= 1  1*2= 2  1*3= 3  1*4= 4  1*5= 5  1*6= 6  1*7= 7  1*8= 8  1*9= 9
2*2= 4  2*3= 6  2*4= 8  2*5=10  2*6=12  2*7=14  2*8=16  2*9=18
3*3= 9  3*4=12  3*5=15  3*6=18  3*7=21  3*8=24  3*9=27
4*4=16  4*5=20  4*6=24  4*7=28  4*8=32  4*9=36
5*5=25  5*6=30  5*7=35  5*8=40  5*9=45
6*6=36  6*7=42  6*8=48  6*9=54
7*7=49  7*8=56  7*9=63
8*8=64  8*9=72
9*9=81
请按任意键继续. . .
```

图 3-3-15　上三角格式的九九乘法表

3.4　控制结构的综合应用

学完程序的三大基本结构以后，读者已经可以编写一些简单的程序，处理一些简单的问题了。下面再举 3 个例子，帮助读者熟练掌握这三大基本结构，综合应用所学知识解决实际问题。

【例 3-4-1】 编程实现：通过键盘任意输入两个正整数，并用更相减损术求其最大公约数和最小公倍数。

解题思路： 早在公元 1 世纪，我国古代的数学专著《九章算术》中记载了一种求最大公约数的方法。该方法首先将两个正整数比较大小，然后“以少减多，更相减损，求其等也”。比如，用这个方法来求 377 和 319 的最大公约数，就只需要将 377−319=58，319−58=261，261−58=203，203−58=145，145−58=87，87−58=29，58−29=29，此时得到的减数和差均是 29，是相等的，故称这样的数为等数，也就是要求的最大公约数。这个求最大公约数的方法就是更相减损术。更相减损术比古希腊数学家欧几里得在其著作“*The Elements*”中描述的辗转相除法（也称为欧几里得算法）早了近 2 个世纪，这充分体现了我国古代人民的智慧和我国古代数学的魅力！

求出了两个正整数的最大公约数，要得到它们的最小公倍数就很容易了。只需要将两个数的乘积除以最大公约数即可。

源程序如下：

```
1  /*
2  程序名称：3-4-1SuccessiveSub.c
3  程序功能：用更相减损术求两个正整数的最大公约数
4  */
5  #include<stdio.h>
6  int main()
7  {
8      int num1,num2,product;
9      do
```

```
10      {
11          printf("Please enter two positive integers greater than or
equal to 0:\n");
12          scanf_s("% d,% d",&num1,&num2);
13      }while(num1<=0 || num2<=0);
14      product = num1 * num2;
15      while(num1 != num2)          //求其等也
16      {
17          if (num1 > num2)         //保证以大减小
18              num1 = num1-num2;    //更相减损
19          else
20              num2 = num2-num1;    //更相减损
21      }
22      printf("Greatest Common Divisor is:% d\n",num1);
23      printf("Lowest Common Multiple is:% d\n",product/num1);
24      return 0;
25  }
```

程序运行情况如图 3-4-1 所示。

```
C:\WINDOWS\system32\cmd.exe
Please enter two positive integers greater than or equal to 0:
280,112
Greatest Common Divisor is:56
Lowest Common Multiple is:560
请按任意键继续. . .
```

图 3-4-1　运行情况

本程序并不复杂，在此不再做进一步的说明。请读者思考：如果使用辗转相除法，又该如何编写程序实现求两个正整数的最大公约数和最小公倍数呢？具体请参考《大学计算机》第 6 章。

【例 3-4-2】 编程实现：求 3 到 500 之间的所有素数。

解题思路： 首先，读者要搞清楚什么是素数，素数是指除了 1 和它自身外不能再被其他自然数整除的数，也称为质数。实际上，如果不追求算法的效率的话，根据这个原始的数学定义，已经可以直接写出一个 C 程序判断任意一个自然数 num 是否是素数。方法就是穷举法，将从 2 开始到 num-1 结束的数逐个地用来试看有没有能够整除 num 的数，如果有就是合数，如果没有就是素数。这种方法有一个问题，就是随着 num 的增大循环的次数同步增多，运算量很大，效率不高。请读者自行完成采用这种方法编写的程序。

其实，一个数 num 若不能被 2 整数，也肯定不能被 num/2 到 num-1 之间的数整除。因此，判断一个数 num 是否是素数，无须逐个地试到 num-1，至少现在已经可以直接砍掉从

num/2 到 num-1 这后半部分不必要的循环。

再想，假设 num 不是一个素数，那么它就一定可以被表示成 num = i * j 的形式，又因为 num 总可以被写成 num = $\sqrt{num}\cdot\sqrt{num}$ 的形式。因此，如果在 2 到 $\sqrt{num}$ 之间存在一个 i 能够整除 num 的话，那就必然在 $\sqrt{num}$ 到 num-1 之间也存在一个 j 能够整除 num；反之，如果在 2 到 $\sqrt{num}$ 之间不存在一个 i 能够整除 num 的话，那么在 $\sqrt{num}$ 到 num-1 之间也一定没有一个 j 能够整除 num。至此就已经证明判断一个数 num 是否是素数，无须逐个地试到 num/2，更没有必要试到 num-1！只需试到 $\sqrt{num}$ 即可。这样，算法的时间复杂度就从线性时间复杂度函数 $O(n)$ 降低到了根号时间复杂度函数 $O(\sqrt{n})$，循环的次数呈指数级下降，算法的执行效率明显提高。关于时间复杂度的概念，请参见《大学计算机》第 6 章。

能够判断一个数 num 是否为素数了，也就可以求 3 到 500 之间所有的素数了。只需拿 3 到 500 之间的数逐个去充当 num 进行判断即可。因此，这应该是一个双重循环的结构。

源程序如下：

```
1   /*
2   程序名称：3-4-2Prime.c
3   程序功能：找出 3 到 500 之间的所有素数
4   */
5   #include<stdio.h>
6   #include<math.h>
7   int main()
8   {
9       int num, ceil, j, count=1;
10      for(num=3;num<=500;num=num+2)   //The prime number must be
                                              odd number
11      {
12          ceil=sqrt(num);
13          for(j=2;j<=ceil;j++)
14              if (num%j==0)  break;
15          if(j >= ceil+1)
16              printf ((count%8!=0)?"No.%-2d:%-6d":"No.%-2d:%-6d\n",
                        count++,num);
17      }
18      printf("\n");
19      return 0;
20  }
```

程序运行情况如图 3-4-2 所示。

```
C:\WINDOWS\system32\cmd.exe
No.1 :3    No.2 :5    No.3 :7    No.4 :11   No.5 :13   No.6 :17   No.7 :19   No.8 :23
No.9 :29   No.10:31   No.11:37   No.12:41   No.13:43   No.14:47   No.15:53   No.16:59
No.17:61   No.18:67   No.19:71   No.20:73   No.21:79   No.22:83   No.23:89   No.24:97
No.25:101  No.26:103  No.27:107  No.28:109  No.29:113  No.30:127  No.31:131  No.32:137
No.33:139  No.34:149  No.35:151  No.36:157  No.37:163  No.38:167  No.39:173  No.40:179
No.41:181  No.42:191  No.43:193  No.44:197  No.45:199  No.46:211  No.47:223  No.48:227
No.49:229  No.50:233  No.51:239  No.52:241  No.53:251  No.54:257  No.55:263  No.56:269
No.57:271  No.58:277  No.59:281  No.60:283  No.61:293  No.62:307  No.63:311  No.64:313
No.65:317  No.66:331  No.67:337  No.68:347  No.69:349  No.70:353  No.71:359  No.72:367
No.73:373  No.74:379  No.75:383  No.76:389  No.77:397  No.78:401  No.79:409  No.80:419
No.81:421  No.82:431  No.83:433  No.84:439  No.85:443  No.86:449  No.87:457  No.88:461
No.89:463  No.90:467  No.91:479  No.92:487  No.93:491  No.94:499
请按任意键继续. . .
```

图 3-4-2　运行情况

思考：

由于在解题思路中已经对本题做了比较详细的分析和说明，这里就不再做进一步的说明了，只提出下面几个问题供读者思考，以便加深对程序的理解：

(1) 在第 6 行代码中为何要包含头文件 math. h?

(2) 在第 10 行 for 语句表达式 3 中为何将 num 自增 2，而不是自增 1?

(3) 在第 15 行代码中为何判断 j>=ceil+1? 就本例而言可否改成 j==ceil+1?

(4) 在第 16 行代码中 printf( ) 函数的第一个参数是哪部分，是什么含义?

【例 3-4-3】编程实现：有 30 个人，其中有男人、女人和小孩。他们在一家饭馆吃饭，共花费 50 先令（英国的旧辅币单位，1 英镑=20 先令）。就吃饭而言，如果每个男人要花费 3 先令，每个女人要花费 2 先令，每个小孩要花费 1 先令，问男人、女人和小孩各多少人?

解题思路：卡尔·海因里希·马克思（Karl Heinrich Marx，1818 年 5 月 5 日—1883 年 3 月 14 日），马克思主义的创始人之一，第一国际的组织者和领导者，马克思主义政党的缔造者之一，全世界无产阶级和劳动人民的革命导师，无产阶级的精神领袖，国际共产主义运动的开创者。他是德国伟大的思想家、政治家、哲学家、经济学家、革命理论家、历史学家和社会学家。他主要的著作有《资本论》《共产党宣言》等。其实，马克思同时也是一名数学家，他经常使用数学来研究经济问题；他还认为，一种科学只有在成功地运用数学时，才算达到了真正完善的地步。本题就是在马克思手稿中发现的一道趣味数学题。根据题意，不难写出以下方程组：

$$\begin{cases} x+y+z=30 & (3-4-1) \\ 3x+2y+z=50 & (3-4-2) \end{cases}$$

但是，仅有两个方程要解 3 个未知数，这是一个不定方程的问题，很难通过代数方法直接求解。为此，很自然地就想到了使用计算机最擅长的穷举法。使用穷举法最重要的一点就是要确定变量的变化范围。这里，根据式（3-4-1）可以直接看出 x、y、z 3 个变量的变化范围都是 0~30，0~30 就是这 3 个变量的穷举范围。至此，读者已经可以使用一个三重循环来求解此题了，第一层循环控制 x，第二层循环控制 y，第三层循环控制 z，分别一个一个地去试，看哪些解能同时满足式（3-4-1）和式（3-4-2）。

源程序如下：

```
1   /*
2   程序名称：3-4-3NumberOfPeople.c
3   程序功能：求解男人、女人和小孩的就餐人数
4    */
5   #include<stdio.h>
6   int main()
7   {
8       int x,y,z;
9       for(x=1; x<30; x++)
10          for(y=1; y<30; y++)
11              for(z=1; z<30; z++)
12                  if(3*x+2*y+z == 50 && x+y+z == 30)
13                      printf("Men:%3d, Women:%3d, Kids:%3d\n",x,y,z);
14      return 0;
15  }
```

程序运行情况如图 3-4-3 所示。

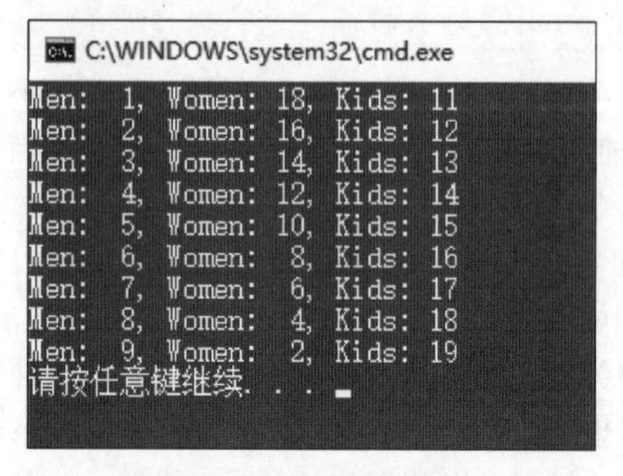

图 3-4-3　运行情况

说明：

(1) 进一步观察方程组，读者应该会发现，源程序第 11 行上的第三层循环是多余的。因为一旦 x、y 取值确定以后，根据方程组的式 (3-4-1) 马上就能确定 z 的值为 $z=30-x-y$，无须再通过一个循环来一个一个地去试 z 了。另外，根据题意，男人每人的消费是 3 先令，如果全是男人，也就最多只能有 50/3＝16 人；如果全是女人，也就最多只能有 50/2＝25 人，因此可对本题的源程序做进一步优化，变三重循环为二重循环，使程序的时间复杂度函数从 $O(n^3)$ 降到 $O(n^2)$。将程序片段修改为：

```
9   for(x=1; x<16; x++)
10      for(y=1; y<25; y++)
11      {
```

```
12          z = 30-x-y;
13          if(3 * x+2 * y+z == 50)
14              printf("Men:%3d, Women:%3d, Kids:%3d\n",x,y,z);
15      }
```

（2）再进一步研究方程组，读者可以将式（3-4-2）减去式（3-4-1）得到式（3-4-3）：

$$2x+y=20 \tag{3-4-3}$$

根据式（3-4-3）可知，如果全是男人，也就最多只能有 20/2 = 10 人；如果全是女人，也就最多只能有 20 人，因此可对上述程序片段第 9～10 行的循环条件做进一步优化。但这个优化改进的效果并不明显，程序的时间复杂度依然是 $O(n^2)$。读者再进一步分析式（3-4-3）式即可得知，一旦 x 确定以后，y 也就确定了，为 $y=20-2x$。好了，这一点很重要！它可以直接去掉第二层循环，使程序变成一个单循环结构，这个改进是巨大的！它使程序的时间复杂度又从 $O(n^2)$ 降到了 $O(n)$。将程序片段修改为：

```
9   for(x=1; x<10; x++)
10  {
11      y = 20-2 * x;
12      z = 30-x-y;
13      if(3 * x+2 * y+z == 50)
14          printf("Men:%3d, Women:%3d, Kids:%3d\n",x,y,z);
15  }
```

至此，本程序已经相当精练了。通过这个例子，作者想告诉读者，面对一个实际的问题，不能只看问题的表面，一定要去梳理问题内部的逻辑关系，理清来龙去脉，尽可能地优化和改进自己的程序。面对同一个问题，虽然大家都能编程实现，解决问题，但实现的代码质量是有很大差异的。一个优秀的程序员，应该努力追求高质量的代码！用 Linux 创始人 Linus Torvalds 的话来说就是“Talk is cheap. Show me the code”。

（3）其实，早在公元 5 世纪左右，我国古代数学家张邱建就在《张邱建算经》一书中提出了一个著名的“百钱买百鸡”问题，即“鸡翁一，值钱五；鸡母一，值钱三；鸡雏三，值钱一；百钱买百鸡，则翁、母、雏各几何?”这个问题和马克思在手稿中提出的 30 人就餐问题简直就是不谋而合。请读者根据本题的解法，自行思考，编程解决“百钱买百鸡”问题。若有困难，还可参考《大学计算机》第 6 章。

第 4 章　C 程序的整体结构

电子教案

不谋全局者，不足谋一域。

——〔清〕陈澹然

上述诗句的含义是“不能全面把控局势的人，也处理不好细节上的某个问题”，想要做好具体的某一方面，就得从全局出发。

在 C 语言程序设计中也需要贯彻“从大局出发考虑问题”的这一要求。那么何为 C 程序的“大局”，又该如何考虑 C 程序的“大局”呢？本章的任务就是要让读者掌握 C 程序的整体结构，并按“自顶向下，逐步求精”的结构化程序设计方法设计 C 程序。

在前面的章节中，已经学习了关于 C 程序的一些基本内容，例如，变量、运算符、表达式、语句、基本控制结构等。那么由这些内容组合在一起的 C 文件就是一个完整的 C 程序吗？答案当然是否定的。一个完整的 C 程序不仅仅需要由前面的这些基本要素和基本结构来组成，还需要按照一定的组织结构来构成，如图 4-0-1 所示。

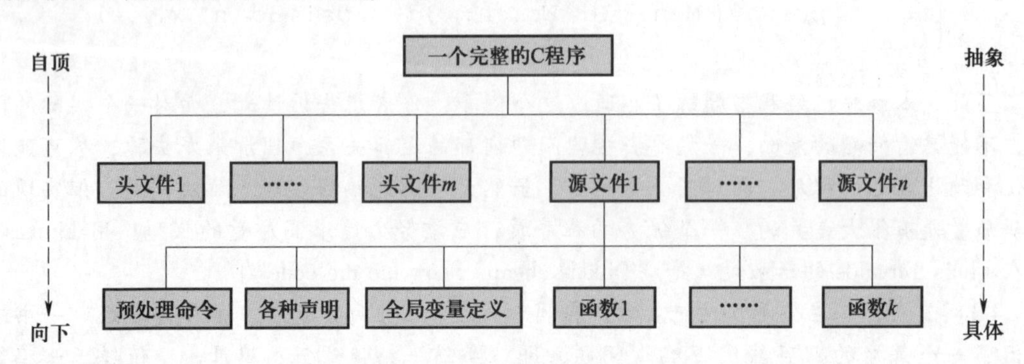

图 4-0-1　C 程序的整体结构

4.1　函数

人类在面对需要解决的各种问题，尤其是一个规模庞大、结构复杂、难度较高的问题时，首先想到的就是把这个问题分解为若干个规模较小、结构较简单、难度较低的子问题；如果子问题还不容易解决，那么就会再继续将其划分为规模更小、结构更简单、难度更低的子问题，直到将其划分成一个容易解决，甚至是显而易见的子问题。这种“分而治之”解决问题的思路是人类处理各种问题的基本方法，是一种放之四海而皆准的普适性原理。

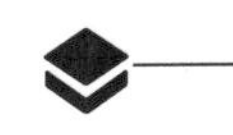

4.1.1　函数的概述

1. 什么是函数

在结构化程序设计中，当面对一个编程问题，特别是一个比较庞大和复杂的编程问题时，也总是按照“分而治之”的思想，根据“自顶向下、逐步求精”的原则，将这个问题分解成若干个规模更小、难度更低的问题，如果分解后的子问题依然不容易处理，就继续分解，直到分解后的问题是容易解决的，甚至是显而易见的。用编程来解决一个容易处理的子问题就是用一个具体的代码模块来实现它。这个具体的代码模块就是函数。在 C 语言中，函数是指一个能够完成某个特定功能的模块，是 C 程序的功能单位。一个 C 程序总是由若干个函数构成的。在前面的章节中我们已经用到了一些函数，比如，在第一个简单的 C 程序 helloWorld 中就用到了 printf( ) 函数和 main( ) 函数。

函数是由一系列的 C 语句构成的。函数的结构如图 4-1-1 所示。

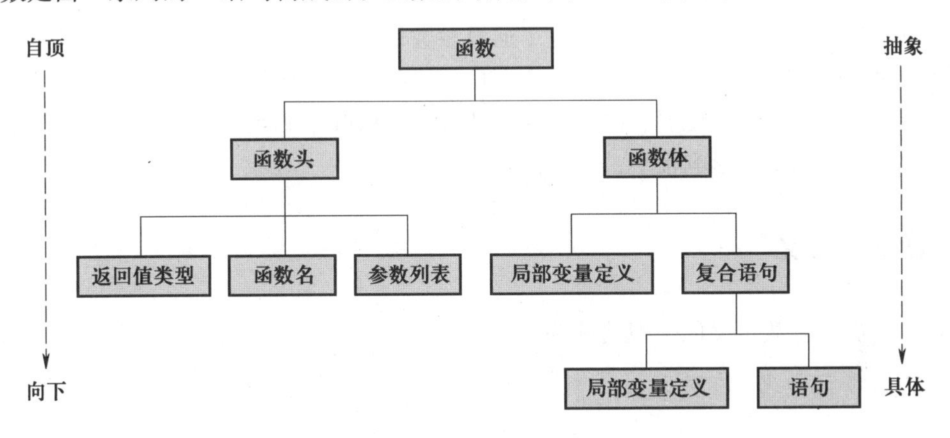

图 4-1-1　函数的结构

2. 为什么要用函数

当程序任务比较简单时，可以把需要实现的功能按照逻辑要求编写成语句，都放置在 main( ) 函数中，如 Hello World 程序就是这样的。但是，在实际开发中遇到的程序任务往往都是比较复杂的，需要实现的功能都比较多，很难通过几条甚至几十条语句完成。如果还是将全部语句都放在 main( ) 函数中，就可能会导致 main( ) 函数出现结构混乱、可读性差、代码冗长的问题。而且，面对一个庞大、复杂的程序，想要在时间和精力都有限的前提下，一下子就考虑完全，面面俱到，甚至实现它的每一个细节，这是不现实的。另外，编写一个庞大、复杂的程序往往需要团队协作，靠一己之力也是相当困难的。因此，在实际开发过程中，往往会根据程序的任务要求，按照功能和逻辑关系的不同，把一个完整的程序划分成若干个功能模块，再进行分工和逐一编程实现。这就需要用到函数。

使用函数将程序分块进行编写具有以下 4 个优点：

（1）降低对程序的把控难度。

按照分而治之和模块化的思想，将规模大、难度高、结构复杂的程序划分成若干个不同功能的模块，并逐个解决，各个击破，可降低对程序的把控难度。

（2）降低程序的复杂度，提高程序的可读性。

使用函数最主要的原因就是为了降低程序的复杂度，化繁为简，以简驭繁。同时，使用函数可以隐藏模块内部的细节性内容，让模块与外界只存在有限的联系，便于读者把握程序的功能结构，提高程序的可读性。

（3）降低程序的冗余度，提高代码的可重用性。

在一个程序，特别是一个比较庞大的程序中，可能会有很多需要重复处理的功能。对此，可以将那些需要重复处理的功能提取出来，放入一个函数中，用一段公共的代码来实现。每次需要处理这项功能时，就调用这个函数即可，而不必去重复书写相同的代码，这样做有助于降低代码的冗余度，提高代码的可重用性。

（4）降低不同程序段之间的关联度，减少修改程序带来的相互影响。

将实现某一特定功能的程序段写成函数，该函数就是一个功能相对单一的模块，与其他函数之间尽量不要出现功能交叉和重叠。除了通过参数传递的渠道与外界发生联系以外，尽量不要有其他的渠道，一个函数就是一个封闭体。按照这些要求写成的函数具有移植性好、可读性强、函数与函数之间的耦合性弱、内聚性强等特点。当修改某个函数内部的代码时，也只影响这一个函数，对其他函数影响很小，甚至没有影响。

4.1.2 函数的定义

在C语言中，函数定义的一般格式为：

```
返回值类型 函数名（参数列表）
{
    声明定义部分;
    执行语句部分;
}
```

其中包括两个部分：函数头和函数体。

1. 函数头

函数头（function header）是函数定义的首行，包括了函数的返回值类型、函数名和函数的参数三部分信息。

（1）返回值类型：一个函数执行结束后，通常需要给调用自己的上一级函数返回一个值，这个值的类型就是函数的返回值类型。函数返回值类型的说明，位于函数头的开始位置。

根据有无返回值，可以将函数分为有返回值函数和无返回值函数。有返回值函数在执行完毕后会给调用自己的上一级函数返回一个值，而且只能返回一个值。这个值可以是C语言允许的任意数据类型值。如果确定一个函数确实不需要返回任何值，那么在定义这个函数时，必

须使用保留字 void 来明确表示其返回值的类型。无返回值函数在执行完毕后不会向调用自己的上一级函数返回任何值。在函数定义中，如果省略了函数的返回值类型，系统会默认其返回类型为 int 类型，函数执行完毕后将返回一个整型值。

（2）函数名：在程序中要使用一个函数，需要知道这个函数的名称。函数的名称是在函数定义时指定的。这就像一个小孩出世的时候，父母都要为他取一个名字，便于以后在生活中使用一样。函数名的命名规则与用户标识符一样，在此不再赘述。需要提醒一下的是，函数的命名要尽量做到见名知意。由于函数的功能通常都是对数据进行处理或完成某个特定的功能，也就是做事情，所以在命名时通常按 do_something 的格式进行。例如，一个打印成绩的函数，可以命名为 printScore(...)。

（3）参数列表：一个函数需要外界传入的数据通常都依次罗列在参数列表中。参数列表包含了参数的名字、类型、顺序和数量等重要信息。

根据有无参数可以将函数分为有参函数和无参函数。有参函数的参数列表至少要包含一个参数，如果包含多个参数则需要使用逗号作为这些参数之间的分隔符。无参函数没有参数列表，在函数定义时，可以只在函数名后面跟一对空的圆括号即可，但为了便于编译器检查语法错误，从书写规范的角度考虑，建议在无参函数的参数列表位置使用保留字 void 明确表示该函数没有参数。这样，外界就不会通过参数传递的渠道为该函数传入任何数据，否则就会出现语法错误。

另外，在参数列表中定义的参数，在函数定义时只是形式上的存在，在函数没有被调用和执行的时候，这些参数在内存中实际是不存在的，故称这些参数为形式参数，简称形参。形参可以被看作是一个占位符，它只有类型，没有取值。在没有特殊指明的情况下，在函数没有被调用时，形参是不存在的，不占用任何内存空间。只有在函数被调用的时候，系统才为形参分配内存空间，形参才存在，才接收外界传递进来的数据。函数执行完毕后，系统又会收回形参所占用的内存空间，形参又不存在了。因此，这里的参数列表，可以严格地称为形参列表。关于哪些参数在什么时候存在，在什么时候不存在的问题，将在 4.2.2 节中详细讨论。

与形参相对的另外一个概念是实参。在调用一个函数时所给出的参数，是一些实实在在存在而且确定的数据，称之为实际参数，简称实参。数据由实参传递给形参的这种参数传递方式，在函数内部与外部之间建立了一种数据传输的渠道。

2. 函数体

函数体（function body）是指被函数头后面紧跟着的一对花括号（{}）括起来的内容，是函数功能的具体实现，是函数的主体部分。函数体中包含声明定义和执行语句两部分。

（1）声明定义部分：通常包含函数的声明（将在 4.1.3 节中介绍）、变量的定义等内容。

（2）执行语句部分：是一些具体实现函数功能的语句。

在实际编程过程中，特别是在程序开发的初期，程序员可能对一些不太重要的函数只定义了一个函数头，函数体仅仅是一对空的花括号而已，具体的内容等后面再实现。这种函数体只有一对空的花括号，没有任何语句的函数称为空函数。空函数不实现任何功能，只起一个占位的作用。

【例 4-1-1】编程实现：定义一个函数，实现求两个整数中的较大值。

```
1   /*
2   程序名称：4-1-1max.c
3   程序功能：用函数求两个整数中的较大值
4   */
5   #include<stdio.h>
6   int max(int a, int b)                //函数头
7   {                                    //函数体
8       return (a >= b) ? a : b;
9   }
10  void printMSG(void)
11  {
12      printf("--------------\n");
13  }
14  int main(void)
15  {
16      int x, y, res;
17      printf("Please input two integers:");
18      scanf("%d,%d", &x, &y);
19      res = max(x, y);
20      printMSG();                      //不能使用 printMSG(void);
21      printf("max=%d\n", res);
22      printMSG();                      //不能使用 res = printMSG(void);
23      return 0;
24  }
```

程序运行情况如图 4-1-2 所示。

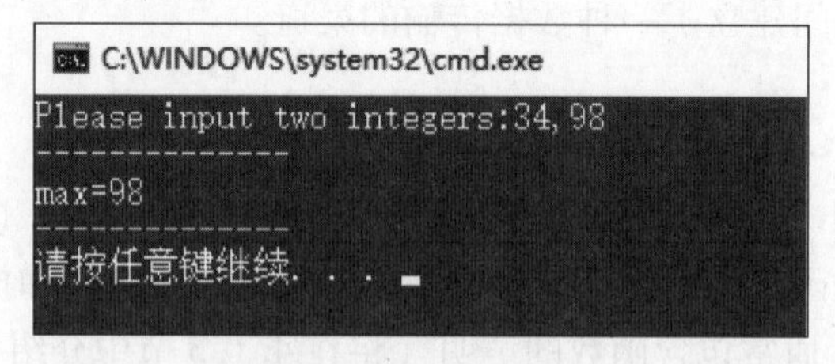

图 4-1-2　运行情况

说明：

(1) 本例中在定义 main( ) 函数时，只在参数列表中给了一个 void，表示该 main( ) 函数不需要外界传入任何参数。当然，在有些情况下，也可以给 main( ) 函数传入参数，这将在 6.5 节中介绍。同样地，在 printMSG( ) 函数的参数列表中也只有一个 void，表示该函数

也不需要外界传入参数；而且该函数的返回值类型也是 void，表示该函数不会给调用它的上级函数返回任何值。一个不需要外界传入参数的函数，在定义时参数列表要使用 void，但在调用该函数时，其参数不能使用 void，比如，第 20 行注释所示。一个已经被定义为无返回值的函数，不能在调用时再将其返回值赋值给一个变量，因为这样做就前后矛盾了，比如，第 22 行注释所示。

（2）请读者先用调试工具中的 F10 逐过程单步执行一遍例 4-1-1，然后再执行第二遍，并在遇到 max( ) 函数和 printMSG( ) 函数时，使用 F11 逐语句单步执行跟踪进函数内部，并监视变量 x、y、a、b 和 res，观察参数和返回值的传递情况，以及函数的调用和返回过程，理清整个程序的执行过程。同时，比较 F10 和 F11 两种单步执行的不同之处。

（3）若有一个函数 a( ) 调用函数 b( )，则称 a( ) 为 b( ) 的主调函数，b( ) 为 a( ) 的被调函数。比如，在本例中，main( ) 函数就是 max( ) 函数的主调函数，max( ) 函数就是 main( ) 函数的被调函数。

（4）如果在书写程序时，不小心将第 8 行的>=写成了<=，程序不会有任何语法错误，依然能够正常执行，但执行的结果却是求两个整数中的较小值。可见，决定函数功能的不是函数名，而是函数体，但函数名在命名时要尽量做到见名知意。

（5）在 C 语言中，所有函数的定义都是相互独立的，不允许在一个函数的内部再定义另一个函数，即不允许嵌套定义。比如，以下的程序片段就是错误的：

```
1  void func1(void )
2  {
3      //do something
4      void func2 ( void )              //不允许嵌套定义
5      {
6          //do something
7      }
8  }
```

（6）根据函数是由谁定义的，又可以将函数分为标准函数和用户自定义函数。在集成开发环境中，C 开发者总是将一些常用的功能模块编写成相应的函数，放在函数库中供用户按需选用，这些函数称为标准函数，又称为库函数。库函数是随开发环境一起提供的，是现成的，用户只需包含相应的头文件即可使用，无须自己再去定义。由用户根据自己程序设计的需要，将程序划分出不同的功能模块，再将这些功能模块定义为相应的函数，这种由用户自己所定义的函数，称为用户自定义函数。

（7）如果一个函数在执行的过程中需要提前结束并返回主调函数，则需要执行一条 return 返回语句。return 语句的用法有以下几种形式：

```
return 表达式;                          //形式 1
或
return (表达式);                        //形式 2，与形式 1 等价
```

或

```
return;                                    //形式3
```

形式1和形式2是等价的，适用于有返回值的函数。当执行return语句时，如果return语句后面跟的是一个表达式，则需要先计算该表达式的值，然后将计算结果返回给主调函数。该返回值的类型应该与函数头上定义的函数返回值类型相同，至少也必须满足赋值兼容的要求。如果return后面没有跟任何数据（形式3)，则表示该函数不打算向主调函数返回数据，仅仅用来结束函数，这种形式适用于返回类型为void的无返回值函数。在一个定义为有返回值的函数中，如果没有return语句，或有return语句但后面没有跟返回值，则该函数执行完毕后依然会向主调函数返回一个值，只是这个值是不确定的，没有使用价值。因此，一个函数实际有无返回值，不是看return语句后面是否跟有数据，而是看函数头的返回值类型是否为void类型。

一个函数体中的return语句可以有多个，也可以出现在函数体的任意位置，但是每次调用函数只可能有一个return语句被执行，因为一旦执行return语句，就会返回到主调函数，其他return语句就不再有执行的机会。如将【例4-1-1】中max( )函数的第8行改为如下片段：

```
1  if(a>=b)
2      return a;
3  else
4      return b;
```

此时就出现两个return语句，但很显然，只有其中的一个会被执行。

4.1.3 函数的声明

在一个函数中调用另一个函数需要具备一定的条件，才能调用成功。

首先，被调函数必须是已经存在的函数。不管它是库函数还是用户自定义函数，总之必须已经存在，这是一个必要而不充分的条件。

如果被调函数是一个库函数，还应在源文件开头用#include命令将相关的头文件（含有所用库函数的相关信息）“包含”到源文件中来。比如，在前面的章节中已经用过的程序片段：

```
1  #include <stdio.h>
2  #include <math.h>
```

如果被调函数是用户自定义函数，且被调函数的定义位于主调函数之后，则在主调函数的调用语句之前应对被调函数进行声明。

函数声明（function declaration）就是将函数的头部信息放到函数调用之前，提前告诉编译系统所要调用函数的原型，便于编译系统在程序的编译阶段对函数调用的合法性进行全面检查，而函数具体的定义在后面。因此，函数声明的格式其实是非常简单的，就是把被调函数的函数头复制到主调函数的数据声明位置，加上分号即可，具体格式如下：

```
返回值类型 函数名(参数列表);
```

函数声明给出了一个函数的返回值类型、函数名、参数列表等与该函数有关的重要信息，这些信息都是正确使用该函数所必需的内容，称之为函数原型（function prototype）。因此，在 C 语言中，函数声明的内容实际上就是函数原型。

【例 4-1-2】编程实现：定义一个函数，实现求两个实数的平均值。

```
1  /*
2  程序名称：4-1-2average.c
3  程序功能：用函数求两个实数的算术平均值。
4  */
5  #include<stdio.h>
6  float aver(float a, float b);                //函数声明
7  int main(void)
8  {
9      float x, y, res=0;
10     printf("Please input two integers:");
11     scanf_s("%f,%f", &x, &y);
12     res = aver(x,y);                         //函数调用
13     printf("average=%f\n", res);
14     return 0;
15 }
16 float aver(float a, float b)                 //函数定义
17 {
18     return (a+b)/2;
19 }
```

说明：

（1）在例 4-1-1 中，如果将 max( ) 函数写在 main( ) 函数的后面，在 main( ) 函数中和 main( ) 函数之前都不做声明，程序依然能够正常运行，不会出错。因为该 max( ) 函数的形参和返回值类型都是整型，在不做声明的情况下，编译系统默认它们就是整型，所以正好合适，不会出现错误。但是，在本例中，如果删除第 6 行的函数声明，程序将无法正常运行。因为在去掉函数声明后，编译器从左到右、由上到下编译到第 12 行时，第一次遇到函数调用 aver( )，它就不知道 aver( ) 这个函数的调用格式和返回格式，只好默认都是整型。这样，在调用 aver( ) 函数时，将两个实型变量 x、y 的值按整型传递给 a、b 就会出错。执行完 aver( ) 函数以后，又将实型值按整型返回给 res 变量，这也会出错。用心的读者可以使用单步执行加变量监视来观察整个程序的执行过程，发现问题的所在。

（2）第 6 行的函数声明也可以放到 main( ) 函数里面，位于 main( ) 函数前面的声明定义部分，比如，放到第 8~9 行的位置，也是可以的。

（3）在函数声明中，只需要给出函数的返回类型、函数名，以及参数的类型、顺序和个数这些信息就足够了，编译器根据这些信息就可以检查后面的函数调用和函数定义的合

法性了。至于参数的名称，这个并不重要，因为在声明阶段并不涉及为变量分配内存空间的问题，编译器根本就不关心参数的名称，即写了不算错，不写也不算错。比如，第 6 行的函数声明也完全可以改写为：

```
1  float aver(float, float);
```

(4) 有了函数声明，函数定义就可以出现在源文件的任意合法位置，甚至可以出现在其他源文件、静态链接库等文件中。如果没有函数声明，那就要求将函数定义放在调用该函数的主调函数之前。编译器从上到下编译了一个完整的函数定义之后，也就自然知道该函数的调用和返回格式了，当编译到后面的函数调用时，也就能进行相应的合法性检查了。

(5) 通常情况下，C 语言程序是将函数声明放在 main( ) 函数之前，而将函数定义放在 main( ) 函数之后，这样可以使得程序的整体结构清晰明了，提高代码的可读性。

4.1.4 函数的调用

函数是一个实现特定功能的模块，但光有前面所讲的函数声明和函数定义是无法实现函数功能的，函数必须要被使用和执行以后，才能实现其特定的功能。使用一个函数，即函数调用，就是通过指定函数的名称和具体的实际参数，发出执行该函数的命令，使之完成相应的任务，实现其具体的功能。在前面的章节已经出现过许多函数调用，比如，例 4-1-2 第 12 行中的 aver(x,y) 就是一个对用户自定义函数的调用，而例 4-1-2 第 10 行和第 11 行是对库函数的调用。

1. 调用格式

函数调用的一般格式为：

```
函数名(实参列表)
```

C 语言中，函数调用的方式有如下 3 种：

(1) 函数语句：把函数调用作为一个单独的语句。例如：

```
1  printf("Hello World!");
2  scanf("%d", &a);
```

这种调用方式不需要函数带回返回值，只要求函数完成一种特定的操作即可。

(2) 函数表达式：把函数调用作为一个表达式中的一部分，这种带有函数调用的表达式称为函数表达式。这要求函数带回一个确定的返回值参加表达式的运算。例如：

```
1  a = max(x, y);
2  c = b + max(x, y);
```

这种调用方式要求函数返回一个确定的值。

(3) 函数作为参数：把函数调用作为一个函数的实参。这种函数调用方式可以看成是函数表达式的一种特例。例如：

```
1  printf("Max=%d", max(x, y));
2  z =max(max(u, v), max(x, y));
```

对于第一条语句，由于 max(x,y)不是一个现成的、确定的值，所以 printf()函数在输出一个整型值之前，必须先求解实参表达式 max(x,y)，将其返回值作为实参代入 printf()函数进行输出。按同样的方法分析第二条语句可知，用同一个函数实现了求 4 个数中的最大值。

2. 参数传递

无参函数不存在参数传递的问题，但有参函数必须按照以下规则进行参数传递：

（1）实参与形参必须在数量上、类型上和顺序上严格一一对应，否则会发生不匹配的错误。至少，实参与形参的类型要满足赋值兼容的要求。

（2）实参与形参之间的数据传递必须遵守“单向值传递”的原则。单向，是指只能由实参传递给形参，不能反过来由形参传递给实参。值传递，是指把实参的值复制一份给形参，形参接收从实参传递进来的值，而不是把实参“搬移”到形参中，实参和形参是不同的变量，各自占据不同的内存空间。这样，在函数执行过程中，如果形参的值发生了改变，并不会影响实参的值。

（3）由于实参与形参是不同的变量，且位于不同的函数中，所以即使两者同名也互不影响。具体将在 4.2.1 节中进一步分析。

（4）实参可以是常量、变量、表达式或函数，比如，max(max(u, v), max(3,x+y))，但在传递给形参之前，实参必须要是一个确定的值。也就是说，在函数调用时，如果实参是一个表达式或函数，则需要先求解出该实参的值，如果有多个实参需要求解，则求解实参的顺序是从右至左，当把所有实参求解完毕后再将各实参的值赋给相应的形参。

【例 4-1-3】 编程实现：在 main()函数中定义和初始化两个变量，并将这两个变量作为实参传递给自定义函数 swap()的两个形参，交换两个形参变量的值，输出，再返回 main()函数，输出两个实参变量的值。

```
1   /*
2   程序名称：4-1-3swap.c
3   程序功能：验证实参与形参的关系
4   */
5   #include<stdio.h>
6   void swap(int x, int y);
7   int main( void )
8   {
9       int a=10, b=20;
10      swap(a, b);                        //用 a、b 作为 swap()函数的实参
11      printf("a = %d, b = %d\n", a, b);
12      return 0;
```

```
13  }
14  void swap(int x, int y)        //将实参a、b的值分别传递给形参x、y
15  {
16      int temp;
17      temp = x;
18      x = y;
19      y = temp;
20      printf("x = %d, y = %d\n", x, y);
21  }
```

程序运行结果如图4-1-3所示。

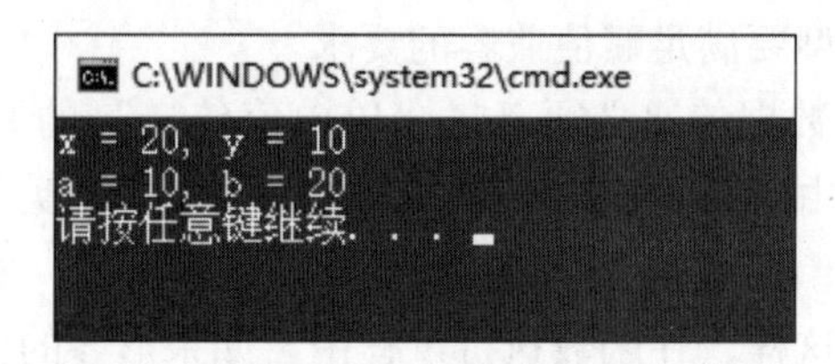

图4-1-3 运行结果

可见，在源程序的第10行调用swap()函数时，实参a、b的值分别传递给形参x、y，即在源程序的第14行上x、y分别得到的值为10和20。在swap()函数中完成x和y两个形参变量的交换以后，输出"x = 20, y = 10"，但是形参变量x、y的交换并不影响实参变量a、b的值，因此，返回到main()函数后，输出仍为"a = 10, b = 20"。

3. 嵌套调用

前已述及，在C语言中是不允许嵌套定义的，但允许嵌套调用，即在一个函数中可以调用另外一个或多个函数，并且在这些函数中又可以调用其他函数。C程序总是从main()函数开始执行，当遇到函数调用时，暂停主调函数的执行，并将当前执行位置和执行状态保存在内存中一片特定的区域，以便后面返回时使用，这叫保护现场。这片特定的区域是由系统分配和管理的一片内存空间，称为栈。然后，程序转向执行被调函数，若被调函数中还有函数调用，则以此类推，一层一层地调用下去。在执行完一个被调函数以后，再返回到它的上一级主调函数中，并将调用时保存的执行位置和执行状态从栈中提取出来，便于恢复到以前的执行状态并从前面暂停的位置开始继续往下执行，这叫恢复现场。函数的调用和返回，遵守"从哪里来回哪里去"的原则，从一层一层地调用下去再到一层一层地返回，最终回到main()函数中结束整个程序，上述执行过程如图4-1-4所示。

从图4-1-4可以清晰地看出函数嵌套调用的整个执行过程：首先在main()函数中调用fun_a()函数，程序转去执行fun_a()函数；在fun_a()函数中又调用了fun_b()函数，程序又转去执行fun_b()函数；fun_b()函数执行完毕后返回到fun_a()函数中的断点位置，继续往下执行；直到将fun_a()函数执行完毕后再返回到main()函数中的断点位置，继续执行main()函数中的后续语句，直到结束。

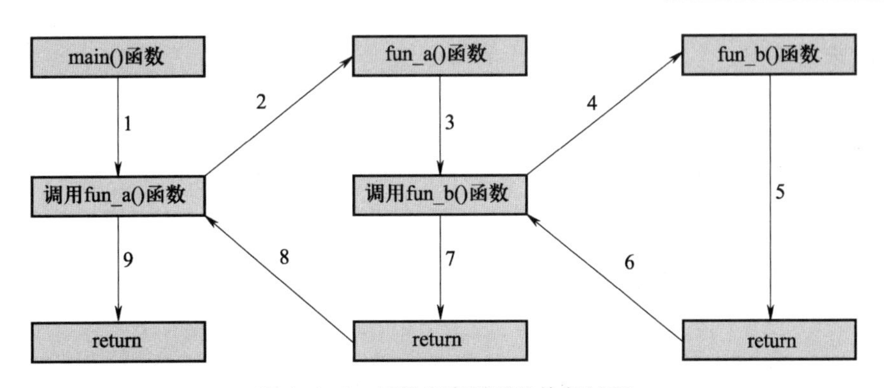

图 4-1-4　函数嵌套调用的执行过程

【例 4-1-4】 编程实现：计算 sum=1!+2!+…+9!+10!。

解题思路： 在题干的算式中出现了两种常见的算法，一种是用连乘积算阶乘，另一种是用累加和算所有阶乘的和。为此，可以考虑编写两个函数，一个是用来计算阶乘的 factoial( ) 函数，另一个是用来计算累加和的 sum( ) 函数。关于累加和与连乘积的算法，可参考《大学计算机》第 6.4 节。

```
1   /*
2   程序名称：4-1-4sum.c
3   程序功能：计算 sum=1!+2!+…+9!+10!
4   */
5   #include<stdio.h>
6   long factorial(int n);
7   long sum(long n);
8   int main(void)
9   {
        //在 main()函数中调用 sum()函数
10      printf("1!+2!+…+9!+10! = %ld\n", sum(10));
11      return 0;
12  }
13  //求累加和
14  long sum(long n)
15  {
16      int i;
17      long result = 0;
18      for (i = 1; i <= n; i++)
19          result += factorial(i);   //在 sum()函数中调用 factorial()函数
20      return result;
21  }
```

```
22  //求阶乘
23  long factorial(int n)
24  {
25      int i;
26      long result=1;
27      for (i=1; i<=n; i++)
28      result *= i;
29      return result;
30  }
```

程序运行结果如图4-1-5所示。

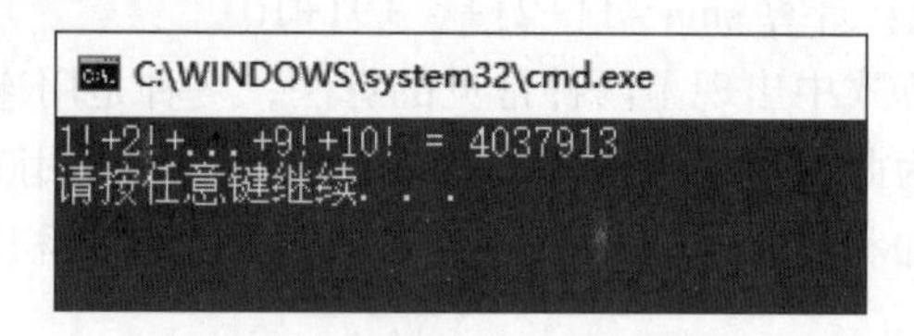

图4-1-5 运行结果

在上述程序中，main()函数调用了printf()函数，在printf()函数的实参中又调用了sum()函数，在sum()函数的执行过程中又多次调用了factorial()函数，整个程序的调用关系为：main()→printf() →sum()→factorial()。

C程序是由函数构成的。一个C程序的执行过程也可以看成是多个函数之间相互调用和返回的过程，它们形成了一根函数调用和返回的链条。这根链条的起点是main()函数，终点也是main()函数，中间可能一层一层地调用了许多函数，然后再一层一层地返回，最终通过main()函数的return语句返回操作系统，结束整个程序。因此，这根链条的两端握在操作系统的“手中”。

4.1.5 函数的递归

1. 递归的概念

前已述及，一个函数可以调用其他函数，函数与函数之间可以相互调用。其实，一个函数还可以在其函数体中直接或者间接地调用自己，即函数嵌套调用该函数本身，这种特殊的函数嵌套调用形式被称为递归（recursion）。

在我国传统文化中，也蕴含着递归的思想，比较经典的一个案例在《大学》第一章第三段，原文如下：

古之欲明明德于天下者，先治其国；欲治其国者，先齐其家；欲齐其家者，先修其身；欲修其身者，先正其心；欲正其心者，先诚其意；欲诚其意者，先致其知。致知在格物。物格而后知至，知至而后意诚，意诚而后心正，心正而后身修，身修而后家齐，家齐而后国治，国治而后天下平。

这段话提出了《大学》著名的“八条目”：格物、致知、诚意、正心、修身、齐家、治国、平天下。其大意是：一个人要想布仁政于天下，使天下太平，就得先治理好自己的国家；要想治理好自己的国家，就得先管理好自己的家庭和家族；要想管理好自己的家庭和家族，就得先提高自身的修养；要想提高自身的修养，就得先端正自己的心思；要想端正自己的心思，就得先使自己的意念真诚；要想使自己的意念真诚，就得先使自己获得知识；要想获得知识，就得去深入地探究万事万物。通过对万事万物的深入探究，才能获得知识；获得知识后才能意念真诚；意念真诚后才能端正心思；心思端正后才能提高修养；提高修养后才能管理好家庭和家族；管理好家庭和家族后才能治理好国家；治理好国家后才能布仁政于天下，使天下太平。

这段话蕴含了典型的递归思想，明显包含了递归的两个基本过程：递推和回归。递推的过程就是把一个难度较高、规模较大的问题，一步一步地转化为同类型的、难度相对较低、规模相对较小的问题，直到转化为一个显而易见的问题。回归的过程是一个逆向的过程，当一个显而易见的问题得解以后，再沿着原来递推分解的步骤一步一步地反向求解，直到求出最开始所求问题的答案。

比如，在例 4-1-4 中使用了迭代法做连乘求 $n!$，其实也可以使用递归法来求 $n!$，感兴趣的读者也可以参考一下《大学计算机》第 6.3 节的内容。下面将通过一些简单的例子来进一步介绍如何实现递归，并分析递归的执行过程。

2. 递归的实现

【例 4-1-5】 编程实现：用递归法计算 $n!=n\times(n-1)\times(n-2)\times\cdots\times2\times1$。

解题思路： 首先需要认真分析问题，看问题的求解方法是否符合递归的方法。本题要求 $n!$，已知 $n!=n\times(n-1)!$，所以可以把 $n!$ 问题转换成难度更低、规模更小的 $(n-1)!$ 问题，依此类推，最终可以转换成一个显而易见的 1! 问题。得到 1! 以后，逆流而上，就可分别求得 2!，3! … $(n-1)!$，最终得到希望的 $n!$ 的结果。可见，这个求解 $n!$ 的过程完全符合递归法求解问题的思路，具有递推和回归的两个基本过程，如图 4-1-6 所示。

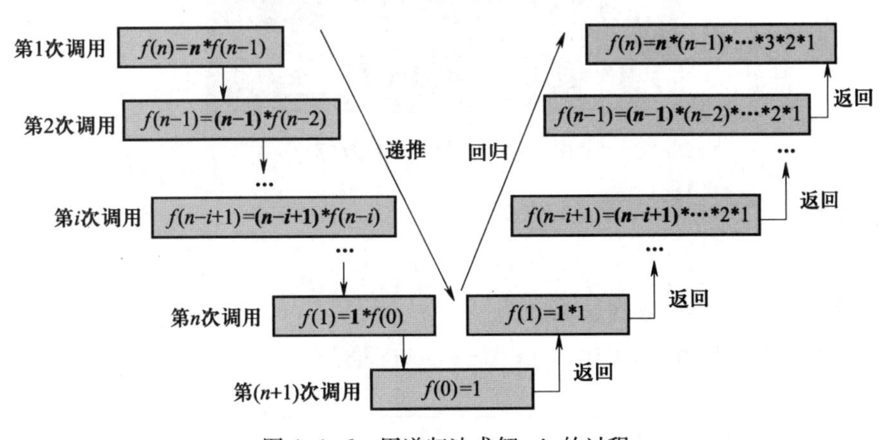

图 4-1-6　用递归法求解 $n!$ 的过程

面对一个实际问题，如果满足以下 3 个条件，就可以考虑使用递归法求解：

（1）可缩小，也就是可以把一个庞大、复杂的问题缩小为一个规模较小、难度较低的同类型子问题。所谓同类型子问题，是指子问题与原问题具有相同的解法。

（2）可求解，是指可以通过问题的转化过程使子问题得到解决。

（3）可回归，是指要有一个明确的递归边界，即递推的终止条件，也称为递归的出口，以确保递推到底后能够正常地回归，使递归能够通过有限的计算步骤完成任务。

另外，$n!$ 也可以使用下面的递归函数来进行表示：

$$s_n=\begin{cases}1 & (n=0)\\ n\times s_{n-1} & (n\geqslant 1)\end{cases}$$

通过递归函数可以看出，我们需要确定递推的终止条件。递归不能无休止地进行下去，这就像循环结构不能无休止地循环下去一样。递推没有终止条件，就会一直递推没有回归的过程，无法返回需要的结果，这被称为死递归；循环没有终止条件，就会一直循环下去，无法得到需要的结果，这被称为死循环。比如，老和尚给小和尚讲的故事：从前有座山，山上有座庙，庙里有个老和尚，老和尚给小和尚讲故事，故事的内容是，从前有座山……，再比如，有名的德罗斯特效应（Droste effect），它是递归的一种视觉形式，是指一张图片的某个部分与整张图片的内容相同，如此产生无限循环。这样的图片可以用数学软件 Mathmap 绘制出来，如图 4-1-7 所示。不管是老和尚讲的故事，还是德罗斯特效应，都只有向下递推的过程，没有回归的过程，缺少一个递推的终止条件，都属于死递归。

图 4-1-7　德罗斯特效应

源程序如下：

```
1  /*
2  程序名称：4-1-5factorial.c
3  程序功能：计算 n!=n×(n-1)×(n-2)×…×2×1
4  */
5  #include<stdio.h>
6  long fac(int n);
```

```
7   int main(void)
8   {
9       int num;
10      printf("Enter the number(>=0):");
11      scanf("%d", &num);
12      printf("the factorial of %d! is %ld\n", num, fac(num));
13      return 0;
14  }
15  long fac(int n)
16  {
17      if(n == 0)                     //递推的终止条件
18          return 1;
19      else
20          return n * fac(n - 1);    //递归调用,逼近终止条件,完成计算任务
21  }
```

程序运行结果如图 4-1-8 所示。

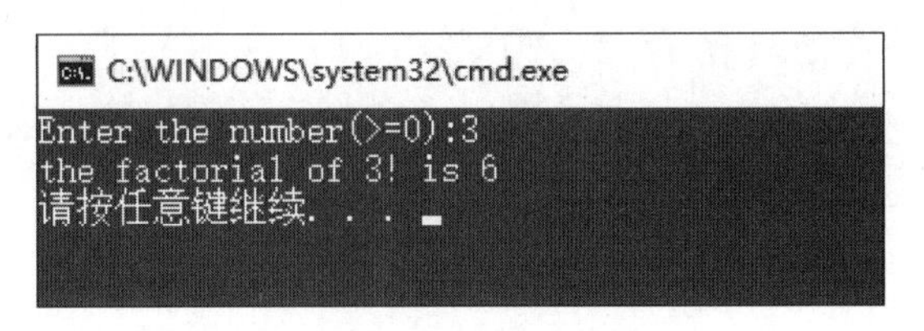

图 4-1-8　运行结果

上述程序的执行过程如下:

(1) 程序从 main()函数进入，开始顺序执行，在 12 行遇到 fac()函数调用，系统保护现场，转向 fac()函数，并进入函数体依次执行。

(2) 进入 fac()函数体后在第 17 行遇到 if 判断，此时 n=3，将执行 else 分支中的内容。

(3) 在 else 分支中（第 20 行）第 2 次遇到 fac()函数调用，再一次保护现场，并将 n-1 后的值 2 代入 fac()函数，进入函数体继续执行。

(4) 进入 fac()函数体后在第 17 行遇到 if 判断，此时 n=2，将执行 else 分支中的内容。

(5) 在 else 分支中（第 20 行）第 3 次遇到 fac()函数调用，又一次保护现场，并将 n-1 后的值 1 代入 fac()函数，进入函数体继续执行。

(6) 进入 fac()函数体后在第 17 行遇到 if 判断，此时 n=1，将执行 else 分支中的内容。

(7) 在 else 分支中（第 20 行）第 4 次遇到 fac()函数调用，又一次保护现场，并将 n-1 后的值 0 代入 fac()函数，进入函数体继续执行。

(8) 进入 fac()函数体后在第 17 行遇到 if 判断，此时 n=0，将执行第 18 行返回 1。

至此，“递推”的过程就到底了，一个庞大而复杂的问题已经被缩小为一个显而易见的同类型问题。接下来就是“回归”的过程了:

（1）第 18 行返回 1 后，将结束第 4 层 fac( ) 函数的执行，返回到第 3 层函数的第 20 行第 4 次调用 fac( ) 函数的位置，严格遵守“哪里来回哪里去”的原则。返回值 1 参与表达式运算，得到 1 * 1 为 1。

（2）然后将结束第 3 层 fac( ) 函数的执行，返回到第 2 层函数的第 20 行第 3 次调用 fac( ) 函数的位置。返回值 1 参与表达式运算，得到 2 * 1 为 2。

（3）然后将结束第 2 层 fac( ) 函数的执行，返回到第 1 层函数的第 20 行第 2 次调用 fac( ) 函数的位置。返回值 2 参与表达式运算，得到 3 * 2 为 6。

（4）然后将结束第 1 层 fac( ) 函数的执行，返回到 main( ) 函数第 12 行第 1 次调用 fac( ) 函数的位置，带回的返回值为 6。

至此，“回归”的过程也结束了，程序的执行流程回到了最开始调用 fac( ) 函数的地方，但此时问题的答案已经被求解出来了。程序继续往下执行，将返回值 6 作为 printf( ) 函数的第 3 个实参代入 printf( ) 函数输出“the factorial of 3! is 6”，直至整个程序执行结束。

上述递归过程可以通过图 4-1-9 来描述，其中虚线代表不断调用 fac( ) 函数的递推过程，实线代表执行完 fac( ) 函数后一层一层的回归过程。

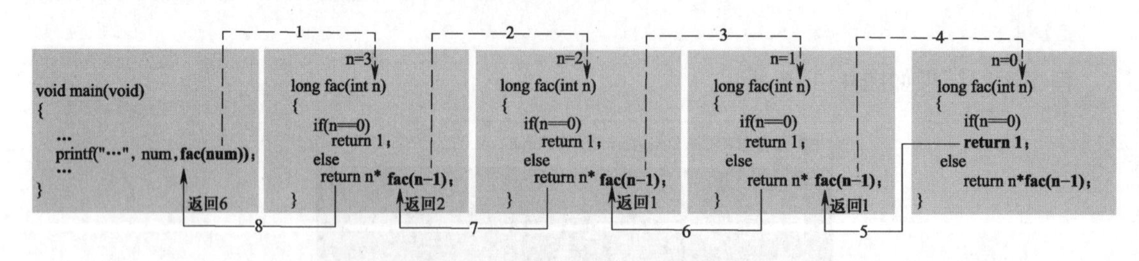

图 4-1-9　求 3!的递归执行过程

另外，从以上程序还可以看出，一个正确的递归程序除了要有递归调用（第 20 行的 fac( ) 函数调用）和明确的递推终止条件（第 17 行的 n == 0 条件判断）以外，还必须是先进行递归终止条件的判断后进行递归调用（在第 17 行先判断终止条件，在第 20 行后进行递归调用）；在递归调用的时候，还要能使递推的过程不断逼近终止条件（第 20 行的 n-1 表达式参数）；通常还要有完成计算任务的语句或表达式（第 20 行的 n * fac（n - 1）算术表达式）。

通过对例 4-1-5 的详细分析，今后面对众多实际问题时，读者要能识别哪些问题使用递归的方法来解决比较容易，以及一个递归程序是否能够正常地运行并得到正确的结果。

【例 4-1-6】 编程实现：通过键盘任意输入两个自然数，并用递归法和欧几里得算法求其最大公约数。

解题思路： 任何一个正整数 a 都可以表示成 $a=kb+r$ 的形式，其中，b、k、r 都是大于或等于 0 的整数，且 r 小于 a、b。假设 c 是 a、b 的一个公约数，则在 $r=a-kb$ 的两边同时除以 c，得到 $r/c=a/c-kb/c$。因为 c 是 a、b 的一个公约数，且 k 是一个大于或等于 0 的整数，所以 $a/c-kb/c$ 是一个整数，也就是说 r/c 也是一个整数，即 r 也可以被 c 整除。这样就得到，c 也是 b 和 r 的公约数。既然任意假设的一个数 c 既是 a、b 的公约数又是 b、r 的公约数，那么也就是说，a、b 的公约数和 b、a mod b 的公约数相同，则两者的最大公约数（greatest common divisor）也就相同，记作 gcd(a,b)= gcd(b, a mod b)。这就是有名的欧几里得算法（Euclidean algorithm）。

它把求 gcd(a,b)的问题转换成了一个规模更小的 gcd(b,a mod b)的同类问题。这也是目前求最大公约数的一种常用方法。

比如，如果需要求 20 和 12 的最大公约数，就可以用以下方法（又称为辗转相除法）：

$$20 / 12 = 1 \cdots\cdots 8$$
$$12 / 8 = 1 \cdots\cdots 4$$
$$8 / 4 = 2 \cdots\cdots 0$$

最后得到 gcd(20,12)= 4。根据上面的计算过程可以看出，从 20/12 开始，不断地用除数去除以余数，直到余数为 0 为止。这是一个辗转相除的过程，因此这个算法也称为辗转相除法。

根据上面的分析可知，欧几里得算法依然符合使用递归求解的条件，它将 gcd(20,12)的问题转化成了 gcd(12,8)的子问题，再将 gcd(12,8)的问题转化成了 gcd(8,4)的子问题，直到余数为 0，就递推到底了，并得到最终答案是 4。

欧几里得算法也可以用以下的递归函数来描述：

$$\mathrm{Gcd}(a,b)=\begin{cases} b & (a\%b=0) \\ \mathrm{Gcd}(b,a\%b) & (a\%b\neq 0) \end{cases}$$

源程序如下：

```
1  /*
2  程序名称：4-1-6Euclidean.c
3  程序功能：求任意两个自然数的最大公约数
4  */
5  #include<stdio.h>
6  long Gcd(int a, int b)
7  {
8      if (b == 0)
9          return a;
10     else
11         return Gcd(b, a% b);
12 }
13 int main( void )
14 {
15     int a, b;
16     printf("Enter two numbers(>=0):");
17     scanf("% d,% d", &a,&b);
18     printf("Gcd(% d,% d)=% d\n", a, b, Gcd(a,b));
19     return 0;
20 }
```

程序运行结果如图 4-1-10 所示。

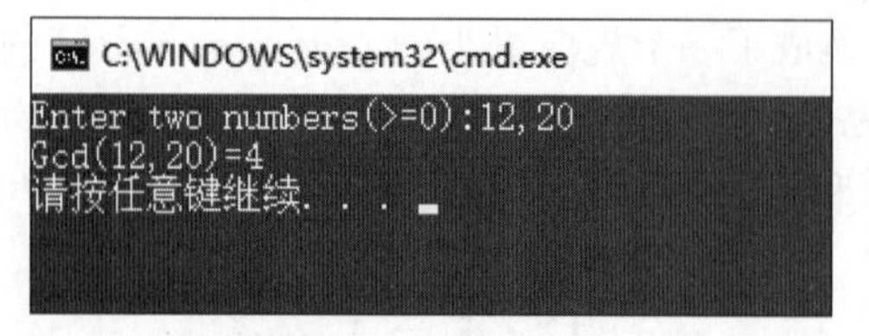

图 4-1-10　运行情况

由于本题比较简单，这里就不再做进一步的分析了，只想请读者思考以下两个问题，以加深对本题的理解。第 1 个问题：当通过键盘为 *a* 和 *b* 两个变量输入数据时，若输入的其中一个变量的值为 0，则此程序是否还能执行出正确结果？第 2 个问题：当通过键盘输入的两个值，前一个小后一个大，即出现 a 小于 b 的情况时，此程序又是否还能执行出正确结果？

【例 4-1-7】编程实现：求解汉诺塔问题。汉诺塔（tower of Hanoi，又称为梵塔）源于法国数学家爱德华·卢卡斯（Édouard Lucas，1842—1891 年）撰写的一个印度古老传说。相传大梵天在创造世界的时候做了 3 根金刚石柱子，在一根柱子下从上往上按照由大到小的顺序摞着 64 个黄金圆盘。大梵天命令婆罗门把这些圆盘按照一定的规则重新摆放在另一根柱子上。这个规则是，在任何时候大圆盘都不能放在小圆盘的上面，且在 3 根柱子之间一次只能移动一个圆盘。问该如何操作才能实现？

解题思路：如图 4-1-11（a）所示，从左到右有 A、B、C 3 根柱子，其中 A 柱上面从下到上由大到小叠放了 *n* 个圆盘，现计划将 A 柱上的圆盘按照指定的规则全部移到 C 柱上去。首先需要考虑以下两种情况：

（1）当 *n*=1 时，只需将 A 柱上的这个圆盘直接移到 C 柱上即可，这就是递推的终止条件。

（2）当 n≥2 时，则需要先将 A 柱上的 *n*-1 个圆盘通过 C 柱移到 B 柱上，然后再将 A 柱上剩下的这个圆盘直接移到 C 柱上即可，如图 4-1-11（b）和图 4-1-11（c）所示。这样，就把原问题变成了一个移动 *n*-1 个圆盘的子问题，即将 B 柱上的 *n*-1 个圆盘通过 A 柱移到 C 柱上……直到最后，将 *n* 个圆盘全部移到 C 柱上，如图 4-1-6（d）所示。

源程序如下：

```
1   /*
2   程序名称：4-1-7hanoi.c
3   程序功能：求解汉诺塔问题。
4   */
5   #include<stdio.h>
6   void hanoi(int n, char a, char b, char c);
7   int main(void)
8   {
9       int num;
10      printf("Enter the number:");
11      scanf("%d", &num);
12      hanoi(num, 'A', 'B', 'C');
13      return 0;
```

```
14 }
15 void hanoi(int n, char a, char b, char c)
16 {
17     if(n == 1)
18         printf("Move %d# disc: %c柱-->%c柱\n",n, a, c);
19     else
20     {
21         hanoi(n - 1, a, c, b);  //将A柱上的n-1个圆盘经C柱移到B柱上
22         printf("Move %d# disc: %c柱-->%c柱\n",n, a, c);
23         hanoi(n - 1, b, a, c);  //将B柱上的n-1个圆盘经A柱移到C柱上
24     }
25 }
```

程序运行结果如图 4-1-12 所示。

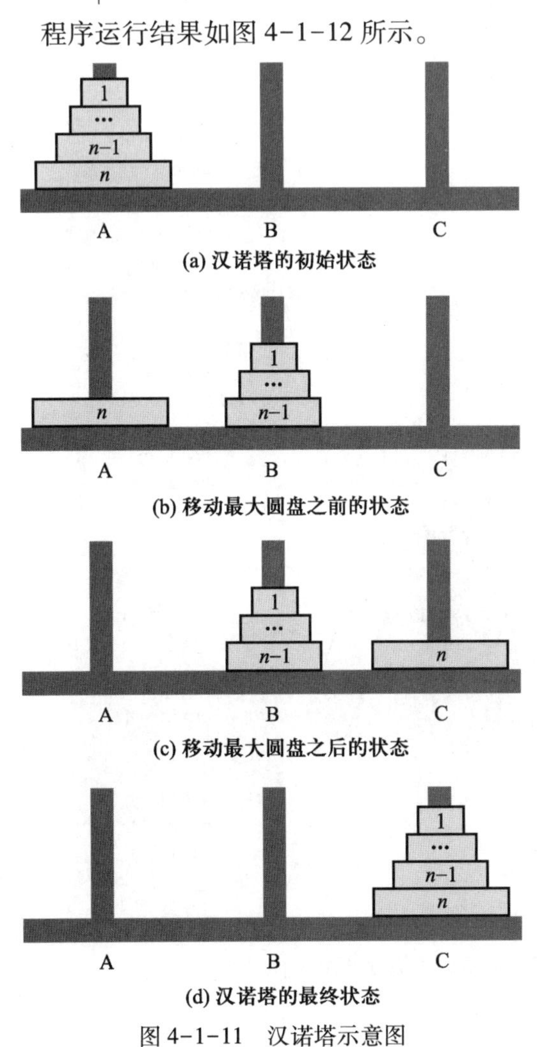

(a) 汉诺塔的初始状态

(b) 移动最大圆盘之前的状态

(c) 移动最大圆盘之后的状态

(d) 汉诺塔的最终状态

图 4-1-11　汉诺塔示意图

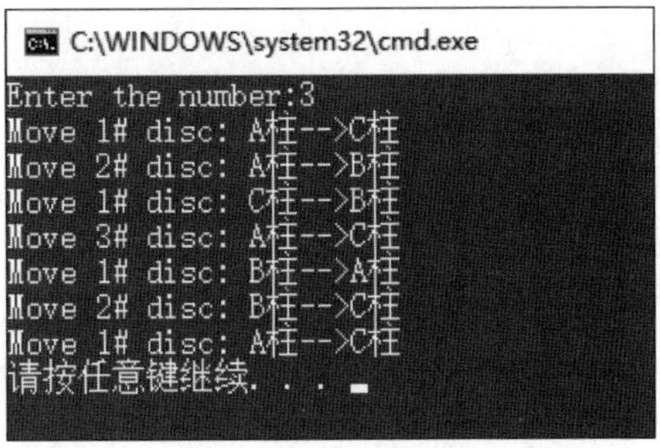

```
C:\WINDOWS\system32\cmd.exe
Enter the number:3
Move 1# disc: A柱-->C柱
Move 2# disc: A柱-->B柱
Move 1# disc: C柱-->B柱
Move 3# disc: A柱-->C柱
Move 1# disc: B柱-->A柱
Move 2# disc: B柱-->C柱
Move 1# disc: A柱-->C柱
请按任意键继续. . .
```

图 4-1-12　运行结果

上述程序的执行过程如图 4-1-13 所示，虚线代表递推的过程，实线代表回归的过程。

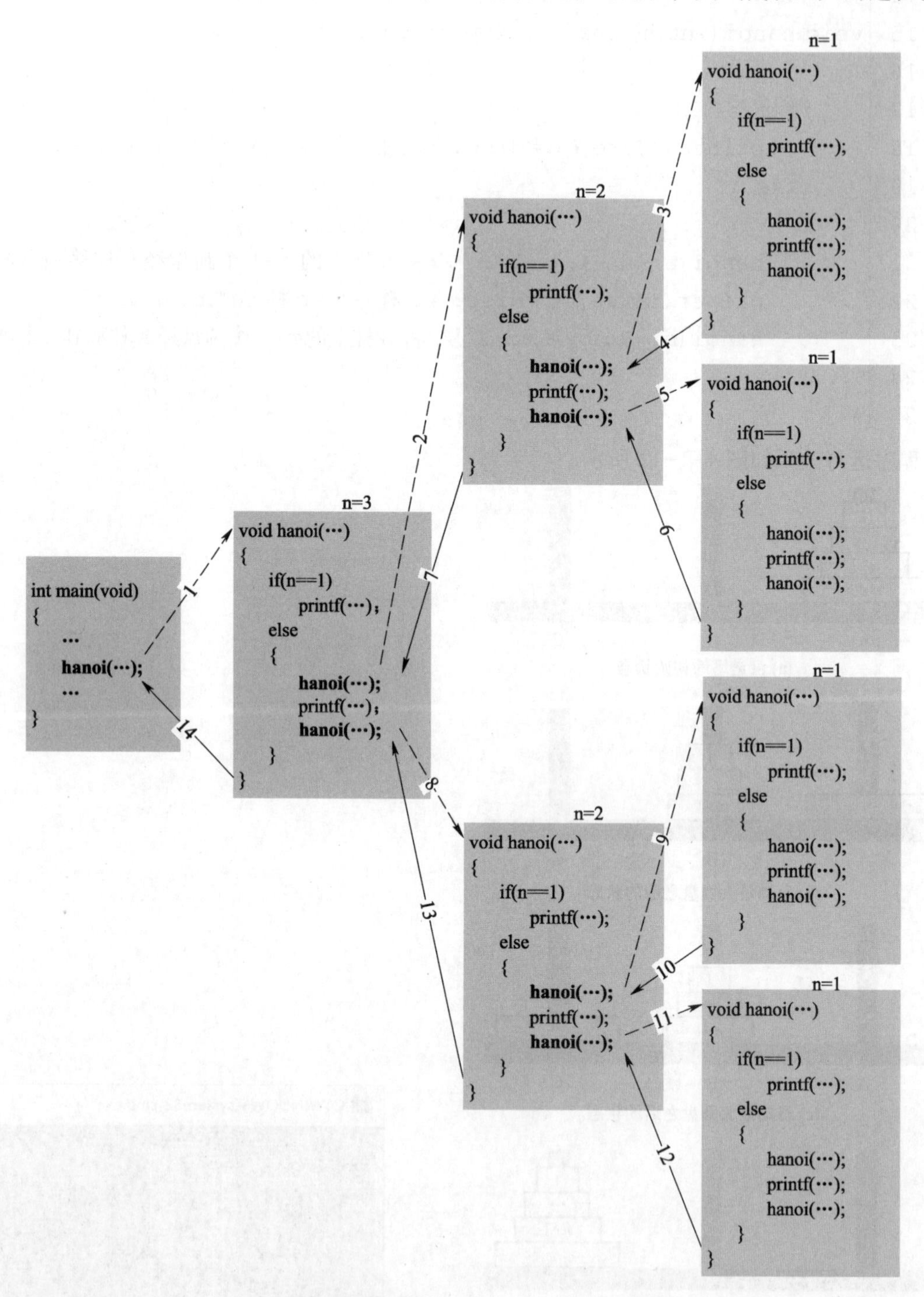

图 4-1-13　汉诺塔递归（n=3）的执行过程

建议读者使用单步执行（逐语句和逐过程）、变量监视和调用堆栈等程序调试工具和调试方法观察本程序的递归调用过程。务必搞清楚每一步的详细执行过程，加深对递归程序的理解和掌握。

3. 递归的种类

根据函数是否直接调用自身，可将递归分为直接递归和间接递归。

（1）直接递归是指一个函数在其函数体内直接调用该函数本身。比如，以下程序片段：

```
1  fun ( )
2  {
3      //do something
4      fun( );                 //直接调用自己
5      //do something
6  }
```

（2）间接递归是指一个函数在其函数体内调用了其他函数，而其他函数最终还是返回来调用到了自己。比如，以下程序片段：

```
1   fun1( )
2   {
3       //do something
4       fun2( );              //fun1()调用 fun2()，没有直接调用自己
5       //do something
6   }
7   fun2( )
8   {
9       //do something
10      fun1( );              //但在 fun2()中，最终还是调用到了 fun1()自己
11      //do something
12  }
```

根据函数最后一步操作是否调用自身，可将递归分为尾递归与非尾递归。

（1）尾递归指函数的最后一步操作是调用该函数本身，是递归中的一种特殊形式。比如，以下程序片段：

```
1  fun ( )
2  {
3      //do something
4      return fun( );       //函数的最后一步操作是调用自己
5  }
```

例 4-1-6 就是一个典型的尾递归。在 Gcd( ) 递归函数中执行的最后一步操作就是调用该函数自身。

（2）非尾递归，即普通递归，指一个递归函数对自身的调用并不出现在该函数的最后一步，而是出现在其他时候。比如，以下程序片段：

```
1  fun()
2  {
3      //do something
4      fun();
5      //do something
6  }
```

区分一个递归是否是尾递归，并不是看递归调用是否出现在该函数的最后一行，而是看该函数的最后一步操作是否是递归调用。比如，例4-1-5中的递归调用就出现在了fac()的最后一行，表面上看好像是一个尾递归，其实是一个非尾递归，因为fac()函数的最后一次操作是一个乘法操作，而非递归调用。为了加深理解，现将例4-1-5修改成一个尾递归程序，请读者认真进行对比，并分析两个源程序的差异。例4-1-5的尾递归程序如下：

```
1  #include<stdio.h>
2  long facTail(int n, int a)
3  {
4      if (n == 0)
5          return a;
6      else
7          return facTail(n - 1, n * a);              //尾递归
8  }
9  int main( void )
10 {
11     int num;
12     printf("Enter the number(>=0):");
13     scanf("%d", &num);
14     printf("the factorial of %d! is %ld\n", num, facTail(num,1));
15     return 0;
16 }
```

对于普通递归来说，在每次发生递归调用之前都会首先保存当前函数的执行位置和执行状态，即保护现场，便于递归返回以后恢复现场，继续执行当前函数。但是，这对递归次数，也就是递推很深的这种情况来说，可能会导致灾难性的后果。不断地调用函数，不断地保护现场，栈中的数据就会不断地增长，直到装满以后，就会溢出！

与普通递归不同的是，尾递归的递归调用是该函数要执行的最后一步操作，因此在该函数最后一步操作之前所积累下来的各种状态对后面递归调用的返回已经没有任何意义。这样，编译器就完全可以在当前函数调用下一个函数前把当前函数在栈中的数据完全清除，节约内存空间，避免栈溢出的风险。这样的优化使得多层递归不会在栈中产生堆积，也不会产生栈溢出的

风险。这就是尾递归的优势！当然，尾递归对程序的这种优化需要得到编译器的支持。不同的编译器，可能具有不同的处理方式。

仔细观察和分析例 4-1-5 不难发现，之所以能将原来的非尾递归程序修改为尾递归程序，是因为在递归函数中多定义了一个形参，这个形参专门用来收集上一次调用函数得到的结果。可见，尾递归的关键点在于每次调用函数时都在收集当前的结果，避免了普通递归不收集结果只能依次展开消耗内存的弊端。也就是说，尾递归是在递推的过程中就完成了计算的任务，而普通递归是在回归的过程才完成计算的任务。

其实，正如递归是函数嵌套调用的一种特例一样，尾递归也是尾调用的一种特例。在一个函数体内部，如果其最后一步操作是调用另外一个函数，则称之为尾调用。在编译器支持的情况下，尾调用也可以起到优化程序、提高程序执行效率的作用。

4. 递归与迭代

毋庸置疑，递归是一种奇妙的思维方式。很多问题，一旦使用递归来解决，其描述问题的能力和编写代码的简洁，总是让人惊叹不已。但是，要想真正领悟递归的精髓，并灵活运用递归的思想来解决实际问题，并不是件容易的事。难怪大师 L. Peter Deutsch 也感叹道：To iterate is human，to recurse divine!（人理解迭代，神理解递归）。

递归与迭代具有相同的特性，都是通过做重复的工作来完成任务，单从算法设计的角度来看，递归和迭代并无优劣之分，而且很多问题既可以使用递归也可以使用迭代来解决。但是，它们确实是两种不同的解决问题的典型思路。递归采用了一种很直白的方式来描述一个问题的求解过程，代码也更加简洁；而迭代是采用循环的算法来求解一个问题，它对求解过程的描述有时并不简单，也不够清晰。比如，汉诺塔问题的求解，使用递归就显得更容易一些。另外，递归涉及函数调用，每一次函数调用都会有时间和空间方面的开销，因此，递归常常会带来性能方面的问题，特别是在求解问题规模较大的情况下。而迭代没有函数调用，不存在因为函数调用带来的开销问题，所以其执行效率往往会比递归要高。

【例 4-1-8】编程实现：求第 n 项斐波那契数。

解题思路：意大利数学家比萨的列奥纳多（Leonardo，1175—1250 年）因其父亲 Guilielmo 的外号是 Bonacci（意思是“好，自然，简单”），所以就得到了绰号斐波那契（Fibonacci，即 filius Bonacci，意思是“Bonacci 之子”）。斐波那契早年随父在北非师从阿拉伯人习算，后游历地中海沿岸诸国，约 1 200 年回国，于 1 202 年写成《计算之书》（*Liber Abaci*，也译为《算盘全书》《算经》），该书首次系统地介绍了阿拉伯数学家的成就，影响并改变了欧洲数学的面貌。他在《计算之书》中提出了一个有趣的兔子繁殖问题：一对小兔子在出生两个月后就能长成大兔子，就具有了繁殖能力，一对大兔子每个月能生出一对小兔子，如果所有的兔子都不死，那么一年以后共有多少对兔子？

根据题意可以推算：第 1 个月小兔子刚刚出生，没有繁殖能力，只有 1 对兔子；第 2 个月小兔长成中兔，依然没有繁殖能力，还是只有 1 对兔子；第 3 个月中兔长成大兔，具有了繁殖能力，生下一对小兔子，兔子总数变成了 2 对；以此类推，可算出第 n 个月的兔子总对数。具体推算过程如表 4-1-1 所示。

表 4-1-1　斐波那契数列的推算过程

月份/月	小兔对数/对	中兔对数/对	大兔对数/对	兔子总对数/对
1	1	0	0	1
2	0	1	0	1
3	1	0	1	2
4	1	1	1	3
5	2	1	2	5
6	3	2	3	8
7	5	3	5	13
8	8	5	8	21
9	13	8	13	34
10	21	13	21	55
11	34	21	34	89
12	55	34	55	144
……	……	……	……	……

这样，由表 4-1-1 最右侧一行每个月的兔子总对数就构成了一个数列 1,1,2,3,5,8,13,21⋯，这就是有名的斐波那契数列。这个数列有一个十分明显的特点，就是任意两个相邻项之和，正好等于第 3 项。于是，可用下面的递归函数来描述第 n 项斐波那契数：

$$f(n)=\begin{cases}1 & n=1\\1 & n=2\\f(n-1)+f(n-2) & n\geqslant 3\end{cases}$$

可见，此问题非常适合使用递归法来求解。

源程序如下：

```
1   /*
2   程序名称：4-1-8Fibonacci.c
3   程序功能：求斐波那契数列的第 n 项
4   */
5   #include<stdio.h>
6   long Fib(int n);
7   int main( void )
8   {
9       int n;
10      printf("请输入要求第几项斐波那契数:");
11      scanf("%d",&n);
12      printf("第%d项斐波那契数的值为:%ld\n",n,Fib(n));
```

```
13 |    return 0;
14 | }
15 | long Fib(int n)
16 | {
17 |    return n <= 2 ? 1 : Fib(n - 1) + Fib(n - 2);
18 | }
```

程序运行结果如图 4-1-14 所示。

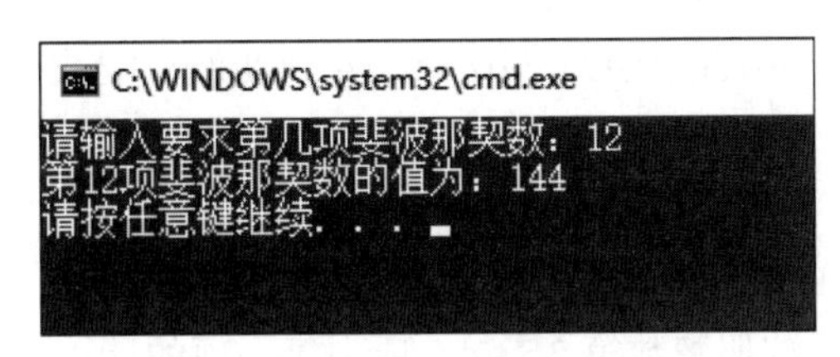

图 4-1-14　运行结果

斐波那契数列看似平凡，却蕴含了大自然的解读密码，比如，相邻的两个斐波那契数之比不断逼近黄金分割比，自然界有很多事物都符合斐波那契矩阵（也称为黄金矩阵）和斐波那契螺旋线的规律，等等。感兴趣的读者，可以去查阅相关的资料，目前在斐波那契数列方面已有很多重要的研究成果。

下面将针对本程序的运行效率做一些介绍。用户不妨多运行几次本程序，并在输入 n 的值时，由小到大逐渐增大，特别是增大到 40 以后，计算机执行程序所耗费的时间会明显增加。为了能定量比较不同情况下执行程序所产生的时间开销，可以通过 C 语言标准库中的 clock( ) 计时函数来统计程序或程序片段的执行时间。

C 语言标准库中提供的几个与时间有关的函数都放在标准头文件 time.h 中。如果要利用这些函数来统计程序的执行时间，就需要在源程序的开头包含以下头文件：

```
1 | #include<time.h>
```

且 C 语言中的 clock( ) 函数的原型为：

```
1 | clock_t clock(void);
```

在以上函数原型中出现的 clock_t 是一个自定义类型名（具体将在 5.7 节中介绍），在 time.h 头文件中可以找到如下的定义：

```
1 | #ifndef _CLOCK_T_DEFINED
2 | typedef long clock_t;
3 | #define _CLOCK_T_DEFINED
4 | #endif
```

其中，以#开头的条件编译命令将在 4.3.3 节中介绍。根据以上定义可知，clock( ) 函数实际返回的是一个长整型数值，该数值代表的是从进程启动到调用 clock( ) 函数时经过了多少个 CPU 时钟计时单元，这个计时单元通常是以毫秒（ms）为单位，即代表多少毫秒。如果需要将这个毫秒时间换算为秒（s）的话，可以使用如下表达式：

```
1  clock() /CLOCKS_PER_SEC
```

其中，CLOCKS_PER_SEC 是个符号常量，表示每秒有多少个 CPU 时钟，具体定义同样可在 time. h 头文件中找到：

```
1  /* Clock ticks macro - ANSI version */
2  #define CLOCKS_PER_SEC  1000
```

可见，它被定义为 1 000 了。通过它就可将 clock_t 类型的数值转换为以秒为单位的数值。用户在多次运行程序的过程中，比较和感知以秒为单位的时间差就会相对容易得多。

【例 4-1-9】编程实现：用普通递归求第 35~44 项斐波那契数，并统计每个斐波那契数的计算时间。

```
1   /*
2   程序名称：4-1-9Fibonacci35-44.c
3   程序功能：统计斐波那契数第 35~44 项中每一项的计算时间
4   */
5   #include<stdio.h>
6   #include<time.h>
7   long Fib(int n);
8   int main( void )
9   {
10      long start;
11      int n;
12      for(n = 35; n < 45; n++)
13      {
14          start = clock();
15          printf("第% d 项斐波那契数为:% ld \t,所用时间为:", n, Fib(n));
16          printf("% fS\n" , (double)(clock() - start) /CLOCKS_PER_SEC);
17      }
18      return 0;
19  }
20  long Fib(int n)
21  {
22      if (n == 1 || n == 2)
23          return 1;
24      else
25          return Fib(n - 1) + Fib(n - 2);
26  }
```

程序运行结果如图 4-1-15 所示。

从上面的运行结果可以看出，求解 Fib(n)所用的时间大体上等于求解 Fib(n-1)与 Fib(n-

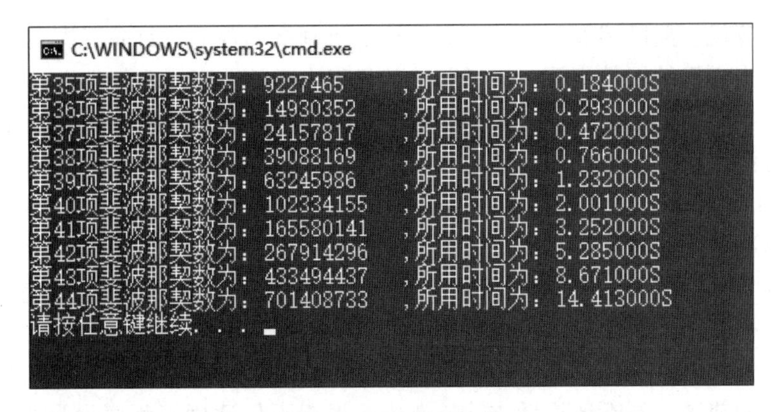

图 4-1-15　运行结果

2)所用的时间之和。由于每个 C 系统都有一个最小的时间单位，小于这个时间单位的值都被默认为 0，统计程序执行时间的递增步长也以这个最小时间单位为准，小于这个时间单位的增量将被忽略，所以上述计时结果存在一定的误差，这是正常现象。

为何上述递归程序随着 n 的增大，执行时间也在明显增长呢？下面以求解 Fib(5)为例分析其原因，如图 4-1-16 所示。

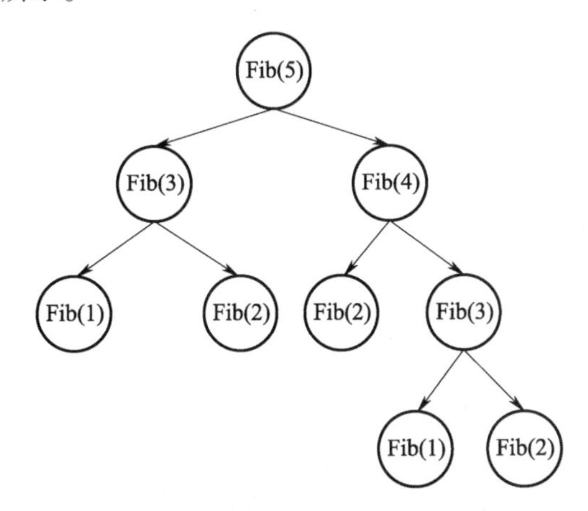

图 4-1-16　求 Fib(5)的递归过程

图 4-1-16 中的单向箭头连线表示调用关系，比如，要计算 Fib(5)就需要调用 Fib(3)和 Fib(4)，要计算 Fib(4)就要调用 Fib(2)和 Fib(3)……由此可见，在这个递归的过程存在许多重复的计算，这些重复的计算都是参数值较小的调用，比如，Fib(1)和 Fib(2)的重复次数就相对较多，除了 Fib(1)的出现次数没有 Fib(2)多以外，其余的出现规律均为：参数越小，重复次数越多。

如果程序启动时传入的参数值越大，那么重复计算就会越多。随着参数值的增大，重复计算量将快速增大。根据程序运行结果可以看出，参数值每增大 1，Fib( )函数的计算时间将为原来的 1.6 倍左右。依此估算，在目前最快的微型计算机上，一个小时也算不出 Fib(55)的值，就更不用说计算参数更大的 Fib( )函数了。

虽然用递归的方法来解决问题思路清晰，简单易懂，代码简洁，容易实现，但是方便了程序员却为难了计算机。前已述及，递归是利用栈的机制来实现的，每向下深入一层，就要多占用一块栈空间，当递推的层数很深时，递归法就显得力不从心了。不仅在空间上会因为内存崩溃而告终，而且在时间上也会因为大量的函数调用而导致许多额外的开销。为此，这就需要使用更加高效的方法来计算较大的斐波那契数。

因为 Fib(1)和 Fib(2)已知，那么计算第 n 项斐波那契数就可以直接从 Fib(1)和 Fib(2)出发，由小到大依次计算，直到算出需要的 Fib(n)为止。这种方法就是前面已经用过的迭代法。迭代（iteration）的过程就是一个不断使用变量的旧值去递推新值的过程，是在重复执行的过程中不断逼近目标或结果。每一次对过程的重复称为一次迭代，而每一次迭代得到的结果都会作为下一次迭代的初值。迭代不是永恒的波动，也不是简单的重复和原地的踏步，而是螺旋式的上升，递进式的前进，不断地逼近成功！迭代的思想不仅适用于程序设计，也适用于工作、学习和生活！

【例 4-1-10】 编程实现：用迭代法求第 35~44 项斐波那契数，并统计每项斐波那契数的计算时间。

```
1   /*
2   程序名称:4-1-10FibonacciIteration.c
3   程序功能:统计斐波那契数第 35~44 项中每一项的计算时间
4   */
5   #include<stdio.h>
6   #include<time.h>
7   long FibIter(int n);
8   int main( void )
9   {
10      double start;
11      int n;
12      for(n = 35; n < 45; n++)
13      {
14          start = clock();         //利用了赋值兼容
15          printf("第%d项:%ld,\t所用时间为:", n, FibIter(n));
16          printf("%fs\n", (clock() - start)/CLOCKS_PER_SEC);
17      }
18      return 0;
19  }
20  long FibIter(int n)
21  {
22      long fib3, fib2=1, fib1=1;
23      if(n == 1 || n ==2)
24          return 1;
```

```
25      while(n-- > 2)
26      {
27          fib3 = fib1 + fib2;
28          fib1 = fib2;
29          fib2 = fib3;
30      }
31      return fib3;
32  }
```

程序运行结果如图 4-1-17 所示。

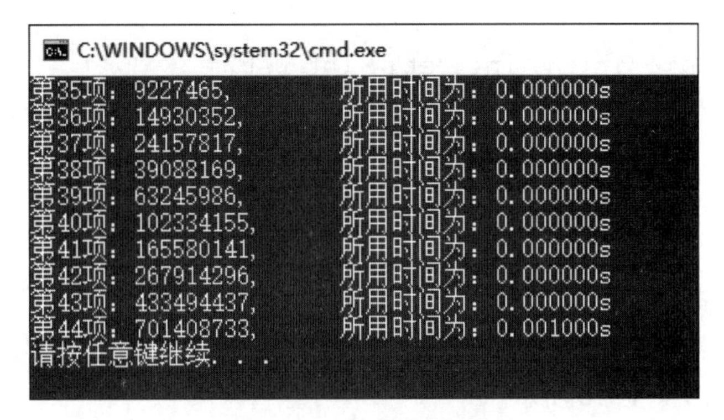

图 4-1-17　运行结果

由图 4-1-16 可见，使用迭代法以后，程序的执行效率很高，在计算第 35~44 项斐波那契数时仅仅在计算第 44 项用到了 1 ms 的时间，其他都不足 1 ms。当然，迭代法也存在一些缺点，在解决有些问题的时候代码会比较冗长，而且难以理解，可读性差。

从理论上讲，任何一个可以使用递归法求解的问题，都可以使用迭代法求解。但是，在实际编程的过程，要综合考虑算法的难易程度、程序的执行效率和可读性等问题。

【例 4-1-11】 编程实现：用尾递归求第 35~44 项斐波那契数，并统计每项斐波那契数的计算时间。

```
1   /*
2   程序名称：4-1-11Fibonacci35-44tail.c
3   程序功能：用尾递归统计斐波那契数第 35~44 项中每一项的计算时间
4   */
5   #include<stdio.h>
6   #include<time.h>
7   long Fibtail(int n);
8   int main( void )
9   {
10      double start;
```

```
11      int n;
12      for(n = 35; n < 45; n++)
13      {
14          start = clock();
15          printf("第%d项斐波那契数为:%ld \t,所用时间为:", n, Fibtail
    (n, 1, 1));
16          printf("%fs\n", (clock() - start) /CLOCKS_PER_SEC);
17      }
18      return 0;
19  }
20  long Fibtail(int n, int ret1, int ret2)
21  {
22      if (n == 1 || n == 2)
23          return ret1;
24      else
25          return Fibtail(n-1, ret2, ret1+ret2);
26  }
```

程序运行结果如图 4-1-18 所示。

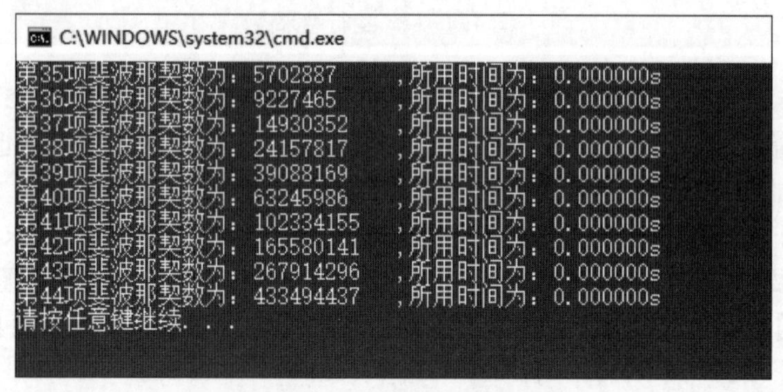

图 4-1-18 运行结果

可见，将例 4-1-9 的普通递归改为例 4-1-11 的尾递归后，程序的执行效率明显提高，与例 4-1-10 的迭代法求解相当。但是，并非所有的普通递归都能转换成尾递归。尾递归只是普通递归的一种特例，只适用于一些比较简单的递归情况。

最后，用表 4-1-2 对普通递归与迭代两种方法做一个简单的比较。

表 4-1-2 普通递归与迭代的比较

对比项	定义	优点	缺点
普通递归	函数调用函数自身	代码简洁，可读性好	占用栈空间，可能造成栈溢出
迭代	利用旧值推算新值	执行效率高，时间开销主要取决于循环体的执行次数，空间上没有额外的开销	代码可能比较冗长，难以理解，可读性差

4.2　变量的作用域与生存期

在 C 语言中，定义一个变量时，除了要指明该变量的数据类型和变量名外，还需要明确其作用域和生存期。任何一个变量定义，都必须标明这 4 项基本信息，否则编译系统就会报错。但是，在本节之前，读者在定义一个变量时只关心了该变量的数据类型和变量名，并未关心过它的作用域和生存期，这是因为此前的程序都使用了默认的作用域和生存期。关于完整的变量定义格式，请参见 1.2.1 节的内容。下面，将对作用域和生存期逐一进行介绍。

4.2.1　变量的作用域

一个变量的作用域（scope）是指该变量的有效范围，即该变量在哪个范围内可以被访问。根据变量定义所在的位置不同，其作用域也不一样。

1. 局部变量的作用域

局部变量（local variable）是指定义在一个函数内部的变量，只在该函数内部有效，即只能在该函数内部访问。局部变量具有如下 3 种情况：

（1）函数的形参，其作用域为整个函数体。

（2）定义在函数体开头部分的变量，其作用域从定义位置开始到函数体“}”中止。

（3）定义在函数体中复合语句块内的变量，其作用域从定义位置开始到该复合语句块“}”中止。

可见，在 C 语言中，花括号对变量的作用域具有限制作用。所有被花括号括起来的语句，都可以笼统地称为语句块（block），前面已经学过的函数体、循环体和各种分支等都属于语句块。在所有语句块的开头部分都可以定义相应的变量，变量的作用域就从该变量的定义位置开始到其所在语句块的“}”中止，如果所在语句块内又嵌套了其他语句块，则该变量在这些被包含的语句块中也有效。

2. 全局变量的作用域

全局变量（global variable）是指定义在函数外部的变量，也称为外部变量。其作用域默认是从定义的位置开始一直到所在源文件的末尾。为了书写规范，习惯将全局变量的定义和函数的声明一起写在源文件的开头，位于包含命令之后 main( ) 函数之前。在 C 语言中，为了与局部变量区别开来，一般约定全局变量名的第一个字母要大写。

在全局变量的作用域以内，所有函数都可以对它进行访问（写入或读取数据）。如果一个全局变量的值在一个函数中被改变了，其他函数再来访问这个全局变量时访问到的就是改变后的值了。因此，全局变量增加了函数与函数之间数据传递的通道。

下面通过一个程序片段来说明局部变量和全局变量的作用域问题：

```
1  | int m=1;            //全局变量 m 的作用域从第 1 行开始到 20 行结束
```

```
2    float fun(float x)     //局部变量 x 的作用域从第 2 行开始到第 6 行结束
3    {
4        int i, j;          //局部变量 i、j 的作用域从第 4 行开始到第 6 行结束
5        ......
6    }
7    int n=3;               //全局变量 n 的作用域从第 7 行开始到 20 行结束
8    int main ( void )
9    {
10       int i, j;          //局部变量 i、j 的作用域从第 10 行开始到第 20 行结束
11       for(i=0; i < 10; i++)
12       {
13           float x=1.0;  //局部变量 x 的作用域从第 13 行开始到第 18 行结束
14           int m=9;       //局部变量 m 的作用域从第 14 行开始到第 18 行结束
15           x = fun(x);
16           m=21, n=23;   //将第 14 行定义的 m 修改为 21，将第 7 行定义的 n 修
                              改为 23
17           ......
18       }
19       ......
20   }
```

说明：

(1) 前已述及，main()函数是一个非常特殊的函数，仿佛在源程序中拥有“至高无上的权力”，具有“一统江湖的威力”，比如，它可以根据程序设计的需要调用其他函数，但其他函数不能反过来调用它。但是，在主函数 main()中定义的变量（如在第 10 行上定义的 i、j）也只在主函数中有效，并不会因为它们是定义在主函数中的变量就享有“一定的特权”在整个源程序中有效。同时，主函数也不能去访问其他函数中定义的变量。

(2) 在不同的函数中定义的变量可以有相同的变量名，但它们是不同的变量，互不干扰。例如，在 main()函数中定义了变量 i、j 和 x，在 fun()函数中也定义了变量 i、j 和 x，这两处定义的同名变量在内存中占用不同的存储空间，是不同的变量，互不影响。这就如同自动化 1 班有一个同学叫张勇，在自动化 2 班也有一个同学叫张勇，但这是两个不同的人，互不影响。如果 1 班的张勇上课不认真，最后挂科了，对 2 班的张勇是没有任何影响的。

(3) 局部变量如果和全局变量同名，且两者都在作用域以内，此时局部变量的作用力更强，会“遮蔽”全局变量，即全局变量不起作用。比如，在第 16 行上对 m 进行赋值时，就同时处于第 14 行上定义的局部变量 m 和第 1 行上定义的全局变量 m 两者的作用域以内，此时局部“遮蔽”全局，全局变量 m 依然还是保持以前的值 1 不变，而局部变量 m 则由以前的 9 改变为 21，即修改的是局部变量的值。

(4) 虽然在不同的函数之间使用全局变量交换数据很直截了当，但这也会带来很多弊端：

① 全局变量在程序的整个执行过程中都占据存储空间，而不是仅在需要时才开辟存储空间，所以如果过多地使用全局变量，会造成不必要的内存开销。

② 在结构化程序设计中划分模块时要求模块的“内聚性”要强、与其他模块的“耦合性”要弱，即模块的功能要尽量单一，与其他模块之间的相互影响要尽可能小。一般要求把C程序中的函数封装成一个封闭体，除了通过实参与形参，以及函数返回值这样的渠道传递数据以外，就不要再有其他渠道与外界发生联系了。这样的程序可移植性好、可读性强。然而，全局变量的使用正好违背了这一原则。

③ 使用全局变量过多，会降低程序的可读性，增加程序调试的难度。程序员很难准确地掌握在程序执行的过程中各个全局变量的实时取值情况。在全局变量的作用域以内，各个函数在执行的过程中都可能修改全局变量的值，这使得程序调试的难度很大，程序的运行结果很容易出错。

基于以上3个原因，建议读者务必掌握全局变量的概念，但不要随意使用全局变量。

【例4-2-1】 编程实现：修改例4-1-7求解汉诺塔问题的源程序，使之能够对每一步操作进行计数。

```
1   /*
2   程序名称:4-2-1hanoiCount.c
3   程序功能:对汉诺塔问题的每一步操作进行计数
4   */
5   #include<stdio.h>
6   void hanoi(int n, char a, char b, char c);
7   long count = 0;      //用全局变量 count 来记录移动的次数
8   int main()
9   {
10      int num;           //局部变量 num 的作用域从第 10 行开始到第 15 行结束
11      printf("Enter the number:");
12      scanf("% d", &num);
13      hanoi(num, 'A', 'B', 'C');
14      return 0;
15  }
16  void hanoi(int num, char a, char b, char c) //这里的局部变量 num 与第
                                               10 行的 num 不同
17  {
18      if(num == 1)
19          printf("第% d 次,% c 柱-->% c 柱\n", ++count, a, c);
20      else
```

```
21      {
22          hanoi(num - 1, a, c, b);//递归调用：将A柱上的n-1个圆盘经C柱移
                                      到B柱上
23          printf("第%d次,%c柱-->%c柱\n", ++count, a, c);
24          hanoi(num - 1, b, a, c); //递归调用：将B柱上的n-1个圆盘经A柱移
                                      到C柱上
25      }
26  }
```

程序运行结果如图4-2-1所示。

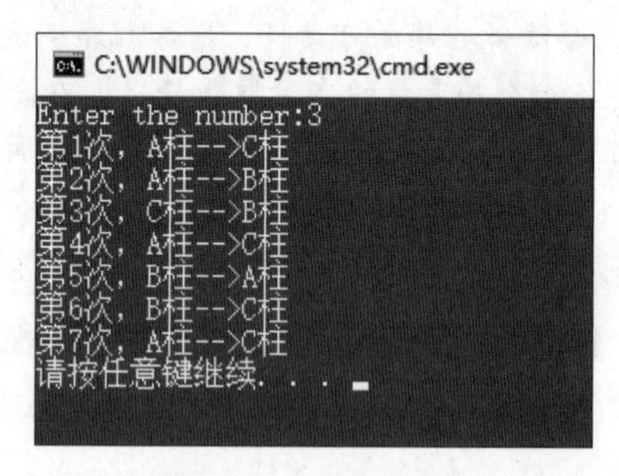

图4-2-1　运行结果

说明：

（1）本程序使用了一个全局变量count来记录移动圆盘的次数。在目前还没有学习指针的情况下，要在每次调用hanoi( )函数的过程中对同一个变量进行访问，或者说记录下每次移动圆盘的次数，如果不使用全局变量，这是非常困难的。

（2）除了第10行定义的局部变量num与第16行定义的局部变量num是完全不同的两个变量以外，就是在递归的过程中每次调用同一个hanoi( )函数时，在内存中分配的局部变量num也是不一样的。也就是说，函数虽然是同一个函数，但在第一次调用hanoi( )时，分配的num、a、b、c 4个变量与第二次调用hanoi( )时分配的4个变量，以及第*n*次调用hanoi( )时分配的4个变量都是不一样的，都是互不影响的。

4.2.2　变量的生存期

变量的生存期（lifetime），是指一个变量在内存中存在的时间长度。它研究的是一个变量在内存中什么时候存在，什么时候消亡的问题。变量的生存期取决于变量的存储类型。不同的存储类型，具有不同的生存期。因此，变量的生存期和存储类型是两个捆绑在一起的概念。

为了使初学者能够深入理解变量的生存期和存储类型这两个概念，现将应用程序在内存中的存放区域用表4-2-1表示出来。

表 4-2-1　应用程序的内存分配

程序内存空间	说　明	生存期
代码区	存放程序代码，即程序中的各个函数代码块	与程序共存亡
常量区	存放字符串常量和由 const 定义的各种常量，位于常量区的数据只可读不可写	
全局数据区	存放程序的全局数据、静态数据	
堆区	存放程序的动态数据，由用户临时分配和回收	由程序员决定
栈区	存放函数调用时的现场保护数据和函数中由 auto 定义的各种数据	与函数共存亡

操作系统负责为每一个调入内存的应用程序分配一片内存空间，并按照内存地址由低到高的顺序，依次加载应用程序的代码、常量、已初始化的全局数据和静态数据、未初始化的全局数据和静态数据，以上数据都是随程序的启动而加载，随程序的退出而销毁，即“与程序共存亡”。在函数调用过程中，一些需要临时存放的数据放在栈（stack）区。栈区的分配是按地址由高到低进行的，即最先分配的变量在最顶部，然后依次往下进行分配，越分配地址越小。栈区中的数据也不需要程序员去管理，系统会根据函数的调用过程自动进行分配和回收，即“与函数共存亡”。堆（heap）区则由程序员自己管理，根据需要自行分配和释放，如果不释放，在应用程序结束时，可能会由操作系统统一回收，即生存期由程序员决定。由此，一个应用程序在内存中的存储空间就被分成了如表 4-2-1 所示的 5 个区域，不同的区域存放不同的内容，对应着 3 种不同的生存期。

变量的生存期是通过存储类型来指明的。不同的存储类型意味着不同的存储区域，对应着不同的生存期。因此，在定义一个变量时，除了要指定变量的数据类型、变量名和作用域以外，还要明确指定其存储类型，也就是生存期。这就是第 1.2.1 节中所提到的一个完整的变量定义所应该包含的内容。

一个变量的存储类型有 4 种：对于局部变量而言有自动类型、静态类型和寄存器类型 3 种，对于全局变量而言只有全局类型一种。

1. 自动局部变量的生存期

在函数中定义的局部变量，如果没有被单独指明为某种特定的存储类型，其存储空间默认都由系统在函数发生调用时在栈区中自动分配，在函数执行完毕时自动释放，因此这类局部变量被称为自动局部变量。在此之前，本书在函数中所定义的变量都属于自动局部变量。虽然在定义这些变量时，都没有指明其存储类型为 auto，但系统都会自动默认它们为自动局部变量。在函数体中定义一个局部变量时，也可使用 auto 保留字来明确该变量的存储类型为自动类型。因此，自动局部变量包括函数的形参、函数体中用 auto 定义的局部变量，以及函数体中未指明存储类型但默认为 auto 类型的局部变量。自动局部变量的生存期是与函数共存亡。

自动局部变量的初始化不是在编译时进行的，而是在函数发生调用时进行的，每调用一次函数就重新赋一次初值，相当于执行一次赋值语句，因此自动局部变量的初始化与赋初值是相同的。

自动局部变量若在定义时没进行初始化，其值是不确定的。如果在程序中引用一个没有初始化的自动局部变量，是存在安全隐患的，比如，可能导致程序的异常和错误，在编译时编译器也会提示相应的警告信息。

2. 静态局部变量的生存期

在程序设计中，有时希望函数中一些局部变量的值在函数执行结束后不消失，继续保留原来的值，即该变量占用的存储空间不被释放，在下一次调用该函数时，该变量已有值，就是上一次函数执行结束时保留下来的值。为了实现这一功能，C 语言提供了静态局部变量。在定义静态局部变量时，只需在相应的局部变量定义之前加上保留字 static 即可。

静态局部变量存放在全局数据区，在程序的整个运行期间都存在，直到程序执行结束后才释放其占有的存储空间，即与程序共存亡。

【例 4-2-2】 编程实现：观察静态局部变量和自动局部变量在多次函数调用中的差异。

```
1   /*
2   程序名称：4-2-2staticVar.c
3   程序功能：观察静态局部变量和自动局部变量在多次函数调用中的差异
4   * /
5   #include<stdio.h>
6   void watchVar(intn);
7   long count = 0;                              //记录函数的调用次数
8   int main( void )
9   {
10      int i;
11      for(i=0; i<4; i++)
12          watchVar(i);
13      return 0;
14  }
15  void watchVar(int n)
16  {
17      int sum=0;                               //对自动局部变量 sum 进行初始化
18      static int total, count=1;               //对静态局部变量 count 进行初始化
19      sum = sum+n;
20      total = total+n;
21      printf("第% d 次调用 watchVar 函数,sum=% d,total=% d.\n",count++,
    sum, total);
22  }
```

程序运行结果如图 4-2-2 所示。

```
C:\WINDOWS\system32\cmd.exe
第1次调用watchVar函数, sum=0, total=0.
第2次调用watchVar函数, sum=1, total=1.
第3次调用watchVar函数, sum=2, total=3.
第4次调用watchVar函数, sum=3, total=6.
请按任意键继续. . .
```

图 4-2-2　运行结果

说明：

（1）静态局部变量的初始化是在编译阶段进行的，在程序运行时它已经有初值了，以后每次调用函数时都不再重新初始化而只是使用上次函数调用结束时保留下来的值。如果在定义静态局部变量时没有初始化，编译器会默认将它初始化为 0，比如，第 18 行的 total 就默认被初始化为 0 了。

（2）静态局部变量 total 和 count 都不是在函数发生调用时才存在的，在函数发生调用之前就已经存在了，而且在函数执行结束以后，也依然存在，在下一次函数发生调用时，访问到的值也就是上一次函数执行结束后保留下来的值，比如，total 和 count 在每次函数执行结束以后，其累加的值都被保留下来了，并供下一次函数调用使用。

（3）sum 是自动局部变量，每次调用 watchVar()函数时都会在栈区中为 sum 变量重新分配内存空间，重新按程序中指定的值（这里是 0）进行初始化。也就是说，每次调用 watchVar()函数时，sum 变量都是“全新的”，与以前函数调用中的 sum 变量没有任何关系。因此，自动局部变量的初始化与赋初值是等价的。但是，静态局部变量的初始化与赋初值是不相同的。比如，将本例中的 watchVar()函数修改为下面的程序片段，效果就完全不同了。

```
15  void watchVar(int n)
16  {
17      int sum;
18      static int total, count;
19      sum=0, total=0, count=1;                    //赋初值
20      sum = sum+n;
21      total = total+n;
22      printf("第%d次调用watchVar函数,sum=%d,total=%d.\n",
    count++, sum, total);
23  }
```

请读者思考：如果按照修改后的函数，程序又将执行出什么样的结果？

（4）虽然静态局部变量在本函数调用结束后仍然存在，但并不是说其他函数就可以去引用它的。对其他函数而言，该静态局部变量是“不可见”的，即其他函数不在该静态局部变量的作用域以内，不能访问该静态局部变量。

（5）静态局部变量存放在全局数据区，与程序共存亡，这就导致了它将长期占用内存，降低了内存的利用率；而自动局部变量是根据当前程序运行的需要来动态占用内存的，一片内存可以先后被多个变量反复使用，提高了内存的利用率。另外，在多次发生函数调用以后，往往很难弄清当前静态局部变量的取值情况，因此静态局部变量的存在也会降低程序的可读性，增加程序调试的难度。基于以上原因，建议读者务必掌握静态局部变量的概念，但不要随意使用静态局部变量。一般在遇到以下情况时可以考虑使用静态局部变量：

① 需要保留函数上一次执行结束时的值。

② 如果变量初始化以后，只被读取而不被修改，则这时用静态局部变量比较方便，以免每次调用时都要重新赋值。

3. 寄存器局部变量的生存期

如图 4-2-3 所示，如果需要频繁访问一些变量，那么每次都通过内存去存取这些变量是很费时的，会大大降低 CPU 的执行效率。因为内存的制造工艺和访问速度与 CPU 相比都不是一个档次的，而且数据在内存和 CPU 之间反复“振荡”来回“穿梭”本身就要消耗很多的时间。为了提高程序的执行效率，C 语言允许使用 register 保留字把这些需要频繁访问的局部变量定义在寄存器中，这种变量就称为寄存器变量（register variable）。寄存器位于 CPU 内部，其制造工艺和访问速度与 CPU 是一样的。这样在程序执行过程中，数据不在 CPU 和内存之间来回穿梭，而在 CPU 内部直接存取，速度就会非常快。

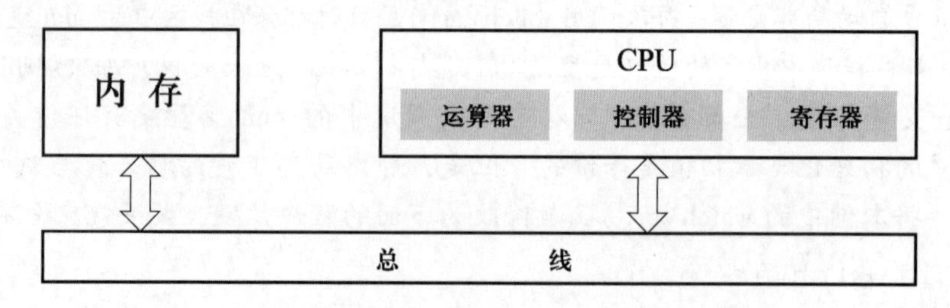

图 4-2-3　内存、总线和 CPU 的连接示例

但是，一个计算机系统中的寄存器数量是有限的，不可能定义任意多个寄存器变量。寄存器资源非常宝贵，不允许长期占有而不释放，所以不能将全局变量、静态局部变量定义为寄存器变量。寄存器变量的生存期是与函数共存亡。

不同的编译系统对寄存器变量的处理方法是不同的，有的编译系统把寄存器变量当作自动变量来处理，将其分配在内存中；有的编译系统只允许将 int、char 和指针型变量定义为寄存器变量。如今的优化编译系统能够自动识别哪些是频繁使用的变量，从而主动将这些变量放在寄存器中，而不需要人为指定。因此，读者只需掌握寄存器变量的概念即可，而无须去定义和使用。

4. 全局变量的生存期

前已述及，全局变量也称为外部变量，只要一个变量被定义在所有函数的外部，它就是全

局变量，而没有使用单独的保留字来指明其存储类型。其作用域默认是从定义的位置开始，到所在源文件结束。在此作用域内，全局变量可以被程序中的各个函数访问。编译时，全局变量被编译系统分配在全局数据区中，其生存期是与程序共存亡。关于全局变量生存期的举例，读者可以参考例 4-2-1 自行分析，这里就不再赘述。

4.3　预处理

在 1.4.1 节中已经介绍一个 C 程序的完整实现过程，如图 1-4-1 所示。其中，预处理（preprocessing）就是在编译器进行编译之前，由预处理程序（preprocessor）对源代码进行读入、扫描和转换操作，产生新的源代码，然后将新的源代码提供给编译器编译的过程。它是对 C 源文件进行处理的第一个环节。

在 C 语言程序设计的过程中，程序员往往会在源程序中写入一些指令，用来告诉预处理程序将对源程序做一些什么样的处理，这种写在源程序中的指令称为预处理命令（preprocessing command）。预处理命令有 3 种：文件包含命令、宏替换命令和条件编译命令，它们分别对应 3 种预处理功能：文件包含、宏替换和条件编译。

需要注意的是，预处理命令是由 ANSI C 统一规定的，是在编译之前要由预处理程序处理的内容，它们不是 C 语言的组成部分，更不是 C 语句。为了与 C 语句相区别，预处理命令在书写时需要满足以下几点要求：

（1）必须以井号（#）开头，表示这是一条预处理命令。在预处理命令所在的行上，除了最前面可以有空白字符以外，第 1 个有效字符必须是#。

（2）井号（#）后面是预处理命令名，在#和命令名之间允许存在任意多个空白字符，但不提倡使用空白字符来间隔。

（3）所有的预处理命令都不是 C 语句，都不能以分号结束。

4.3.1　文件包含

文件包含是指一个源文件将另外的源文件的全部内容包含到本文件中来。C 语言提供#include 命令来实现文件包含的功能，一般有如下两种书写格式：

```
#include<文件名>
```

或

```
#include"文件名"
```

常用在文件头部的被包含文件称为标题文件或头部文件，简称头文件。头文件的文件名常常以 h 作为扩展名（h 的含义是 header），比如，前面程序中经常用到的 stdio.h 头文件。如果不用 h 作为扩展名，而用 c 或其他作为扩展名，甚至没有扩展名也是可以的，但使用 h 更能表达此文件的性质和用途，见名知意。

文件包含命令的功能实际上是“替换”的功能，也就是用被包含文件中的全部内容来替换掉该文件包含命令。比如：

```
1  #include <stdio.h>
```

在预处理时，预处理程序会首先去找到 stdio. h 这个文件，然后用这个文件中的所有内容去替换掉源程序中的这条命令“#include <stdio. h>”。到编译阶段时，在源程序文件中就不会再有这条文件包含命令了，取而代之的便是 stdio. h 文件中的全部代码。到链接阶段时，链接器（linker）会把被包含文件中所用到模块和源程序中的模块组装在一起生成一个可执行程序。

在实际使用文件包含命令的过程中，请读者注意以下几点：

（1）一个#include 命令只能包含一个头文件，如果要包含 *n* 个头文件，要用 *n* 个#include 命令。

（2）如果 file1. c 文件包含 file2. h 文件，而 file2. h 要用 file3. h 的内容，则可在 file1. c 中用两个#include 命令分别包含 file2. h 和 file3. h，而且 file3. h 应该出现 file2. h 之前，即：

```
1  #include "file3.h"
2  #include "file2.h"
```

这样 file1. c 和 file2. h 都可以使用 file3. h 中的内容，并且在 file2. h 中不用再对 file3. h 进行包含操作了，即不再需要在 file2. h 中使用语句#include“file3. h”。

（3）在一个被包含文件中又可以包含另一个被包含文件，即文件包含可以嵌套。比如，在前面第（2）项注意中，也可以在 file2. h 文件的开头预先包含 file3. h，然后在 file1. c 文件的开头就只需要包含 file2. h 即可，实现层层包含。

（4）被包含文件 file2. h 与其所在的文件 file1. c 在预处理之后已成为同一个文件，因此 file2. h 中的全局静态变量（若有）在 file1. c 中也同样有效。

（5）在#include 命令中，头文件的文件名要用双引号或尖括号括起来。双引号表示编译系统会先在用户当前工作目录中寻找要包含的文件，若没有找到，则到 C 库函数头文件所安装的目录中寻找；而尖括号则表示直接到 C 库函数头文件所安装的目录中去寻找要包含的文件。

4.3.2 宏

在 C 语言中，可以定义一个指定的标识符来代替程序中的某个字符串，这种定义被称为宏定义，这个标识符被称为宏名。宏名作为标识符中的一种，其命名规则也必须符合 C 语言标识符的命名规则。为了与变量名相区别，约定宏名中的所有字母都大写。

宏定义通常有两种使用形式：不带参数的宏定义和带参数的宏定义。

1. 不带参数的宏

不带参数的宏定义格式为：

```
#define 宏名 字符串
```

比如：

```
1  #define PI 3.1415926
```

这就是一行不带参数的宏定义命令。其作用是：在预处理时，将程序中在该命令之后出现

的所有标识符 PI 都替换成字符串 3. 141 592 6。这个在预处理时将宏名替换成字符串的过程被称为宏展开。

在使用不带参数的宏时，还需要注意以下几个问题：

（1）宏名的有效范围分为两种情况。一种是在源文件中定义的宏名，其有效范围从宏定义的位置开始到该源文件结束。另一种是在头文件中定义的宏名，随头文件一起被包含到源文件中形成一个新的源文件，其有效范围依然从定义的位置开始到新源文件结束。

（2）若定义两个相同的宏名却对应了两个不同的字符串，在这两个宏名共同的有效范围内，最后定义的宏名“遮蔽”以前的宏名。

（3）可以使用#undef 命令来终止一个宏定义的有效范围，从而实现灵活控制一个宏定义的有效范围。其格式为：

```
#undef 宏名
```

（4）使用宏可以提高源程序的可维护性和可移植性，减少源程序中书写重复字符串的工作量，并能做到“一改俱改”。

（5）宏定义是用宏名代替一个字符串，其对应的宏展开只是一个简单的替换操作，不做正确性检查。如果词义或语义错误，只有在编译宏展开后的源程序时才会发现并报错。例如：

```
1  #define PI 3.14l5926
```

在此行宏定义中，若不小心把第 2 个数字“1”写成字母“l”，这样的错误在预处理时是不会被发现的。在宏展开时，预处理程序依然会用错误的 3. 14l5926 去“傻乎乎地”替换 PI。但是，这个错误的替换结果会在编译时被发现并报错。

（6）宏定义也不是 C 语句，不要随便在行尾加分号，如果加了分号，系统会连同分号一起去替换宏名。

（7）宏定义允许嵌套，在宏定义的字符串中可以使用已经定义的宏名，在宏展开时由预处理程序层层替换。

（8）在用双引号括起来的字符串常量中即使出现了与宏名相同的情况，在宏展开时也不作替换。比如，以下小程序中 printf( ) 函数的格式控制串里的 S 和 V 字符就不被替换：

```
1   #define R 3.0
2   #define H 8.0
3   #define PI 3.14
4   #define S PI * R * R
5   #define V S * H
6   int main( void )
7   {
8       printf("S = % f, V = % f \n", S, V);
9       return 0;
10  }
```

以上程序在经过预处理之后在编译之前的情况是：

```
1  int main( void )
2  {
3      printf("S=%f,V=%f\n",3.14*3.0*3.0,3.14*3.0*3.0*8.0);
4      return 0;
5  }
```

预处理之后的第3行代码就是预处理之前的第8行代码的宏展开形式。

(9) 为了便于阅读和理解，宏定义尽量在一行之内写完。如果一行以内确实无法写完，可以在行末加一个“\”符号，表示该行与下一行合起来构成一个完整行。例如：

```
1  #define LONG_STRING "It represent a long string that \
2  is used as an example."
```

2. 带参数的宏

带参数的宏本质上也是一种替换操作，只是它要进行两次替换，不仅要进行宏展开，还要用实参字符串去替换形参。这里需要澄清一点，此处所说的实参和形参只是借用了函数的实参和形参的说法，但实际上是两个完全不同的概念，请读者不要混淆。

带参数的宏定义格式为：

```
#define 宏名(形参表)  字符串
```

例如，程序片段：

```
1  #define S(r) 3.14*r * r
2  …
3  area = S(3);
```

其中，S(3)宏展开以后就为3.14*3 * 3。

再看以下程序片段：

```
1  #define S(r) 3.14*r * r
2  …
3  float a=3,b=8,area;
4  area =S(a+b);
```

这里，请读者思考：S(a+b)宏展开以后的结果应该是3.14*11*11，3.14*a+b*a+b，还是3.14*(a+b)*(a+b)呢？要回答这个问题，读者需要对带参数的宏进行两次替换操作，并严格按照替换规则和步骤进行。带参数的宏定义的替换步骤如下：

第1步，在程序中若有带参数的宏，如S(a+b)，则按照#define宏定义的内容，用指定的字符串去替换带参数的宏。比如，用3.14*r*r去替换掉程序中的S(a+b)。

第2步，如果字符串中含有宏定义的形参，例如，3.14*r*r中的r就是宏定义的形参，则将相应的实参字符串（可以是常量、变量或表达式）简单替换形参。比如，将实参字符串a+b作为一个整体去简单替换r，就得到了3.14*a+b*a+b。

因此，上面请读者思考的问题的答案就是3.14*a+b*a+b。显然，这个宏展开结果不是

我们期望的，但却是真实情况。若希望得到的结果是 3.14 * (a+b) * (a+b)，则需要修改宏定义为：

```
1  #define S(r) 3.14 * (r) * (r)
```

请读者按照这个宏定义的规定，重新对 S(a+b) 进行一次宏展开，展开后即可得到我们希望的 3.14 * (a+b) * (a+b)。

可能有读者会问，得到的怎么不是 3.14 * 11 * 11 呢？因为将 a+b 的结果算出来再代入进去，这是函数调用时求解实参的过程，需要在程序执行阶段才能实现，而宏展开是在预处理阶段，无法求解实参。预处理只把宏定义中的实参简单地处理为一个字符串。

为了加深理解，再列举一个程序片段：

```
1  #define MAX(x,y) (x)>(y)?(x):(y)
2  …
3  int a=3, b=8, c=4, d=5, result;
4  result = MAX(a+b, c+d) * 2;
```

思考：

最后 result 的结果应该是多少？

另外，还需提醒读者：在定义一个带参数的宏时，宏名和圆括号之间不能有空格，否则，系统就会将该宏定义视为不带参数的宏定义，将从圆括号开始的后面部分都认为是要替换的字符串，从而导致错误。

带参数的宏和有参函数在书写形式上看起来很相似，比如，都是在名称后的圆括号内写明参数，也要求参数的数量要相等，但这些都是表面上的，实际上两者的本质完全不同，具体如下：

（1）函数调用发生在程序运行阶段，要为现场保护和相应变量分配内存空间；而宏展开是在预处理阶段，不存在分配内存空间的问题。这是两者最本质的区别。

（2）函数调用时，要先求解实参表达式的值，然后按照“单向值传递”的原则将值传递给形参；而带参数的宏在展开时，只是将实参看成一个字符串，并简单地用该字符串替换形参，没有求解实参的功能，没有返回值的概念，不存在数据传递的问题。

（3）函数中的实参和形参都要定义类型，两者的类型要求一致，至少也要满足赋值兼容的要求；而带参数的宏不存在类型问题，宏名无类型，它的参数也无类型，只代表一个符号而已。

（4）每进行一次宏展开都会使源程序的长度发生变化，而函数调用不会。

（5）宏替换不占用运行时间，只占用预处理时间；而函数调用则要占用运行时间。

4.3.3　条件编译

一般情况下，C 源程序中的所有行都需要被编译，但是有时候也希望只在满足一定条件时才编译源程序中的某一段代码，而在满足另外的条件时编译另一段代码，对不满足条件的代码直接舍弃，使源程序能够根据不同的情况生成不同的版本，这就是条件编译。常见的条件编译命令如表 4-3-1 所示。

表 4-3-1 常见的条件编译命令

条件编译命令	说　明
#if	如果条件为真，则处理其后的内容
#elif	如果前面的条件为假，而该条件为真，则处理其后的内容
#else	如果前面的条件均为假，则处理其后的内容
#endif	结束相应的条件编译命令
#ifdef	如果该宏被定义了，则处理其后的内容
#ifndef	如果该宏未被定义，则处理其后的内容
defined(…)	与#if、#elif 配合使用，判断某个宏是否被定义了
!defined(…)	与#if、#elif 配合使用，判断某个宏是否未被定义

条件编译有多种格式，常见的有下面 3 种。

1. #ifdef 格式

#ifdef 的一般格式如下：

```
#ifdef 宏名
    程序段 1
#else
    程序段 2
#endif
```

该格式的功能是，当所指定的宏名已经被#define 命令定义过了，则在程序编译阶段就只编译程序段 1 的内容，否则编译程序段 2 的内容。根据具体情况，也可以省略#else 部分的内容，即得到下面这种简略格式：

```
#ifdef 宏名
    程序段 1
#endif
```

这里的程序段可以是语句组，也可以是其他的预处理命令。

【例 4-3-1】 在 Visual C++ 2010 中存在两种编译模式：Debug 和 Release。在平时练习编程的过程中，默认使用的是 Debug 模式，以便调试程序；但在正式发布软件产品时，则需要使用 Release 模式，以便编译器进行相关的优化，提高发布程序的运行效率。请编程实现：根据不同的情况分别生成调试版程序和发布版程序。

```
1  /*
2  程序名称：4-3-1ifdef.c
3  程序功能：根据不同的情况分别生成调试版程序和发布版程序
```

```
4    */
5    #include<stdio.h>
6    int main(void)
7    {
8    #ifdef _DEBUG
9        printf("生成调试版程序...\n");
10   #else
11       printf("生成发布版程序...\n");
12   #endif
13       return 0;
14   }
```

程序的运行结果如图 4-3-1 所示。

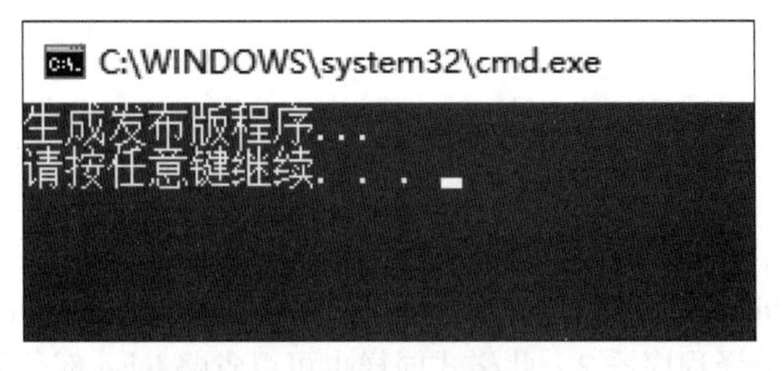

图 4-3-1　运行结果

说明：

(1) 由于在执行以上程序之前已经将编译模式设置成 Release 模式了，所以才有下面的运行结果。在实际的软件开发过程中，具体需要使用哪种编译模式，可以在解决方案的属性页中自行设置，如图 4-3-2 所示。

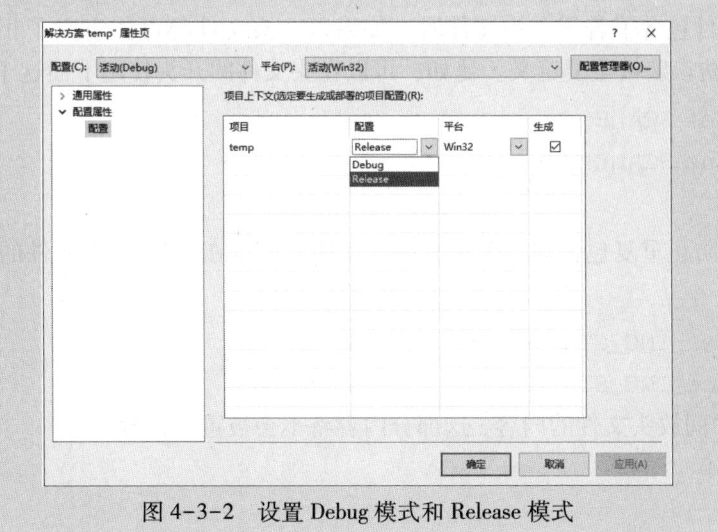

图 4-3-2　设置 Debug 模式和 Release 模式

(2) 若把第8行的#ifdef _DEBUG命令改写成#if defined(_DEBUG)，运行结果也一样。第8~12行的代码也可以修改为：

```
8   #if !defined(_DEBUG)
9       printf("生成发布版程序...\n");
10  #else
11      printf("生成调试版程序...\n");
12  #endif
```

关于#if格式将在第3种格式中讲解。

2. #ifndef 格式

#ifndef 的一般格式如下：

```
#ifndef 宏名
    程序段1
#else
    程序段2
#endif
```

此格式的作用与#ifdef格式的作用相反，是指当指定的宏名未被#define命令定义过时，则只编译程序段1，否则编译程序段2。此格式同样也可以省略#else部分的内容，得到其简略格式为：

```
#ifndef 宏名
    程序段1
#endif
```

这种格式主要用在以下两种情况中：

(1) 当某文件包含了若干个头文件时，如果每个头文件都可能定义了相同的宏，则可以使用#ifndef来预防该宏被重复定义。比如，可以在头文件的开头使用下面这个程序片段：

```
1  #ifndef SCALE
2  #define SCALE 100
3  #endif
```

(2) 常用于防止重复包含同一个头文件。比如，可以在stdio.h头文件的开头就用下面这个程序片段：

```
1  #ifndef_INC_STDIO
2  #define_INC_STDIO
3  …//中间放头文件的内容，这部分内容将不会被重复包含
4  #endif
```

实际情况下，可以根据不同的头文件定义不同的宏名。为了防止重复，一般情况下是采用头文件名大写（点用下划线表示）的方式来定义宏名，比如，也可以将 stdio.h 定义为 STDIO_H。

3. #if 格式

#if 的一般格式如下：

```
#if 整型常量表达式 1
    程序段 1
#elif 整型常量表达式 2
    程序段 2
…
#elif 整型常量表达式 n
    程序段 n
#else
    程序段 n+1
#endif
```

此格式的作用是：当整型常量表达式 1 的值为真（非 0）时就编译程序段 1，当整型常量表达式 2 的值为真（非 0）时就编译程序段 2……当整型常量表达式 n 的值为真（非 0）时就编译程序段 n，否则编译程序段 n+1。此格式可以省略#elif 和#else 中部分分支或全部分支的内容，具体视情况而定。这里需要强调一下，“整型常量表达式”中不能包含变量，其值也必须是整数。

【例 4-3-2】编程实现：输出一段红色文字，要求该程序能够跨平台，比如，在 Windows 和 Linux 环境下都能正常运行。

解题思路：本程序的难点在于，不同平台控制文字颜色的代码是不一样的，在编译源程序时，要能正确识别该程序即将运行的平台是什么。识别的方法就是利用条件编译命令#if 去判别各种平台的专有宏名，比如，Windows 平台的专有宏名是_WIN32，Linux 是_linux_。

源程序如下：

```
1   /*
2   程序名称：4-3-2if.c
3   程序功能：分别在 Windows 和 Linux 环境下输出一段红色文字
4   */
5   #include<stdio.h>
6   int main(void)
7   {
8   #if _WIN32
9       system("color 0c");
10      printf("生成 Windows 版程序……\n");
11  #elif _linux_
```

```
12	    printf("\033[22;31m生成Linux版程序……\n\033[22;30m");
13	#else
14	    printf("生成其他版本的程序……\n");
15	#endif
16	    return 0;
17	}
```

程序运行结果如图 4-3-3 所示。

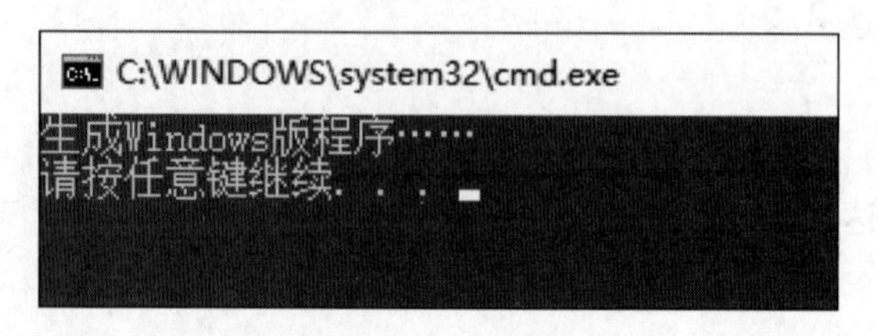

图 4-3-3 运行结果

条件编译命令对提高 C 程序的通用性具有很大的好处，能有效地提高源程序的可移植性，并广泛应用于商业软件的开发过程中，为一个程序提供适应各种情况的不同版本。

4.4 多个文件组成一个 C 程序

截至目前，本书所用到的程序都是规模较小、结构比较紧凑的程序，都是把所有的源代码放在一个 C 源文件中保存起来，然后再进行编译、链接和运行的。然而，随着学习的深入，特别是将来在面对一些比较复杂的实际问题时，程序的功能将会变得比较复杂，项目的规模也将随之扩大，需要编写的代码量也将明显增加，甚至无法由一名程序员单独完成源代码的编写，需要多名程序员相互协作。此时，如果还将所有的源代码都写在一个源文件中，就会出现代码过长、可读性过差、修改很困难等问题。而且，如果多名程序员同时在一个源文件中进行编写和修改操作，也可能导致很多不必要的麻烦，比如，程序员 A 可能无意中修改了程序员 B 的代码，程序员 B 对源文件的命名可能与程序员 C 冲突，等等。

因此，为了提高编程效率，在模块化的软件开发中，一般会将一个完整的 C 程序按功能分解成多个文件来实现，甚至将这些不同的文件交由不同的程序员来负责完成，这些程序员分工合作，共同完成任务。

4.4.1 项目与用户文件

VC++ 2010 集成开发环境利用项目来管理用户文件。一个 C 项目（project）就对应着一个要开发的 C 语言应用程序，是该应用程序所有组件的一个容器。一个 C 项目中可以包含一个或多个 C 源文件、一个或多个头文件，甚至还可能包含一些其他辅助数据的文件。但是，经过编译链接后，一个 C 项目只生成一个 . exe 文件，即一个可执行程序。

一个 C 程序可以由一个或多个 C 文件组成，每个 C 文件可以实现该 C 程序的一项或多项功能，所有的这些 C 文件都必须放在一个 C 项目中，由项目来统一管理，其中包括 C 文件的创建、添加、排除、移入、编辑、编译、生成等操作，具体请参见《循序渐进 C 语言实验》第 1.3 节。在编译时，编译器是以源文件为单位进行编译的，即可以对项目中的每个源文件单独进行编译。

在一个项目所管理的 C 文件中，除了有需要程序员编写的 C 源文件以外，有时还包括程序员根据自己项目的需要编写的一些 C 头文件。所有这些由程序员编写的多个 C 文件统称为用户文件。由程序员自行编写的头文件统称为用户头文件，以便和集成开发系统提供的头文件相区别。在比较大型的程序开发中，程序员通常会将自己在开发过程中经常要用到的一些类型定义、结构体定义、宏定义、函数声明、#include 标准头文件等内容放入一个用户头文件中供项目使用。源文件一般实现程序的具体功能，包括函数定义等内容。源文件只需包含相应的用户头文件即可使用用户头文件中所声明和定义的内容。在编译代码时，只需要指定入口源文件，编译器就能根据文件之间的包含关系，对全部的文件内容进行编译。关于头文件的概念和使用，在前面的章节中已经介绍过了。用户头文件的概念和使用与系统提供的头文件是一样的，这里就不再赘述。

4.4.2　变量与函数在多文件中的作用域

前已述及，变量根据其定义的位置不同具有不同的作用域。相应地，函数在不同的情况下也具有不同的作用域。第 4.2.1 节探讨的是在单个源文件中变量的作用域问题，下面将主要探讨在多个源文件中变量与函数的作用域问题。

1. 变量在多个源文件中的作用域问题

(1) 在一个文件内扩展外部变量的作用域。

根据第 4.2.1 节的介绍，在一个由单个源文件组成的程序中，如果某个全局变量的定义不是在源文件的开头，而是在源文件中间的某个位置，那么在定义位置之前的函数就无法访问这个全局变量。现在，介绍一种方法可以让在定义位置之前的函数访问到该全局变量，即在需要访问的函数中、访问位置之前，用保留字 extern 来对该全局变量作一个声明，以扩展其作用域。比如，以下程序：

```
1  #include <stdio.h>
2  int main(void)
3  {
4      extern int Global;          //将第 8 行定义的 Global 变量的作用域向前
                                     扩展到此处
5      printf("% d", Global);      //这里访问到的 Global 就是在第 8 行定义的
                                     Global 变量
6      return 0;
```

```
7  }
8  int Global = 10;
```

程序的运行结果是：10

其中，第4行代码是对全局变量Global的声明，其作用就是将在第8行定义的全局变量的作用域向前扩展到第4行，这样才保证了第5行对Global的访问是有效的。如果去掉第4行代码，第5行对Global的访问将出错。

（2）在多个文件中扩展外部变量的作用域。

前已述及，在默认情况下，一个全局变量的作用域是从它定义的位置开始直到它所在的源文件结束，也就是说，其作用域最大也不会超越自己所在的源文件范围。但是，在由多个源文件组成一个C程序的情况下，有时一个源文件需要访问其他源文件中定义的全局变量，这就需要声明。方法与前面第（1）种情况类似，即在需要访问的源文件中、访问位置之前，用保留字extern来对该全局变量作声明，将其作用域从所定义的文件扩展到需要访问它的文件中。比如，有一个C程序包含了多个源文件，下面的fileX. c和fileY. c只是其中的两个源文件。

fileX. c为：

```
1  #include <stdio.h>
2  int Global = 5;
3  int factorial()
4  {
5      int res = 1; i = Global;
6      for(; i > 1; i--)
7          res *= i;
8      return res;
9  }
```

fileY. c为：

```
1  #include <stdio.h>
2  extern int Global;        //将Global的作用域从fileX.c扩展到本文件
3  int cube()
4  {
5      int res=1;
6      for(i=1; i<=3; i++)
7          res *=Global;     //这里访问到Global就是fileX.c在第2行定义
                              的Global
8      return res;
9  }
```

（3）将外部变量的作用域限制在本文件中。

程序员既可以扩展也可以限制一个外部变量的作用域。在开发一个由多个文件组成的C

程序时，可能出现不同的程序员编写不同的用户文件的情况。此时，如果不同的程序员在自己负责的文件中定义了全局变量，那么在进行文件包含或用 extern 进行外部变量声明时，就可能存在外部变量冲突或被误用的隐患。为了保证安全，消除隐患，就需要限定那些确实不会被其他文件所引用的外部变量只在本文件中有效，而在其他文件中无效。限制的方法就是在定义外部变量时冠以 static 声明。这种冠以 static 声明，其作用域仅限于当前文件的外部变量称为静态外部变量。需要说明的是，并不是在定义外部变量时冠以 static 声明以后，该外部变量才是静态存储的。外部变量加不加 static 声明都是静态存储的。static 声明决定的不是外部变量的存放区域和生存期，而是作用域。

2. 函数在多个源文件中的作用域问题

函数本质上是全局的，因为一个函数定义出来就是要被其他函数调用的，如果一个函数定义以后不让别的函数使用，就无法实现其功能，也就毫无意义了。根据函数能否被其他源文件调用，又可将函数分为内部函数和外部函数。

（1）内部函数。

如果一个函数只能被本文件中的其他函数调用，则称该函数为内部函数。在定义内部函数时，需要在其函数头的最左端加上保留字 static，因此内部函数也被称为静态函数。内部函数的作用主要是将函数的作用域限制在本文件中，避免在不同的文件中有函数同名时出现冲突，便于不同的文件由不同的程序员来实现。

与限制外部变量的作用域相似，在一个函数头的最左端加上 static 以后，就将其作用域限制在本文件中了。

（2）外部函数。

如果希望一个函数能被其他文件中的函数调用，那么在定义这个函数时，可在其函数头的最左端加上保留字 extern，表示此函数的作用域被扩展到了其他函数，即该函数为外部函数。

由于函数本质上就是全局的，即函数天生就是要被别的函数调用的，所以 C 语言又规定，如果在定义函数时省略了 extern，则默认该函数就是外部函数。在前面的章节中，本书所定义的函数都默认属于外部函数。

当然，根据前面所介绍的函数声明的概念，要引用另一个文件中定义的外部函数，还需要在本文件中引用之前进行相应的声明，声明时也可以省略 extern，但此时必须指明该函数的返回类型，否则编译时会报错。

根据前面对文件包含的介绍，要把一个函数的作用域扩展到定义该函数的文件（假设为 file. c）之外，也可以不通过 extern 来实现，只要在使用该函数的每一个文件前面用#include 命令包含 file. c 即可。

【例 4-4-1】 编程实现：通过键盘输入任意一个日期，计算该日期对应星期几。

解题思路： 在我国古代夏商周时期，人们就把日、月与金、木、水、火、土五大行星组成的七个主要星体称为七曜。七曜是当时天文星象的重要组成成分，最初并没有被用作时间单位，后来被借用作七天为一周的时间单位，故将其改称为星期。

在西方，古巴比伦人首先使用七天为一周的时间单位，后来犹太人把它传到古埃及，又由古埃及传到古罗马。现在国际上通用的一周七天的制度最早就是由古罗马皇帝君士坦丁大帝制定的。他在公元321年3月7日正式宣布七天为一周，这个制度一直沿用至今。古罗马人用他们信仰的神的名字来给一周中的每一天命名为：Sun's-day（太阳神日）、Moon's-day（月亮神日）、Mars's-day（火星神日）、Mercury's-day（水星神日）、Jupiters's-day（木星神日）、Venus'-day（金星神日）、Saturn's-day（土星神日）。这正好契合了我国的七曜。现在人们普遍都习惯了按照一周七天来安排自己的工作、学习和生活。

根据题意，若想知道任意一天（未来的某一天或历史上的某一天）是星期几，该如何实现呢？计算某个日期是星期几的公式有很多，经典的公式有基姆拉尔森（Kim Larsen）公式和蔡勒（Zeller）公式。这里介绍一下蔡勒公式：

$$w=[c/4]-2c+y+[y/4]+[13*(m+1)/5]+d-1 \quad (4-4-1)$$

或

$$w=y+[y/4]+[c/4]-2c+[26(m+1)/10]+d-1 \quad (4-4-2)$$

上述公式中的符号含义如表4-4-1所示。

表4-4-1　蔡勒公式中的符号含义

符　　号	含　　义
w	星期，w 对7取模得到0~6的值，依次代表星期日~星期六
c	年份的前两位数，即世纪减1
y	年份的后两位数
m	月份，$3\leqslant m\leqslant 14$，即在蔡勒公式中，某年的1、2月份要看作是上一年的13、14月份来计算
d	日
[ ]	取整符号，即只要整数部分

还需要说明的一点是，古罗马教皇格里高利十三世在1582年组织了一批天文学家，根据哥白尼日心说计算出来的数据，对儒略历作了修改，宣布将1582年10月5日到14日之间的10天撤销，即继10月4日之后为10月15日。后来人们将这一新的历法称为“格里高利历”，也就是今天全世界所通用的历法，简称格里历或公历。为此，在计算1582年10月4日之前和1582年10月4日之后某个日期对应的是星期几时，所使用的蔡勒公式是不一样的，分别对应上述的式（4-4-1）和式（4-4-2）。

此源程序包含两个源文件，第1个源文件是4-4-1zellerMain.c，**源代码如下：**

```
1 /*
2 程序功能：计算任意一个日期对应的是星期几，并显示输出
3 */
4 #include <stdio.h>
5 extern int calWeekday(int year, int month, int day);
6 static void outputWeekday(int weekday);
```

```
7   int main(void)
8   {
9       int year, month, day, weekday;
10      printf("请输入一个日期(比如:1949-10-01):");
11      scanf("% d-% d-% d",&year, &month, &day);
12      weekday = calWeekday(year, month, day);
13      outputWeekday(weekday);
14      return 0;
15  }
16  /*
17  函数功能:实现将一个 0~6 的序号转换成星期几的中文名称
18  输入参数:年、月、日
19  返回值:无返回值
20  */
21  static void outputWeekday(int weekday)      //定义为内部函数
22  {
23      switch(weekday)
24      {
25      case 0: printf("星期日\n");break;
26      case 1:printf("星期一\n");break;
27      case 2:printf("星期二\n");break;
28      case 3:printf("星期三\n");break;
29      case 4:printf("星期四\n");break;
30      case 5:printf("星期五\n");break;
31      case 6:printf("星期六\n");break;
32      }
33  }
```

第 2 个源文件是 4-4-1zeller. c，**源代码如下：**

```
1   /*
2   函数功能:计算一个给定的日期对应的是星期几
3   输入参数:年份、月份和日.
4   返回值:星期几对应的序号(0~6).
5   */
6   #include <stdio.h>
7   extern int calWeekday(int year, int month, int day)//定义为外部函数
8   {
9       int century, wday;
```

```
10      if(month <= 2)
11      {
12          month += 12;
13          year--;
14      }
15      century = year /100;
16      year % = 100;
17      wday = (year + year /4 + century /4 - 2 * century + 26 * (month+1)/
                10 + day-1) % 7;
18      while(wday < 0)
19          wday += 7;
20      return wday;
21  }
```

第1次运行程序时输入建党100周年的日期2021-7-1，运行结果如图4-4-1所示。

第2次运行程序时输入建国100周年的日期2049-10-1，运行结果如图4-4-2所示。

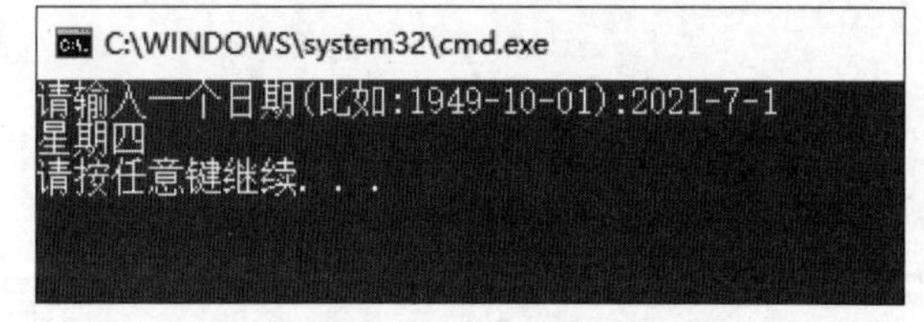

图4-4-1　运行结果1

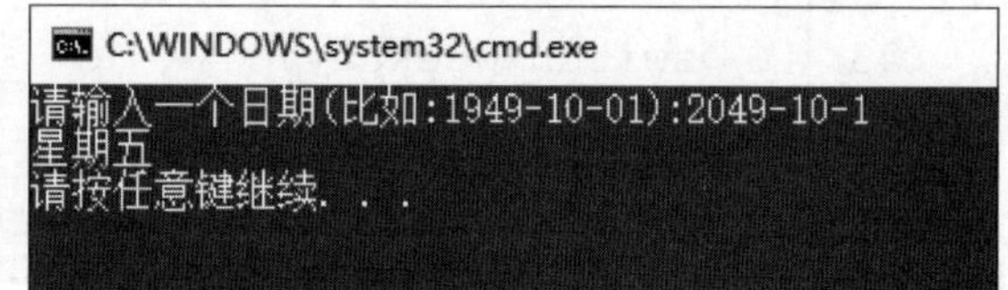

图4-4-2　运行结果2

4.4.3　多个文件组成一个C程序实例

【例4-4-2】编程实现：通过键盘输入任意一个年份和月份，然后以星期为周期输出显示该月份的日历。

解题思路：编程之前，需要解决以下几个问题：

（1）按月以星期为周期输出日历，首先要确定的就是该月的第一天是星期几。这个问题，可以利用例4-4-1中的蔡勒公式来解决，直接使用文件4-4-1zeller.c即可。

（2）如果该月的第一天不是星期一，则需要空出相应的输出位置，比如，假如是星期三，前面就需要空出两个输出位置，这可以利用一个循环来实现，循环次数等于星期几减1。

（3）每个月的总天数并不一样，如何确定该月共有多少天呢？每年哪些月大哪些月小是有固定规律的，唯一可能有变化的就是二月。闰年的二月是29天，非闰年的二月是28年，因此假设遇到的月份为二月时，需要根据年份判断该年是否是闰年。判断某一年是否是闰年的方法，请参见第3.2.2节。

（4）在输出该月的每一天时，要以星期为周期。这可以利用一个循环变量weekday以星期为周期进行计数。

（5）用蔡勒公式计算出来的星期几是 0~6 的格式，需要将其转换成 1~7 的格式。这只需一个 if 判断语句即可。

只要解决了以上几个问题，此题就没有什么难度了。接下来就是如何规划一个项目的组成文件了。为了向读者展示由多个文件组成一个 C 程序的情况，本程序包括了以下几个文件：

文件 1，4-4-2cal. h 头文件，**源代码如下：**

```
1  #ifndef CAL_H
2  #define CAL_H
3  #include<stdio.h>
4  extern int calWeekday(int year, int month, int day);
5  extern int isLeapYear(int year);
6  extern void outputCal(int year,int month, int firstMonth);
7  #endif
```

文件 2，4-4-1zeller. c 源文件，直接使用例 4-4-1 中的代码。

文件 3，4-4-2isLeapYear. c 源文件，**源代码如下：**

```
1  #include<stdio.h>
2  //判断某一年是否是闰年
3  extern int isLeapYear(int year)
4  {
5      if ((year % 4 == 0 && year % 100 != 0) || (year % 400 == 0))
6          return 1;
7      else
8          return 0;
9  }
```

文件 4，4-4-2outputCal. c 源文件，**源代码如下：**

```
1  #include<stdio.h>
2  extern int isLeapYear(int year);
3  //输出指定月份的日历
4  extern void outputCal(int year,int month, int firstDay)
5  {
6      int i = 0,days,weekday;
7      if(firstDay == 0)//计算出来的星期几是 0~6 的格式，需要将其转换为
                          1~7 的格式
8          weekday=7;
9      else
10         weekday=firstDay;
11     //计算指定月份的天数
```

```
12      if(month==1 || month==3 || month==5 || month==7 || month==8 ||
month==10 || month==12)
13          days=31;
14      else if(month==4 || month==6 || month==9 || month==11)
15          days=30;
16      else if(month==2 && isLeapYear(year))
17          days=29;
18      else
19          days=28;
20      printf("星期一\t 星期二\t 星期三\t 星期四\t 星期五\t 星期六\t 星期
日\n");
21      //如果某月的第一天不是星期一，则需要空出相应的输出位置
22      for(i = 1; i < weekday; i++)
23          printf("\t");
24      for (i = 1; i <= days; i++)        //输出该月的每一天
25      {
26          if(weekday > 6)                //每行只输出 7 天
27          {
28              printf("%d\n",i);
29              weekday = 0;
30          }
31          else
32              printf("%d\t",i);
33          weekday++;
34      }
35  }
```

文件 5，4-4-2main.c 源文件，源代码如下：

```
1   #include "4-4-2cal.h"                     //包含当前工作目录下的用户头文件
2   int main(void)
3   {
4     int year, month, firstDay, firstMonth;
5     printf("请输入要查询的年-月:");
6     scanf("%d-%d", &year, &month);
7     printf("\n\n\n");
8     printf("-------------------------------------------------\n");
9     printf("                    %d年%d月的日历\n", year, month);
10    printf("-------------------------------------------------\n");
```

```
11      firstDay =calWeekday(year,month,1); //计算某年某月的第一天是星期几
12      outputCal(year, month, firstDay);  //输出某年某月的日历
13      printf("\n-------------------------------------------\n");
14      return 0;
15  }
```

所有文件在项目中的组成情况如图 4-4-3 所示。

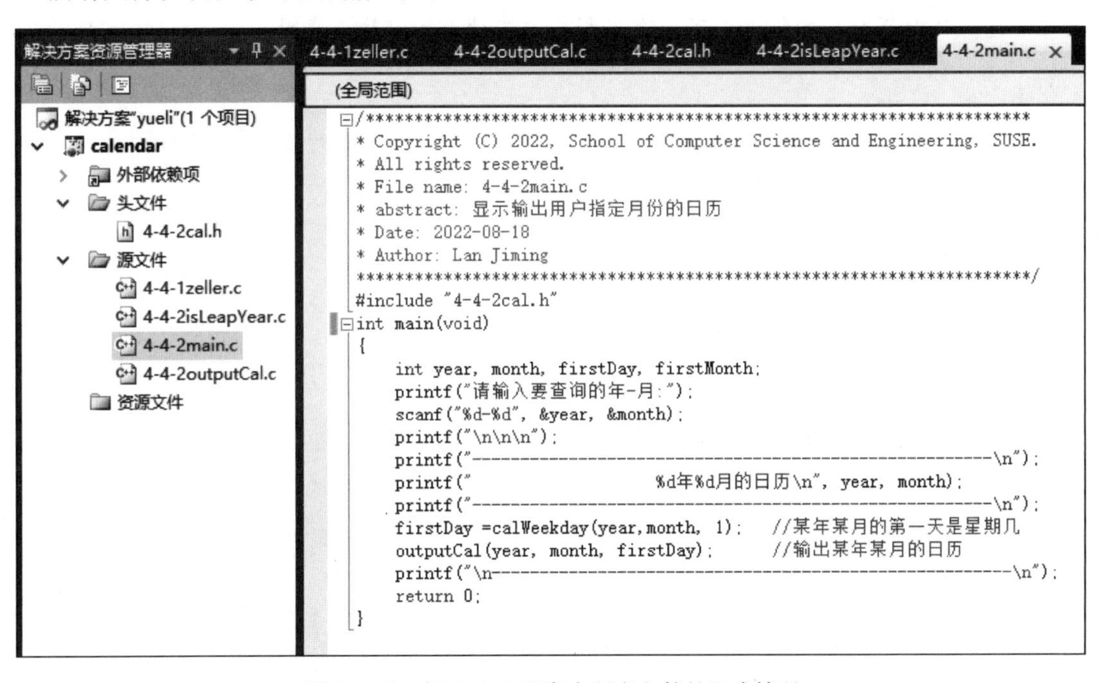

图 4-4-3　例 4-4-2 程序中所有文件的组成情况

该程序的运行情况如图 4-4-4 所示。

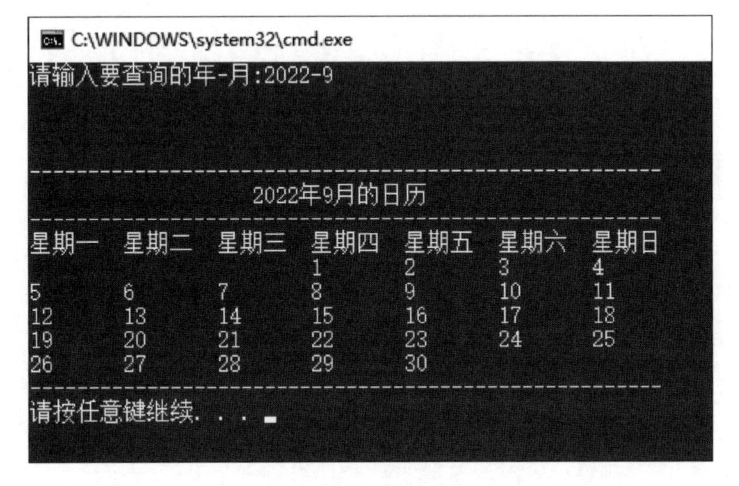

图 4-4-4　运行情况

思考：

由于前面在解题思路中做了必要的分析，并在源程序中作了相应的注解，在此就不再对以上程序做过多的说明，请读者自行理解。这里留下一个问题供感兴趣的读者思考：很多软件在按月输出日历时，除了输出本月的所有日期外，还会在空白位置以另一种显示格式输出上个月的末尾日期和下个月的开始日期，比如，图4-4-4所示的输出结果中就还应该有8月的29日、30日和31日这3天，以及10月的1日和2日这两天，这又是如何实现的呢？想挑战一下自己的读者，可以在本程序的基础上加以改进实现。

第 5 章　C 语言的构造类型

电子教案

大厦之构，非一木之枝，帝王之功，非一士之略。

——〔唐〕李延寿

如果把一个程序比作一座大厦，那么算法就是这座大厦的设计灵魂，而数据结构则是这座大厦的构成基础。C 语言程序这座大厦的构成基础除了前面所学的各种基本数据类型以外，还包括本章即将介绍的各种构造类型，包括数组、结构体、位段、联合体、枚举类型以及使用 typedef 定义的类型。用户应当根据程序设计的需要，恰当、灵活地使用各种构造类型，以达到“结构方殊绝，高低更合宜”的效果。

5.1　数组

现实中有许多问题涉及同类型的批量数据处理。例如，对多个学生的某科成绩进行统计和排序，对多名职工的工资数据进行处理，对线性代数中的矩阵和行列式进行运算，等等。按照前面章节介绍的做法，如果多个单科成绩数据都是整型，则可以定义多个整型变量，例如：

```
1    int score1, score2, score3, score4, score5;
```

上述代码就定义了 5 个整型变量来分别表示 5 名学生的单科成绩。这 5 个整型变量具有一定的相似性，但彼此却是完全独立的不同变量，不能用于具有批量性、规律性特点的数据处理。能否采用一个共同的标识符，既能把它们统一起来，便于进行规律性的批量数据处理，又能彼此相互区别，保持每个数据的独立性？答案是可以的，方法就是使用数组。

数组（array）是由若干个同类型数据组成的有序序列。数组中的数据被称为元素（element）。数组中的各元素在内存中是按先后顺序依次连续存放的。根据每个元素在数组中所处的位置顺序，可以对各元素进行编号。这个按顺序进行的编号，称为数组元素的下标。再用一个统一的用户标识符为整个数组命名，这就是数组名。有了数组名和下标，就可以唯一地确定一个数组中的元素了。按下标的维度不同，可以把数组分为一维数组、二维数组……乃至 N 维数组。按数组元素的类型不同，又可以把数组分为数值型数组、字符型数组、指针数组、结构体数组，等等。一名学生的多科成绩或多名学生的单科成绩，这种单独一行或一列的数据可以用最简单的一维数值型数组来存储和处理。下面就从这种最简单的一维数值型数组开始介绍。

5.1.1 一维数组

1. 一维数组的定义

与普通变量一样，一维数组也需要先定义后使用。定义数组需确定共同的标识符即数组名，指定数组元素的数据类型以及数组中元素的个数，这样计算机系统才能为数组预留出相应数量的存储空间。

一维数组的一般定义形式如下：

```
类型说明符 数组名[数组长度];
```

类型说明符是任意一种基本数据类型或构造数据类型，可以是 char、int、float、double 等基本类型，也可以是本章后面即将介绍的结构体、联合体、自定义构造类型或其他类型。

数组名（array name）是由用户自定义的，用来统一标识一个数组的用户标识符。与普通变量的命名一样，数组名也应符合用户标识符的命名规则，不能与相同作用域以内的其他用户标识符同名，以免产生语法错误。

数组长度（array length）代表数组元素的个数，可以是任何大于 0 的整型常量表达式。数组长度不能为 0 或负，可以为字符型常量但不能为浮点型常量，也不能是变量或者含有变量的表达式。

比如，要存储前面提到的 5 名学生的单科整数成绩，就可以使用下面定义的一维数组来实现了：

```
1  int score[5];
```

在定义数组时，要注意符合相应的语法规则，比如：

```
1  int array[10], score[1+2*2], number['d'-'a'];      //正确的数组定义
2  int n = 5;
3  int score[n];      //错误的数组定义，数组长度不能含有变量
4  int salary[ ];     //错误的数组定义，数组长度不能省略
```

虽然 C99 标准中允许数组长度为变量，但因为编译器的支持有限制，所以对可移植性程序而言并不建议使用。

用宏定义的符号常量作为数组长度是一种良好的编程做法，因其可读性和可维护性好而被推荐使用。比如：

```
1  #define N 5
2  int score[N];      //常见的数组定义形式
```

2. 一维数组的引用

定义一维数组后，编译器就会分配一块从基地址（base address）开始的连续存储空间用于顺序存放数组元素。下标（subscripting）提供了引用数组元素的位置号或索引（index）。对

于长度为 n 的数组，C 标准规定数组元素的下标范围从 0 开始到 $n-1$ 结束。比如前面定义的数组：

```
1  int score [5];
```

其数组元素分别是：score［0］、score［1］、score［2］、score［3］、score［4］，这相当于定义了 5 个基本整型变量。用户可以像使用普通变量一样使用数组元素，对数组元素进行输入、输出、赋值等操作。例如：

- 对第 1 个元素进行赋值运算，语句为：score［0］=45;。
- 通过键盘输入一个十进制整数赋给 score[2]，语句为：scanf("%d", &score［2］);。
- 输出 score［3］，语句为：printf("%d", score［3］);。
- 让第 5 个元素自增 1，语句为：score[4]++;或++score[4];。

这里需要说明的是，在汉语中常说的“第几个”，默认是从 1 开始计数，比如，第 1 排，第 2 排……但在 C 语言的数组中，元素的下标是从 0 开始计数的，请读者不要混淆。为了便于统一和描述，本书允许读者使用第 0 号元素、第 1 号元素……第 $n-1$ 号元素的称呼方法，从而与数组元素的下标保持一致。

【例 5-1-1】 编程实现：通过键盘输入 5 个教学班的学生人数，并将其保存到一个一维数组中，再按逆序输出各班人数，按正序输出各元素的内存地址。

解题思路： 此题需要考虑两个方面的问题。一是数据的存储形式，即应该采用什么数据类型按什么方式来存储这批数据。显然，人数只能是整数，不可能是小数，所以数据类型应该采用整型。另外，这里的数据是批量的，所以应该使用数组。二是如何实现数据的正序输入、逆序输出，以及各元素的内存地址的正序输出，这可以通过设置不同的循环初值，采用递增或递减的方法来实现。为此，需要定义一个含有 5 个元素的整型数组，用来存储 5 个教学班的学生人数；再用 for 循环来控制输入或输出，将循环变量作为元素下标，当元素下标从 0 变化到 4 时可以实现数据正序输入或输出，从 4 变化到 0 时可以实现数据逆序输入或输出。

源程序如下：

```
1   /*
2   文件名：5-1-1outputArrayValueAndAddress.c
3   程序功能：通过键盘输入数据对数组元素进行赋值，输出数组中各元素的值和地址等
4   */
5   #include <stdio.h>
6   #define N 5
7   int main()
8   {
9       int number[N], i;
10      //通过键盘输入 N 个整数，并依次赋值给数组元素
11      printf("Please enter five integers\n");
12      for(i=0; i<N; i++)
```

```
13            scanf("%d", &number[i]);
14        //按照逆序，逐一输出数组中各个元素的值
15        printf("Reverse order output array\n");
16        for(i = N-1; i >= 0; i--)
17            printf("%-4d", number[i]);
18        //按照正序，逐一输出数组中各个元素的地址
19        printf("\nOutput the address of the array element\n");
20        for(i = 0;i < N;i++)
21            printf("%p ", &number[i]);
          //数组所占的内存空间大小
22        printf("\nMemory space size of array:%d", sizeof(number));
23        printf("\nNumber of array elements:%d\n",sizeof(number)/si-
      zeof(number[0]));
24        return 0;
25    }
```

程序运行结果如图 5-1-1 所示。

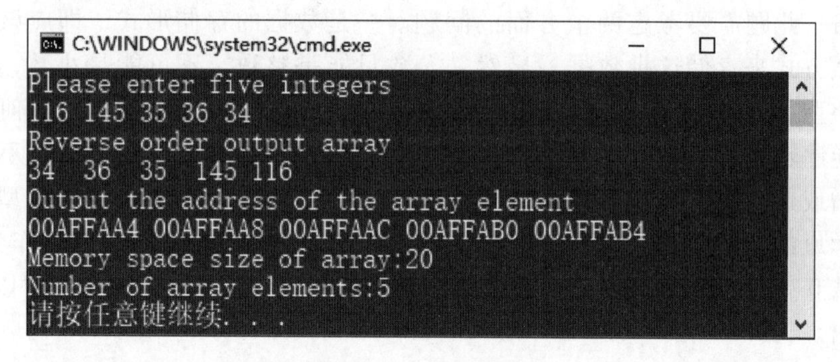

图 5-1-1　运行结果

说明：

（1）本例在定义整型数组时，使用了符号常量作为数组长度。在实际编程时，请尽量避免使用具体的整型常数，以便阅读和修改。

（2）引用数组元素时，下标也可以是一个在规定范围（从 0 到数组长度减 1）内变化的整型变量或整型表达式。比如，在本例的 for 循环中，将循环计数变量 i 作为下标，可以有规律地引用数组元素。第 12、13 行实现了正序输入各元素的值，第 16、17 行实现了逆序输出各元素的值。

注意：

不能一次性对整型数组或实型数组进行整体输入输出和赋值。

假设有定义：int number[5], data[5];，以下是初学者常犯的错误：

```
1 | scanf("% d", number);
2 | printf("% d", number);
3 | scanf("% d",&data[5]);
4 | number=data;
```

（1）数组在内存中存储时，占用的是一段连续的内存空间。数组名具有特殊含义，一维数组的数组名是一个地址常量，表示一维数组在内存中存放的起始地址，即首地址。因此 number 等价于 & number[0]。第 21 行代码是按编译器的地址位数，以十六进制形式输出每个数组元素的内存地址，其中%p 参数的用法请参见表 3-1-1。

从运行结果可以看出，每个整型元素占用 4 个字节，每个元素在内存中的存储情况如图 5-1-2 所示。

数组元素地址	00AFFAA4	00AFFAA8	00AFFAAC	00AFFAB0	00AFFAB4
数组元素的值	116	145	35	36	34
数组元素下标	0	1	2	3	4

图 5-1-2　数组元素在内存中的存储情况

一维数组是一种顺序存储的数据结构，数组所占内存空间的字节数为数组长度乘以单个元素所占内存字节数。可以用 sizeof(数组名)和 sizeof(数组元素)分别检测一个数组所占内存空间的总字节数和单个元素所占内存空间的字节数，如第 22 行和第 23 行代码所示。

根据数组的数据类型、首元素地址和元素下标，就可以计算出每个数组元素的内存地址，计算公式如下：

元素地址＝首元素地址＋(单个元素所占的内存字节数×元素下标)

（2）特别注意，程序必须要确保所有的数组下标不越界。C 编译器不会检查数组下标是否正确但会检查其是否超出范围。如果下标值超出范围，就会引起运行错误，这称为下标越界。如果使用越界的数组下标去修改数组元素，就可能影响到其他变量的值，甚至会导致程序异常中止。比如，如果将例 5-1-1 中的第 12~13 行代码改为以下程序片段就会出现数组越界的问题：

```
12 |     for(i=0; i <=N; i++)              //当 i 取 N 时会导致下标越界
13 |         scanf("% d", &number[i]);
```

（3）数组长度需要预先确定，而且应该足够长。C99 以前的标准不允许在定义数组时使用变量作数组长度，因此，定义数组时，需要根据实际情况确定数组元素的最大个数并将其作为数组的长度。比如，本例可以定义数组长度为 N，表示刚好能存储 N 个元素；也可以定义数组长度为 $N+1$，表示预留一个存储空间。为了与生活中常用的“第几个”保持一致以及便于查找数据，通常是将第 0 号元素作为预留空间，从第 1 号元素开始存储数据，直到第 N 号元素结束。

如果实际要处理的数据个数小于数组的长度，则可以再定义一个变量来存储实际的数据个数，用户可以根据该变量的变化来控制输入，以避免数组越界。比如，一个数组的长度被宏定

义为 N，实际要使用的元素个数可能是 1 到 N 之间的某个整数，则可以采用下面的方式输入数据个数，并检查是否越界：

```
1  do
2  {
3      printf("请输入实际个数n(1~%d):", N);
4      scanf("%d", &n);
5  }while(n<1 || n>N);          //检查数据的个数是否超越数组的长度
```

扩展思考：

如果预先不能确定数据的最大个数，即数组长度，那还能否采用数组来解决问题呢？能不能由用户根据程序运行以后的临时需要来确定数组长度呢？后面的章节将会讨论这个问题。

3. 一维数组的初始化

在定义变量时可以对变量进行初始化，同样地，在定义数组时也可以对数组中的元素进行初始化。一维数组初始化的形式为：

[存储类别] 类型说明符 数组名[常量表达式]={值，值，……，值}；

注意：

要用花括号将各初始值括起来，初始值之间用逗号（半角）分隔，在逗号和值之间可以使用空格。

【例 5-1-2】编程实现：一方有难八方支援。在某校的 10 个班中开展募捐活动，已知每个班的人数，要求通过键盘输入每个班的募捐总金额，计算并输出每个班的人均捐款额。

解题思路：首先需要考虑采用什么类型的数据结构和如何计算人均捐款额。在已知班数为 10 的情况下，可以选择一维整型数组存储并初始化每个班的人数；对于每个班的募捐总金额和人均捐款额，也可以分别用一个实型数组来存储。已知，每个班的人均捐款额=每个班的募捐总金额÷每个班的人数，因此可以采用 IPO（input processing output）模式，先输入每个班的募捐总金额，再计算每个班的人均捐款额，最后输出每个班的人均捐款额。

源程序如下：

```
1  /*
2  文件名：5-1-2CalcPerPersonContributions.c
3  程序功能：输入每个班的募捐总金额，然后根据每个班的人数计算每个班的人均捐款额
4  */
5  #include <stdio.h>
6  #include <string.h>
7  #define N 10
8  int main()
```

```
9  {
10     int Number[N]={33,28,35,30,35,34,33,36,37,38};
11     double MoneyClass[N]={0};
12     double MoneyPerson[N];
13     int    i;
14     //通过键盘输入每个班的募捐总金额，依次赋值给 MoneyClass 数组的各个元素
15     printf("Please enter money \n");
16     for(i=0;i<N;i++)
17         scanf("% lf", &MoneyClass[i]);
18     //计算每个班的人均捐款额
19     for(i =0;i < N;i++)
20         MoneyPerson[i]=MoneyClass[i]/Number[i];
21     //输出每个班的人均捐款额
22     printf("The result is \n");
23     for(i = 0;i < N;i++)
24         printf("% -6.2f", MoneyPerson[i]);
25 }
```

程序运行结果如图 5-1-3 所示。

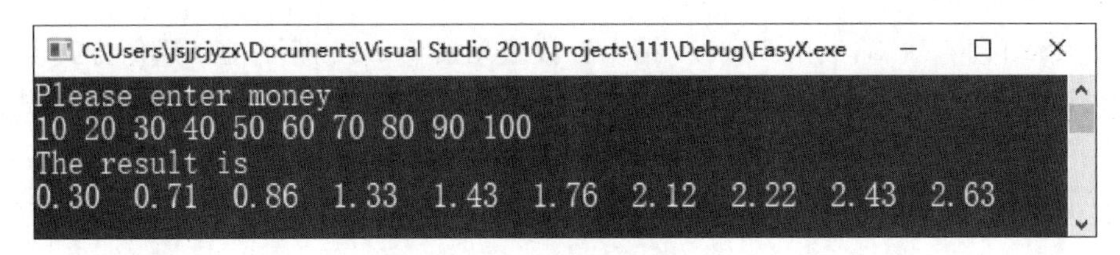

图 5-1-3　运行结果

说明：

(1) 通常，在使用数组前需要对数组进行初始化，使其各元素获得一个确定的初值。与普通变量一样，数组也有外部数组、局部静态数组和局部动态数组的差别。外部数组和局部静态数组在编译时进行初始化，若不进行初始化，则默认各元素值均为 0，需要注意的是，在实际应用中应该尽量避免使用外部数组。

在函数内定义局部静态数组和局部动态数组时，若省略存储类别时则默认为自动存储类别。这意味着，如果不进行初始化则编译器默认使用内存相应位置上的现有值，因此数组元素的值是不确定的。如果程序中引用这种值不确定的元素，是没有意义的。本例中的 MoneyPerson 数组就没有初始化，读者可以通过调试工具自行观察其初始值。

(2) 数组的初始化，根据数组长度和初始值个数的关系，有以下几种情况：

① 数组长度与初始值个数相同，即提供的初始化数据刚好够用。这将对所有数组元素逐一进行初始化，即完全初始化。

例如：int arr1[5] = {1, 2, 3, 4, 5};

初始化后为：arr1[0]=1，arr1[1]=2，arr1[2]=3，arr1[3]=4，arr1[4]=5。

② 数组长度大于初始值个数，即提供了初始化数据，但数据不够。这将只对数组中前面部分的元素进行初始化，即部分初始化。

例如：int arr[5]={1,2,3}，array[5]={0}；

初始化后为：arr[0]=1，arr[1]=2，arr[2]=3，其他两个没有提供初始化数据的元素则默认为0，即arr[3]=0，arr[4]=0。array[0]到array[4]都将被初始化为0。例如，定义语句int array[5]={0}；在功能上相当于执行了以下循环语句：

```
1  int  array[5];
2  for (i=0; i<5; i++)  array[i]=0;
```

但后者称为对数组赋初值，即定义一个数组以后，第一次对其中的元素进行赋值。

在部分初始化时，对于未提供初始化数据的剩余元素，整型数组元素将默认被初始化为0，实型数组元素将默认被初始化为0.0，字符型数组将默认被初始化为'\0'。

③ 数组长度小于初始值个数，这是一种错误初始化情况，将会产生语法错误。例如：int arr[5]={1,2,3,4,5,6};。

本例，如果将#define N 10改为#define N 9将会产生语法错误。

此外，初学者还经常出现如下错误的数组初始化方式：

```
1  int arr[5];
2  arr[5]={1,2,3,4,5};  //错误！数组元素arr[5]不存在，赋值方式也不正确
3  arr={1,2,3};         //错误！数组名是地址常量，不能被修改，也没有整体
                         赋值方式
```

(3) 省略数组长度的初始化，例如：

```
1  int arr[]={1,2,3,4,5};
```

一维数组初始化时，可以省略元素个数，编译器会根据花括号中的元素个数自动确定最合适的数组长度。可以通过VC++ 2010调试工具来观察数组arr的实际长度和初始化以后各元素的取值情况，如图5-1-4所示。

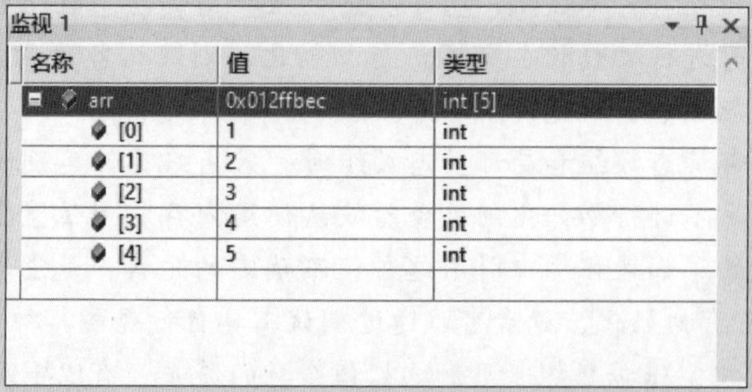

监视 1

名称	值	类型
arr	0x012ffbec	int [5]
[0]	1	int
[1]	2	int
[2]	3	int
[3]	4	int
[4]	5	int

图5-1-4　通过监视窗口观察一维数组各元素的取值

此外，C99 标准增加了指定初始化器（designated initializer），提供了对数组初始化的更加丰富的选择，有兴趣同学可以参见国标 ISO/IEC 9899:1999（E）。

（4）如果不希望在程序运行过程中修改数组元素，可以进行如下初始化：

```
1  const int Number[N]={33,28,35,30,35,34,33,36,37,38};
```

注意：

不支持标准 C 的编译器会将自动存储类别的数组初始化判定为语法错误，通常加上保留字 static 将其改为静态存储类别就可以了。

思考：

（1）本例使用了 3 个独立的 for 循环，这是否必要？是否可以将其合并成一个循环？

（2）能否通过程序来计算和观察本例中数组的长度呢？用 sizeof（数组名）/sizeof（数组元素）试一试！

5.1.2　二维数组

在实际应用中，对于有若干行，每行又有若干列的二维平面数据，比如，一个班的多名学生的多门课程的成绩数据，又如，一幅 2D 的灰度图像的像素数据（按照行列规律构成），等等，这些数据通常都使用二维数组来存储和处理。可以把普通变量想象成个别的单点数据，而把一维数组想象成一行或一列的线性数据，把二维数组想象成有行有列的平面数据，把三维数组想象成由若干个平面数据表重叠起来的一叠立体数据……比如，一幅 2D 的 RGB 图像数据就是由一个三维数组来存储的，这个三维数组是由 3 个分别存储红、绿、蓝三原色的单色平面数据合成的，可以理解成是由 3 个同样大小的二维数组重叠而成的。

1. 二维数组的定义

定义二维数组的一般形式如下：

```
类型说明符 数组名[行数][列数];
```

二维数组的定义就是在定义一维数组时新增一个维度，以此类推，可以定义多维数组。其中，行数和列数都必须是在程序运行之前就预先确定的值，即都必须是一个常量表达式的值。二维数组的长度，即二维数组可以容纳的最多元素个数，为行数与列数的乘积，比如：

```
1  int a[3][4];       //二维数组 a 由 12 个元素组成。不能写成：int a[3,4];
2  int b[2][3][4];    //三维数组 b 由 24 个元素组成。不能写成：int c[2,3,4];
```

二维数组元素的引用方式为：数组名[行下标][列下标]。其中，行下标的取值范围为 0 到行数减 1，列下标的取值范围为 0 到列数减 1。实际应用中，常常使用两个循环计数器变量分别控制二维数组元素的行、列下标变化，采用二重循环有规律地遍历二维数组中的各个元素。

【**例 5-1-3**】编程实现：随机产生 3 名学生的 4 门课程的成绩，并输出显示。

解题思路：定义一个二维整型数组，用来存储 3 名学生的成绩。采用二重循环对二维数组中的各个元素赋以随机成绩，再采用同样的方法遍历二维数组，输出各元素的值并显示。

源程序如下：

```
1   /*
2   文件名：5-1-3GenerateOutput2dArray.c
3   功能：随机产生并输出 3 名学生的 4 门课程的成绩
4    */
5   #include<stdio.h>
6   #include<stdlib.h>                          //引入 srand()与 rand()函数
7   #include<time.h>                            //用于 time()函数
8   #define M 3                                 //学生人数
9   #define N 4                                 //课程门数
10  int main()
11  {
12      int arr[M][N];
13      int i, j;
14      //利用随机函数产生 M×N 个百分制成绩并赋给二维数组
15      srand(time(NULL));                      //设置当前时间为随机种子
16      for (i = 0; i < M; i++)
17          for (j = 0; j < N; j++)
18              arr[i][j]=rand()%101;           //产生的随机整数的范围为 0~100
19      //输出二维数组的各个元素
20      for (i = 0; i < M; i++)
21      {
22          for (j = 0; j < N; j++)
23              printf("%-6d  ", arr[i][j]);
24          printf("\n");
25      }
26      //输出数组占内存空间的字节数以及每一行和单个元素占内存空间的字节数
27      printf("\nlength of total=%d\n",sizeof(arr));
28      printf("length of row=%d\n",sizeof(arr[0]));
29      printf("length of column=%d\n",sizeof(arr[0][0]));
30      return 0;
31  }
```

程序运行结果如图 5-1-5 所示。

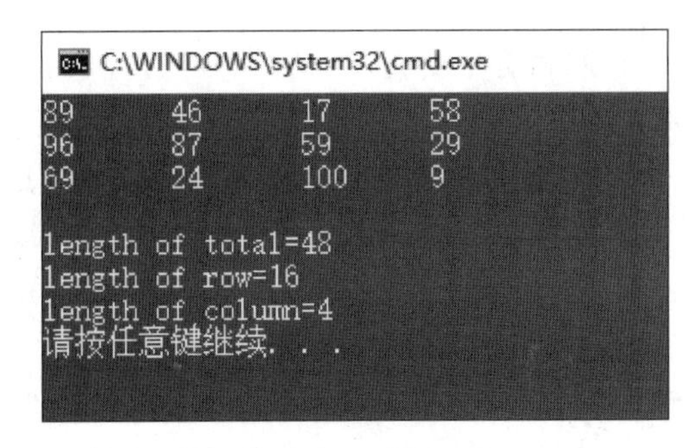

图 5-1-5 运行结果

说明：

（1）遍历一个二维数组，常用的方法是采用二重循环逐行（或逐列）访问其中的每个元素。具体做法是：外循环计数器变量控制第一维下标（或第二维下标）逐一变化，内循环计数器控制第二维下标（或第一维下标）逐一变化。比如，本例中的第 16~18 行代码，采用的就是外循环控制行、内循环控制列的方法依次对数组中的各个元素进行赋值。

（2）一个二维数组可以被理解为在一个一维数组的每个元素中又嵌套了一个一维数组。比如，可以把本例中的 arr 理解为一个一维数组，它共有 3 个元素，分别是 arr[0]、arr[1]和 arr[2]，且每个元素对应一行，共有 3 行；arr[0]、arr[1]和 arr[2]又可以分别被理解为 3 个一维数组的数组名，即 arr[0]中又包含 arr[0][0]、arr[0][1]、arr[0] [2]和 arr[0] [3]，共计 4 个元素，同样地，在 arr[1]和 arr[2]中也分别含有 4 个元素，如图 5-1-6 所示。

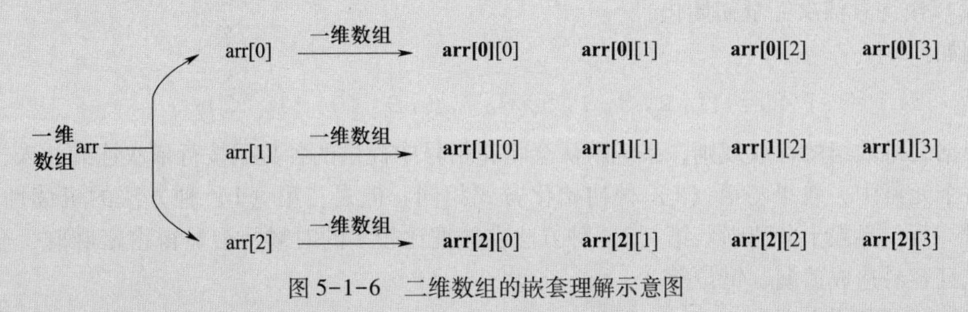

图 5-1-6 二维数组的嵌套理解示意图

（3）二维数组所占内存空间的总字节数等于数组中所有元素所占字节数之和。整个二维数组、二维数组中的每一行和二维数组中的单个元素所占字节数都可以用运算符 sizeof 来检测。例如，sizeof(arr)、sizeof(arr[0])和 sizeof(arr[0][0])就可以对本例中的整型数组 arr 进行检测，分别检测到的值就是：整个二维数组所占的总字节数 12×4=48，每一行所占的字节数 4×4=16，单个元素所占的字节数 4。其中，arr 是整个二维数组的数组名，代表整个二维数组的起始地址，因此 sizeof(arr)检测出来的值就是整个二维数组所占的字节数；arr[0]是第 0 行一维数组的数组名，代表第 0 行一维数组的起始地址，因此 sizeof(arr[0])检测出来的值就是第 0 行所有元素所占的字节数。

(4) 二维数组的所有元素在内存中都是按行依次连续存放的。比如，本例中，先存放 arr[0][0]，再紧接着存放 arr[0][1]……第 0 行存放完以后再紧接着存放 arr[1][0]、arr[1][1]……以此类推，所有元素都依次从低地址到高地址连续地存放在一片连续的内存空间中。读者可以使用调试工具观察二维数组在内存中的实际存放情况。

(5) 从一维数组扩展到二维数组，无论是定义方法、访问方法，还是元素的存放规则，以及对数组的理解，照样适用于三维数组和更高维的数组。

(6) 本例第 15~18 行代码利用随机函数发生器为 arr 数组产生了 M×N 个百分制成绩。关于随机函数的使用方法，请读者参见《循序渐进 C 语言实验》第 2.2.2 节的课前预习。

2. 二维数组的初始化

二维数组的初始化也是在定义二维数组时给数组中的各元素提供初始值，其方法与一维数组的初始化类似。

(1) 按行依次完全初始化。

例如：

```
1 | int a[3][4] = {{1, 2, 3, 4}, {5, 6, 7, 8}, {9, 10, 11,12}};
```

这种初始化方法比较直观，将第 1 对花括号内的数据 1、2、3、4 依次放入到第 0 行的数组元素 a[0][0]、a[0][1]、a[0][2]、a[0][3]中；将第 2 对花括号内的数据 5、6、7、8 依次放入到第 1 行的各元素 a[1][0]、a[1][1]、a[1][2]、a[1][3]中；将第 3 对花括号内的数据 9、10、11、12 依次放入到第 2 行的各元素 a[2][0]、a[2][1]、a[2][2]、a[2][3]中。

(2) 按元素依次完全初始化。

例如：

```
1 | int a[3][4] = {1, 2, 3, 4, 5, 6, 7, 8, 9, 10, 11, 12};
```

根据二维数组的存放规则，系统默认会将花括号中提供的各数据按行依次连续放入二维数组的各个元素中，效果与第 (1) 种初始化方式相同。但是，第 (1) 种方法的可读性更好，一行对一行，界限十分清晰。第 (2) 种方法在数据比较多的时候，会显得密密麻麻，会不容易检查且容易造成遗漏、错位等。

(3) 按行部分初始化。

例如：

```
1 | int a[3][3] = {{1},{2},{3}};
```

以上语句只初始化了每一行的第 0 号元素。按照一维数组部分初始化的规则，未提供初始化数据的部分默认取值为 0。因此以上语句的初始化效果是：

1 0 0
2 0 0
3 0 0

再比如：

```
1    int a[3][3] = {{1},{2}};
```

其初始化的效果是：

1　0　0

2　0　0

0　0　0

但是，以下的初始化都是错误的：

```
1    int a[3][3] = {{1},{},{2}}; //不能跳过前面的行而去初始化后面的行
2    int b[3][3] = {{1},{,2}};   //不能在某行中跳过前面的元素而去初始化后面
                                   的元素
3    int c[5]={1,,3,4,5};        //一维数组也不能跳过前面的元素而去初始化后
                                   面的元素
```

总之，初始化必须从“前面”开始，即必须先初始化前面各行再初始化后面各行，也必须先初始化每行的前面部分再初始化后面部分，不能跳过。

利用数组部分初始化的规则，可以实现对数组“置 0”的操作，比如：

```
1    int a[3][4]={0};
```

这样，a 数组中的每一个元素都取值为 0。在实际编程过程中，这是一种对数组进行清零的简单、有效的方法。

（4）二维数组完全初始化时可以缺省第一维的长度，但第二维的长度不能省略。

例如：

```
1    int a[ ][4] = {1, 2, 3, 4, 5, 6, 7, 8, 9, 10, 11, 12};
```

等价于：

```
1    int a[3][4] = {1, 2, 3, 4, 5, 6, 7, 8, 9, 10, 11, 12};
```

编译系统会根据初始化数据的总数和第二维的长度计算出最合适的第一维长度，比如，这里计算出来刚好就是 3。

（5）二维数组部分初始化时也可以缺省第一维的长度，但第二维的长度也不能省略。

例如：

```
1    int a[ ][4] = {1, 2, 3, 4, 5, 6, 7, 8, 9, 10};
```

也等价于：

```
1    int a[3][4] = {1, 2, 3, 4, 5, 6, 7, 8, 9, 10};
```

但是，建议尽量不用这种缺省第一维长度的写法，因为可读性差。

3. 二维数组的应用举例

【例 5-1-4】编程实现：生成并输出杨辉三角形（不超过 7 行）。

杨辉三角形源自贾宪三角。贾宪，北宋数学家，约于 1050 年完成《黄帝九章算经细草》《释锁算术》等书（均已遗失），创制数字图式“开方作法本源图”用于高次开方运算。1261 年，南宋数学家杨辉在所著的《详解九章算法》中抄录，杨辉三角形因而传世。杨辉三角形是二项式系数在三角形中的一种几何排列，在欧洲叫作帕斯卡三角形。帕斯卡（1623—1662年）于1654年发现杨辉三角形，比杨辉晚了393年，比贾宪晚了600年。

杨辉三角形是我国古代数学的杰出研究成果之一。它把二项式系数（c_n^k）图形化，把组合数内在的代数性质直观地用图形表现出来，是一种离散型的数与形的结合。

$$(a+b)^n = \sum_{k=0}^{n} c_n^k a^k b^{n-k} \tag{5-1-1}$$

解题思路：杨辉三角最本质的特征是：它的两条斜边都是由数字1组成的，而其余的数则等于它“肩上”的两个数之和。即：

$$\begin{cases} a_{i,j}=1(j=1) \\ a_{i,j}=1(i=j) \\ a_{i,j}=a_{i-1,j}+a_{i-1,j-1} \end{cases} \tag{5-1-2}$$

由于杨辉三角形可以被看作为一张二维的表格，所以使用二维数组来处理是一种常用的简便方法。

源程序如下：

```
1   /*
2   文件名:5-1-4YangHuiTriangle.c
3   功能:用二维数组生成并输出杨辉三角形
4   */
5   #include <stdio.h>
6   #define N 7
7   int main()
8   {
9       long a[N][N]={{1},{1,1}};     //对二维数组按行进行部分初始化
10      int i, j;
11      for (i=0;i<N;i++)
12          for (j=0;j<=i;j++)
13          {
14              if (i==j || j==0)
15                  a[i][j]=1;
16              else
17                  a[i][j]=a[i-1][j-1]+a[i-1][j];
18          }
19      printf("result\n");
20      for (i=0;i<N;i++)
21      {
22          for (j=0;j<=i;j++)
23              printf("%-6d",a[i][j]);
```

```
24 |     printf("\n");
25 |     }
26 | }
```

程序运行结果如图 5-1-7 所示。

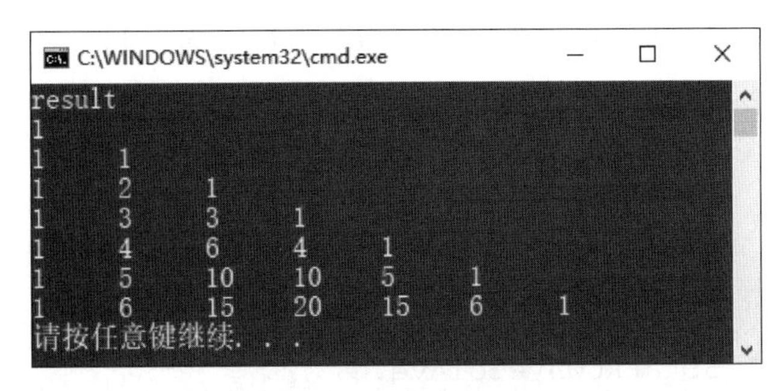

图 5-1-7 运行结果 1

说明：

(1) 通过本例读者要体会建立数学模型是解决问题的关键，要加强计算思维能力的训练。

(2) 本例的运行结果并非一个标准的杨辉三角形，请读者在本例的基础上修改源程序，使之输出图 5-1-8 所示的运行结果。

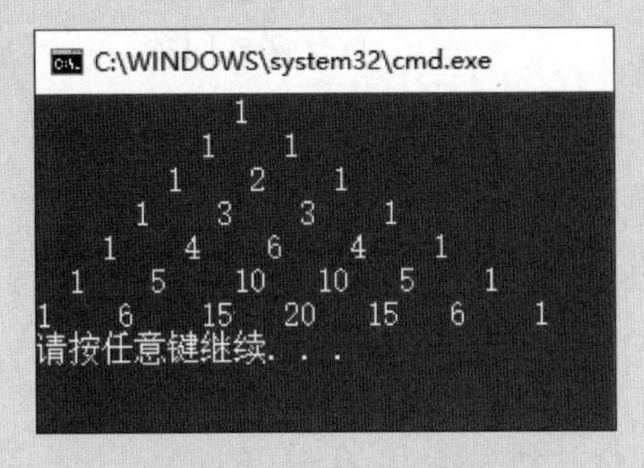

图 5-1-8 运行结果 2

思考：

最后给读者一个具有挑战性的问题：如果不用数组，又如何实现杨辉三角形的计算和输出呢？请学有余力的读者思考并编程实现。建议读者根据杨辉三角形中每个元素的取值情况，首先找到每个元素值与其自身的位置（所在的行号和列号）和前一个元素值之间的关系，并写出数学公式。只要建立出数学模型，其他问题都将迎刃而解。

【例 5-1-5】 编程实现：随机产生 5 名学生的 8 门课程的成绩，计算每名学生的平均分和每门课程的平均分。

解题思路： 可以定义 1 个二维数组和 2 个一维数组来实现。1 个二维数组存储 5 名学生的 8 门课程的成绩，2 个一维数组分别存储每名学生的平均分和每门课程的平均分。假设 *M* 名学

生的 N 门课程成绩表示为 $\mathrm{score}_{i,j}(i=0,1,\cdots M-1;j=0,1,\cdots,N-1)$，每名学生的平均分表示为 $\mathrm{studavg}_i(i=0,1,\cdots,M-1)$，每门课程的平均分表示为 $\mathrm{courseavg}_j(j=0,1,\cdots,N-1)$，则可以建立如下的数学模型：

$$\mathrm{studavg}_i = \frac{\sum_{j=0}^{N-1} \mathrm{score}_{i,j}}{N} \quad (i = 0,1,\cdots,M - 1) \tag{5-1-3}$$

$$\mathrm{courseavg}_j = \frac{\sum_{i=0}^{M-1} \mathrm{score}_{i,j}}{M}(j = 0,1,\cdots,N - 1) \tag{5-1-4}$$

源程序如下：

```
1  /*
2  文件名：5-1-5StatRowAveColAve.c
3  功能：随机产生并输出 5 名学生的 8 门课程的成绩，计算输出每名学生的平均分和
       每门课程的平均分
4  */
5  #include<stdio.h>
6  #include<stdlib.h>                //引入 srand()与 rand()函数
7  #include<time.h>                  //用于 time()函数
8  #define M   5                     //学生人数
9  #define N 8                       //课程门数
10 int main()
11 {
12     double score[M][N];
13     double studavg[M]={0.0};
14     double courseavg[N]={0.0};
15     int i, j;
16     //随机产生 M 行 N 列实数 (0.0~100.0)
17     srand(time(NULL));
18     for (i = 0; i < M; i++)
19         for (j = 0; j < N; j++)
20             score[i][j]=rand()% 1001/10.0;
21     //逐行计算每名学生的平均成绩
22     for (i = 0; i < M; i++)
23     {  //第 i+1 行求和
24         for (j = 0; j < N; j++)
25             studavg[i] = studavg[i] + score[i][j];
26         studavg[i]=studavg[i]/N;
```

```
27      }
28      //逐列计算每门课程的平均成绩
29      for (j = 0; j < N; j++)
30      {  //第 j+1 列求和
31          for (i = 0; i < M; i++)
32              courseavg[j] = courseavg[j] + score[i][j];
33          courseavg[j]=courseavg[j]/M;
34      }
35      //用列表的方式输出每名学生的成绩和平均成绩，以及每门课程的平均成绩
36      printf("每名学生的成绩和平均成绩为:\n");
37      for (i = 0; i < M; i++)
38      {
39          for (j = 0; j < N; j++)
40              printf("% -6.1f",score[i][j]);
41          printf("% -6.1f \n",studavg[i]);
42      }
43      printf("每门课程的平均成绩为:\n");
44      for (j = 0; j < N; j++)
45          printf("% -6.1f",courseavg[j]);
46      printf("\n");
47      return 0;
48  }
```

程序运行结果如图 5-1-9 所示。

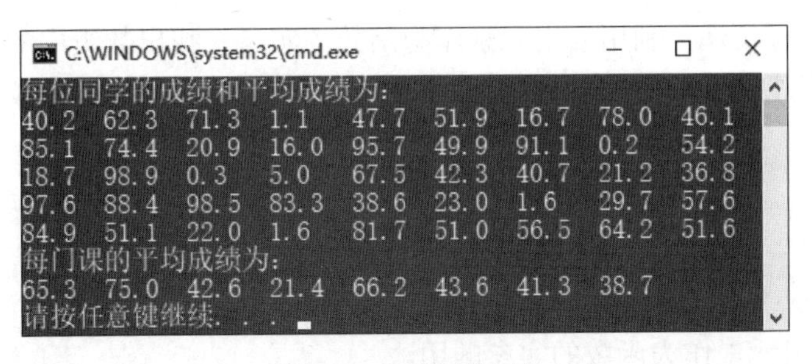

图 5-1-9　运行结果

说明：

(1) 统计每名学生的平均成绩，需要先对每名学生的各科成绩进行累加；统计每门课程的平均成绩，需要先对每门课程的各学生的成绩进行累加。由于本例没有另设求和变量，将用数组 studavg 和 courseavg 实现，所以在进行累加求和之前需要将 studavg 和 courseavg 初始化为 0，如第 13~14 行所示。

（2）只要有了求解问题的数学模型以后，剩下的就是用什么样的语言来具体实现问题了。统计学生平均分时，内循环计数器变量控制列下标变化（从0到$N-1$），取出该学生的各科成绩累加后再计算平均分，如第24~26行所示。统计课程平均分时，内循环计数器变量控制行下标变化（从0到$M-1$），累加该课程的所有学生的成绩后再求平均值，如第30~33行所示。

思考：

能否只用一个二维数组处理本例问题？如果能，则应该如何定义二维数组，如何设计程序？请自行编程实现。

5.1.3 数组作为函数的参数

运用构造类型中的数组，不仅可以对批量数据进行输入和输出，还可以进行插入、修改、删除、查找、统计和排序等一系列的操作，实现对批量数据的组织和管理功能。用户可以将这些对数组的操作分别进行封装，设计为相应的函数，再用数组作为参数传递给这些函数进行相应的处理，实现用不同的函数完成不同的处理功能。

数组作为函数的参数有两种形式：一种是把数组元素作为实参传递给相应的函数，另一种是把数组名作为实参传递给相应的函数。

1. 数组元素作为函数的参数

一个数组元素就相当于一个普通变量，因此有人也把数组元素称为下标变量。调用一个函数时，将下标变量作为实参传递给它的形参的用法与普通变量相同，依然遵循“单向值传递”原则。

【例5-1-6】 编程实现：利用数组元素作为函数的实参，找出数组中的最大数。

解题思路： 采用打擂台算法，用数组元素和擂主作为函数实参，比较两者大小，返回最大者。

源程序如下：

```
1   /*
2   文件名：5-1-6ArrayElemParameter.c
3   功能：数组元素作为函数的实参的用法
4   */
5   #include <stdio.h>
6   int max(int x, int y)             //用普通变量接收数组元素传递来的值
7   {
8       if(x > y)
9           return x;
10      else
```

```
11          return y;
12  }
13  int main()
14  {
15      int a[6] = {3,2,1,4,9,0};
16      int m = a[0],i;
17      for(i = 1;i < 6; i ++)
18      {
19          m = max(m,a[i]);          //用数组元素作为函数实参
20      }
21      printf("数组中的最大元素是:% d\n",m);
22  }
```

程序运行结果如图 5-1-10 所示。

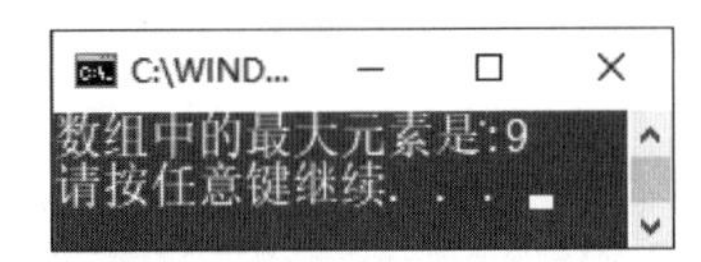

图 5-1-10　运行结果

说明：

数组元素作为函数实参，实质就是普通变量作为实参。因此，形参也用普通变量来接收数组元素传递来的值，并始终遵守“单向值传递”原则。如本例中的第 19 行和第 6 行代码所示。

2. 一维数组名作为函数的参数

数组元素作为函数参数就相当于普通变量作为函数参数，遵守“单向值传递”原则，因此数据只能由实参传递给形参，不能由形参传递给实参，修改形参变量不会影响到数组元素的值。但是，在很多实际的应用中，诸如数组排序、数组修改等函数执行后都希望能够改变主调函数中数组元素的值，那么怎样才能达到既遵循“单向值传递”原则，又能通过函数调用改变主调函数中数组元素的值呢？

一个重要的方法就是用数组名作为函数参数。用主调函数中的数组名作为函数实参，这里暂且将该数组称为“实参数组”；对应地，在被调函数中要用相应的“数组”来接收，这里也暂且将该数组称为“形参数组”。形参数组和实参数组在计算机内存中同占一片内存空间，是同一个数组，对形参数组的任何操作都是对实参数组的操作。具体原因将在第 6.3.3 节中分析。另外，在被调函数中定义形参数组时，要注意数据类型必须和实参数组保持一致。

【例 5-1-7】 编程实现：用数组名作为参数，将数组中的元素的次序颠倒。

解题思路： 设数组 a 的元素个数为 N，要将该数组中的元素的次序颠倒，就是要将该数组的第一个元素与最后一个元素（a[0]与a[N-1]）交换，第二个元素与倒数第二个元素（a[1]与a[N-2]）交换，依此类推，a[i]与a[N-1-i]交换，当i为N/2时，则交换完毕。

源程序如下：

```
1   /*
2   文件名：5-1-7ArrayNameParameter.c
3   功能：用数组名作为函数的参数，将数组中的元素的次序颠倒
4   */
5   #include <stdio.h>
6   #define N 10
7   void reverse(int b[N])      //一维数组元素个数N可以省略，编译时不会报错
8   {
9       int i, temp;
10      for(i=0;i<N/2;i++)      //i从0变化到(N/2)-1，共循环N/2次
11      {
12          temp=b[i];
13          b[i]=b[N-1-i];
14          b[N-1-i]=temp;
15      }
16  }
17  int main()
18  {
19      int i, a[N]={1,2,3,4,5,6,7,8,9,10};
20      reverse(a);
21      for(i = 0;i < N; i++)
22          printf("% 4d",a[i]);
23  }
```

程序运行结果如图5-1-11所示。

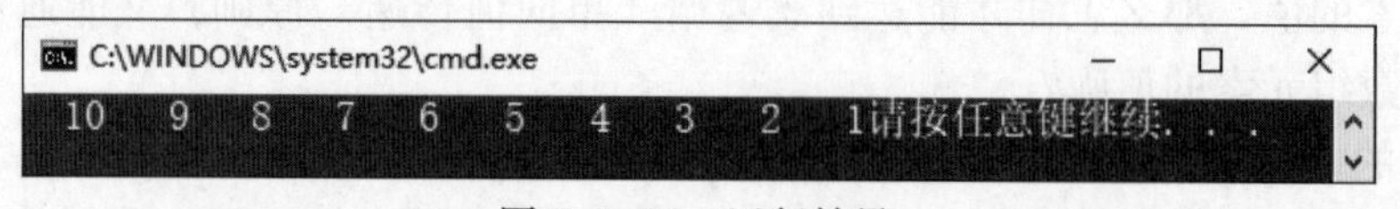

图5-1-11 运行结果

说明：

（1）第7行代码中函数reverse()的形参为一维数组b，b的长度从表面上看是N，实际上它完全可以不与实参数组的长度相同，甚至可以省略，省略后编译也不会报错。比如，reverse()的函数头可以直接写成void reverse(int b[])形式。具体原因，依然留到第6.3.3节中去分析，届时再请读者返回来连同形参数组的问题一起“反刍”。

(2) 数组名代表数组的起始地址，它作为实参传递到被调函数的也仅仅是实参数组的起始地址而已，被调函数并不知道该实参数组的具体长度。为了提高被调函数处理数组的通用性，获得实参数组的长度信息，需要在定义被调用函数时增设一个整型参数，用来专门接收实参数组的长度。比如，在例 5-1-7 中定义 reverse( ) 函数时，可以增加一个整型参数 n，用来接收实参数组的长度，将代码修改如下：

```
1   void reverse(int b[], int n)//增加参数 n，用来接收实参数组的长度 10
2   { …
3       for(i=0;i< n/2;i++)       //用形参变量 n 来控制循环次数
4       …
5   }
6   int main(void)
7   { …
8       reverse(a, 10);
                  //数组名作为实参传入数组的起始地址，元素个数 10 传递给形参 n
9       …
10  }
```

实际上，只需将 main( ) 函数中第 20 行调用 reverse( ) 函数的语句改为：

```
1   reverse (a, 5);
```

就可以实现对数组 a 中前 5 个元素的逆序排列。如果改为：

```
1   reverse (&a[1], 8);
```

则可实现对数组 a 中除首尾元素外的其他 8 个元素的逆序排列，而不需要对 reverse( ) 函数本身做任何修改。由此可见，只要给 reverse( ) 函数传递不同的起始地址和长度，就可以实现对数组中不同数据片段的操作（如颠倒次序），使被调函数更具通用性，以获得“海纳百川”的效果。

(3) 用户还可以对颠倒数组的方法作进一步改进。可设置两个计数器 i 和 j 作为元素下标，控制数组元素的交换。i 的初值为 0，j 的初值为 N-1，分别控制 b 数组的首尾元素进行交换；然后调整 i 和 j 的值，i 自增 1，j 自减 1，分别控制第二个元素与倒数第二个元素进行交换，直到 i≥j 时结束交换过程。将源程序修改如下：

```
1   void reverse(int b[], int n)
2   {
3       int i,j;
4       int temp;
5       for(i=0, j=N-1; i<j; i++, j--)        //当 i≥j 时，交换过程结束
6       {
7           temp=b[i];
8           b[i]=b[j];
```

```
 9          b[j]=temp;
10      }
11  }
```

（4）读者应该已经注意到，reverse()函数的返回类型是void，即不向主调函数返回任何值，因此在reverse()函数中也没有return的身影。该函数执行结束，遇到最后一个反花括号时，程序自动返回主调函数，相当于执行了一条无返回值的return语句。最后在main()函数中输出数组a，这时数组a中的所有元素的次序就发生了颠倒，这一变化并不是由return语句返回的，而是由于形参数组和实参数组为同一个数组，对形参数组的修改就是对实参数组的修改造成的。初学者务必注意这点。

【例 5-1-8】 编程实现：通过键盘输入若干名学生的单科成绩（不多于100人，分数从0分到100分），统计最高分、最低分、平均分和各分数段人数。

解题思路： 本题要完成的任务包括输入成绩、输出成绩、统计最高分、统计最低分、统计平均分、统计各分数段人数共计6项，可分别用6个函数来实现。用一维数组存储单科成绩，多个分数段人数也可以用一维数组存储。

任务1：编写输入成绩函数。

```
 1  void  InputScore(double  score[],  int n)
 2  {
 3      int i;
 4      for(i=0; i < n;i++)
 5      {
 6          do
 7          {
 8              printf("input score for No % d:",i+1);
 9              scanf("% d", &score[i]);
10          }while(score[i]<0 ‖ score[i]>100);//校验当前输入数据的正确性
11      }
12  }
```

说明：

用一维数组作函数形参接收实参数组的首地址，形参变量n接收实参的元素个数。通过键盘输入数据为形参数组赋值就相当于给实参数组赋值。采用do-while循环对输入数据进行校验，以确保数据的正确性，如第6~10行所示。

任务2：编写输出成绩函数。

```
1  void  OutputScore(int  score[], int n)
2  {
3      int i;
```

```
4       for(i=0; i < n;i++)
5       printf("% d", score[i]);
6   }
```

任务 3：编写统计最高分函数。

```
1   int  MaxScore(int  score[], int n)
2   {
3       int i;
4       int max=score[0];
5       for(i=1; i < n;i++)
6       {
7           if (score[i]>max)
8               max=score[i];
9       }
10      return max;
11  }
```

说明：

采用打擂台算法。首先将擂主 max 初始化为 score[0]，再用 for 循环控制下标 i 从 1 变化到n-1（即1≤i<n），依次取出每个元素与擂主比较，如果取出的元素大于擂主，则替换擂主。

任务 4：编写统计最低分函数。

```
1   int  MinScore(int  score[], int n)
2   {
3       int i;
4       int min=score[0];
5       for(i=1; i < n;i++)
6       {
7           if (score[i]<min)
8               min=score[i];
9       }
10          return min;
11  }
```

任务 5：编写统计平均分函数。

```
1   double Average(int  score[], int n)
2   {
3       double sum=0.0;
4       int i;
```

```
5       for(i=0;i<n;i++)
6           sum+=score[i];
7       sum=sum/n;
8       return sum;
9   }
```

任务6：编写统计各分数段人数函数。

```
1   void  CountScore(int score[], int n, int count[])
    //统计各分数段的人数，各分数段依次为0~59、60~69、70~79、80~89、
      90~100
2   {
3       int i;
4       for(i=0;i<5;i++)
5           count[i]=0;
6       for(i=0;i<n;i++)
7       {
8           if (score[i]<60)
9               count[0]++;
10          else if (score[i]<70)
11              count[1]++;
12          else if (score[i]<80)
13              count[2]++;
14          else if (score[i]<90)
15              count[3]++;
16          else
17              count[4]++;
18      }
19  }
```

说明：

在本函数中使用了5个数组元素来作为计数器，分别统计5个分数段的人数，并使用一维数组count作为形参，是为了利用形参数组与实参数组为同一个数组的特性，将统计结果（多个数据）自然带回到主调函数。这种为主调函数带回多个数据的方法，初学者务必要掌握。

最后，在main()函数中定义实参数组和接收函数返回值的变量，并调用6个任务函数完成相应的功能。**源程序如下：**

```
1   /*
2   文件名：5-1-8StudScoreStat.c
```

```
3   功能：输入若干名学生的单科成绩，统计最高分、最低分、平均分和各分数段的人数
4   */
5   #include <stdio.h>
6   #define  N  100                           //定义学生人数
7   //声明函数
8   void  InputScore(int  score[],  int n);//声明输入成绩函数
9   void  OutputScore(int  score[], int n);//声明输出成绩函数
10  int  MaxScore(int  score[], int n);      //声明统计最高分函数
11  int  MinScore(int  score[], int n);      //声明统计最低分函数
12  double  Average(int  score[], int n);   //声明统计平均分函数
13  void CountScore(int  score[], int n, int count[]); //声明统计各分数
                                                          段的人数函数
14  int main()
15  {
16      int score[N];                        //学生成绩
17      double aver;                         //平均分
18      int max;                             //最高分
19      int min;                             //最低分
20      int  n;                              //实际人数
21      int  c[5]={0};                       //各分数段的人数
22      do
23      {  printf("Please input n:");
24          scanf("%d", &n);
25      }while(n<1 || n>100);
26      printf("Please input scores\n");
27      InputScore(score, n);                //调用输入成绩函数
28      OutputScore(score, n);               //调用输出成绩函数
29      max = MaxScore(score,n);             //调用统计最高分函数
30      min = MinScore(score,n);             //调用统计最低分函数
31      aver = Average(score,n);             //调用统计平均分函数
32      CountScore(score,n,c);               //调用统计各分数段的人数函数
33      printf("\nmax=%d,min=%d,aver=%4.1f\n",max,min,aver);
34      printf("0-59:%d,60-69:%d,70-79:%d,",c[0],c[1],c[2]);
35      printf("80-89:%d,90-100:%d",c[3],c[4]);
36      return 0;
37  }
```

运行结果如图 5-1-12 所示。

```
C:\WINDOWS\system32\cmd.exe
Please input n:3
Please input scores
input score for No 1:50
input score for No 2:60
input score for No 3:70
    50    60    70
max=70,min=50,aver=60.0
0-59:1,60-69:1,70-79:1,80-89:0,90-100:0请按任意键继续. . .
```

图 5-1-12　运行结果

说明：

本例由 6 个任务函数和 1 个主函数组成，在主函数前对任务函数进行了声明。主函数中定义了 2 个一维数组用于存储学生成绩和各分数段的人数，调用 6 个函数分别实现相应的功能。

思考：

如何让用户根据自己的需要自行选择各项任务功能，提高程序的人机交互性呢？

3. 二维数组名作为函数的参数

二维数组名也可作为函数参数。在主调函数中定义一个二维数组，用该二维数组的数组名作为实参；然后在被调函数中定义一个相同数据类型的形参数组，形参二维数组的第一维长度可以省略，但是第二维长度不能省略，且必须与实参数组的第二维长度保持一致，因为 C 编译系统需要通过第二维的长度来确定该二维数组每一行有多少个元素，并准确定位每一行上的每个元素。

【例 5-1-9】编程实现：对例 5-1-5 进行任务分解，根据 5 名学生的 8 门课程的成绩构成的二维成绩表，设计一个函数，统计每名学生的平均成绩。

```
1   #define M  5                //定义学生人数
2   #define N  8                //定义课程门数
3   void  scoreAverage(double score[][N], double average[], int m)
4   {//数组 average 用于存储每名学生的平均成绩，m 用于接收实参传递的学生人数
5       int i, j;
6    //逐行计算每名学生的平均成绩
7       for (i = 0; i < m; i++)
8       {
9           average[i]=0.0;//在计算每名学生的总分之前要对求和变量进行清零
10          for (j = 0; j < N; j++) //计算每名学生的 N 门课程的成绩之和
11              average[i] = average[i] + score[i][j];
```

```
12          average[i]= average[i] /N;   //计算第 i 号学生的平均成绩
13      }
14  }
```

说明：

（1）用二维数组 score 作为形参，读取二维成绩表中的数据并进行统计；用一维数组 average 作形参，存储每名学生的平均成绩。

（2）一定要对求和变量进行清零，如第9行所示，初学者容易忽略此语句。

（3）在 main()函数中调用 scoreAverage()函数，用数组名作为函数实参，调用形式如下：

```
1  scoreAverage(score, studavg, M);   //逐行计算每名学生的平均成绩
```

5.1.4 数组的综合应用

为了实现程序的模块化设计，按照“单一功能，单一模块”的原则，可以对数组不同的操作，用不同的函数进行封装。使用某项操作时就只需要给定必要的参数，调用对应的操作函数即可，这样就避免了重复书写操作代码。

【例 5-1-10】 编程实现：用一维数组处理学生的单科成绩，基本功能如下：

（1）输入单科成绩　（2）输出单科成绩　（3）查找单科成绩
（4）插入单科成绩　（5）修改单科成绩　（6）删除单科成绩
（7）统计最高分　（8）统计最低分　（9）按分数排序

其中，单科成绩的输入和输出，最高分和最低分的统计已经在例 5-1-8 中讨论过了。这里探讨使用一维数组进行单科成绩的查找、插入、删除及排序操作。

1. 顺序查找与折半查找

在管理成绩数据中，查找指定的成绩数据或查找指定位置的成绩数据是很常见的操作。

如果数组中存放的数据没有排序，要查找某个数据，可以运用穷举法的思想，从头到尾依次进行比较，直到找到或比较完都未找到为止，这称为顺序查找（sequential search）。从第一个数据元素开始，逐个取出元素的值与给定值进行比较，若与给定值相等，则查找成功，返回该元素的位置；否则继续向后查找，若查找结束还没有找到与给定值相等的元素，则查找失败，返回一个标志值-1。

任务1：编写用顺序查找法查找单科成绩的函数，源程序如下：

```
1  int  ScoreSeqsearch(int  score[ ], int  n,  int  key)
   //数组 score 中的元素是无序的，采用顺序查找法
2  {
3      int i;
4      for(i = 0; i < n; i++)
```

```
5       {
6           if  (key == score[i])
7               return  i;          //返回元素的下标位置
8       }
9       return  -1;                 //查找失败，返回-1
10  }
```

> **说明：**
>
> 对含有 n 个数的数组进行顺序查找，最好和最糟的查找情况分别是待查找数据位于首尾两端，最好时只需 1 次比较就能找到，最糟时需要 n 次比较才能找到，平均查找次数为元素个数的一半，即顺序查找的时间复杂度为 $O(n)$。

如果数组中存放的数据已经是有序的（假定为升序），当查找某个数据时，可以采用分而治之的思想，进行折半查找，折半查找也称为二分查找（binary search）。

折半查找的基本思想是：先将待查找数据与数组区间的中间元素进行比较，若小于数组区间的中间元素，表明待查找数据一定在数组的左侧区间，则在数组的左侧区间进行查找即可；若大于数组区间的中间元素，表明待查找数据在数组的右侧区间，则在数组的右侧区间进行查找即可；上述过程结束的标志是找到待查找数据或无法继续比较（没有元素）。

任务 2：编写用折半查找法查找单科成绩的函数，源程序如下：

```
1   int ScoreBinsearch(int score [], int n, int x)
    //数组 score 中的元素按升序排列，采用折半查找法
2   {
3       int left, right, mid;
4       left = 0, right=n-1;            //数据区间左右端点初始化
5       while  (left <= right)
6       {
7       mid=left+(right-left)/2;        //取代 mid=(left+right)/2，防止数
                                        据溢出
8       if (x> score[mid])              //在右侧区间继续查找，修改左侧端点
9           left = mid + 1;
10          else if (x< score[mid])      //在左侧区间继续查找，修改右侧端点
11              right = mid -1;
12          else                        //找到，返回下标 mid
13              return mid;
14      }
15      return -1;                      //未找到，返回-1
16  }
```

说明：

折半查找算法的描述如下：

（1）数据区间左端点 left 为 0，右端点 right 为 n−1。

（2）若 left<right，则重复步骤（3）~（6）。

（3）计算中间元素的下标为 mid =（left+right）/2。

（4）若待查值 x>score[mid]，则在右侧区间继续查找，修改左侧端点为 left = mid+1。

（5）若待查值 x<score[mid]，则在左侧区间继续查找，修改右侧端点为 right = mid−1。

（6）若待查值 x = score[mid]，说明已经找到，返回 mid 的值。

（7）若 left>right，说明未找到，则返回−1。

也可采用递归思想，对有序数组进行折半查找。递归算法的描述如下：

（1）数据区间左端点 left 为 0，右端点 right 为 n−1，中间元素 mid =（left+right）/2。

（2）若待查值 x>score[mid]，则修改左侧端点为 left = mid+1，然后在右侧区间继续查找。

（3）若待查值 x<score[mid]，则修改右侧端点为 right = mid−1，然后在左侧区间继续查找。

（4）若待查值 x = score[mid]，说明已经找到，返回 mid 的值。

（5）若 left>right，则表示未找到，返回−1。

任务 3：编写用递归法折半查找单科成绩的函数，源程序如下：

```
1   int BinsearchRecScore(int score[],int left,int right,int x)
    //数组 score 中的元素按升序排列，采用递归法折半查找实现
2   {
3       int mid;
4       mid=left+(right-left)/2;
5       if (x> score[mid])                //在右侧区间继续查找
6           BinsearchRecScore (score, mid + 1, right, x);
7       else if (x< score[mid])           //在左侧区间继续查找
8           BinsearchRecScore (score, left, mid - 1, x);
9       else if (x= =score[mid])          //找到，返回下标 mid
10              return mid;
11      else
12          return -1;                    //未找到返回-1
13  }
```

说明：

（1）设个数为 n，依次折半为 n/2，$n/2^2$，…，$n/2^k$，当 $n/2^k = 1$ 时为最坏情况。因此，折半查找算法的时间复杂度为 $O(\log_2^n)$。

（2）关于顺序查找和折半查找算法，可以进一步参考《大学计算机》的 6.4.3 节。

2. 插入和删除操作

编辑成绩数据确保数据正确，插入和删除数据是两种重要的编辑操作。对于已经有序的数组，也可以根据数据大小先找到插入位置后再插入数据。同理，删除数据时，可以根据位置删除数据，也可以删除指定的数据。

假设有一项任务，在长度为 n 的数组 score 中，要求在指定位置 pos(1≤pos≤n+1)插入数据 x。

解题思路：

(1) 设计函数原型为：int insert_score(int score[ ],int n,int pos,int x);。

(2) 在指定位置插入数据的方法。

判定插入位置是否超出范围(1≤pos≤n+1)，超出则出错，返回-1；否则从位置 n 到 pos 依次向后移动数据，最后将待插入的数据放到指定位置 pos（下标为 pos-1）。

任务 4：编写在单科成绩表的指定位置插入一个分数的函数，函数源程序如下：

```
1   int ScoreInsert(int score[],int n, int  pos, int x)
    //根据位置插入数据
2   {
3       int  i;
4       if (pos<1 || pos>n+1)              //插入位置超出范围
5       {
6           printf("输入出错!");
7           return -1;
8       }
9       //从位置 n 到 pos 依次后移元素
10      for(i=n;i>=pos;i--)
            //首次将下标为 n-1 的元素移动到下标为 n 的位置
11          score[i]=score[i-1];
12      score[pos-1]=x;                    //将 x 放到 pos 位置
13      return i;
14  }
```

说明：

(1) 元素移动的次数不仅与数组 n 有关，而且与插入位置 i 有关。一个有 n 个元素的数组，其插入位置有 n+1 个。当 pos=1 时，移动次数为 n，达到最大值。当 pos=n+1 时，不需要移动数组元素，移动次数为 0。

(2) 算法的最好时间复杂度函数为 $O(1)$，最坏时间复杂度函数为 $O(\mathrm{n})$。

假设有一项任务：在单科成绩表中，删除指定的数据，同时返回剩下的数组元素个数。

解题思路 1：删除数组指定元素的重建法（reconstruction）。

假设要删除数组 A 中所有值等于 x 的元素，删除后的数组为 A'，显然 A'包含在 A 中，因

此数组 A'可以重用 A 的空间，这就是重建法删除指定元素。重建法的基本思路是扫描顺序表 A，重建 A'，A'中只包含不等于 x 的元素。

```
1   int DeleteRebScore(int score[],int n, int x)
2   {//用重建法删除数组中的指定元素
3       int i,j;
4       for(i=0,j=0;i<n;i++)
5           if (score[i]!=x)
6               score[j++]=score[i];
7       return j;
8   }
```

说明：

在重建法删除的过程中使用了两个计数器。一个计数器控制依次取出每个元素，并检查其是否为待删除数据，如果是待删除数据则丢弃，再取出下一个元素来检查；如果不是待删除数据，则应该保留下来，然后又去取出下一个元素来检查。另一个计数器则专门负责控制放回应该留下的数据。最后，完成重建一个新的数据表。

解题思路 2：删除数组指定元素的前移法（forward moving）。

前移法删除数组指定元素，也采用两个计算器。用一个计数器 i 负责扫描数组 A 中的每一个元素，一边扫描一边统计数组 A 中等于 x 的元素个数，另一个计数器 k 就负责记住当前待删除元素的个数。在扫描的过程中，总是将当前待删除的元素自然丢弃，将当前需要留下来的元素前移 k 个位置，直到最后修改 A 的长度。

```
1   int DeleteFormoveScore(int score[],int n, int x)
2   {//用前移法删除数组中的指定元素
3    int i, k;
4    for(i=0,k=0;i<n;i++)
5       if (score[i]==x)              //当前元素值为 x 时 k 增 1
6           k++;
7       else
8           score[i-k]=score[i];      //当前元素不为 x 时将其前移 k 个位置
9       return n-k;                   //实际数组元素的个数递减 k
10  }
```

3. 冒泡法排序

冒泡排序（bubble sort）是一类“交换”排序方法，类似水中冒泡，较大的数往下沉，较小的数往上浮，最大的沉到水底，最小的浮到水面。以从小到大（升序）排序为例，每一趟排序将“逆序”（前一个元素比后一个元素大）的相邻两个数据元素交换，这样就将最小的元素交换到“最前”的位置，冒泡排序的每趟排序过程都会将该趟最小的元素交换到该趟“最前”的位置，较大的元素会逐渐往后排（下沉）。下面假设有数组 a，其数据序列为{5,2,8,

9,7,6,3,2,4,1}，现用冒泡排序对其升序排列。

解题思路：10 个数排序，第 1 趟，从序列底部 a[8]与 a[9]开始到 a[0]与 a[1]结束，相邻元素比较，共需比较 9 次，最小数 1 冒泡上浮到顶部 a[0]；第 2 趟，从 a[8]与 a[9]开始到 a[1]与 a[2]结束，比较 8 次，次小数 2，上浮到 a[1]；第 i 趟，比较 10−i 次；第 9 趟，a[8]与 a[9]比较 1 次；10 个数总共进行 9 趟，即可完成数组排序，如图 5-1-13 所示。当有 N 个数冒泡排序时，总共需要进行 N−1 趟，其中，第 i 趟需要进行 N−i 次比较。

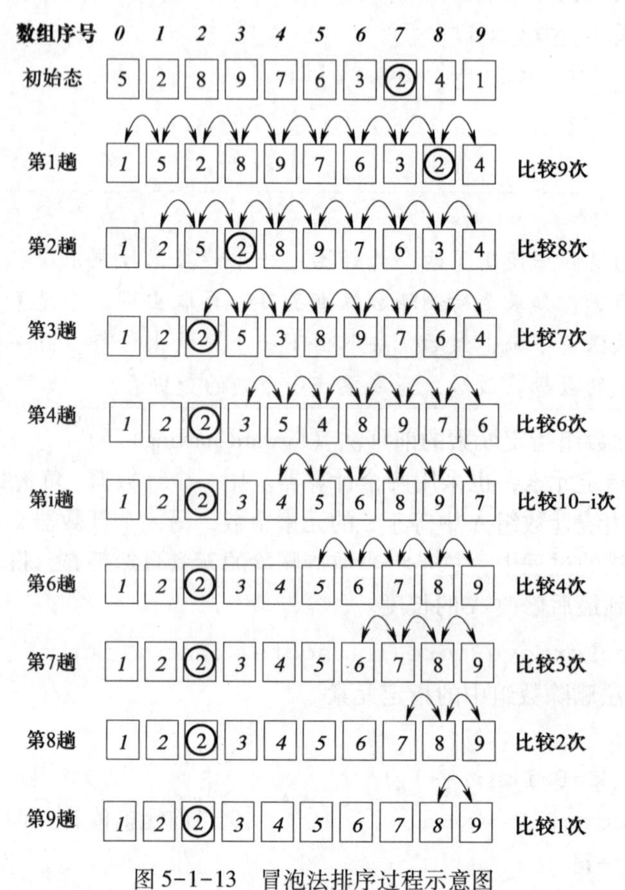

图 5-1-13　冒泡法排序过程示意图

当初始序列为从小到大有序时，冒泡排序仅需要进行 n−1 次比较，不需要移动任何记录，即可完成排序过程；当初始序列从大到小逆序时，需要进行 n−1 趟排序，进行 n(n−1)/2 次比较和交换。因此，冒泡排序的时间复杂度函数为 $O(n^2)$。

冒泡排序函数的源代码如下：

```
1   void BubbleOpSortScore(int score[],int n)
2   {//冒泡排序优化
3       int i, j;
4       int temp;
5       int flag=1;
```

```
6       for(j=1; j<n && flag ; j++)          //控制趟数
7       {
8       flag=0;
9       //最小数上浮到顶部
10          for(i=n-1;i>=j;i--)              //控制每趟中两两比较的次数
11              if (score[i-1]>score[i]) //若上面的数大下面的数小，则交换
                //若为逆序，则交换相邻两数
12              {
13                  temp=score[i-1];
14                  score[i-1]=score[i];
15                  score[i]=temp;
16                  flag=1;
17              }
18      }
19  }
```

说明：

（1）当数组元素相同时，不进行交换，相对位置不变，因此冒泡排序是稳定排序，如图 5-1-10 中“2”和“②”所示，两者相对的前后位置在排序后并未发生改变。

（2）在冒泡排序的过程中，如果出现某趟冒泡排序两两比较完，一次也不交换，即没有逆序元素的情况，说明数据已经有序，无须进行下一趟排序了。因此，可以对冒泡排序作进一步的优化，方法是：设立标记变量 flag，初始值为 1，用来控制外循环；在进入内循环之前先对 flag 清零，如果内循环发生数据交换，则将 flag 置为 1，如果在内循环中出现一次也没有交换的情况，则 flag 会保持 0 不变，在进入下一趟冒泡排序之前先对 flag 进行判断，看是否要提前结束排序。程序优化的内容如本例中倾斜加粗的部分所示。

4. 快速排序算法

冒泡排序效率比较低，其时间复杂度函数为 $O(n^2)$。快速排序（quick sort）是一种效率更高的排序算法。快速排序核心的步骤是分区（partition）操作，即从待排序的数据序列中选出一个数作为基准，将所有比基准值小的元素放在基准的前面，所有比基准值大的元素放在基准的后面（相同的数可以到任意一边），该基准就处于数据序列的中间位置。

当得到基准位置后，再对基准位置的左右子序列递归地进行同样的快速排序操作，从而使整个序列有序。快速排序常见的方法是左右指针法，基本思路如下：

（1）左指针 begin= first，右指针 end=last，以数组第一个数作为基准（pivot=first）。

（2）分区过程：先从数组的尾元素 end 开始，向左找到比 pivot 小的数（end 找小）；再从 begin 开始，向右找到比 pivot 大的数（begin 找大）；找到后交换 begin 和 end 所指的数，直到 begin >= end 终止遍历。最后将 end（此时 begin 等于 end）和最前一个数交换，即 pivot 作为中间数（左区间都是比 pivot 小的数，右区间都是比 pivot 大的数）

（3）再对左右区间重复第 2 步，直到各区间只有一个数为止。

假设有一项任务，要求对数据序列{5,10,8,9,7,6,3,2,4,1}用快速排序进行升序排列。其排序过程如图 5-1-14 所示。

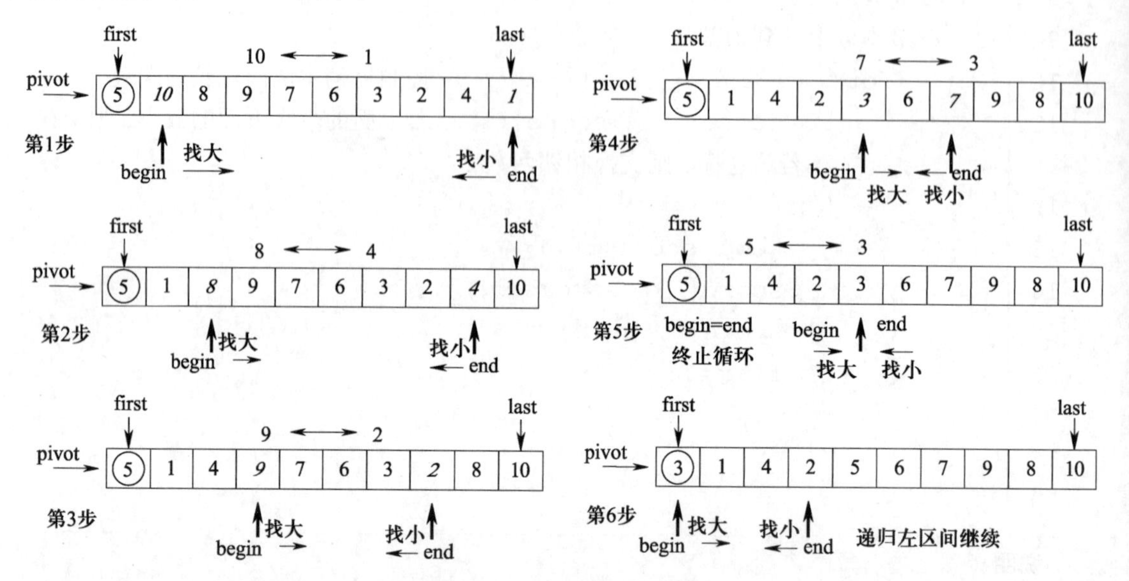

图 5-1-14　快速排序示意图

快速排序函数的源代码如下：

```
1   void quickSort(int number[], int first, int last)
2   { //用左右指针法进行快速排序
3       int begin, end, pivot;
4       int temp;
5       if (first<last)
6       {
7           pivot = first;              //以 first 为基准
8           begin = first;
9           end = last;
10          while (begin<end)
11          {
12              //从后向前扫描，找一个小于 pivot 的元素
13              while (number[end]>=number[pivot]&& begin<end)
14                  end--;
15              //从前向后扫描，找一个大于 pivot 的元素
16              while (number[begin] <= number[pivot] && begin<end)
17                  begin++;
18              if (begin<end)
```

```
19 |            {
20 |                temp = number[begin];   //number[begin]与 number
   |                                            [end]交换
21 |               number[begin] = number[end];
22 |               number[end] = temp;
23 |            }
24 |        }
25 |        temp = number[pivot];   //number[pivot]与 number[end]交换
26 |        number[pivot] = number[end];
27 |        number[end] = temp;
28 |        quickSort(number, first, end - 1);
29 |        quickSort(number, end + 1, last);
30 |    }
31 |}
```

说明：

（1）第一轮，选择最左侧的元素为基准，将所有比基准数大的数放在基准数的右边，比基准数小的数放在左边。以初始序列{5,10,8,9,7,6,3,2,4,1}为例，基准数为 5，第一轮的结果为{3,1,4,2,5,6,7,9,8,10}，如图 5-1-14 第 1~5 步所示。

基本方法：从两端开始“探测”，先从右往左找一个小于 5 的数，再从左往右找一个大于 5 的数，找到后交换。设置两个变量 begin 和 end 作为哨兵，哨兵 begin 初值为 first，哨兵 end 初值为 last。

第 1 步：哨兵 end 向右探测（end--），找到一个小于 5 的元素 1，（程序第 13~14 行）。哨兵 begin 控制向左探测（begin++），找到一个大于 5 的元素 10（程序第 16~17 行）。当 begin 小于 end 时，交换 begin 和 end 所指向的元素 10 和 1（程序第 18~23 行）。

第 2 步：与第 1 步方法类似，end 继续向左探测找到 4 与 begin 向右探测找到的 8 交换。

第 3 步：end 继续向左探测找到 9 与 begin 向右探测找到的 2 交换。如此继续将 7 与 3 交换，直到 begin>=end 为止。

第 4 步：将 end 指向的元素 3 与最前的基准数 5 交换（程序第 25~27 行），基准数 5 成为中间数，第一轮结束。

（2）基准数 5 将原来的数据序列拆分成为两个子序列{3,1,4,2}和{6,7,9,8,10}，再递归进行同样的快速排序操作（程序第 28~29 行）。

（3）在本例的快速排序中使用了左右指针法，代码中有两处使用了数据交换，分别在第 18~23 行和第 25~27 行。前者是在“驱赶”数据的过程中出现的交换，后者是在每趟“驱赶”结束找到基准数据的位置时出现的交换。很明显，这种右一“撵”，左一“撵”，两边“驱赶”数据的速度是非常快的，排序性能将得到大幅提升。

（4）在快速排序的过程中，相同数据的先后顺序可能发生改变，因此快速排序不是一种稳定的排序算法。读者可以自行测试，比如，将图 5-1-14 中的数据 8 修改为 5'，快速排序后 5 和 5'的先后顺序将发生改变。

（5）快速排序的时间复杂度函数为 $O(\mathrm{n}\log_2^{\mathrm{n}})$。

单科成绩处理程序的源代码如下：

```
1   /*
2   文件名：5-1-10SingSubScoreManage.c
3   功能：用一维数组处理单科学生成绩，基本功能如下：
4   (1)输入单科成绩      (2)输出单科成绩        (3)计算最高分
5   (4)计算最低分        (5)计算平均分          (6)分数段统计
6   (7)顺序查找          (8)根据位置插入成绩    (9)删除指定成绩
7   (10)成绩升序         (0)结束程序
8   */
9   #include <stdio.h>
10  #define  N  100                                        //学生人数
11  //声明函数
12  void  InputScore(int  score[],  int n);                //1.输入学生成绩
13  void  OutputScore(int  score[], int n);                //2.输出学生成绩
14  int  MaxScore(int  score[], int n);                    //3.计算最高分
15  int  MinScore(int  score[], int n);                    //4.计算最低分
16  double  Average(int  score[], int n);                  //5.计算平均分
17  void  CountScore(int  score[], int n, int count[]);//6.计算各分数段人数
18  int  SeqsearchScore(int  score[ ], int  n,  int  key);//7.顺序查找
19  int ScoreInsert(int score[],int n, int pos, int x);//8.根据位置插入数据
20  int DeleteRebScore(int score[],int n, int x);  //9.用重建法删除数组
                                                          指定元素
21  void  BubbleSortScore(int a[], int n);                 //10.冒泡排序
22  int  menu()
23  {
24      int select;
25      printf("\n================================\n");
26      printf("用一维数组处理单科学生成绩\n");
27      printf("==============================\n");
28      printf("(1)输入单科成绩\n");
29      printf("(2)输出单科成绩\n");
30      printf("(3)计算最高分\n");
```

```
31     printf("(4)计算最低分\n");
32     printf("(5)计算平均分\n");
33     printf("(6)分数段统计\n");
34     printf("(7)顺序查找\n");
35     printf("(8)根据位置插入成绩\n");
36     printf("(9)删除指定成绩\n");
37     printf("(10)成绩升序\n");
38     printf("(0)结束程序\n");
39     printf("=========================\n");
40     printf("输入(0-10)");
41     scanf("%d",&select);
42     return select;
43 }
44 void main()
45 {
46     int score[N];                  //存储学生成绩
47     int n=10;                      //实际学生人数
48     int count[5]={0};              //分数段人数
49     int select;                    //菜单功能选择
50     int pos;                       //插入或删除的位置
51     int key;                       //插入或删除的数据
52     int i;                         //循环计数器
53     while(1)
54     {
55         select=menu();
56         switch(select)
57         {
58         case 1:
59             do{
60                 printf("请输入学生人数(1<=n<=100):");
61                 scanf("%d", &n);
62             }while(n<1 || n>N);
63             InputScore(score,n);  //1.输入学生成绩
64             break;
65         case 2:
66             OutputScore(score,n);                  //2.输出学生成绩
67             break;
```

```
68          case 3:
69              printf("最高分为:%d ",MaxScore(score,n));    //3.计算最高分
70              break;
71          case 4:
72              printf("最低分为:%d ",MinScore(score,n));    //4.计算最低分
73              break;
74          case 5:
75              printf("平均分为:%6.1f ",Average(score,n)); //5.计算平均分
76              break;
77          case 6:
78              printf("\n0-59 60-69 70-79 80-89 90-100\n");
79              CountScore(score, n, count);           //6.计算各分数段人数
80              for(i=0;i<5;i++)
81                  printf("%-6d",count[i]);
82              break;
83          case 7:
84              printf("\n顺序查找分数:");
85              scanf("%d", &key);
86              pos=SeqsearchScore(score,n,key);  //7.顺序查找
87              if (pos!=-1)
88                  printf("该数据是第 %d 个数",pos+1);
89              else
90                  printf("没找到!");
91              break;
92          case 8:
93              printf("\n输入插入位置:");
94              scanf("%d", &pos);
95              printf("\n输入插入数据:");
96              scanf("%d", &key);
97              n=ScoreInsert(score,n,pos,key);    //8.根据位置插入数据
98              break;
99          case 9:
100             printf("\n输入待删除数据:");
101             scanf("%d", &key);
102             n=DeleteRebScore(score,n,key);//9.用重建法删除数组指定元素
103             break;
104         case 10:
```

```
105|            BubbleSortScore(score, n);          //10. 冒泡排序
106|            break;
107|        case 0:
108|            printf("谢谢使用!\n");
109|            return;
110|        }
111|    }
112|}
```

说明:

(1) 用数组处理单科成绩，由于数组是一种顺序存储结构，存取数组元素可通过下标实现随机存取，因此可以方便访问某一个学生的成绩数据。

(2) 数组的插入和删除操作运算需要移动元素，在长度为 n 的数组中插入一个元素时所需移动元素的平均次数为 n/2，插入算法的平均时间复杂度函数为 $O(n)$；在长度为 n 的数组中删除一个元素时所需移动元素的平均次数为(n-1)/2，删除算法的平均时间复杂度函数为 $O(n)$。

(3) 本例使用了菜单函数，用户根据菜单选择相应功能执行，增强了与用户的交互性。

5.2　字符串

在实际编程中，经常会用到姓名、地址、身份证号码等数据，如何存储和处理这些由若干个字符构成的字符串数据十分重要。在刚接触 C 语言的时候输出的"Hello world."就是一种字符串数据。很遗憾，到目前为止，对字符串的处理还仅仅停留在用 printf( )函数输出这一步。

实际上，字符串作为一种重要的数据结构，应用十分广泛。C 语言的字符串存取是借助字符型数组来实现的。通常用字符型的一维数组存放单个字符串，用字符型的二维数组存放多个字符串。C 语言提供了一系列库函数来操作字符串，这些库函数都包含在头文件 string.h 中。

5.2.1　字符串的概念

1. 字符串的定义

字符串（character string）是被作为一个整体来对待的一串字符。C 语言没有字符串类型，不能定义字符串变量，但存在字符串常量。字符串常量（string constant）也称为字符串字面量（string literal），就是用一对双引号括起来的零个或多个字符序列。

组成字符串常量的字符可以是字母、数字、转义字符或其他特殊字符。例如，"Dennis M. Ritchie" "400-800-65430" "Warning!\a" "lan_jiming@qq.com\n" ""等都是字符串。双引号不是字符串的一部分，只用来限定字符串，是字符串常量的书写格式。字符串末尾使用一个空

字符（null charatcer）'\0'作为字符串的结束标记，便于程序员对字符串进行相关的操作和控制，十分重要，必须妥善存放。这将在例 5-2-2 中有所体会。

在字符串常量中，使用八进制数或十六进制数的转义序列尽管合法，但要谨慎使用。例如，字符串"\3456" "\xabgh"合法，但字符串"\5678" "\xabcde"可能被部分编译器（如 VC++ 2010）视为非法而拒绝。感兴趣的读者可以分析一下原因。

2. 字符数组的初始化

顾名思义，字符数组就是用来存储字符型数据的数组。定义一个字符数组和定义一个普通数组一样，不同的是字符数组中存放的是字符型数据而已。一维字符数组可以存放一行字符，二维字符数组可用来存放多行字符。字符数组初始化为多个字符的方法与普通整型或实型数组初始化类似。

（1）用多个字符常量初始化一个字符数组。

例如，“char a[5] = {'c','h','i','n','a'};”初始化后各元素的值如图 5-2-1 所示。

自动窗口

名称	值	类型
a	0x004df924 "china烫烫烫[illegible]5g[illegible]"	char [5]
[0]	99 'c'	char
[1]	104 'h'	char
[2]	105 'i'	char
[3]	110 'n'	char
[4]	97 'a'	char

图 5-2-1　用字符常量初始化字符数组

可见，字符型数组在内存中存储的是各字符常量的 ASCII 码值。用多个字符常量初始化一个字符数组，就是将单个的字符常量逐个依次放入字符数组的对应元素中。

（2）用一个字符串常量初始化一个字符数组。

在 C 语言中，字符串的存储和处理都是通过字符数组来实现的。把一个字符串存入一个字符数组，实际上也是将字符串中的字符逐个依次放入该字符数组的对应元素中，但与方法（1）不同的是，系统会在放完字符串中所有的有效字符后，在其末尾自动追加放入一个结束符'\0'。因此，一个字符数组要能正常容纳一个字符串，其长度必须大于或等于该字符串实际字符数加 1。

例如，“char a[6] = {"china"};”，或者写成“char a[6] = "china";”，初始化后各元素的值如图 5-2-2 所示。

局部变量

名称	值	类型
a	0x004af8cc "china"	char [6]
[0]	99 'c'	char
[1]	104 'h'	char
[2]	105 'i'	char
[3]	110 'n'	char
[4]	97 'a'	char
[5]	0	char

图 5-2-2　用字符串常量初始化字符数组

【例 5-2-1】编程实现：利用各种初始化方式使字符数组分别实现对若干个单字符和字符串的存储，并逐个输出字符数组各元素的字符和 ASCII 码。

解题思路：利用前面介绍的两种初始化方式分别初始化字符数组，并利用 for 循环逐个输出各字符。

源程序如下：

```
1   /*
2   文件名：5-2-1.c
3   功能：字符数组的初始化
4   */
5   #include <stdio.h>
6   #define N 5
7   int main()
8   {
9       //1.将字符数组初始化为多个字符
10      char a[N]={'a','b','c'};
11      char b[]={'a','b','c'};
12      //2.将字符数组初始化为字符串
13      char s[N]={'a','b','c','\0'};
14      char t[]="abc";
15      int i;
16      //3.逐个输出 a 数组中的元素
17      for(i=0;i<N;i++)
18         printf("%c ",a[i]);
19      printf("\nNumbers of b is:%d\n", sizeof(b));
20      //4.逐个输出 s 数组中元素的 ASCII 码值
21      for(i=0; i<N; i++)
22         printf("%d ",s[i]);
23      printf("\nNumbers of t is:%d\n",sizeof(t));
24  }
```

程序运行结果如图 5-2-3 所示。

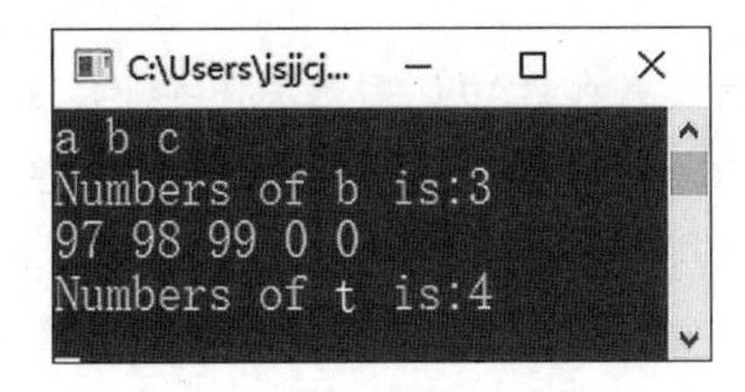

图 5-2-3　运行结果

说明：

（1）与初始化其他数组一样，初始化字符数组的初始值个数也不能大于字符数组的长度，否则编译器会报错。例如：

```
1  char a[2] = {'a', 'b', 'c'};               //编译器会报错
```

（2）如果初始值个数少于字符数组长度，则剩余元素均会被赋值为空字符（'\0'），即0（ASCII码值）。例如：

```
1  char a[5] = {'a', 'b', 'c'};       //后面剩余的两个元素均被赋值为'\0'
```

例如，程序第17~18行，逐个输出a数组，a[3]和a[4]值为'\0'，没有显示。

（3）如果没有指定数组大小，则编译器会根据初始值的个数为数组分配最佳长度。例如：

```
1  char b[] = {'a', 'b', 'c'};//与“char b[3] = {'a', 'b', 'c'};”等价
```

例如，程序第19行，计算b数组长度的代码为sizeof(b)，输出为3。

（4）二维字符数组的初始化与二维整型数组类似。例如：

```
1  char str[2][2] = {{'a', 'b'}, {'c', 'd'}};
```

和普通整型、实型数组一样，也可通过单循环为一维字符数组逐一录入多个字符（程序第17~18行），通过双重循环为二维字符数组逐一录入多行字符。

若要通过初始化的方式为一个字符数组放入一个字符串（程序第13~14行），有多种实现的方法：

（1）在若干个有效字符的末尾，人为地单独放置一个空字符。例如：

```
1  char s[4] = {'a','b','c', '\0'};
```

（2）利用部分初始化的作用，在若干个有效字符的末尾，自动放置一个空字符。例如：

```
1  char t[5] = {'a','b','c'};//剩余元素t[3]和t[4]自动被初始化为'\0',
```

（3）利用字符串常量直接初始化一个字符数组。例如：

```
1  char a[6] = {"china"}, b[6] = "china", c[] = "china";
```

数组长度为6，至少比字符串长度多一个，确保最后一个元素被赋值为'\0'。程序第23行，测试了t数组在初始化为一个字符串时省略了长度的情况，其数组长度比字符串长度多一个。

注意：

如果字符数组在初始化时没有存放'\0'，则无法将字符数组按字符串来处理。例如：

```
1  char a[5] = "china";                //字符数组的空间不够，无法存放'\0'
2  char a[5] = {'c','h','i','n','a'};    //字符数组没有存放'\0'
```

总之，为了用字符数组存储长度为N的字符串，数组长度至少应该为N+1，其中前N个元素用于存放字符串的N个实际字符，最后一个元素用于存放字符串的结束标记'\0'。

（3）用多个字符串常量初始化一个二维字符数组。

二维字符数组可以被初始化为多个字符串，第一维的长度表示字符串的个数，可以省略，第二维的长度必须按照最长字符串的长度来设定，不能省略。例如：

```
1  char name[5][12]={"Chengxinwen", "Wuhuaping", "Zhaohua", "Lili",
   "Wanglin"};
```

等价于

```
1  char name[][12]={"Chengxinwen", " Wuhuaping", "Zhaohua", " Lili",
   "Wanglin"};
```

系统会根据初始化字符串的个数，自动确定第一维的最佳长度为 5。name 数组初始化的结果如图 5-2-4 所示。

	0	1	2	3	4	5	6	7	8	9	10	11
name[0]	C	h	e	n	g	x	i	n	w	e	n	\0
name[1]	W	u	h	u	a	p	i	n	g	\0	\0	\0
name[2]	Z	h	a	o	h	u	a	\0	\0	\0	\0	\0
name[3]	L	i	l	i	\0	\0	\0	\0	\0	\0	\0	\0
name[4]	W	a	n	g	l	i	n	\0	\0	\0	\0	\0

图 5-2-4　name 数组的初始化结果

name 数组有 5 行，每行有 12 个元素，当初始化字符串的长度小于 12 时，系统自动将其后的元素置为'\0'。这里的 name[0]可以看成是一个一维数组名，是字符串"Chengxinwen"的起始地址。该一维数组包括从 name[0][0]到 name[0][11]共计 12 个元素。这种理解同样适合其他行。

但是不能按照下面方式进行二维字符数组的初始化：

```
1  char name [ ] [ ] = { "Linsa", "Wuhuaping", "Zhaohua", " Lili",
   "Wanglin"};     //错误
2  char name[5][]={"Linsa", " Wuhuaping", "Zhaohua", " Lili", "Wang-
   lin"};          //错误
```

3. 字符常量、字符串常量与字符数组的区别

（1）在第 2 章中已经提及，字符常量是由一对单引号引起来的单个字符；而字符串常量是由双引号引起来的若干个字符。这仅仅是从书写格式上进行的区分。实际上，一个字符串常量的内容和长度在初始化时就已经固定，不可更改，并以'\0'结尾，在内存中占据的空间大小为实际的有效字符数加 1；而一个字符常量在内存中占据的空间大小为 1。

系统用字符数组存储字符串，也就是字符串一定是字符数组，它是最后一个字符为'\0'的字符数组。

（2）字符数组是一个用来存放字符型数据的数组。字符数组的长度一旦定义，就是固定不变的，但其元素的内容是可以更改的，而且任何一个数组元素都可以为'\0'字符。因此，在

不超界的情况下，字符数组既可以用来存放多个字符常量，也可以用来存放多个字符串常量，具体由程序员根据实际情况而定。只是生活中用到字符串的情况较多，因此经常使用字符数组来处理字符串。

（3）注意区别'0' "0" '\0' "" 0 等几个常量。

- '0'代表字符 0，ASCII 码是 0x30，十进制数是 48。
- "0"代表一个字符串，其中包含两个字符'0'和'\0'。
- '\0'代表字符串结束，ASCII 码是 0x00，十进制数是 0。
- ""代表一个字符串，其中只包含一个空字符'\0'。
- 0 代表整数 0，ASCII 码是 0x00，十进制数是 0。

4. 字符数组、字符串的格式化输入输出

定义字符数组以后，可以对其进行输入和输出操作。主要有如下 4 种方式：采用循环控制结构，以单字符方式逐个输入或输出字符数组的多个字符；使用%s 格式控制符，通过 scanf( ) 函数或 printf( ) 函数将字符串作为一个整体输入或输出；用字符串函数 gets( ) 或 puts( ) 输入或输出一个字符串；用文件操作函数 fgets( ) 或 fputs( ) 输入或输出字符串。第 4 种方式将在 7.3.2 节中介绍。

【例 5-2-2】 编程实现采用多种方式输入输出字符串。

```
1   /*
2   文件名:5-2-2InputOutputString.c
3   功能:用 3 种方式输入输出字符串
4   */
5   #include <stdio.h>
6   #include <string.h>
7   #define Len 5
8   int main()
9   {
10      char name[Len];
11      int i=0;
12      //1.以单字符方式输入输出字符串
13      printf("Mode 1 \n");
14      for(i=0;i<Len-1;i++)
15      {
16          scanf("%c",&name[i]);
17          if (name[i]=='\n') break;
18      }
19      name[i]='\0';
20      for(i=0;name[i]!='\0';i++)
```

```
21        printf("% c", name[i]);
22     //2. 用 scanf()和 printf()函数整体输入输出字符串
23     printf("\nMode 2 \n");
24     rewind(stdin);         //清空标准输入缓冲区数据
25     scanf("% 4s", name);  //读取 4 个字符，当遇到空格键、Tab 键或 Enter
                               键结束
26     printf("% s",name);   //数组名作实参，遇空字符结束
27     //3. 用 gets()和 puts()函数整体输入输出字符串
28     printf("\nMode 3 \n");
29     rewind(stdin);         //清空标准输入缓冲区数据
30     gets(name);            //采用按 Enter 键结束输入的方法，容易产生缓冲
                               区溢出，有安全隐患
31     puts(name);            //数组名作为实参，遇空字符换行
32     return 0;
33 }
```

以上程序运行 3 次后的结果分别如图 5-2-5 所示。

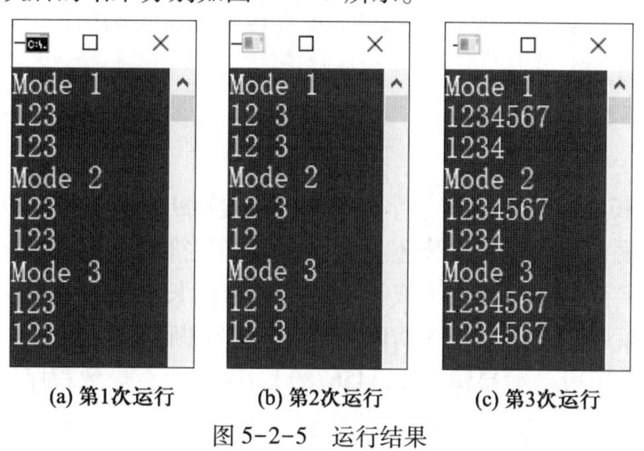

图 5-2-5 运行结果

下面将结合本例分别介绍 3 种输入输出字符串的方式。

（1）以单字符方式为字符数组逐个输入或输出多个字符。

利用 3.1.1 节介绍的格式控制符%c 来输入输出一个字符，scanf( )函数要求输入列表必须是数组元素或者变量的首地址，printf( )函数要求输出列表必须是数组元素或者变量。

可以用循环计数器变量控制为字符数组输入或输出多个字符。如果字符数组中存储的是一个字符串，可以利用结束标记'\0'来控制字符串逐个输出，即输出时依次取出每一个元素，只要不为结束标记'\0'，则连续输出，否则停止输出。如本例程序的第 13～21 行所示。

以单字符方式为字符数组逐个输入输出多个字符，还可以利用 3.1.1 节介绍的 getchar( )和 putchar( )函数来实现，方法与上面类似，不再赘述，请读者自行编程验证。

注意以下几点：

① 利用循环次数控制输入字符串的有效字符个数，避免数组越界。

第 14 行代码 for(i=0;i<Len-1;i++)的循环计数器 i 控制数组 name 的下标从 0 变化到 Len-2，依次存放通过键盘输入的字符。当输入字符个数超过 Len-2 时，达到循环结束条件，结束循环，确保 name 数组最多存放 Len-1 个字符，然后程序流程转到第 19 行执行语句“name[i]='\0'”，确保 name 数组的最后一个元素 name[Len-1]用于存放空字符。

② 利用 Enter 键来控制字符串的输入。

在用户输入字符串的过程中，如果输入字符的个数未达到 Len-2，则提前按 Enter 键结束输入过程，则程序第 17 行就会判断到换行符并提前退出循环，转到第 19 行执行语句“name[i]='0';”，以确保字符串末尾能够存放一个空字符。

③ 用结束标记'\0'控制字符串的逐个输出，参见程序第 20~21 行。

（2）利用 scanf()或 printf()函数将字符串作为一个整体输入或输出。

利用格式控制符%s 将一个字符串作为整体进行输入或输出。此时，要求输入输出列表必须是要输入或输出字符串的起始地址，可能是数组名或数组元素的首地址。注意用 scanf()函数采用格式符%s 来控制字符串的输入时，遇到空白字符（空格、Tab 或换行符）则结束该字符串的输入，并且不读走该空白字符，该空白字符依然保留在键盘缓冲区中。也就是说，不能用 scanf()函数来输入含有空白字符的字符串。调用 scanf()和 printf()函数输入输出字符串(如程序第 23~26 行）时，需要注意以下几点：

① 用字符数组名作函数参数时，不能再加地址运算符 &。例如：

```
1  char name[10];
2  scanf("%s",&name);        //错误
3  printf("%s",&name);       //错误
```

② 输入字符串的长度应小于或等于字符数组的长度减 1。为字符数组输入字符串时，除了要输入字符串的各有效字符以外，系统还会自动在有效字符的末尾添加一个'\0'字符作为结束标记。因此，当输入字符串的长度大于或等于字符数组的长度时，由于 scanf()函数在读取数据时不检查边界，所以可能会造成内存访问越界，产生中断错误。

例如，执行下面程序段，如果输入 1234567890，则可能会导致程序运行异常。

```
1  char buf[5]={'a', 'a', 'a', 'a', 'a'};
2  scanf("%s", buf);
```

一种防止出错的方法是指定域宽控制接收字符的最大个数。例如：

```
1  scanf("%4s",name);        //方法 1
```

如果用户输入的字符串长度大于了 4，scanf()函数会将该字符串的前面 4 个字符依次放入 buf 数组，并在 buf[4]中放置空字符'\0'，函数返回数值 1，表示成功输入一个数据。这其实是一种假象，因为用户输入的字符串并未完全成功存入 buf 数组，并且在键盘缓冲区中还有剩下的字符，这些剩下的字符可能会影响到该程序紧接着的后一个数据输入。为了避免上一次输入数据时在键盘缓冲区中有剩余的数据会影响到当前数据的输入，一般采用的方法就是本例第 24 行和第 29 行的办法，在输入当前数据之前，先清空标准输入缓冲区。关于 rewind()函数的具体用法，将在 7.4.1 节中介绍。类似的清空方法还有：VS 编译器使用的“fflush(stdin);”，Linux 中使用的 setbuf()函数以及万能的方法“while((ch = getchar()) != '\n' && ch != EOF);”。

另一种防止出错的方法是采用安全的 scanf_s( )函数。在 3.1.1 节中已经提及，从 VC++ 2005 开始就可用 scanf_s( )函数来替代 scanf( )函数。scanf_s( )函数的原型如下：

```
int scanf_s(const char *format [, argument]...);
```

注意：

在使用 scanf_s( )录入数据时，要求在输入数据项后面增加一个参数 n，表示接收数据的缓冲区大小（即 buf 的容量），以免越界。在输入字符串时，n 表示最多能够读取 n-1 个字符，如果超过这个限制就一个字符也不输入，避免产生输入成功的假象。例如：

```
1  char buf[5]={'\0'};
2  scanf_s("%s", buf, sizeof(buf));          //方法 2
```

如果用户在输入字符串时，长度大于了 4，scanf_s( )函数将在 buf 数组中放置一个空串，即 buf[0]为'\0'，函数返回数值 0，表示该字符串没有输入成功，一个字符都没有输入进去。虽然一个字符都没有存入 buf 数组中，但键盘缓冲区中前面的 sizeof(buf)个字符却已经被 scanf_s( )函数读走，只剩下后面尚未读取的字符，剩下的这部分字符依然可能影响到本程序下一次对数据的输入。这些情况务必要与方法 1 相区别。

scanf_s( )的第 3 个参数 n 如果大于了 buf 的长度，也将面临超界的可能。为了避免超界，这里使用了 sizeof(buf)作为第 3 个参数。初学者要学会经常利用 sizeof 这个运算符来保证程序的运行安全，提高程序的可移植性。

③ 遇到第一个空白字符时结束输入，遇到第一个'\0'时结束输出。当输入字符为空格、Tab 或回车符时，则结束输入。因此，输入带空格的字符串时，会自动截断。假设有定义 char name[6]，则使用 scanf( )函数的示例如表 5-2-1 所示。

表 5-2-1　scanf( )函数使用示例

输入语句	原输入序列	Name 中的内容	剩余输入序列
scanf("%s", name)	Zhuang Ming	Zhuang	□Ming
scanf("%5s", name)	Zhuang Ming	Zhuan	g□Ming
scanf("%5s", name)	Liu Ping	Liu	□Ping

注：□表示空格字符。

思考：

如果要输入一个带有空格的字符串到一个字符数组中，例如，"Hello Wolrd"，该如何实现呢？

（3）利用 gets( )或 puts( )函数将字符串作为一个整体输入或输出。

① 用 gets( )函数输入字符串。gets( )函数的原型如下：

```
char *gets(char *buffer);
```

函数功能：gets( )函数从键盘缓冲区中读取一行字符，并将该行存储在以 buffer 作为首地址的内存空间中。该函数可以接收带有空格和 Tab 的字符串，当遇到用户键入的 Enter 键即换行符时结束，并读走该换行符，把该换行符转换为空字符存储到字符串的末尾，作为结束标记。也就是说，gets( )函数可以用来输入含有空格或 Tab 的字符串，可以接收换行符之前的所有内容。这点务必要与 scanf( ) 函数利用%s 输入字符串的情况相区别。

本函数原型中出现了指针，指针将在第 6 章中介绍。这里只需知道使用字符数组名即存放字符串的起始地址作为函数的实参即可，也暂时不考虑使用变量来接收函数的返回值问题。初学者只需暂时考虑下面这种调用形式即可：

```
gets(存放字符串的起始地址);
```

例如，例 5-2-2 的第 30 行语句“gets(name);”。由于 gets( ) 函数无法限制用户输入的字符数。因此，当用户输入的字符个数超过字符数组长度减 1（即不受信任的输入）时，很容易导致内存越界的问题！C11 标准直接废除了 gets( ) 函数，并推荐使用 fgets( ) 或 gets_s( ) 函数。实际编程时建议使用 fgets( ) 函数。

② 用 puts( ) 函数输出字符串。puts( ) 函数的原型如下：

```
int puts(const char *str);
```

函数功能：把以 str 为首地址的字符串输出到显示器上，遇到字符串结束标记（'\0'）时自动转换为换行符（'\n'）输出。成功时返回 0，失败时返回 EOF(-1)。

初学者只需暂时记住以下函数调用形式即可：

```
puts(要输出字符串的起始地址);        //或 puts(字符串常量);
```

比如，例 5-2-2 中的第 31 行语句“puts(name);”。再如，“puts("123\tabc");”等价于“printf("123\tabc\n");”，“puts("");”等价于“print("\n");”，其作用相当于换行。

gets( ) 函数和 puts( ) 函数是 C 语言提供的标准输入输出库函数，因此使用它们时，都应在程序的开头包含头文件 stdio. h。

5. 2. 2　常用的字符串处理函数

由于字符串在编程中经常使用，为了减少程序员的重复劳动，C 语言编译系统提供了大量与字符串操作有关的库函数。了解这些函数，在编写代码时可以达到事半功倍的效果。使用这些函数时，必须在程序的开头包含头文件 string. h。

1. strcat( ) 函数（字符串拼接函数）

strcat( ) 的函数原型为：

```
char *strcat(char *dest, const char *src);
```

函数功能：把字符串 src 追加到字符串 dest 的末尾，src 的第一个字符覆盖 dest 字符串的结束符。返回 dest 的起始地址。

在未学习指针之前，初学者可按以下方式调用 strcat( ) 函数：

```
strcat(存放 dest 字符串的起始地址,要拼接的 src 字符串的起始地址);
```

这里的第 2 个参数可以是字符串常量，因为在 C 语言中系统将字符串常量都存放到常量区中，并返回存放的起始地址作为这里的第 2 个参数。

例如，执行下面程序段的输出结果为：HelloWorld。

```
1  char dest[100]="Hello";
2  char src[100]="World";
3  strcat(dest,src);
4  printf("% s\n ",dest);
```

注意：

需要保证 dest 有足够的存储空间可以容纳拼接后的新字符串，否则会发生内存越界。如果 dest 的空间不够，程序会顺着内存地址往后写，这可能会破坏后面其他有用的数据。也可使用 strncat( )函数，但也有内存越界的风险。

strncat( )的函数原型为：

```
char *strncat(char *dest, const char *src, size_t count);
```

函数功能：将字符串 src 中至多 count 个字符复制到字符串 dest 的后面。若 count 大于 src 的长度 m，则将 src 字符串的 m 个字符全部复制到 dest 字符串的后面；若 count 小于或等于 m，则只将 src 字符串的前 count 个字符复制到 dest 字符串的后面。无论哪种情况，strncat 都会在连接后的新字符串末尾追加一个空字符作为结束标记。最后，返回处理完成的字符串 dest 的首地址。一般情况下，要把 src 字符串连接到 dest 字符串的后面，可用 sizeof(src)作为第 3 个参数。

2. strcpy( )函数（字符串复制函数）

strcpy( )的函数原型为：

```
char *strcpy(char *strDestination, const char *strSource);
```

函数功能：将字符串 strSource 整体复制到字符数组 strDestination 中，并返回 strDestination。字符数组 strDestination 必须足够大，要能容纳 strSource 字符串及其结束标记。

在未学习指针之前，初学者可按以下方式调用 strcpy( )函数：

```
strcpy(要存放字符串的起始地址,要复制字符串的起始地址);
```

其中，第 1 个参数不一定必须是字符数组名，只要是一个能够存放字符串的内存地址即可，第 2 个参数也可以是字符串常量。比如，下面程序段的输出结果为：HelloWorld。

```
1  char s1[100]="Hello";
2  strcpy (s1+5, "World");
3  printf("% s\n ",s1);
```

由于 strcpy( )函数也不检查目标空间是否能容纳源字符串的副本，所以建议使用 strncpy( )函数更安全，该函数的第 3 个参数用于指明可复制的最大字符数。

strncpy( )的函数原型为：

```
char *strncpy(char *dest, const char *src, size_t count);
```

函数功能：将字符串 src 中至多 count 个字符复制到字符串 dest 中，并返回字符串的地址 dest。正常情况下，假设 dest 能容纳 n 个字符，src 具有 m 个字符，且 n 大于 count。如果 count 大于字符串 src 的长度 m，则从 dest[0]到 dest[m-1]存放 src 字符串，从 dest[m]到 dest[count-1]用

'\0'填补，从 dest[count]到 dest[n-1]保持以前的内容不变；如果 count 小于或等于 m，则 strncpy()函数只复制 count 个字符后便“匆匆”结束，不会再追加空字符作为结束标记。因此，该函数也存在不安全性。为了确保复制后 dest 字符串的末尾有结束标记，可用 sizeof(dest)作为第 3 个参数。

3. strcmp()函数（字符串比较函数）

strcmp()的函数原型为：

```
int strcmp(const char *str1, const char *str2);
```

函数功能：从两个字符串 str1 和 str2 的第 1 个字符开始，将对应字符逐一比较，如果相同则比较下一对字符，如果不同则将前一个字符减去后一个字符，若差值大于 0，表示前一个字符串大，后一个字符串小；若差值小于 0，则表示前一个字符串小，后一个字符串大。如果一直都相同，且两个字符串同时比较到末尾位置，都遇到空字符了，则返回 0，表示两个字符串相等。两个字符串不等时，其返回值具体是多少与编译器有关。有的编译器（如 VC++ 2010）返回的是 1（对应差大于 0）或-1（对应差小于 0），有的编译器则直接返回的是首个不同字符的差值。例如，执行下面程序段的输出结果为：ret=0。

```
1  char  str1[32] = "allen junyu";
2  char  str2[32]="allen junyu";
3  int ret = strcmp(str1,str2);
4  printf("ret=%d\n",ret);
```

4. strlen()函数（字符串长度测量函数）

strlen()的函数原型为：

```
size_t strlen(const char *str);
```

函数功能：从 str[0]开始统计字符串中有效字符的个数，当遇到第一个空字符时结束统计，返回统计到的个数（不包括'\0'）。

在未学习指针之前，初学者可按以下方式调用 strlen()函数：

```
strlen(要测量的字符串起始地址);
```

或

```
strlen(字符串常量);
```

注意：

（1）strlen()函数的参数不一定必须是数组名，只要是待测量字符串的起始地址即可。比如，以下程序片段：

```
1  char str[30]="abc\0defg\0hijkl\0";
2  printf("str 长度为%d,",strlen(str));
3  printf("str 长度为%d\n",strlen(&str[4]));
```

其输出结果应为：str 长度为 3，str 长度为 4。

(2) strlen()函数与 sizeof 运算符是不同的。比如，以下程序片段：

```
1  char s1[] = "abcde";
2  printf("字符串的长度为%d,",strlen(s1));
3  printf("字符数组的长度为%d\n",sizeof(s1));
```

其输出结果应为：字符串的长度为 5，字符数组的长度为 6。

(3) 在字符串中谨慎嵌入八进制数或十六进制数表示的转义字符。八进制数表示的转义字符，在 3 个数字之后结束或在第 1 个非八进制数字符处结束。十六进制数表示的转义序列遇到第 1 个非十六进制数字符截止。例如，字符串"\3456"包含 2 个字符'\345'和'6'，字符串"\6789"包含 3 个字符'\67' '8' '9'，字符串"b\xagh"包含 4 个字符'b' '\xa' 'g'和'h'。

5. 其他字符串处理函数

strchr()的函数原型为：

```
char *strchr(const char *str, int ch);
```

函数功能：在 str 字符串中找出第一次出现字符 ch 的位置，并返回该位置的地址；找不到则返回 NULL。

strstr()的函数原型为：

```
char *strstr(const char *haystack, const char *needle);
```

函数功能：在 haystack 字符串中找出第 1 次出现 needle 字符串的位置，并返回该位置的地址；找不到则返回 NULL。

除了上面介绍的这些标准库函数外，在 string.h 头文件中还定义了很多其他字符串处理函数，这里就不再一一介绍。读者可以查阅相关手册，触类旁通。

6. 字符串函数应用举例

【例 5-2-3】 编程实现：输入 5 个同学的英文姓名，按字典顺序排序后输出。

解题思路： 一个姓名就是一个字符串，多个姓名可用二维字符数组来存储。二维字符数组的列宽由最长姓名的长度决定。字典顺序就是将字符串按照从小到大的顺序排序。程序由 3 个步骤构成：输入多个姓名，姓名排序，姓名输出。

源程序如下：

```
1  /*
2  文件名:5-2-3stringSort.c
3  功能:输入5个同学的英文姓名,按字典顺序排序后输出
4  */
5  #include<stdio.h>
6  #include<string.h>
```

```
7    #define M  5
8    #define N  81
9    int main()
10   {
11       char name[M][N];
12       int  i, j;
13       char temp[N];
14       //1. 输入M个姓名
15       for (i = 0; i < M; i++)
16       {
17           printf("NO %d:", i + 1);
18           gets(name[i]);
19       }
20       //2. 姓名排序
21       for (i = 0; i < M - 1; i++)
22           for (j = 0; j < M - 1 - i; j++)
23               if (strcmp(name[j], name[j + 1]) > 0)
24               {
25                   strcpy(temp, name[j]);
26                   strcpy(name[j], name[j + 1]);
27                   strcpy(name[j + 1], temp);
28               }
29       //3. 输出排序结果
30       for (i = 0; i < M; i++)
31           printf("%s", name[i]);
32   }
```

说明：

（1）本例中使用了gets()、strcmp()、strcpy()等字符串处理函数。注意：对不含'\0'的字符数组使用字符串函数可能出错，因为字符串与数组一样，下标从0开始，不能越界使用。

（2）本例在输入、比较、复制、输出字符串时，都使用到了二维数组name中的name[i]的表示法，其具体含义请参见5.2.1节的图5-2-4。

5.3 结构体

前面的章节探讨了C语言的一些基本数据类型，如整型数据、实型数据和字符型数据等，使用这些基本数据类型虽然可以描述事物某方面的基本属性，但处理问题的能力相对有限。

在实际问题中，通常需要把不同类型的几个数据组合起来，构成一个整体，描述一个对象。比如，一个公司的职工信息或一个学校的学生信息等。这些数据大多以表格数据形式存在，例如，职工档案表、学生成绩表、教师工资表、设备表等。这些表格数据由多行多列构成，具有结构性，不同的列代表了对象的不同属性，不同的行代表了不同的对象个体。一行完整的信息，描述了一个具体的事物，称为一条记录（record）。若干条记录的组合表示了同一类事物，称为表（table）。同一类事物用不同的属性（attribute）来描述。一个属性就是一个字段（field），对应表中的一列。比如，某校的一个学生信息表就可由该校学生的学号、姓名、性别、学院、专业、年级、班级、手机号码和多科成绩等字段来描述。

C 语言允许将多个基本数据类型封装在一起，构成一个新的自定义数据类型，这种数据类型叫作结构体（structure）。可以使用 struct 保留字来定义一种结构体类型，并通过这种结构体类型来定义相应的结构体变量，从而增强数据的表达和处理能力。

5.3.1　结构体的定义

程序员在使用结构体之前需要首先定义相应的结构体类型，一种结构体类型，就像 C 语言提供的一种基本数据类型一样，是对某类数据的特征抽象。

1. 结构体类型的定义

结构体类型的定义格式为：

```
struct 结构体类型名
{ //成员列表
    数据类型 成员名 1;
    数据类型 成员名 2;
    ……
    数据类型 成员名 n;
}; //以分号结尾
```

其中，struct 是定义结构体类型的保留字，结构体类型名是由程序员自定义的标识符，需要满足用户标识符的命名规则。分号作为结尾标记不能少，其原因稍后介绍。结构体类型的成员名也是用户自定义的标识符，可以与结构体类型外面的其他变量名相同，由于封装在结构体类型内，并不会产生冲突。

例如，程序员要处理一批与学生相关的数据，其中涉及每个学生的学号、姓名、年龄和性别这些属性，就可以定义一个如下的结构体类型 struct student 来描述：

```
1  struct student      //定义结构体类型描述学生数据
2  { //定义多个结构体成员，描述学生数据的不同属性
3      char id[12];    //定义字符数组成员，id[12]表示 11 位的学号
4      char name[17]; //定义字符数组成员，name [17]表示最多 8 个汉字的姓名
5      int age;        //定义整型成员，age 表示年龄
```

```
6      char sex;        //定义字符型成员，sex表示单个字符的性别
7  };
```

可见，用不同的结构体成员可以描述结构体类型 struct student 的不同属性，结构体成员数量的多少以及数据类型的差异，将决定其相应的变量所占内存空间的大小。

再如，当涉及三维空间坐标起点和终点的连接线时，可以定义两个结构体类型，一个描述三维空间坐标点，另一个描述两点之间的连线。定义如下：

```
1   struct point                        //定义结构体类型描述三维空间坐标点
2   {
3       float x;                        //x坐标
4       float y;                        //y坐标
5       float z;                        //z坐标
6   };
7   struct line   //基于已有结构体类型 struct point 定义三维空间的直线类型
8   {
9       struct point startPoint;        //起点
10      struct point endPoint;          //终点
11  };
```

假设问题不仅涉及学生的学号、姓名、年龄和性别属性，还需要记录学生的出生日期以及英语、数学、计算机三科成绩和总分数据。对于出生日期这类结构体数据和三科或更多科成绩数据，这种现实生活中的复合表数据又该如何组织和描述呢？

出生日期一般由整型的年、月、日3部分数据构成，可以将年、月、日单独封装为一种日期类型提前定义，再用日期类型定义出生日期成员。如果程序其他地方不再使用日期类型，可以在学生类型中直接嵌套定义结构体类型成员。对于英语、数学、计算机三科成绩可以定义3个结构体实型成员，也可以定义一个含有3个元素的实型数组成员，后者更有灵活性。定义如下：

```
1   struct stud
2   {
3       char id[12];
4       char name[17];
5       char sex;
6       struct                   //这里可以省略结构体类型名，直接定义一个成员
7       {
8           int year;            //年
9           int month;           //月
10          int day;             //日
11      } birthday;              //出生日期
12      float score[3], sum;
13  };
```

其中，birthday 成员又是一种结构体类型，这是结构体嵌套定义的形式。C 语言允许结构体类型嵌套定义。

从语法上讲，上面的结构体类型定义相当于定义了一种新的数据类型 struct stud，编译系统会将其作为一个新的数据类型来看待，其与 int、float、double、char 这些基本数据类型的使用方法一样，也只是一种抽象的数据模型，用于描述某类事物的一些特征。系统并不为其分配具体的内存空间。只有当数据类型用来定义相应的变量以后，变量才占据相应的存储空间。

2. 结构体变量的定义

为了存储具体的结构体数据，需要使用前面定义的结构体类型来定义相应的结构体变量，编译系统会根据某种结构体类型为结构体变量分配具体的存储空间。C 语言规定了 3 种结构体变量定义方式，如图 5-3-1 所示。

```
struct student
{
        char id[12];
        char name[16];
        int age;
        char sex;
};
struct student st1,st2;
```

(a) 方式1

```
struct student
{
        char id[12];
        char name[16];
        int age;
        char sex;
} st;
```

(b) 方式2

```
struct
{
        char id[12];
        char name[16];
        int age;
        char sex;
} st1,st2;
```

(c) 方式3

图 5-3-1　结构体变量定义方式

方式 1：先定义结构体类型，再用结构体类型名来定义结构体变量，如图 5-3-1（a）所示。这种定义结构体变量的方式与定义基本类型的变量相似。

> **注意：**
> 必须把 struct student 这两个单词看成一个整体来使用，表示一种具体的结构体类型，而不能把它们拆开来单独使用。

方式 2：在定义结构体类型的同时定义相应的结构体变量。如图 5-3-1（b）所示，在反花括号和分号之间定义了一个 st 结构体变量。也就是说，整个结构体类型的定义格式包含了两部分的内容，一部分是结构体类型的定义内容，即结构体类型名（花括号之前的内容）和该结构体所包含的各成员名（花括号之间的内容）；另一部分是结构体变量的定义内容（花括号之后的内容）。可见，在整个结构体类型的定义格式中，花括号只界定了所包含的成员有哪些。反花括号并不代表整个定义格式的结束，在它后面还可以紧接着定义相应的结构体变量，在结构体变量的定义末尾必须以分号作为结束，并结束整个定义格式。因此，在结构体类型定义格式的末尾不能省略分号。这里的分号指明了在结构体类型的后面有没有定义相应的结构体变量或定义了哪些结构体变量，它是整个定义格式的结束标记。

注意：

如果此结构体定义在函数外部，则结构体类型 struct student 和结构体变量 st 都具有全局性，这与基本类型的全局变量定义是相似的，需谨慎使用。

方式 3：用一个无名的结构体类型直接定义相应的结构体变量。如果程序员在后面的代码中不再使用该结构体类型去定义其他变量，就可以使用图 5-3-1（c）所示的这种省略具体类型名的定义方式。这种方式会降低代码的规范性和清晰性，不推荐使用。

5.3.2 结构体变量的使用

定义一个结构体变量以后，就可以使用该结构体变量，向其中写入数据和读取数据，即访问一个结构体变量了。

1. 结构体变量的初始化

与此前介绍的变量初始化一样，也可以在定义一个结构体变量的同时对该结构体变量进行初始化，其实质是对该结构体变量中的各成员进行初始化。对结构体变量的初始化有两种情况：一种是在定义结构体类型的同时，完成对结构体变量的定义和初始化；另一种是先定义结构体类型，然后在单独定义结构体变量时进行初始化。例如：

```
struct student              //定义结构体类型
{
    char id[12];
    char name[17];
    int age;
    char sex;
}st ={"19101020201","Zhang San",21,'M' };
struct studentst1, st2 ={"19101020202","Zhang LI",19,'F' };
```

说明：

（1）所有初始化数据要用一对花括号括起来，表示一个集合。各初始化数据之间要用逗号进行分隔。比如，上例表示将"19101020201"初始化给 st 的 id 字符数组成员，"Zhang San"初始化给 st 的 name 字符数组成员，21 初始化给 st 的 age 成员，'M'初始化给 st 的 sex 成员。由于结构体的成员类型千差万别，初始化时要注意数据类型的匹配。

（2）若初始化数据的个数少于结构体成员的个数，剩余的没有初始值与之对应的成员将自动被初始化为 0。

（3）如果外部结构体变量没有初始化，则系统自动初始化为 0。

（4）不能在结构体变量定义以后对结构体变量进行赋初值等整体性的操作。比如，下面的操作是错误的：

```
1  st1 ={"19101020201","Zhang San",21,'M' };//不能对结构体变量进行整体赋值
```

对结构体变量的访问通常有两种方式：一种是将一个结构体变量作为一个整体进行读写，另一种是按该结构体变量中的各成员进行读写。其中，最常用的方式是按结构体中的各个成员进行读写。

2. 结构体变量的访问

用同一种结构体类型定义的不同结构体变量，其成员是相同的，但要访问某个具体成员时，需要指明该成员属于哪个结构体变量。C 语言使用两种运算符来指明结构体成员的所属关系：一种是结构体成员运算符，也称为圆点运算符“.”；另一种是结构体指向运算符，也称为箭头运算符“→”。其中，结构体指针运算符“→”将在第 6.2.3 节中介绍。

利用结构体成员运算符访问结构体变量成员的格式如下：

```
结构体变量名 . 成员名
```

说明：

(1) 如果结构体成员又是一个结构体类型，则需要继续使用成员运算符指明成员的所属关系，一直到最基本的成员为止。注意不要在原点运算符两侧加空格。

假设定义了结构体变量“struct stud s1;”，由于结构体类型 struct stud 中嵌套了一个无名结构体成员 birthday，因此要访问 s1 的 birthday 成员进行年月日赋值时，就需要采用如下方式：

```
1  s1.birthday.year=2022;
2  s1.birthday.month=12;
3  s1.birthday.day=2;
```

(2) 成员运算符的优先级为第一级，高于自增、自减运算符和取址运算符，具体请参见附录 2。假设有定义“struct student st;”，则对结构体变量 st 的成员 age 做自增运算可以是 st. age++，等价于(st. age)++。取结构体变量 st 的成员 age 的地址可以是 &st. age，等价于&(st. age)，但不能写成 st. &age，也不能直接写成 &age。

(3) 对结构体变量成员的使用方法与普通变量一样，也可以对其进行赋值、输入、输出、算术运算、关系运算和逻辑运算，等等。有以下程序片段：

```
1  #define N 3
2  …
3  struct stud st;
4  st.sum = 0;
5  //为结构体变量成员输入数据
6  scanf("%s", st.name);
7  for (i=0; i<N; i++)
8  {
9      scanf("%f", &st.score[i]);
```

```
10      st.sum+=st.score[i];
11  }
12  //输出结构体变量成员的值
13  printf("%s,%s,%c,sum=%f\n",st.id,st.name,st.sex,
    st.sum);
14  printf("No.1:%f,No.2:%f,No.3:%f \n",st.score[0],st.score
    [1],st.score[2]);
```

(4) 不能将一个结构体变量作为一个整体进行输入和输出。例如，采用下面的方式试图通过键盘一次性输入学号、姓名、性别和3科成绩给结构体变量st是错误的。

```
1  scanf("%s,%s,%c,%f,%f,%f ",st);
```

但可以同时为结构体变量的多个成员输入数据，比如：

```
1  scanf("%s,%s,%c,%f",st.id,st.name,&st.sex,&st.score
   [0]);  //不推荐这样使用
```

由于结构体变量各成员的类型比较复杂，上述方式难以保证各项数据都能正确输入。为了减少程序在数据输入过程中的错误，提高程序的交互性，一般要尽量避免在一个scanf()函数中输入多个甚至多种数据，而且建议在程序中为输入数据设计必要的提示信息，即在输入数据之前提示用户该输入什么数据了，便于用户使用程序和检测错误。

(5) 如果两个结构体变量是一种结构体类型，则它们的存储空间大小和存储格式等是完全一致的，C语言允许在这种情况下两者相互直接赋值，以实现整体赋值的效果。比如：

```
1  struct student st1, st2 ={"19101020202","Zhang LI",19,'F' };
2  st1 = st2;
```

3. 结构体变量的内存布局

通过定义结构体变量，系统为其分配相应的内存空间。结构体变量所占内存空间的字节数，可以使用sizeof运算符进行计算。例如：

```
1  struct student st;
2  printf("%d,%d,%d",sizeof(struct student),sizeof(st),sizeof
   (st.id));
```

如上所示，利用sizeof运算符可以计算结构体类型或结构体变量所对应的内存字节数，也可以计算结构体变量各成员所对应的内存字节数。

注意：

结构体变量所占内存空间的字节数并不一定是结构体变量各成员所占内存空间的字节数之和。比如，有以下定义：

```
1  struct A
2  {
```

```
3        int    x;
4        short  s;
5        double d;
6    }a;
7    struct B
8    {
9        int    x;
10       double d;
11       short  s;
12   }b;
```

以上定义了两种结构体类型 struct A 和 struct B 以及它们对应的结构体变量 a 和 b。在 VC++ 2010 中 int 占用 4 个字节，short 占用 2 个字节，double 占用 8 个字节，因此，初学者很容易就会犯这样的错误：将各成员所占内存空间的字节数直接简单相加，即 4+2+8＝14，得到结构体变量 a 和 b 所占内存空间的大小都是 14 个字节。这是一种错误的计算方式！

实际上，虽然这两个结构体变量 a 和 b 的成员个数和类型都相同，但由于各成员出现的先后顺序不同，导致了 a、b 两个变量的存储空间大小也不相同。对绝大多数编译系统来说，在计算结构体变量所占的内存空间大小时需要考虑其内存布局。编译系统为了提高计算机访问数据的效率，在为结构体中每个成员分配存储空间时采用了“内存对齐”的方法，即结构体变量中的每个成员在内存中都按存储单元的大小来划分空间并对齐存放。每个存储单元的大小等于该结构体变量中最大基本类型的大小。比如，结构体变量 a、b 中的最大基本类型是 double，占用 8 个字节，编译系统在为每个成员分配存储空间时就按每个单元 8 个字节来存放。结构体变量 a 在第 1 个单元中先为 a. x 分配 4 个字节，还剩下 4 个字节足够分配给 a. s 使用，于是 a. s 占用了 a. x 之后的 2 个字节，还剩下 2 个字节不够分配给 a. d 使用了，就只好“另起炉灶”，在第 2 个单元中分配 8 个字节给 a. d 使用，第 2 个单元刚好用完。因此，结构体变量 a 实际占用的内存空间就是 16 个字节，如图 5-3-2（a）所示。同理，结构体变量 b 在第 1 个单元中为 b. x 分配了 4 个字节后剩下的 4 个字节不够分配给第 2 个成员 b. d 了，就又只有从第 2 个单元中分配 8 个字节给 b. d，刚好够用，然后又在第 3 个单元中分配 2 个字节给 b. s，还剩下 6 个字节空余，故结构体变量 b 实际占用的内存空间大小为 24 个字节，如图 5-3-2（b）所示。

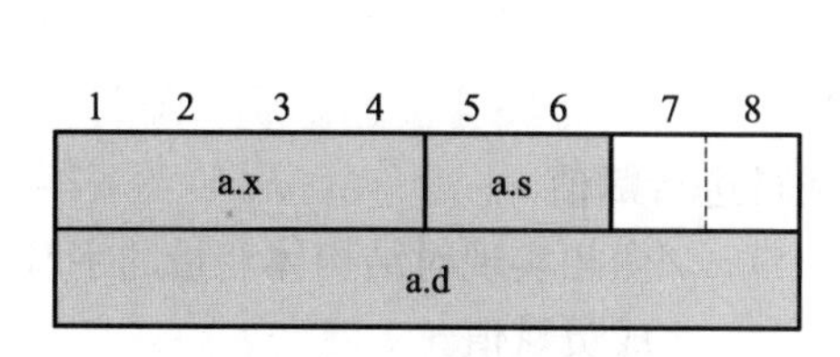

(a) 变量a占用的内存空间

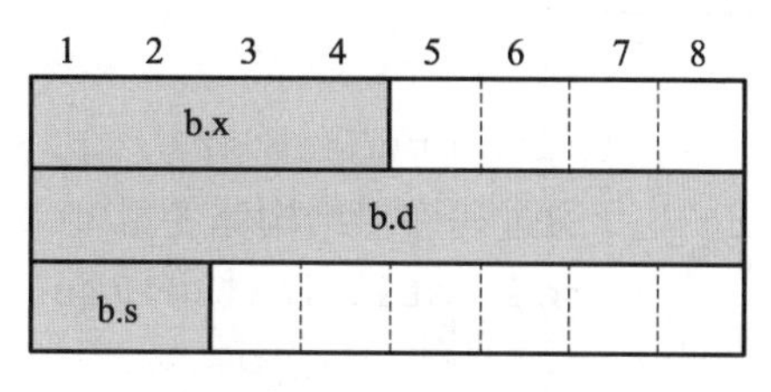

(b) 变量b占用的内存空间

图 5-3-2　结构体成员内存对齐示意图

请读者自行分析并上机验证下面这个程序中结构体变量 c 和 d 分别占据多大的存储空间。

```
1   struct C
2   {
3       char   x;
4       char  s[2];
5       char d[4];
6   }c;
7   struct D
8   {
9       char   x;
10      double  s[2];
11      char d[4];
12  }d;
```

【例 5-3-1】编程实现：通过键盘输入和程序赋值两种方式，存储两个学生的数据（学号、姓名、性别、成绩），输出成绩最高分的学生的数据。

```
1   /*
2   文件名：5-3-1InputAssignOfStructVar.c
3   功能：结构体变量的输入与赋值操作
4   */
5   #include <stdio.h>
6   #include <string.h>
7   struct student
8   {
9       char id[12];
10      char name[17];
11      char sex;
12      float score;
13  }gst;   //在定义结构体类型 struct student 的同时定义了一个全局结构体变
            量 gst
14  int main()
15  {
16      struct student st1, st2;
17      //通过程序对结构体变量 st1 的成员进行赋值
18      strcpy(st1.id,"20171030122");//变相实现对结构体变量的字符型数组
                                      成员赋值
19      strcpy(st1.name,"张扬");
20      st1.sex='M';        //对结构体变量 st1 的字符成员 sex 赋值
```

```
21 |    st1. score =76; //对结构体变量 st1 的成员 score 赋值
22 |    //通过键盘输入对结构体变量 st2 的成员进行赋值
23 |    printf("Student ID:");  scanf("% 11s", st2.id);
24 |    rewind(stdin);
25 |    printf("Student Name:"); scanf("% 16s", st2.name);
26 |    rewind(stdin);
27 |    printf("Student Sex:");  scanf("% c", &st2.sex);
28 |    rewind(stdin);
29 |    printf("Student  score:"); scanf("% f", &st2.score);
30 |    //将分数高的学生数据整体赋值给全局结构体变量 gst
31 |    if (st1.score>st2.score)
32 |        gst=st1;
33 |    else
34 |        gst=st2;
35 |    //输出分数高的学生数据
36 |    printf ("% s,% s,% c, % 5.1f \n", gst.id, gst.name, gst.sex,
   |gst.score);
37 |    //输出结构体变量的空间字节数
38 |    printf("% d,% d,% d \n", sizeof(struct student), sizeof(st1),
   |sizeof(st1.score));
39 |    return 0;
40 |}
```

程序运行结果如图 5-3-3 所示。

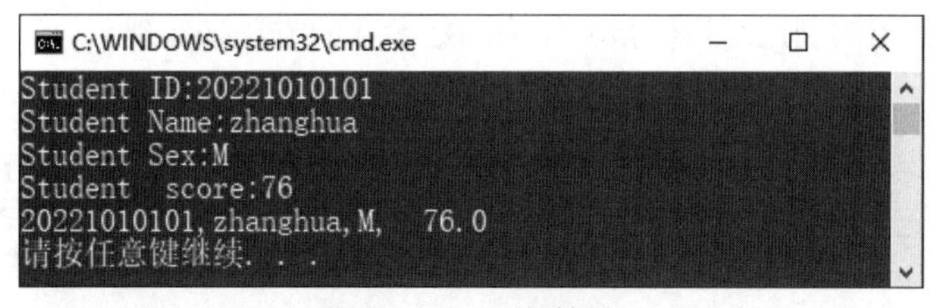

图 5-3-3　运行结果

说明：

在本例程序的第 18～19 行，采用了 strcpy( )函数来将各字符串复制到对应的字符数组中，从而间接地变相实现了对一个结构体变量中的字符型数组成员进行“赋值”的操作。初学者切记不要直接写成了：

```
1 |st1. id="20171030122";
2 |st1. name = "张扬";
```

这都是有严重语法错误的，请读者自行分析。

4. 结构体变量作为函数参数

结构体变量本质是一个数据块，既不能整体通过键盘输入，也不能整体输出到显示器，需要通过输入输出结构体变量的成员来实现对结构体变量的输入输出，过程相对烦琐。另外，多个同类型的结构体变量，其输入输出的方法是一样的。为此，为了简化程序，减轻编程负担，程序员可以为结构体变量自行设计相应的输入输出函数，用结构体变量作为函数的参数进行数据的输入和输出。

比如，例5-3-1中可设计一个output( )函数，用结构体变量作为形参，输出学生数据。

```
1  void output(struct student st)
2  {
3      printf("%s,%s,%c,%5.1f\n", st.id, st.name, st.sex,
   st.score);
4  }
```

在主调函数中，调用output( )函数，用结构体变量作为实参，输出具体的学生数据。

```
1  output(st1);
2  output(st2);
3  output(gst);
```

用auto类型的结构体变量作函数参数，依然遵守“单向值传递”的原则。也就是说，系统是将实参结构体变量的值复制了一份给形参结构体变量。在被调函数执行期间，同一个结构体数据在内存中就出现了一式两份的情况。形参结构体变量和实参结构体变量是两个完全不同的变量，对形参结构体变量的修改不会影响实参结构体变量。因此，不能直接用auto类型的结构体变量作为函数参数实现在被调函数中输入和修改主调函数中的学生结构体数据的功能，而要通过6.3.3节介绍的利用结构体指针作为函数参数的方法来实现。

思考：

在未学习指针之前，若要在被调函数中为主调函数输入和修改一个学生结构体数据，应该如何实现呢？

5.3.3 结构体数组

在实际工作中，存在大量的表格数据，例如，学生成绩表、档案表、通信录、商品销售表等，每个表都由若干数据行和若干数据列组成，可以使用结构体数组来存储和处理这些具有结构性的表格数据。

1. 结构体数组的定义与初始化

所谓结构体数组，是指数组中的每个元素都是一个结构体变量。定义结构体数组和定义结构体变量的方式类似，也有3种定义形式（参见图5-3-1所示），这里不再赘述。其中，先定

义结构体类型再定义结构体数组的定义形式如下：

```
struct 结构体类型名 结构体数组名[数组长度];
```

也可以在定义结构体数组的同时对其初始化，例如：

```
struct student
{
    char id[12];
    char name[17];
    char sex;
    float score;
}stud[3] = {{"20171030101", "SunMingshuang", 'M', 76.5},
            {"20171030102", "LiuXiaohui", 'F', 86},
            {"20171030103", "ChenWenxia", 'F', 69.5}};
```

结构体数组的初始化实际上就是对数组中每个元素的每个成员进行初始化。其中，最外层的一对花括号表示整个数组集合，内层的每对花括号分别表示数组中的各元素子集。例如，{"20171030101", "SunMingshuang", 'M', 76.5}对应初始化 stud[0]元素，{"20171030102", "LiuXiaohui", 'F', 86}对应初始化 stud[1]元素，{"20171030103", "ChenWenxia", 'F', 69.5}对应初始化 stud[2]元素。

对结构体数组进行完全初始化与对普通数组进行完全初始化类似，既可以省略第一维数组长度，也可以利用 sizeof 来计算数组长度，如 sizeof (stud) /sizeof (stud[0])。请读者思考并上机验证：这里的 sizeof (stud[0])测算出来将是多少字节？请分析原因。如果将数组成员 name 的长度分别改为 19 和 20 又会是多少呢？

2. 结构体数组的访问

所有的数组都是一种顺序存储结构，即逻辑上相邻的元素在内存空间中存放的物理位置也是相邻的，结构体数组也不例外。利用数组的这一特性，就可根据先后顺序依次为数组中的每个元素进行唯一编号。系统通过每个元素的下标就可直接计算出该元素在内存中的地址，从而找到该元素，实现对该元素的访问。对数组的访问，实际上就是对其数组元素的访问。因此，与访问普通数组一样，也是利用结构体数组元素的下标来实现对结构体数组的访问。

利用循环控制结构，通过一个计数器来控制结构体数组的下标从 0 开始到数组长度减 1 的变化，即可实现对结构体数组的遍历。假设已定义“struct student stud[10];”，其中 10 个元素都已有值，则利用以下程序片段可以输出该结构体数组：

```
1  for (i=0; i < 10;i++)
2  {
3      printf("%s,%s,%c, %5.1f\n", stud[i].id, stud[i].name, stud
   [i].sex, stud[i].score);
4  }
```

访问结构体数组时，也要注意结构体数组下标的取值范围，避免数组越界。

3. 结构体数组作为函数参数

与普通数组作为函数参数类似，结构体数组作为函数参数也有两种形式：一种是把结构体数组元素作为实参使用，另一种是把结构体数组名作为实参使用。所有的原理和方法都与普通数组作为函数参数一样，这里不再分析。

例如，假设已定义“struct student stud[10];”，其中10个元素都已有值，则可用数组元素作为实参调用前面的output()函数输出指定元素。例如：

```
1  for (i=0; i < 10; i++)
2      output(stud[i]);
```

同样地，也可以利用结构体数组名作为函数的实参，并在被调函数中定义同样类型的结构体数组作为形参。在被调函数执行期间，形参结构体数组和实参结构体数组依然是同一个数组，同占一片内存空间。比如，依然使用struct student类型，设计一个函数，实现输入多个学生的数据。为了增强函数的通用性，这里也增加了一个整型形参，接受数组长度。例如：

```
1  void inputStudent(struct student st[], int n)
2  {
3      int i;
4      for (i=0; i <n;i++)
5      {
6          printf("Student ID:");
7          scanf("%11s", st[i].id);
8          ......
9          printf("Student score:");
10         scanf("%f", &st[i].score);
11     }
12 }
```

也可以再设计一个函数，用于输出结构体数组中的多个学生数据。例如：

```
1  void outputStudent(struct student st[], int n)
2  {
3      int i;
4      for (i=0; i <n; i++)
5          printf("%s,%s,%c, %5.1f\n", stud[i].id, stud[i].name,
   stud[i].sex, stud[i].score);
6          //也可以调用output()函数，使用结构体变量作为函数参数输出指定的元素
7              output(stud[i]);
8  }
```

4. 结构体数组的应用示例

利用结构体数组可编写各种信息管理程序，比如，学生管理程序、图书管理程序、商店管理程序、职工工资管理程序等。

【例 5-3-2】 编写程序：实现简单的学生信息管理（少于 300 人）。学生信息由学号、姓名、性别、班级、成绩（少于 10 门）、平均成绩和名次组成，如表 5-3-1 所示。

表 5-3-1 学生信息示例表

学号	姓名	性别	班级	成绩 1	成绩 2	成绩 3	成绩 4	平均成绩	名次
20041050101	曹铭	男	质量 20201	56	67	78	90	0	0
20041050105	黄浩	男	质量 20201	65	76	87	91	0	0

程序的基本功能为：实现学生信息的输入和输出、编辑（包括插入、修改、删除）、查找、基本统计（包括统计最高分、最低分、平均分、各分数段人数等）、以及排序等。

解题思路：按照 5.1 节对学生单科成绩处理方法，对学生信息管理功能进行如下任务分解：

① 输入学生信息　② 输出学生信息　③ 根据平均成绩，统计最高分
④ 根据平均成绩，统计最低分　⑤ 计算各科平均成绩　⑥ 对平均成绩进行分数段统计
⑦ 按照学号顺序查找　⑧ 根据位置插入学生　⑨ 删除指定学号的学生
⑩ 按照平均成绩降序排序　⓪ 结束程序

遵循模块化设计方法，根据各项任务单元设计相应的函数。学生类型的存储结构及主要函数的源码如下：

```
/* 类型定义 */
#define    NS 300                  //学生人数
#define    NC 10                   //课程门数
struct student                     //定义结构体类型 student
{
  char    StudentID[12];           //学号，11 个数字字符
  char    FullName[41];            //姓名，20 个汉字
  char    Gender[5];               //性别，1 个汉字
  char    ClassName [41];          //班级，20 个汉字
  double  Score[NC];               //成绩，有 1 位小数
  double  Average;                 //平均成绩，有两位小数
  int   Rank;                      //名次，整数
};
/* 声明自定义函数 */
//① 根据实际人数和课程门数输入学生信息
```

```
void InputStudent(struct student st[],int ns,int nc);
//② 根据实际人数和课程门数输出学生信息
void OutputStudent(struct student st[],int ns,int nc);
//③ 根据学生的平均成绩，统计最高分
double MaxStudent(struct student st[],int ns);
//④ 根据学生的平均成绩，统计最低分
double MinStudent(struct student st[],int ns);
//⑤ 计算各科平均成绩，通过 aver 数组返回
void AverageCourse(struct student st[],int n,double aver[],int m);
//⑥ 对平均成绩进行分数段统计，通过 count 数组返回
void CountStudent(struct student st[],int ns,int count[]);
//⑦ 根据学号查找学生信息，返回下标位置，失败则返回-1
int FindStudent(struct student st[],intns,char sid[]);
//⑧ 插入学生信息，返回插入位置，失败则返回-1
int InsertStudent(struct student st[],int ns,int  pos,struct student x);
//⑨ 根据学号删除指定的学生信息，返回删除后的学生人数
int DeleteStudent(struct student st[],int ns,char sid[]);
//⑩ 按照平均成绩，对学生进行降序排序
void SortStudent(struct student st[],int ns);
int menu();//菜单显示函数
```

实现任务①输入学生信息的函数源代码如下：

```
1   void InputStudent(struct student pst[], int ns,int nc)
2   {
3       int  i,j;
4       double  temp;
5       for(i=0;i<ns;i++)
6       {
7           printf("学号");scanf("% s",pst[i].StudentID);
8           printf("姓名");scanf("% s",pst[i].FullName);
9           printf("性别");scanf("% s",pst[i].Gender);
10          printf("班级");scanf("% s",pst[i].ClassName);
11              getchar();
12          for(j=0;j<nc;j++)
13          {
14              do
15              {
16                  printf("第% d 科成绩:",j+1);
```

```
17                scanf("% lf",&temp);
18                pst[i].Score[j]=temp;
19            }while(pst[i].Score[j]<0 || pst[i].Score[j]>100);
20        }
21        pst[i].Average=0;
22        for(j=0;j<nc;j++)
23            pst[i].Average += pst[i].Score[j];
24        pst[i].Average/=nc;
25        pst[i].Rank=0;
26    }
27 }
```

实现任务②输出学生信息，要求用结构体数组作为参数，横向显示，函数源代码如下：

```
1  void OutputStudent(struct student st[],int ns,int nc)
2  {
3      int  i,j;
4      printf("\n 学号\t 姓名\t 性别\t 班级");//显示标题
5      for(i=0;i<nc;i++)
6          printf("\t 科目% d",i+1);
7      printf("\t 平均分\t 名次");
8      for(i=0;i<ns;i++)
9      {
10         printf("\n% s\t% s",st[i].StudentID,st[i].FullName);
11         printf("\t% s\t% s",st[i].Gender,st[i].ClassName);
12         for(j=0;j<nc;j++)
13         {
14             printf("\t% .1f",st[i].Score[j]);
15         }
16         printf("\t% .1f\t% d",st[i].Average,st[i].Rank);
17     }
18 }
```

下面使用选择排序方法对学生平均成绩进行降序排序。选择排序（selection sort）的原理是：第 1 次从待排序的数据元素中选出最小（或最大）的一个元素，存放在序列的起始位置，然后再从剩余的未排序元素中寻找最小（大）元素，然后放到已排序的序列的末尾。以此类推，直到所有元素均排序完毕。其中，参与排序的依据称为排序码（sort key）。它可能是一个字段，也可能是多个字段，这里只有一个字段，就是“平均成绩”。

实现任务⑩按照平均成绩进行降序排序的函数源代码如下：

```
1   void SortStudent(struct student st[],int ns)
2   {
3       int  i,j;
4       int maxi;
5       struct student temp;
6       for(i=0;i<ns-1;i++)
7       {
8           maxi=i;                  //擂主位置，给 maxi 赋初值 i
9           for(j=i+1;j<ns;j++) //依次取出后面的每一个元素
                //与擂主的平均分进行比较(比较字段)
10              if (st[j].Average>st[maxi].Average)
11                  maxi = j; //大于擂主的平均分，则记录新擂主位置
            //如果擂主位置 maxi 改变，则新擂主交换到初始位置
12          if (maxi!=i)
13          {    //交换记录
14               temp=st[maxi];
15               st[maxi]=st[i];
16               st[i]=temp;
17          }
18      }
19      //填充名次
20      st[0].Rank=1;
21      for(i=1;i<ns;i++)
22          if (st[i].Average==st[i-1].Average)
23              st[i].Rank=st[i-1].Rank;
24          else
25              st[i].Rank=i+1;
26  }
```

说明：

(1) 选择排序使用了打擂台找最值的思路。先假设首元素为最大（小）值，用变量记住该位置序号；然后从该元素的后一个元素开始，依次取出后面的每个元素与该最大（小）值进行比较，如果有比该元素更大（小）的数，就修改标记变量记住当前最大（小）元素的下标，全部比较完成后就把记住的最大元素与首元素交换，完成一趟选择排序。一趟选择排序后确定一条记录到了它该去的位置，n 条记录进行选择排序，共需 n-1 趟。如图 5-3-4 所示。

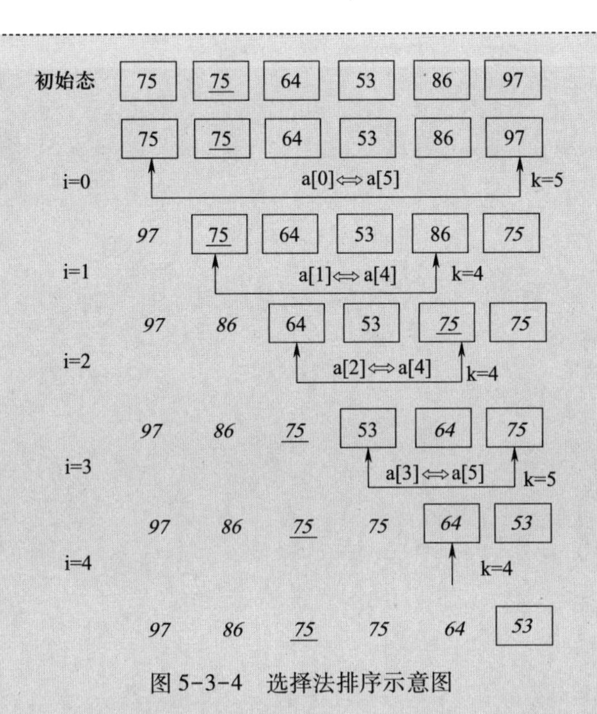

图 5-3-4　选择法排序示意图

（2）在选择排序的过程中，如果存在相同的排序码，在交换后可能会改变相应记录原来的先后位置关系。因此，选择排序不是稳定的。如图 5-3-3 所示，假设张三的平均成绩是 75，李四的平均成绩也是 75（用下划线标记，以示区别），则经过选择排序后，他们的相对位置发生了改变。

（3）选择排序在外循环中进行数据交换，冒泡排序在内循环中进行交换，因此，选择排序的交换次数比冒泡排序少，效率比冒泡排序高。

（4）本函数还实现了学生按平均分高低排名次，当后一位学生与前一位学生的平均分相同时则名次相同。

对上述三项任务进行测试，可用最简单的代码实现：

```
1  #include <stdio.h>
2  int main()
3  {//测试函数
4   struct student st[NS];
5    InputStudent(st,3,2);      //输入 3 位学生的两科成绩
6    OutputStudent(st,3,2);     //输出排序前 3 位学生的两科成绩
7    SortStudent(st,3);         //对 3 位学生按平均分进行降序排序
8    OutputStudent(st,3,2);     //输出排序结果
9  }
```

程序运行结果如图 5-3-5 所示。

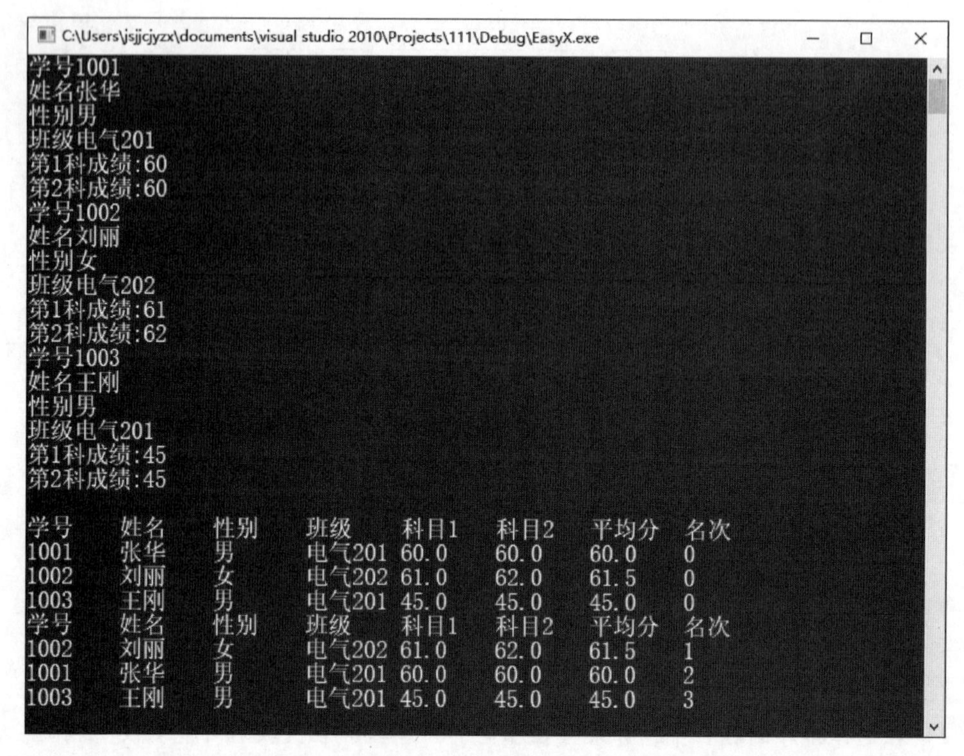

图 5-3-5　运行结果

说明：

（1）本例采用结构体数组测试 3 位学生两科成绩的输入、输出和排序函数。

（2）本例采用选择法排序，读者可以改用冒泡排序或快速排序实现相同的功能。

拓展思考：

（1）由于篇幅所限，本例没有全部实现题干要求的 10 项任务。请读者参考 5.1 节的综合实例，完成用结构体数组处理学生信息的其他任务函数。

（2）如果要求修改指定学号的学生数据，该如何设计函数？

（3）如果要求计算各科的最高分和最低分，该如何设计通用性强的函数？

（4）如果要求对各科成绩进行分数段统计，该如何设计函数？

（5）如果需要根据姓名、各科成绩等条件查找学生数据，该如何分解问题，设计函数？

（6）如果需要对学号、姓名等数据项进行排序，该如何分解问题，设计函数？

5.4　位段

当一个结构体中只包含字符型、无符号或有符号整型成员时，C 语言允许在该结构体中以位为单位指定其成员所占内存长度，这种以位为单位的成员称为位段或位域（bit field）。在计

算机用于数据通信、过程控制或参数检测等领域时，经常会利用位段来存储和计算数据，比如，可利用一个二进制位来表示一个发光二极管的亮与灭、一个电磁阀的开与关、激光发生器和接收器之间的通与断，等等。用一个或几个二进制位来表示一个控制信息，既可以节省存储空间，也可以使处理变得更加简单。

5.4.1　位段的定义与使用

位段作为一种数据结构，可以被理解为是一种特殊的结构体。它依然需要先定义后使用。

1. 位段的定义

位段类型的定义与结构体类型的定义相似，其格式为：

```
struct 位段类型名
{  /* 位段列表的定义 */
   数据类型 位段名:位段长度;
   ……
};
```

位段变量的定义与结构体变量的定义相似，也有 3 种形式，如图 5-4-1 所示。

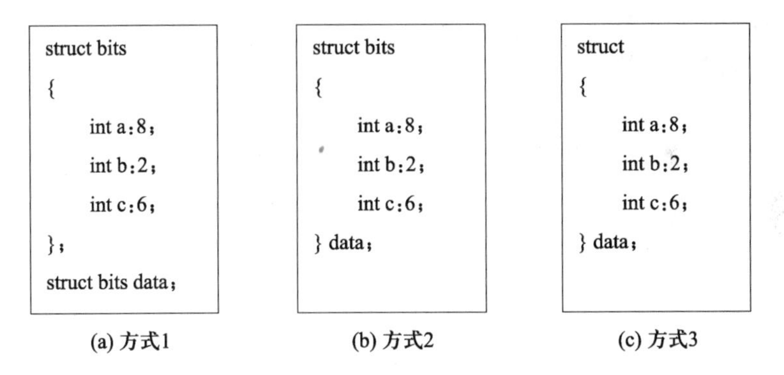

struct bits
{
int a:8;
int b:2;
int c:6;
};
struct bits data;
(a) 方式1
struct bits
{
int a:8;
int b:2;
int c:6;
} data;
(b) 方式2
struct
{
int a:8;
int b:2;
int c:6;
} data;
(c) 方式3

图 5-4-1　位段变量的定义

说明：

(1) 位段名与位段长度之间用冒号间隔，位段长度必须是整型常数。位段长度的取值范围从 0 到该数据类型所规定的位数范围，最多不超过 32 位。例如，“struct k{ int a:33};”，编译出错，因为位段长度超过了 int 型 4 个字节 32 位的范围。

(2) 如果在定义一个位段时省略了位段名，则该位段称为无名位段（unnamed bit field）。当无名位段的长度大于 0 时，表示该位段不用，不能被访问；当无名位段的长度等于 0 时，该位段称为空位段。空位段用于迫使下一个位段在下一个新的存储单元上开始存放。比如，下面对 data 的定义和初始化：

```
1   struct packedData
2   {
3       int a:4;   //从第 1 个存储单元开始存放，这里的一个存储单元是 4 个字节
4       int  :4;   //无名字段，表示当前位段(4 位)不能使用，也不能被初始化
5       int b:3;   //位段 b 位于从第 2 个字节开始的连续 3 位
6       int :0;    //空位段，表示下一个位段将从新的存储单元上开始存放
7       intc:2;    //从第 2 个存储单元开始存放
8   }data={1, 0, 1};
```

其中，data 所占的字节数为 8，如果按双长整型%lld 或%llu 输出 data 的值，结果应该是4 294 967 297。请读者根据上面的注解自行分析。

2. 位段的使用

位段的使用方法和结构成员相同，访问格式为：

位段变量名· 位段名

【例 5-4-1】 编程实现：定义位段类型，并进行位段的基本操作。

```
1   /*
2   文件名：5-4-1 BitField.c
3   功能：位段的使用
4   * /
5   #include <stdio.h>
6   struct bits
7   {
8       int   a:4;
9       int   b:6;
10      int   c:4;
11          int   d:4;
12  } gData;
13  int main()
14  {
        //初始化为：data.a=1, data.b=2, data.c=3, data.d=4
15      struct bits data={1,2,3,4};
16      gData.a=4;     //0100
17      gData.b=3;     //000011
18      gData.c=2;     //0010
19      gData.d=1;     //0001
```

```
20 |    printf("%d,%x\n", sizeof(data),data);     //用 sizeof 计算 data 所
   |                                                占的字节数
21 |    printf("%d,%x\n", sizeof(gData),gData);   //gData 的紧邻存储形式
   |                                                         00 00 01
   |                                              为：4834  = --------
   |                                                            d
   |                                              00 10 00 0011 0100
   |                                              ----- ------- ----
   |                                                c      b     a
22 |}
```

程序运行结果如图 5-4-2 所示。

图 5-4-2　运行结果

说明：

（1）在对有名位段进行初始化时，要注意初始值不能超过该位段的取值范围。

（2）位段的使用方法与结构成员相同，也可以进行赋值和输入输出等操作。

（3）注意位段的内存存储形式、存储规则一般与编译器有关。在 Visual C++ 2010 中，如果相邻位段的类型相同，且位段长度之和小于或等于类型的 sizeof 大小，则紧邻存储；如果相邻位段的类型相同，但其位段长度之和大于类型的 sizeof 大小，则后面的位段将从新的存储单元开始存放。比如，本例中相邻位段的类型都是 int，并且所有位段的长度之和小于 int 的 sizeof 大小 4 个字节（32 位），因此这 4 个位段都是一个紧挨着一个，紧邻存储的，中间没有空闲位，也没有开辟新的存储单元。这种以存储单元为单位，采取对齐的方法进行存储的方式，与结构体各成员的存储方式是一样的。这里请读者思考：如果将本例中位段 c 的长度定义为 30，那么 sizeof(data)又会是多少呢？

（4）由于位段的实现方式依赖于具体的机器、系统和平台，因此位段程序不容易移植。

5.4.2　位运算

C 语言不仅允许以位为单位存储数据，也允许以位为单位运算数据。这类以二进制位为单位进行的运算，称为位运算（bitwise operation）。在本节之前介绍的所有运算都是以字节为单位进行的运算，这些运算是各种高级语言所普遍具有的功能。但是，位运算却一般是低级语言才具有的功能。C 语言提供了位运算功能，使之既具有高级语言的功能，也具有低级语言的功能，所以也有人不是很规范地称之为“中级语言”。这也正好体现了 C 语言为什么功能如此强大，并多用于底层程序的开发。

位运算是对字节或字节内的单个或多个二进制位进行测试、抽取、设置或移位等操作。位运算的操作对象不能是float和double等数据类型，只能是字符型或整型，包括signed和unsigned修饰的char、short、int和long。

针对不同的位运算功能，C语言提供了6种位运算符（bitwise operator），包括按位相与、按位相或、按位异或、按位取反、按位左移和按位右移，如表5-4-1所示。其中，只有按位取反运算符是单目运算符，其他都是双目运算符。按位相与、按位相或、按位异或和按位取反4种位运算符的运算规则，如表5-4-2所示。

表5-4-1　所有位运算符简介

运算符	含义	运算对象	优先级	结合性
~	按位取反	单目	2	从右向左
<<、>>	按位左移、右移	双目	5	从左向右
&	按位相与	双目	8	从左向右
^	按位异或	双目	9	从左向右
|	按位相或	双目	10	从左向右

表5-4-2　4种位运算符的运算规则

a	b	a& b	a | b	a^b	~a
0	0	0	0	0	1
0	1	0	1	1	1
1	0	0	1	1	0
1	1	1	1	0	0

1. 按位取反运算

按位取反运算是指对操作数的各个二进制位进行按位取反，即1变0，0变1。例如：

```
1  int a=1;          //a的二进制补码为：(0000 0000 0000 0000 0000 0000
                       0000 0001)补
2  int b=~a;         //b的二进制补码为：(1111 1111 1111 1111 1111 1111
                       1111 1110)补
3  printf("%d",b);   //b的十进制数为-2（符号位为负，其余各位按位取反加1）
```

2. 按位相与运算

按位相与运算是指将两个操作数的对应二进制位作按位相与运算。在对应位上，只要其中任意一位为0，按位相与后的结果就为0。例如：

```
1  int a=15;            //a 的二进制补码为：(0000 0000 0000 0000 0000 0000
                           0000 1111)补
2  int b=9;             //b 的二进制补码为：(0000 0000 0000 0000 0000 0000
                           0001 0001)补
3  printf("%d",a&b);   //a&b 的十进制数为 1 (保留 b 的低 4 位不变，其余位置 0)
```

a 的作用相当于掩码（mask），常用于对操作数中的某些位进行清零或屏蔽。例如，判断 C 类 IP 地址 192.168.1.2 的网络号，常使用子网掩码 255.255.255.0 与 IP 地址的对应二进制位作按位相与运算。这个掩码就像安装的一个“筛子”，将需要的位置 1，不需要的位置 0，因此这个掩码在与另一个操作数作按位相与运算时，这个操作数的各位经过这个“筛子”以后，需要的位就原样“掉”下来，不需要的位就被 0 屏蔽掉了。程序员利用这一特性，可以提取出某个操作数中自己关心的位，也可以屏蔽掉某些位，还可以对某些位进行清零操作。

3. 按位相或运算

按位相或运算是指将两个操作数的对应二进制位作按位相或运算。在对应位上，只要其中任意一位为 1，按位相或后的结果就为 1。例如：

```
1  int a=1;             //a 的二进制补码为：(0000 0000 0000 0000 0000 0000
                           0000 0001)补
2  int b=~0;            //b 的二进制补码为：(1111 1111 1111 1111 1111 1111
                           1111 1111)补
3  printf("%d",a|b);//a |b 的十进制数为-1(32 位均为 1)
```

按位相或运算也可以起到按位相与运算类似的作用，只是按位相或这个“筛子”是将需要筛选出的位置 0，而将需要屏蔽掉的位置 1，然后作按位相或运算。它常常用于对操作数的某些位置 1。

4. 按位异或运算

按位异或运算是指将两个操作数的对应二进制位作按位异或运算。在对应位上，只要两位相同就为 0，不同就为 1。例如：

```
1  int old1,pwd,cipher,old2;
2  old1=5;//old1 的补码为：(0000 0000 0000 0000 0000 0000 0000 0101)补
3  pwd=3; //pwd 的补码为：(0000 0000 0000 0000 0000 0000 0000 0011)补
   //cipher 的补码为：(0000 0000 0000 0000 0000 0000 0000 0110)补
4  cipher =old1^pwd;
   //old2 的补码为：(0000 0000 0000 0000 0000 0000 0000 0101)补
```

```
5  old2=cipher^pwd;
   //old2 的十进制数为 5 (old1 与 old2 相同，这是一种简单加密算法)
6  printf("%d", old2);
```

在本例中，如果甲乙是通信双方，甲方只需将自己要发送的数据异或一个双方商定的密钥 pwd，就可将明文 old1 变为密文 cipher，当密文通过通信线路传送到乙方后，乙方再将密文与双方商定的密钥作一次异或运算即可恢复为明文 old2，显然 old2 是与 old1 相同的。这就实现了一次简单的加密与解密过程。

除了上面的例子，按位异或运算还有许多重要的作用。比如，可利用某位异或 1 要变，异或 0 不变的特性，对操作数的指定位进行翻转操作。再比如，还可利用相同异或为 0，不同异或为 1 的特性，将某个操作数自己与自己作一次异或操作，就能实现清零操作。还有，只需将两个整型变量相互连续作 3 次按位异或运算，即可实现两个变量的交换，而无须借助第 3 个变量。比如，下面这个程序片段：

```
1  short int a = 7;              //a 的补码为：(0000 0000 0000 0111)补
2  short int b = 12;             //b 的补码为：(0000 0000 0000 1100)补
3  a = a^b;                      //a^b 后 a 为：(0000 0000 0000 1011)补
4  b = b^a;                      //b^a 后 b 为：(0000 0000 0000 0111)补
5  a = a^b;                      //a^b 后 a 为：(0000 0000 0000 1100)补
6  printf ("a=%d, b=%d\n", a, b);   //最后，a=12, b=7
```

其运行过程和运行结果，请参见注释。至此，就回答了在 3.2.3 节中留下的问题，即两个变量在不借助第 3 个变量的情况下如何实现直接交换。

5. 按位左移运算

按位左移运算是指将操作数的每个二进制位从左到右依次左移指定的位数，移出左端的位自然丢失，移入右端的位自动取 0。例如：

```
1  short int a=3;          //3 的补码为：(0000 0000 0000 0011)补
2  printf("%d",a<<1);      //a<<1 的结果为 6：(0000 0000 0000 0110)补
3  printf("%d",a<<2);      //a<<2 的结果为 12：(0000 0000 0000 1100)补
4  printf("%d",a<<3);      //a<<3 的结果为 24：(0000 0000 0001 1000)补
```

可见，每左移 1 位相当于乘以 2，左移 n 位相当于乘以 2^n，但要注意符号位的变化和数值范围溢出的问题。

6. 按位右移运算

按位右移运算是指将操作数的每个二进制位从右到左依次右移指定的位数，移出右端的位自然丢失，移入左端的位自动取 0 或取 1，视具体情况而定。在 VC++中，当操作数为有符号数时，左端移入的值取符号位上的值，称为算术右移；当操作数为无符号数时，左端移入的值

都取 0，称为逻辑右移。例如：

```
1  short int a = -4, a1, a2;      //a 的补码为：(1111 1111 1111 1100)补
2  unsigned short int u=32768;//u 的补码为：(1000 0000 0000 0000)补
3  a1 = u >> 1;                   //a1 的补码为：(0100 0000 0000 0000)补
4  a2 = a >> 1;                   //a2 的补码为：(1111 1111 1111 1110)补
5  printf("%d, %d", a1, a2);      //a1 的十进制数为 16 384，a2 的十进制数为-2
```

每右移 1 位相当于除以 2，右移 n 位相当于除以 2^n，但依然要注意符号位的变化和数值范围溢出的问题，比如，将 a 右移 3 位或 3 位以上，结果都是-1。

说明：

（1）这种通过移位操作来实现乘 2 或除 2 运算的方法，在某些场合是非常有用的，便于算法的硬件实现。

（2）移位操作主要应用在一些通信信号和控制信号的处理上。

（3）无论左移还是右移，从一端移走的位不会自动移入另一端，移出的信息会自然丢失。如果程序员希望将一端移出的位存入另一端，实现循环移动，那么就需要单独编程实现。

（4）位运算符还可以与赋值运算符构成复合赋值运算符，其优先级与简单赋值运算符相同。

5.5　联合体

结构体是一种构造类型或复合类型，它可以包含多种类型的多个成员。除了结构体外，C 语言还提供了另一种构造类型，它也可以包含多种类型的多个成员，但是这种类型定义的变量，其成员在内存中并不单独占据各自的内存空间，而是各成员共享一段内存空间，具有相同的起始地址。这种构造类型称为联合体（union），有时也称为共用体。

1. 联合体的定义

联合体类型可以使用 union 保留字来定义，定义格式如下：

```
union 联合体名
{
    成员列表;
};
```

可见，联合体类型的定义方式与结构体类型相似，两者的区别仅仅是保留字不一样而已。

联合体变量的定义与结构体变量的定义也一样具有如图 5-5-1 所示的 3 种形式。

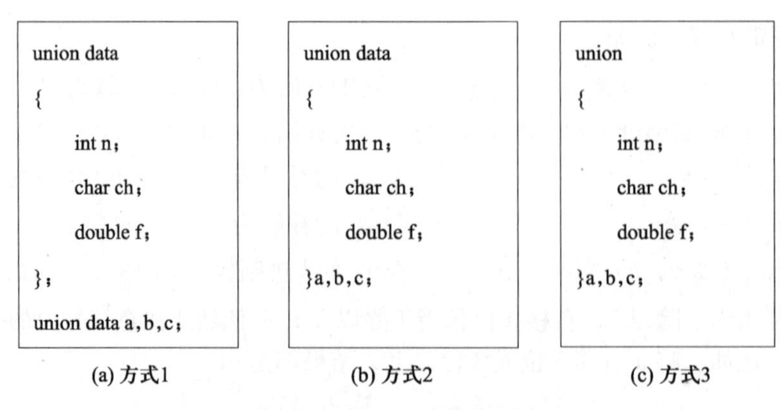

(a) 方式1　(b) 方式2　(c) 方式3

图 5-5-1　联合体变量的定义方式

与前面定义的结构体类型、位段类型一样，这里定义的联合体类型在语法使用上也和基本数据类型一样，区别仅仅在于构造类型是由程序员根据程序设计的需要自己定义创建的，而基本数据类型是 C 编译器自带的。通俗地讲就是，一个是程序员“后天”创建的，另一个是编译器“先天”自带的。不管是先天还是后天，只要是数据类型，就只是一个抽象的概念，是对某类数据的特征描述，并不占据具体的内存空间。只有当某种数据类型用来定义相应的变量以后，变量才占有具体的内存空间，才可以被用来存放相应的数据。

在定义联合体变量的 3 种方式中，第 1 种方式最为常用。通常用这种方式将联合体类型定义在所有函数之外，源程序的预处理命令之后，以便在所有函数内都可以用该联合体类型来定义相应的变量。如果用第 2 种方式在函数之外定义相应的联合体变量，那创建的联合体变量就成了外部变量了，具有全局性、共享性，这需要慎用。第 3 种方式由于没有联合体类型名，不能在其他地方再次使用，是一次性的，不值得推荐。

2. 联合体的特点

（1）联合体变量中各成员的内存地址相同。结构体变量的各成员分别存储在不同的内存空间中，每个成员的起始地址都是不相同的，相互之间没有影响；但联合体变量所有成员的起始地址都是相同的，即都从同一位置开始存放数据。这一本质特征导致了后面一系列的特点都与结构体不同。

（2）联合体变量中各成员共享一块内存空间。由于联合体变量各成员的起始地址是相同的，所以这些成员的存储空间也就是重叠的，大家都共用同一块内存空间。这样，联合体变量的大小，也就应该是最大成员的大小，以便能够保存其最大的成员。这一特点也就导致了修改联合体变量中某一成员的值会影响其他所有成员的值。

（3）联合体变量中起作用的成员是最后一次被赋值的成员。在同一内存空间要存放联合体变量的多个成员，显然不可能让所有成员同时存在，同时起作用。在每一个瞬时只可能有一个成员起作用，即有效，而其他成员则不再起作用，即无效。联合体变量中起作用的成员就是最后一次被赋值的那个成员。在对联合体变量中的某一个成员赋值后，该变量存储单元中原有的值就被覆盖和取代了。当然，程序员依然可以按以前的成员来读取现在成员的值，如果两者的存储格式和存储空间大小完全相同，则读出来的值就是现在成员的值；如果存储格式和存储

空间大小不一样，则读出来的值就不是程序员希望的了，没有意义。

（4）不能同时对联合体变量的多个成员进行初始化。在定义联合体变量时，可以对其中某一个成员进行初始化，用花括号将初始化数据括起来，但不能同时对多个成员进行初始化，因为这是不可能实现的。

（5）不能直接对联合体变量名进行赋值，也不能企图直接引用一个联合体变量名来得到一个值。必须访问到具体的成员。但是，C99 允许同类型的联合体变量互相赋值。

（6）C99 允许用联合体变量作为函数参数。

3. 联合体应用示例

用联合体存储数据可以节省存储空间。实际应用中，构造类型的有些数据项不可能同时出现，具有相互排斥性，如果分别都为这些数据项分配内存空间，则会造成存储空间的浪费。这时，就可以把这些数据项存储在一个联合体中，节省空间。联合体的这种特性在嵌入式编程和网络底层协议编程中应用较多。

【例 5-5-1】 编程实现：在 32 位编译器中，通过实例分析联合体的特性。

```
1   /*
2   文件名: 5-5-1union.c
3   功能: 联合体的特性示例
4   */
5   #include <stdio.h>
6   void output(union uData u);
7   struct sData
8   {
9       int i;
10      short s[2];
11          charc[4];
12  };      //定义结构体类型 sData
13  union uData
14  {
15      int i;
16      short s[2];
17      charc[4];
18  };          //定义联合体类型 uData
19  int main()
20  {
21      struct sData  s;
22      union  uData  u;
23      union  uData  u1={0x04030201};          //联合体变量 u 初始化
```

```
24      printf("%p,%p,%p\n", &s.i, s.s, s.c);//结构体成员的内存地址
                                              不同
25      printf("%p,%p,%p\n", &u.i, u.s, u.c);//联合体成员的内存地址
                                              相同
26      //结构体变量的空间长度大于或等于各个成员的内存空间之和
27      printf("%d,%d\n", sizeof(s), sizeof(struct sData));
28      //联合体变量的空间长度是最长的成员所占的内存空间长度
29      printf("%d,%d,%d,%d\n", sizeof(u), sizeof(u.i),  sizeof
    (u.s), sizeof(u.c));
30      //联合体变量中起作用的成员是最后一次被赋值的成员
31      u.i=0x04030201; u.s[0]=0x1211; u.s[1]=0x2221;
32      u.c[0]=0x31;   u.c[1]=0x32;   u.c[2]=0x33;  u.c[3]=0x34;
33      printf("u.i=%x,u.s[0]=%x,u.s[1]=%x\n", u.i, u.s[0], u.s[1]);
34      //u={0x04030201};           //不能对联合体变量名直接赋值
35      u=u1;                       //C99 允许同类型的联合体变量互相赋值
36      printf("u.i=%x,u.s[0]=%x,u.s[1]=%x\n",u.i,u.s[0],u.s[1]);
37      output(u);                  //C99 允许用联合体变量作为函数的实参
38      return 0;
39  }
40  void output(union uData x)      //C99 允许用联合体变量作为函数的形参
41  {
42      printf("x.i=%x\n", x.i, x.s[0], x.s[1]);
43      printf("x.s[0]=%x,x.s[1]=%x\n", x.s[0], x.s[1]);
44  }
```

程序运行结果如图 5-5-2 所示。

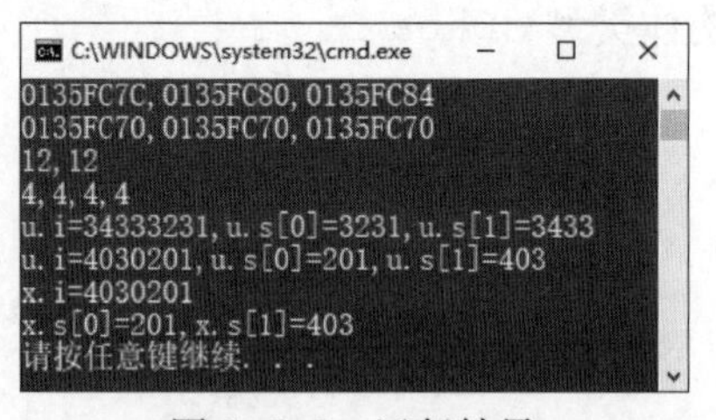

图 5-5-2　运行结果

说明：

（1）联合体中含有数组时，数组元素从低地址处开始存放，下标从小到大变化，地址也从小到大变化。

（2）上述代码验证了共用体的长度的特性，说明共用体成员之间会相互影响，修改一个成员的值会影响到其他成员。

5.6　枚举类型

在现实生活中，有很多量在取值时都只能取有限的几个值。例如，问今天是星期几？你的回答只可能是星期一到星期日 7 个有效值中的一个。同样地，像性别这样的取值也只可能是男和女两个有效值中的一个，等等。如果把这些量定义为整型、字符型或其他类型显然是不恰当，也是不安全的。为此，C 语言提供了一种特殊的数据类型，允许程序员把所有可能的取值一一列举出来，定义为一种自定义数据类型，称为枚举类型（enumeration）。由枚举类型定义的枚举变量就具有该类型所定义的特性。因此，在取值时，枚举变量就不能超过在枚举类型中所定义的有效值范围。

实际上，枚举类型是一种基本数据类型，而不是一种构造类型，因为它不能再分解为任何一种基本数据类型。之所以把枚举类型放在这一章中介绍，是因为它与结构体、位段、联合体一样，也是一种用户自定义类型，定义格式也比较相似。

1. 枚举类型的定义

在程序中，可能需要为某些整数定义一个别名，可以利用预处理指令#define 来完成这项工作。例如，将整数 0~6 分别对应到一周的 7 天，可以这样定义：

```
1  #define MON  0
2  #define TUE  1
3  #define WED  2
4  #define THU  3
5  #define FRI  4
6  #define SAT  5
7  #define SUN  6
```

也可以通过定义一种枚举类型来完成同样的工作，定义格式如下：

```
1  enum weekday
2  {
3      MON, TUE, WED, THU, FRI, SAT, SUN
4  };
```

其中，weekday 为枚举类型名，MON 等为枚举成员，共有 7 个，即一周中的 7 天。

枚举类型定义的一般形式为：

```
enum 枚举名
{
    枚举值列表
};
```

在枚举值列表中应罗列出所有可能的取值，这些值也称为枚举元素或枚举成员。

说明：

（1）枚举类型所包含的所有枚举元素构成一个集合，每个枚举元素被编译系统处理为一个命名的整型常量并约定为大写，枚举元素间用逗号隔开。

（2）在定义枚举类型时，编译系统将把枚举元素按整型常量来处理，因此，枚举元素又被称为枚举常量。枚举元素作为整型常量是有值的，编译系统按它们定义的顺序默认将它们分别取值为：0,1,2,3…即编译系统会将第1个枚举成员默认为整型常量0，后续枚举成员默认在前一个成员的基础上加1。比如，前面 enum weekday 类型的定义，从 MON 到 SUN 依次就是0到6。枚举值实质就是一个整型值，或者说枚举常量就是一个整型常量，程序员既可以将它们用 printf( ) 函数的%d 来输出，也可以把它们按整型值来比较大小，等等。

（3）程序员也可以根据自己编程的需要，人为指定枚举成员的取值，比如：

```
1  enum weekday
2  {
3      MON=0, TUE=1, WED=2, THU=3, FRI=4, SAT=5, SUN=6
4  };
```

在这里，人为指定的各枚举成员的值刚好与默认情况的值相同。如果按照中国人的习惯，星期一对应1，星期二对应2，依此类推，直到星期日对应7的话，则可按如下方式人为指定：

```
1  enum weekday {MON=1, TUE, WED, THU, FRI, SAT, SUN};
```

但要注意下面这种人为指定枚举值的情况：

```
1  enum colour{RED,GREEN, BLUE, WHITE=5, BLACK};
```

其中，枚举成员 RED、GREEN、BLUE 按默认方式依次取值为0、1、2，WHITE 被人为指定为5以后，BLACK 也就默认在 WHITE 的基础上加1，取值为6。

（4）与结构体类型的定义一样，枚举类型的定义也是以分号（;）结束，其原因也是因为可以在反花括号和分号之间直接定义枚举变量。

2. 枚举变量的定义与使用

与结构体和共用体变量的定义一样，枚举变量的定义也有3种方式，这里不再赘述。例如，假如要将变量 a，b，c 定义为上述的 enum weekday 枚举变量，可采用下述方式中的任意一种。

方式1：先定义枚举类型，再定义枚举变量，例如：

```
enum weekday{MON,TUE,WED,THU,FRI,SAT,SUN};
enum weekday a,b,c;
```

方式2：定义类型的同时定义变量，例如：

```
enum weekday{MON,TUE,WED,THU,FRI,SAT,SUN}a,b,c;
```

方式 3：省略类型名定义变量，这种方式不能再定义新的变量，例如：

```
enum{MON,TUE,WED,THU,FRI,SAT,SUN}a,b,c;
```

在使用枚举变量的过程，要遵守以下规定：

（1）枚举值是常量，不是变量。因此，不能在程序中用赋值语句对枚举值进行赋值。例如，在定义 enum weekday 类型以后，企图再修改其中枚举元素的取值，是错误的。例如：

```
1  SUN = 5;          //错误
2  MON = 2;          //错误
3  SUN = MON;        //错误
```

（2）只能把枚举值赋给枚举变量，不能把枚举元素对应的整型值直接赋给枚举变量。比如，有以下程序片段：

```
1  enum weekday{MON,TUE,WED,THU,FRI,SAT,SUN}a,b,c;
2  a = MON;          //正确
3  b = SUN;          //正确
4  c = TUE;          //正确
5  a = 0;            //错误，因为 0 是整型常量，而 a 是枚举变量，类型不一致
6  b = 6;            //错误，原因同上
```

枚举值与枚举元素对应的整型值是两个不同的概念，它们的数据类型并不相同。程序员如果一定要把这个整型常量 6 赋值给枚举变量 b，那么就必须使用以前介绍的强制类型转换，比如：

```
1  b = (enum weekday)6;
```

其作用为：将整型常量 6 强制转换为 enum weekday 类型中枚举值为 6 的枚举元素，再赋值给 b。相当于“b = SUN;”。

【例 5-6-1】 编程实现：使用枚举数据，显示 12 个月的月份信息。

```
1   /*
2   文件名：5-6-1Enumerate.c
3   功能：枚举类型的应用
4   */
5   #include <stdio.h>
6   enum months             //定义枚举类型，表示一年中的月份
7   {
8       JAN = 1, FEB, MAR, APR, MAY, JUN, JUL, AUG, SEP, OCT, NOV, DEC
9   };
10  int main(void)
11  {
12      char monthName[13][40] = { "", "January", "February", "March",
13          "April", "May", "June", "July", "August", "September",
```

```
14           "October","November", "December" };      //二维字符数组初始化
15       enum months month;     //定义枚举变量
16       //循环输出月份信息
17       for (month = JAN; month <= DEC; month++)
18       {
19           printf("%2d%11s\n", month, monthName[month]);
20       }
21   }
```

程序运行结果如图 5-6-1 所示。

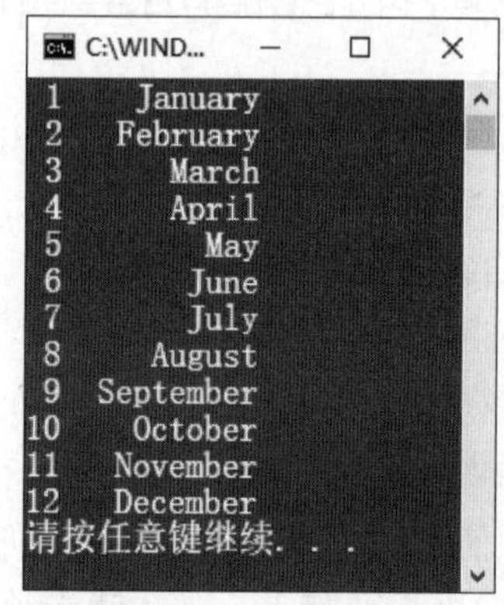

图 5-6-1 运行结果

说明：

（1）枚举变量可以进行赋值运算和关系运算。如语句第 17 行，利用枚举变量 month 的取值来控制循环。

（2）枚举变量的值可以被输出，也可以用作数组元素的下标，引用数组元素。也就是说，完全可以把枚举变量的取值当作一个整型值来使用。

5.7 类型名定义

从 5.3 节结构体开始，用自定义的结构体类型、联合体类型、枚举类型等定义一个变量时，自定义的类型名都需要带上相应类型的保留字（struct、union 或 enum），这不仅有点麻烦，也无助于程序员对代码的理解。例如，比较定义语句“struct student st;”与“Student st;”，可以看到，后者用新类型名 Student 代替 struct student 来定义相应的变量，让人更容易理解，也让程序更加地简洁。也就是说，后一条定义语句具有更好的可读性（readability）。可读性是衡量软件质量的一项重要指标，此外还有可移植性（portability）、可维护性（maintainability）、可复用性（reusability）、可测试性（testability）和健壮性（robustness），等等。程序的可移植性是指当运行程序的环境或条件发生变化以后，程序无须作大量修改甚至不做任何修改就能正常运行。程序可维护性通俗理解就是可被修改的难易程

度。在本书的程序分析中已经涉及其中部分指标，请读者用心体会。

typedef 就是一个用来提高程序可移植性、可读性和可维护性的重要工具。typedef 是 C 语言提供的一个保留字，其作用是为一种数据类型定义一个新的类型名。这里的数据类型包括基本数据类型（int、float、char 等）和自定义的数据类型（struct、union 等）。也就是为一个现有的数据类型起一个别名，就像给一个人起一个“绰号”一样。起别名的目的不是为了提高程序运行效率，而是为了编程方便。

1. typedef 的用法

typedef 的一般用法为：

```
typedef  oldName  newName;
```

其中，oldName 是现有类型的名字，newName 是新取的类型名。

注意：

（1）typedef 只是为现有类型赋予一个新的、容易理解的名字，而不是创建一个新的类型。数据类型是已有的，不是现在才定义的。现在定义的只是一个新的类型名。

（2）为了“见名知意”，应尽量使用含义明确的标识符，并且尽量使用大写。例如，为 int 类型定义一个别名 INTEGER，语句如下：

```
1  typedef  int  INTEGER;            //INTEGER 是 int 的别名
2  INTEGER a, b;                     //等价于定义语句“int a, b;”
```

（3）使用 typedef 定义新类型名通常有以下 3 个步骤：

第 1 步：按照传统的变量定义格式定义变量。

第 2 步：用新类型名替换变量名。

第 3 步：在定义语句之前加上保留字 typedef，就完成了一个新类型名的定义。

typedef 常用来给数组、指针、结构体等比较复杂的数据类型定义一个别名，比如：

```
1  char array[20];                //第 1 步：按传统方式定义数组
2  char ARRAY[20];                //第 2 步：用新类型名替换数组名
3  typedef  char  ARRAY[20];      //第 3 步：在定义语句之前加上 typedef
4  /* 下面就可用 typedef 定义的新类型名 ARRAY 来定义相应的数组了 */
5  ARRAY s1, s2;                  //等价于“char s1[20], s2[20];”
```

同样地，用 typedef 定义结构体新类型名的步骤如图 5-7-1 所示。

完成图 5-7-1 所示的 3 个步骤后就可用 typedef 定义的新类型名 STUD 来定义相应的结构体了，例如：

```
1  STUD stud[10];    //使用别名 STUD 定义数组 stud，等价于“struct stu
                       stud[10];”
```

特别强调：上述两个示例，仅仅是为了演示 typedef 的用法，便于初学者理解 typedef 如何使用。实际编程时，无须进行第 1 步和第 2 步，直接使用第 3 步定义一个新类型名以后就可用来定义相应的变量了。

struct stu { char id[12]; char name[16]; int age; char sex; } student;	struct stu { char id[12]; char name[16]; int age; char sex; } STUD;	typedef struct stu //这里就可省略stu { char id[12]; char name[16]; int age; char sex; }STUD;
(a) 第 1 步	(b) 第 2 步	(c) 第 3 步

图 5-7-1　用 typedef 定义结构体新类型名的步骤

2. typedef 的作用

typedef 的作用正是有助于提高程序的可移植性、可读性和可维护性，具体如下：

（1）typedef 的一个重要用途是定义与机器无关的类型，提高程序的可移植性。例如，可定义一个名字为 REAL 的浮点类型，在目标机器上获得最高的精度。

```
1  typedef long double REAL;
```

如果在不支持 long double 的机器上运行相关代码，只需要修改 typedef 语句中相应的内容即可做到“一改俱改”。比如，改为“typedef double REAL;”或者“typedef float REAL;”即可。这样就避免了逐个地去查找和修改源程序中所有使用 long double 的地方。

（2）使用 typedef 为现有类型创建易于记忆且意义明确的别名，简洁明了，可以提高程序的可读性。例如：

```
1  typedef unsigned int UINT;
```

（3）使用 typedef 简化一些比较复杂的类型声明，可以提高程序的可维护性。例如，定义 PFunCallBack 类型作为函数指针。这将在第 6 章中探讨，读者可暂时不管，等学完第 6 章后再返回来学习。

假设有一个用函数指针作参数的函数 SubCommand( )，其传统的声明形式如下：

```
1  void SubCommand(char *strKey, void (*pfuncallback)(char* pMsg,
   unsigned int nMsgLen), bool bOnlyOne);
```

如果使用 typedef 来定义一个新类型名，形式如下：

```
1  typedef void (*PFunCallBack)(char* pMsg, unsigned int nMsgLen);
```

则使用类型名 PFunCallBack 后，再来声明函数 SubCommand( )，就可以简化为：

```
1  void SubCommand (char *strKey, PFunCallback pfuncallback, bool
   bOnlyOne);
```

可见，使用 typedef 定义的新类型名，简洁明了，有利于代码的维护，减少了出错的风险。

第6章 指　　针

电子教案

剑锋所指，所向披靡。

——都梁

指针是C语言程序设计的提高部分，在C语言学习中占有非常重要的地位。如果把C语言比作一把锋利的宝剑，那么指针就是这把宝剑上的剑锋，“剑锋所指，所向披靡”，但是，“至宝有本性，精刚无与俦。可使寸寸折，不能绕指柔”“劝君慎所用，无作神兵羞”，如果程序员掌握好了指针，运用得当，既可以灵活地处理前面所学的各种数据类型，也可以很好地解决程序设计中遇到的各种疑难问题，使程序员如虎添翼，产生质的飞跃。但是，如果掌握得不牢，运用得不好，对宝剑来说，伤别人和伤主人效果是一样的。

6.1 指针的概念

6.1.1 内存地址与存储模式

严格地说，内存（internal memory，又称为内部存储器）是指CPU能够直接访问的存储器，它包括寄存器、高速缓存和主存，请参见《大学计算机》3.4.2节。这里所说的“内存”仅指主存中的DRAM（dynamic RAM，动态随机存取存储器），是一种狭义的理解。内存是计算机中非常重要的存储部件。凡是要运行的程序和运行程序所需要的数据都必须预先调入内存中才能被CPU执行，程序运行的结果也需要暂时存放到内存中。为了便于对内存进行管理和操作，比如，对内存的存取和计算其容量等，系统以字节为单位，为内存中的每个字节都分配了唯一的编号，这个编号就是内存地址（address）。系统要访问一个存储单元时只需要根据该存储单元的地址就可以准确地找到它，并存取其中相应的内容。这就好比学生上课，只需要根据教室的门牌号码，就能准确找到自己上课的教室，因为每间教室都有一个唯一的地址。

在实际应用中，由于内存数量庞大并为了与二进制建立便捷的对应关系，地址的表示一般习惯采用十六进制形式。地址的长度和编译系统有关，如32位和64位的编译系统的地址长度分别是32位和64位，VC++ 2010是32位编译系统，因此地址也就是32位的，如0x00002000就是一个32位的地址，其中前缀0x表示这是一个十六进制数。在同一个系统中，所有内存地址的长度都是相同的。

计算机的内存由数以亿计的字节组成，每个字节都可以存储无符号值0~255，或有符号值-128~127，所能表示的范围总是有限的。实际使用中，通常用一个字节的存储单元存储一个较小的字符型数据，并用这个字节的地址表示这个数据的存储位置；但在存储一个更大的数据时，则需要将多个字节合在一起作为一个更大的内存单元来存储，并将其首地址作为该数据的存储位置。如图 6-1-1 所示，假定某种机器以 4 个字节为单位存储一个整数，地址 0x00002000~0x00002003 和 0x00002004~0x00002007 就可以分别存储两个不同的整数。尽管每个存储单元都包含了 4 个字节，每个字节都有自己的地址，但就某个存储单元而言，系统只需要知道其首地址即可正常访问该存储单元中的数据，比如，只需要知道存储单元 0x00002000~00000x2003 的起始首地址 0x00002000 即可。

另外，在一个具体的存储单元中存储数据时，不同的计算机系统采用了不同的存储模式。典型的有两种：一种是将数据的低字节存放在低地址，高字节存放在高地址，这种模式称为小端模式（little-endian），也称为小端字节序；另一种是将数据的高字节存放在低地址，低字节存放在高地址，这种模式称为大端模式（big-endian），也称为大端字节序，又因为在网络上传输数据普遍采用大端模式，所以也称为网络字节序。Intel 的 80x86 系列芯片采用的是小端模式，ARM 芯片默认采用小端模式，但可以切换为大端模式，MIPS 等其他芯片要么采用大端模式，要么提供选项支持大端模式。当然，大小端模式的处理也和相应编程语言的编译器实现有关。C 语言一般默认是小端模式，Java 与平台无关，默认是大端模式。比如，将十进制数 19 018 500（对应十六进制数 0x01223304）放入存储单元 0x00002000~0x00002003 中，利用 VC++ 2010 调试工具观察到的情况如图 6-1-1 所示，这是小端模式。如果采用大端模式的话，从 0x00002000（低地址）到 0x00002003（高地址）这 4 个字节中分别存放的就应该是 0x01（高字节数据）、0x22、0x33 和 0x04（低字节数据）。

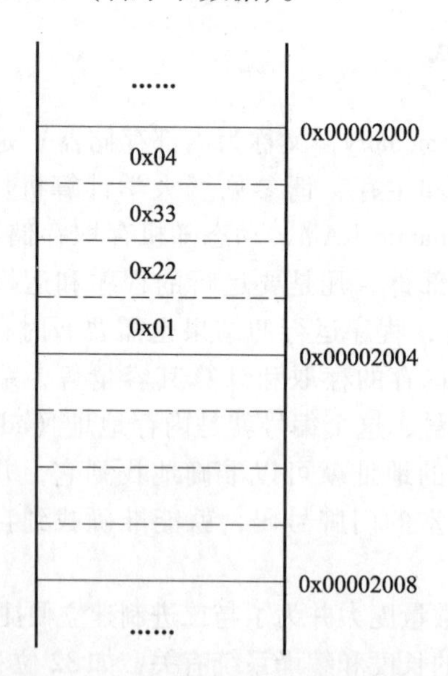

图 6-1-1　存储单位的地址与存储模式

在 C 语言中，不同类型的数据所占用的内存字节数可能也不同，编译系统能够根据程序员指定的数据类型自动分配相应的字节数，具体可以用 sizeof 运算符来求出，例如，用 sizeof(int)可求出一个基本整型数据所占的字节数。

6.1.2 直接访问和间接访问

正如4.2.2节所述，一个完整的变量定义应该包含数据类型、变量名、作用域和存储类型4项信息，系统会根据这个定义信息为其分配一块相应大小的内存单元。一个变量就对应着一个内存单元，或者说一个变量的逻辑概念就是通过一个内存单元来物理实现的。这块内存单元的起始地址就是该变量的地址，代表该变量在内存空间中存储的位置，编译系统用变量名来与之对应。这样，根据变量名就能直接找到该变量在内存中存放的位置，从而读写（存取）其中的数据（变量的值）。像这种程序员通过变量名直接存取内存单元中内容的方式，就叫作直接访问方式。

例如，通过直接访问方式对简单变量进行存取和显示输出：

```
1  int  x = 5, y;     //定义了两个整型变量，变量 x 的初始值为 5
2  y = x + 3;//通过变量名 x 访问内存取出 5，计算和，把结果 8 送到变量 y 的对应
             内存中
3  printf("% d", y); //通过变量名 y 访问内存，取出 8 作为参数传递给 printf()
                    函数输出
```

变量的地址反映了变量在内存中的存储位置，为系统找到该位置提供了依据。比如，酒店房间的地址，106表示1楼6号房。如果知道朋友住在106房间，就可以直接找到他。如果不知道朋友住的房间号，但酒店前台服务员知道，则可通过酒店前台服务员获取到他的房间号，这样也能间接地找到他。同样地，一个变量的地址也可以存放在一个特殊类型的变量中。当需要访问该变量时，则通过这个特殊类型的变量就可获取到该变量的地址，再通过这个地址去访问该变量，这种访问方式就叫作间接访问方式。

例如，已定义"int x = 5;"，假设编译系统为变量 x 分配的内存地址为0x00002000，并用一种特殊类型的变量 px 来存储普通变量 x 的地址，即"px = &x;"，且 px 变量自身也要占据内存单元，假设编译系统为 px 变量分配的内存地址为0x00002004。这样，通过访问 px 就可以得到变量 x 的地址，再通过这个地址就可以访问到变量 x，存取变量 x 的值。这就通过一个特殊变量 px 实现了对普通变量 x 的间接访问。图6-1-2（a）和图6-1-2（b）分别是采用直接访问方式和间接访问方式访问普通变量 x 的示意图。其中，一个变量就对应着内存空间中的一个存储单元，该存储单元的起始地址就叫作该变量的指针（pointer）。

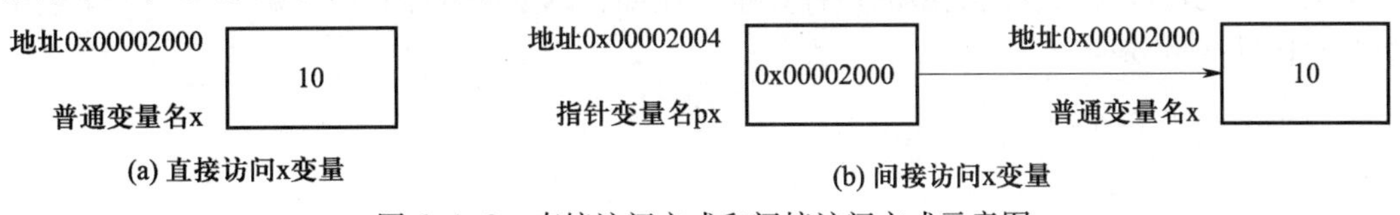

图6-1-2 直接访问方式和间接访问方式示意图

6.2 指向普通变量的指针

一个普通变量的地址指示了该变量所占存储单元的起始位置，即指向普通变量的指针。指

针是一个静态的、固定的概念。C语言允许将一个普通变量的地址放入另一个特殊类型的变量中存储起来，这种存放地址的特殊变量就称为指针变量（pointer variable）。指针变量是一个动态的、变化的概念。当指针变量p存储普通变量a的地址时，就说p指向a；当指针变量p存储不同变量的地址时，它就指向不同的变量。也就是说，指针变量的取值是可以变化的，或者说其指向是可以变化的。指针变量的取值就是地址，即指针。

6.2.1 指针变量的定义

指针变量就是存储指针（或地址）的变量。指针变量与普通变量一样，也必须遵循“先定义，后使用”的原则。一个指向普通变量的指针变量的定义格式为：

```
数据类型名  *变量名;
```

说明：

（1）在指针定义语句中，变量名前面的星号*是一个指针定义符，表示后面定义的这个变量是一个指针变量。*和变量名之间的空格可有可无。

（2）这里的变量名是程序员自己命名的一个指针变量名，也必须符合用户标识符的命名规则。

（3）这里的数据类型名是指该指针变量最终所指向的普通变量的数据类型，也称为基类型。

例如：

```
1  int num1, num2;              //定义了两个普通的整型变量
2  float hgt1, hgt2;            //定义了两个普通的单精度实型变量
3  int *p1, *p2;
4  float *ptr1, *ptr2;
5  p1 =&num1, p2 = &num2;
6  ptr1 = &hgt1,ptr2 = &hgt2;
```

在第3行上定义了两个指针变量p1和p2，它们的基类型都是int，因此它们可以分别用来存储一个整型变量的地址，即指向一个整型变量，比如，第5行就将p1指向了num1，将p2指向了num2。按照同样的道理，读者可以分析第4~6行代码。

同样地，也可以定义构造类型的指针变量。比如，以下的程序片段就定义了一个学生结构体类型的指针变量pst：

```
7   struct student
8   {
9       char id[12];
10      char name[17];
11      char sex;
12      float score;
13  } stu, *pst;
```

虽然指针变量保存的是一个存储单元的地址，但它依然要占据相应的存储空间，具体占据多大的存储空间，不同的编译系统可能有所不同。比如，32 位编译系统为指针变量分配 4 个字节，16 位编译系统则分配 2 个字节，具体可用 sizeof(指针变量名)来测算。指针变量所占内存空间的大小与其基类型无关。也就是说，指向不同数据类型变量的指针变量所占内存空间大小是一样的，比如，前面定义的 ptr1 和 p1 的大小就是一样的。

6.2.2　指针变量的初始化

指针变量不仅要遵守“先定义后使用”的原则，还必须满足“先取值再使用”的条件。也就是说，指针变量在使用之前必须先有明确的指向。按照前面章节的介绍，如果一个变量定义了但没有初始化，其取值是不确定的。如果这时候就使用这个变量，对普通变量来说不会带来致命的问题，大不了就是该值无意义，但对指针变量来说，其取值不确定，也就意味着其指向不确定，那通过该指针变量访问到的存储单元也就是不确定的。如果读取一个位置不确定的存储单元，意义不大，但如果向一个位置不确定的存储单元写入数据，这却是非常危险的，轻则可能导致程序错误，重则可能导致操作系统崩溃。像这种不确定指向的指针变量，称为“野指针”。它就像野马一样，不受控制，不受约束，是非常危险的。为此，程序员一定要养成一个良好的编程习惯，就是在定义一个指针变量以后，务必要给它赋值或初始化，使之具有明确的指向。

与普通变量的初始化一样，在定义一个指针变量的同时也可以给它提供一个初始值，使之在定义以后马上就有了一个确定的值，这就是指针变量的初始化。比如，在前面的程序片段中第 1~6 行代码可以等价地改写为：

```
14  int num1, num2;            //定义了两个普通的整型变量
15  float hgt1, hgt2;          //定义了两个普通的单精度实型变量
16  int *p1=&num1, *p2 =&num2;
17  float *ptr1=&hgt1, *ptr2 =&hgt2;
```

同样地，第 13 行代码也可以被改写成：

```
13  } stu, *pst =&stu;
```

使结构体指针变量 pst 被初始化为结构体变量 stu 的起始地址，即指向结构体变量 stu。

关于指针变量的初始化，初学者需应注意以下几点：

（1）与普通变量的初始化一样，自动局部指针变量定义了未初始化，其取值是不确定的；全局（外部）指针变量和静态局部指针变量定义了未初始化，其取值默认为 NULL (即 0)。

（2）指针变量的取值如果是不确定的，则是非常危险的。因此，要求指针变量的取值必须确定的，要么为 0，表示不指向任何存储单元，此时称为空指针；要么为一个确定的存储单元地址，指向一个具体的普通变量。比如，以下的定义和初始化：

```
    //定义 double 型指针变量 p，被初始化为 NULL，不指向任何单元
1   double *p=NULL;
```

```
  //定义 int 型指针变量 pa，被初始化为整型变量 a 的地址，即指向 a
2 int  a, *pa=&a;
```

（3）指针变量的取值不能是一个整型常量（NULL 除外），即不能让一个指针变量想指向哪里就指向哪里，必须满足前面第（2）项规定。例如：

```
1 double *p1 = 150;        //错误！指针变量不能被初始化为一个整型常量
2 int a, *p2=a;            //错误！指针变量不能被初始化为一个普通变量
```

6.2.3 指针变量的使用

1. 取址运算符和指针运算符

指针变量存放的是存储单元的地址，而非普通数据。要想正确、灵活地使用好指针变量，需要熟练地掌握两个与指针变量密切相关的运算符：取址运算符（&）和指针运算符（*）。下面先看一个程序片段，该程序片段是在前面第 14~17 行的基础之上增加了第 18~20 行语句：

```
14 int num1, num2;                          //定义了两个普通的整型变量
15 float hgt1, hgt2;                        //定义了两个普通的单精度实型变量
16 int *p1=&num1, *p2 =&num2;               //注意这里的星号（*）是指针定义符
17 float *ptr1=&hgt1, *ptr2 =&hgt2;//注意这里的星号（*）是指针定义符
18 *p1 = 5166, *ptr1 = 51.66;               //注意这里的星号（*）是指针运算符
19 scanf("%d,%f", p2, ptr2);//等价于“scanf("%d,%f", &num2, &hgt2);”
20 printf("num1=%d, num2=%d, hgt1=%.2f,hgt2=%.2f\n", num1, *p2, *
   ptr1, hgt2);
```

以上程序片段运行以后，假设用户通过键盘输入的数据是：

```
221,64.123↙
```

其输出结果如图 6-2-1 所示。

通过变量监视窗口，程序员可以清楚地看到 num1、num2 等普通变量的取值和其在内存中的真实地址，以及 p1、p2 等指针变量的取值和其指向变量的取值。该程序片段灵活使用了取址运算符（&）和指针运算符（*），实现了直接和间接两种访问方式。现具体说明如下：

（1）在第 3.1.1 节中介绍 scanf()函数时，已经提到了取址运算符。它的运算对象必须是一个变量，即获取该变量在内存中的地址。

（2）虽然说所有变量的在内存空间中的存放位置都是用地址来表示的，但这个地址是有类型的，因为光根据地址只能找到变量的起始位置，并不知道变量的存储格式和存储空间大小，也就是说仅仅知道变量的起始地址是不能保证对该变量的正确访问的。这就是指针变量在定义时为什么必须要指明基类型的原因。同样地，在指针变量之间相互赋值时也必须是基类型

相同的指针变量之间才能相互赋值，比如，p1 和 p2 之间、ptr1 和 ptr2 之间可以相互赋值，但 p1 和 p2 都不能赋值给 ptr1 和 ptr2，反之也不能。

监视 1

名称	值	类型
num1	5166	int
&num1	0x006ffb44	int *
	5166	int
p1	0x006ffb44	int *
	5166	int
&p1	0x006ffb14	int * *
	0x006ffb44	int *
	5166	int
num2	64123	int
&num2	0x006ffb38	int *
p2	0x006ffb38	int *
hgt1	51.660000	float
&hgt1	0x006ffb2c	float *
ptr1	0x006ffb2c	float *
hgt2	64.123001	float
&hgt2	0x006ffb20	float *
ptr2	0x006ffb20	float *

```
E:\ExerciseC\HelloWorld\Debug\HelloWorld.exe
64123, 64. 123
num1=5166,  num2=64123
hgt1=51. 660, hgt2=64. 123
```

图 6-2-1　运行结果

（3）在第 18 行代码中，之所以能通过 p1 中的地址找到 num1，通过 ptr1 中的地址找到 hgt1，是借助了 C 语言提供的另外一个运算符——指针运算符（content operator），指针运算符也称为间接寻址运算符（indirection operator）。指针运算符（ * ）的作用就是根据指针变量中存放的地址找到相应的变量，并获取该变量的内容。它与取地址运算符（&）是互逆的关系，如图 6-2-2 所示。

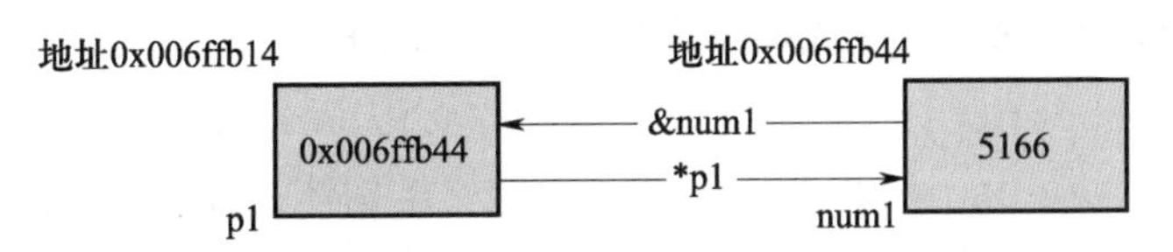

图 6-2-2　指针运算符与取址运算符之间的关系

可见，表达式 * p1 等价于表达式 * (&num1)，即表达式 * p1 与 num1 是等价的，访问的都是同一个变量。

指针运算符与取地址运算符的优先级、结合性和运算对象的个数均相同，具体请参见附录 2，但是指针运算符的运算对象必须是指针变量或地址，不能是普通变量或普通数据。

（4）初学者还需要将指针运算符和指针定义符相区别。比如，出现在前面第 16～17 行定义语句中的 * 是指针定义符，而出现在第 18 行和第 20 行执行语句中的 * 是指针运算符。

2. 成员运算符与指向运算符

同样地，可以使用取地址运算符获取一个结构体变量的地址，再将该地址放入一个同类型的结构体指针变量中，该指针变量即可指向原结构体变量。例如：

```
1  struct student stu, *ptr;
2  ptr = &stu;            //结构体指针变量ptr,指向同类型的结构体变量stu
3  stu.score= 76;                                         //直接访问方式
4  strcpy(stu.name, "ZhangSan");                          //直接访问方式
5  printf("%s, %f",  (*ptr).name, (*ptr).score);//间接访问方式
```

如第5行语句所示，对结构体指针变量ptr作一次指针运算，即可访问到它所指向的结构体变量stu，即 * ptr 等价于 stu。再通过5.3.2节中介绍的成员运算符即可访问到具体的成员，比如，(* ptr). name 也就等价于 stu. name。又因为指针运算符（ * ）的优先级低于结构体成员运算符（.）的优先级，所以(* ptr). score 不能省略圆括号。如果省略了圆括号，* ptr. score 就等价于 * (ptr. score)了，这就会造成语法错误!

像上面这样通过指针运算符对结构体指针变量进行运算后找到结构体变量，再通过成员运算符找到具体成员进行访问的方式是比较烦琐的。为了简化书写，C语言提供了一种通过结构体指针来访问结构体成员的结构体指向运算符（structure pointer operator）->，其也称为箭头运算符（arrow operator）。现具体说明如下：

（1）指向运算符左侧必须是结构体变量的地址，右侧必须是结构体变量的成员；而成员运算符左侧必须是结构体变量本身，右侧也是结构体变量的具体成员。

（2）结构体指向运算符->由一个减号和一个尖括号组成，中间不能有空格。

（3）由于指向运算符和成员运算符的优先级都很高，都是第1级，所以为了提高程序的可读性，一般也不在指向运算符和成员运算符的两侧添加空格，比如，ptr->score 和 stu. score。

（4）ptr->score 和(* ptr). score 都是通过结构体指针来访问相应结构体变量中的成员，两种写法是完全等价的，但前者明显更简洁，可读性也更强。

截至目前，本书已经介绍了3种访问结构体成员的方式，即可分别使用成员运算符、指针运算符和指向运算符来访问结构体成员。比如，以下程序片段：

```
1  struct student stu={"20171030122","zhang shan",'M',76};
2  struct student *ptr=&stu;  //定义结构体指针ptr,指向结构体变量stu
3  printf("%s, %f\n", stu.name, stu.score);
4  printf("%s, %f\n", (*ptr).name, (*ptr).score);
5  printf("%s, %f\n", ptr->name, ptr->score);
```

以上程序片段的运行结果如图6-2-3所示。

图6-2-3　运行结果

6.3　指向数组的指针

一个数组是由相同数据类型的多个元素组成的集合，按先后顺序依次存储在一段连续的内存空间中。一个数组元素实质上就是一个变量，数组元素的指针也就是该元素在内存中所占存储单元的起始地址。数组的指针就是该数组的起始地址，也就是该数组第 0 号元素的地址，简称数组指针（array pointer）。因此，定义一个指向数组的指针变量，实际上就是要定义一个指向该数组第 0 号元素的指针变量。一个指向数组的指针变量，简称数组指针变量（array pointer variable）。

6.3.1　指向一维数组的指针

在第 5 章中已经述及，对一维数组的元素进行取址运算，可以得到相应元素的地址。例如，&a[0]是 a[0]元素的地址，&a[i]就是 a[i]元素的地址，如图 6-3-1 所示。一维数组的指针就是一维数组的起始地址，也就是一维数组第 0 号元素的地址。因此，可以像定义一个指向普通变量的指针变量那样定义一个指针变量 p 来存放一维数组 a 中 a[0]的地址，即 &a[0]，也就是 a 数组的起始地址，从而使 p 指向一维数组 a。定义方法如下：

```
1  int  a[10] ={10, 11, 12, 13, 14, 15, 16, 17, 18, 19};
2  int  *p= &a[0];            //用 a[0]的地址初始化 p
```

p 就是一个指向一维数组的指针变量。可见，指向一维数组的指针变量的定义与指向普通变量的指针变量的定义没有什么区别。

取指针下标地址	指针变量	数组名	取地址	元素地址	元素值	下标直接引用	数组名间接引用	指针间接引用	指针带下标引用
&p[0]	**p**	**a**	**&a[0]**	0060FED0	10	**a[0]**	***(a+0)**	***(p+0)**	**p[0]**
&p[1]	p+1	a+1	&a[1]	0060FED4	11	a[1]	*(a+1)	*(p+1)	p[1]
&p[2]	p+2	a+2	&a[2]	0060FED8	12	a[2]	*(a+2)	*(p+2)	p[2]
&p[i]	**p+i**	**a+i**	**&a[i]**	…	…	**a[i]**	***(a+i)**	***(p+i)**	**p[i]**
&p[8]	p+8	a+8	&a[8]	0060FEF0	18	a[8]	*(a+8)	*(p+8)	p[8]
&p[9]	**p+9**	**a+9**	**&a[9]**	0060FEF4	19	**a[9]**	***(a+9)**	***(p+9)**	**p[9]**
			越界	0060FEF8	…				

图 6-3-1　一维数组元素的地址与元素引用示意图

1. 一维数组名的相关运算

第 5 章已提及，数组名代表数组的起始地址。因此，在定义一个指向一维数组的指针变量 p 时，也可以直接使用数组名 a 去初始化 p，使 p 指向数组 a，比如：

```
1  int  a[10];
2  int  *p=a;          //用数组名 a 初始化 p，等价于“int  *p= &a[0];”
```

使用一维数组名作为数组的起始地址可以进行以下运算：

（1）前已述及，数组中所有的元素在内存空间中都是依次连续存放的，且数组中所有的元素数据类型都是相同的，每个数组元素占据的内存空间大小都是一样的，具体多少字节可用 sizeof(数据类型)来计算得到。因此，只要程序员通过数组名知道了一个数组的起始地址，就可以再通过地址运算访问到该数组中的每一个元素。如图 6-3-1 所示，一维数组 a 的首地址为 0060FED0，即 a[0]的地址。又因为数组类型为 int，则每个元素占 4 个字节，所以 a[0]的存储单元为 0060FED0~0060FED3。据此，就可推算出 a[1]的地址是 0060FED4，a[2]的地址是 0060FED8……于是，便有了推算第 i 号元素地址的公式：

```
第 i 号元素地址 = 数组名 + sizeof(数据类型) * i
```

为了简化书写，C 语言允许在一个数组元素地址的基础之上加 1，即得到下一个数组元素的地址。数组名加 i，也就表示第 i 号元素的地址。比如，数组的逻辑地址 a+i 实际就对应内存中的物理地址 0060FED0+sizeof(int) * i，即 a[i]的地址 &a[i]。

初学者务必要注意：a+i 绝对不是将数组的起始地址简单加 i。

（2）通过数组名加整数的指针运算，可以得到数组元素的地址，也就可以间接地访问该数组元素。例如，a+i 是 a[i]的地址，那么 *(a+i)就等价于 a[i]，就间接地访问到了 a[i]元素。同样，*a 也就等价于 a[0]。

（3）实际上，在第 5 章中访问数组元素时大量使用的中括号（[ ]）是一个数组元素下标运算符，请见附录 2 所示。它的优先级位于第 1 级，高于取址运算符（&）和指针运算符（*）的优先级。它的作用就是通过数组名（起始地址）和第 i 号元素的信息来计算第 i 号元素的地址，并访问第 i 号元素。也就是说，对于源程序中所有使用的下标法访问形式 a[i]，编译系统最终都将把它们处理成 *(a+i)的这种指针法访问形式，即用数组的首地址加上一个偏移量就得到了该元素的实际地址，从而实现对该元素的访问（存取）。

思考：
a[2]、(a+1)[1]和(a+2)[0]是否等价，为什么？

2. 指向一维数组的指针变量运算

假设有“int a[10]，*p=a;”，则指向一维数组的指针变量 p 也可做类似于一维数组名 a 的相关运算：

（1）对 p 做加一个整数 i 的运算，即指向第 i 号元素。p+i 此时就等价于 a+i，指向 a[i]，即为数组元素 a[i]的地址 &a[i]。

（2）对p做一次指针运算，即访问到其指向的元素。例如，*(p+i)等价于*(a+i)，即a[i]；*p也就等价于*a，即a[0]。

（3）对p做下标运算。例如，p[i]等价于a[i]。

但是，指向一维数组的指针变量p是一个指针变量，而一维数组名a是一个指针常量，因此两者在实际应用中还是有很多差异的。具体如下：

（1）可以对p进行左侧赋值，修改其指向，而数组名a是常量，不可被修改。比如，有以下语句：

```
1  p = a + 1;        //p指向a[1]
2  p = p + 1;        //p指向下一个元素，等价于++p或p++
3  p = p - 1;        //p指向前一个元素，等价于--p或p--
4  a = a + 1;        //错误！包括对a做自增、自减都是错误的
```

（2）还可对p做多种运算符的组合运算，比如，有以下语句：

```
   //先引用p当前所指向的元素(*p)，然后p自增指向下一个元素，等价于*(p++)
1  *p++;
2  *(++p);   //先将p指向下一个元素，再引用下一个元素，等价于(++p)[0]
3  (*p)++;   //对p当前所指向的元素做一次自增运算
4  (*a)++;   //仅对a[0]做一次自增运算
```

（3）在表达式*(p+i)中，p是变量，其值可以被修改，若p的指向发生了变化，比如，做了自增、自减以后，*(p+i)就不再等价于*(a+i)，因为参与这两个表达式运算的起始地址已经不一样了。比如，以下程序片段：

```
1  int  a[10]={1,2,3,4,5}, *p=a;
2  printf("%d,%d", *(a+2), *(p+2));       //此时p是a[0]的地址
3  p = p+2;
4  printf("与%d,%d", *(a+2), *(p+2));     //此时p是a[2]的地址
```

输出结果就应该是：3，3与3，5

3. 一维数组元素的引用

经过前面的介绍，不难看出，现在访问一个数组元素，通常可用两种方法：一种是下标法，另一种是指针法。其中，下标法的本质也是指针法。

（1）下标法又有两种书写形式：

数组名[下标]　或　指针变量名[下标]

（2）指针法也有两种书写形式：

*(数组名+i)　或　*(指针变量名+i)

即一维数组元素的引用可使用上述两种方法四种形式之一。

例如，用数组名下标法引用数组元素进行输入和输出。这是第5章介绍的最传统、最基本的访问方法。

```
1  int  a[10],*p=a, i;
2  for (i=0; i<10; i++)      //用计数器的取值来控制循环
       //&a[i]等价于 &p[i],也等价于指针法的 a+i 和 p+i
3      scanf("%d",&a[i]);
4  for (i=0; i<10; i++)      //用计数器的取值来控制循环
       //a[i]等价于 p[i],也等价于指针法的*(a+i)和*(p+i)
5      printf("%d",a[i]);
```

再如，用数组名指针法引用数组元素进行输入和输出。这种访问方法有效、可用。

```
1  int  a[10],*p=a, i;
2  for (i=0; i<10; i++)          //用计数器的取值来控制循环
3      scanf("%d",a+i);          //a+i 等价于 p+i
4  for (i=0; i<10; i++)          //用计数器的取值来控制循环
5      printf("%d",*(a+i));      //*(a+i)等价于*(p+i)
```

其实前面两种方法都大同小异，都使用了计数器来控制循环，要么获取数组元素的地址，要么获取数组元素的值。其实，当 i 为 0 时，*(p+i)就变成了*p。若 p 再不断地做自增或自减，则可依次指向不同的数组元素，即可遍历整个数组。比如，下面的程序片段，用指针变量引用数组元素进行输入和输出。这是后面将大量使用的一种最有效、最灵活的访问方法，可以被看成是指针法中的一种特例，本书暂且称之为指针变量法。

```
1  int  a[10],*p=NULL;
2  for (p=a; p<a+10; p++)        //用指针变量的取值来控制循环
3      scanf("%d",p);
4  for (p=a; p<a+10; p++)        //用指针变量的取值来控制循环
5      printf("%d",*p);
```

因为自增或自减运算的执行效率较高，所以利用指针变量的自增或自减运算来实现指针向前或向后移动是一种非常有效的方式。但是，在每次循环开始之前，程序员务必要清楚指针变量 p 当前的指向在哪里，即要确保指针变量 p 的指向是正确的。比如，如果将上面第 4 行 for 语句中的表达式 1 省略了，即去掉表达式 p=a，这个程序片段就无法输出所有的数组元素了。请读者分析其原因。

【例 6-3-1】编程实现：利用指针将一维数组元素前后交换，即翻转。

解题思路：分别定义头指针和尾指针两个指针变量，分别指向一维数组的开头和结尾。再利用头指针和尾指针，进行首尾元素的交换；头指针不断地自增，向后移动，尾指针不断地自减，向前移动，直到两个指针相遇或交叉时结束。

源程序如下：

```
1  /*
2  文件名:6-3-1reverse.c
3  功能:用指针将一维数组元素前后交换
```

```
4   */
5   #include <stdio.h>
6   int main(void)
7   {
8       int a[10]={0,1,2,3,4,5,6,7,8,9}, *p=a, *q=a+9, t;
9       while(p<q)
10      {
11          t=*p;  *p=*q; *q=t;     //交换语句
12          p++;q--;
13      }
14      for(p=a; p<=a+9; p++)
15          printf("%5d", *p);
16      printf("\n");
17  }
```

程序运行结果如图 6-3-2。

图 6-3-2 运行结果

说明：

本程序通过两个指针变量来访问一维数组如图 6-3-3 所示。循环前，p=a，q=a+9，表示 p 指向数组最前面的元素 a[0]，q 指向最后一个元素 a[9]；在循环体内第 12 行，将 p 指针自增，q 指针自减，两个指针不断地往中间靠，最终两个指针会相遇（数组长度为奇数时）或交叉（数组长度为偶数时），便结束循环。

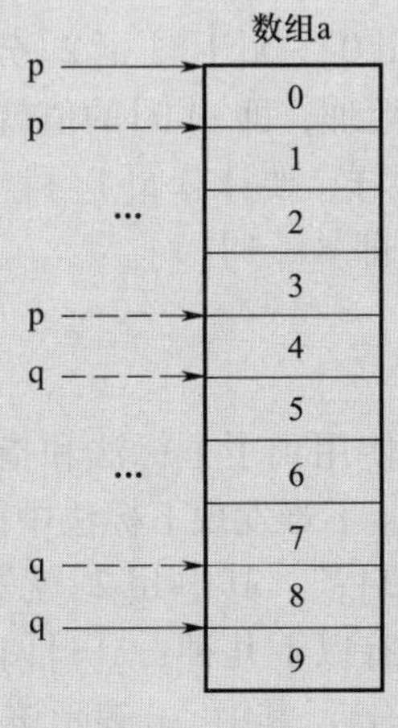

图 6-3-3 用双指针变量实现数组翻转

6.3.2 指向二维数组的指针

1. 进一步理解二维数组

按照5.1.2节对二维数组的理解，一个二维数组可以被看成是由一维数组嵌套而成的。例如，假设有以下定义：

```
1  short int a[3][4]={{0,1,2,3},{4,5,6,7},{8,9,10,11}};
```

请读者结合图6-3-4进一步理解下面两个层面的内容。

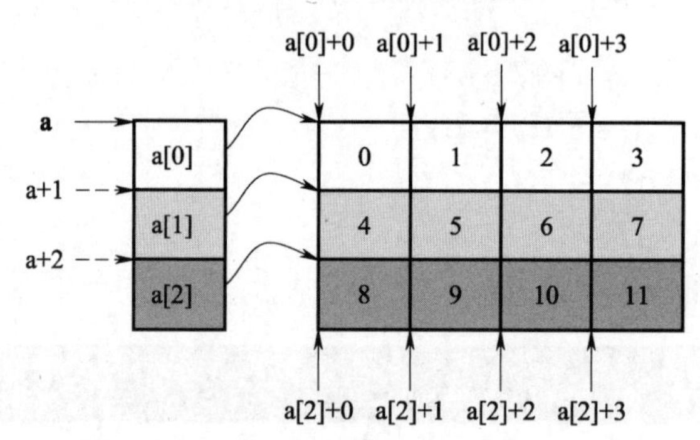

图6-3-4 二维数组的嵌套及行列指针示意图

（1）第一个层面：读者站在二维数组名a的角度往里面看，它有3个元素（即3行）。数组名a就是该数组第0号元素（即第0行）的地址；a+1就是跳过一个元素（即跳过一行），代表第1行的首地址。假设这个二维数组在内存空间中是从0x00002000H开始的，则数组名a的值就为0x00002000H，a+1就为a+2∗4∗1（即0x00002008H）；相应地，a+2为a+2∗4∗2（即0x00002010H）。

（2）第二个层面：读者由数组名a往里面迈入一步，站在第0行、第1行、第2行的行首往里面看，每一行上又有4个元素。a[0]、a[1]、a[2]分别又是内嵌一维数组的数组名，它们也就是相应一维数组第0列元素的地址，即a[0]的值就是&a[0][0]的值，同样a[1]就为&a[1][0]，a[2]就为&a[2][0]。这样，要计算a[1]+1的地址值，就应该计算a+2∗4∗1+2∗1的值，其值等于0x0000200AH，即&a[1][1]。

2. 行指针和列指针的概念

在前面一维数组元素的引用中，使用到了下标法和指针法两种访问数组元素的方法。其实，仔细观察这两种方法的书写格式，不难发现下标法中的一个[i]就等价于指针法中的一个∗(+i)。例如，有一维数组“int b[10];”，其中b[2]就等价于∗(b+2)。这样，要引用二维数组a第i行第j列的元素，写法就有以下几种：a[i][j]、∗(a[i]+j)、∗(∗(a+i)+j)、(∗(a+i))[j]、∗(&a[0][0]+n∗i+j)。其中，n表示该二维数组一行有n列。

在上面的表达式中，数组名a代表二维数组的起始地址，也就是a数组第0行的地址，a+i也就是跳过i行，即第i行的地址。像这种表示某一行的地址称为行指针。行指针加1，是

跳过一行。像这种对行指针的加减运算称为行运算。而 *(a+i)+j 表示的是第 i 行上第 j 列元素的地址，称为列指针。列指针加 1，是跳过一列，即一个元素。像这种对列指针的加减运算称为列运算。行列指针的示意图如图 6-3-4 所示。

若对行指针做一次指针运算，则其变为列指针；对列指针再做一次指针运算，则其变为相应的数组元素。比如，a 是行指针，*a 则是列指针，**a 则是第 0 行第 0 列的元素。反之，对一个数组元素做一次取址运算，就变为列指针；再对列指针做一次取址运算，就变为行指针。比如，对数组元素 a[1][0] 做一次取址运算就得到列指针 &a[1][0]，即 a[1]；再对 a[1] 做一次取址运算就得到行指针 a+1。

3. 行、列指针变量的定义和使用

作为行地址的二维数组名是地址常量，不允许被修改，使用起来不够方便。为此，需要定义行指针变量，更加方便、灵活地访问二维数组。

(1) 行指针变量的定义。

定义格式：

```
数据类型名  (*指针变量名)[长度];
```

比如：

```
1  int (*pt)[4];
```

定义了一个行指针变量 pt，它可用来指向一行 4 列（即 4 个元素）的整型数组。

说明：

(1) 编译系统首先解析圆括号内的内容，* 表示定义了一个指针变量，变量名须满足用户标识符的命名规则。

(2) 然后，编译系统再发现指针变量后面跟的是方括号，方括号是数组的书写格式，因此这是一个指向一维数组的指针变量，即行指针变量。方括号内的“长度”就表示该行指针变量加 1 要跳过的元素个数，即跳过一行。

(3) 数据类型名表示行指针变量所指向的数组的元素类型，即基类型。

(2) 列指针变量的定义

前已述及，列指针就是数组中单个元素的指针，即数组元素的地址。因此，列指针变量的定义格式与指向普通变量的指针变量的定义格式相同。这里就不再赘述。

(3) 行指针变量和列指针变量的初始化与使用

可以将一个二维数组的行地址赋值给一个行指针变量，再通过该行指针变量的增减运算，从而指向二维数组中不同的行。也可将一个列指针（数组元素的地址）赋值给一个列指针变量，再通过该列指针变量的增减运算，从而指向二维数组中不同的元素。因此，恰当地使用行列指针可以灵活地访问一个二维数组。例如：

```
1  //分别对行指针变量 pt 和列指针变量 p 初始化
2  int a[3][4], (*pt)[4]= a, *p =&a[0][0];
```

定义了一个二维数组 a，并用一个行指针变量 pt 指向该二维数组；又定义了一个列指针变量 p，并用 p 指向元素 a[0][0]。这样，就可以通过 pt 自增来遍历 a 数组的各行，也可通过 p 自增来遍历 a 数组的各元素。

在使用行指针变量时，需要区分它是指向一行中第几个元素的行指针，比如，以下程序片段：

```
1  int a[3][4]={1,3,5,7,9,11,13,15,17,19,21,23},(*pt1)[4],(*pt2)[2];
2  pt1 = a;     //数组名 a 就是一个 1 行 4 列的行指针，与 pt1 完全吻合
3  pt2 = a;     //pt2 是一个 1 行 2 列的行指针，与数组名 a 不吻合，会有编译警告
   //对应{1,3,5,7,9,11,13,15,17,19,21,23}
4  printf("%d, ", *(*(pt1+1)+3));
   //对应{1,3,5,7,9,11,13,15,17,19,21,23}
5  printf("%d\n", *(*(pt2+1)+3));
```

程序运行结果为：15，11

但是，编译系统在编译第 3 行时，会有警告提示信息“suspicious pointer conversion in function main”。这就是在提示程序员，赋值运算符两侧的指针类型不完全匹配，存在一个“可疑的指针转换”。也就是说，虽然它们都是行指针，但一个是指向 1 行 4 列的行指针，而另一个是指向 1 行 2 列的行指针，所以后面做行运算以后的结果是不相同的，一个输出的是 15，另一个输出的却是 11。

【例 6-3-2】编程实现：使用列指针输出一个二维数组的所有元素。

```
1   /*
2   文件名:6-3-2Output2dimarray.c
3   功能:用列指针输出二维数组元素
4   */
5   #include <stdio.h>
6   int main(void)
7   {
8       int a[3][4]={0,1,2,3,4,5,6,7,8,9,10,11};
9       int *p;
10      for (p=a[0]; p<a[0]+12; p++)   //a[0]、*a、&a[0][0]是等价的列地址
11      {
12          if((p-a[0])%4==0) printf("\n");      //每行输出 4 个元素
13          printf("%5d",*p);                    //输出每一个元素
14      }
15      printf("\n");
16  }
```

程序运行结果如图 6-3-5 所示。

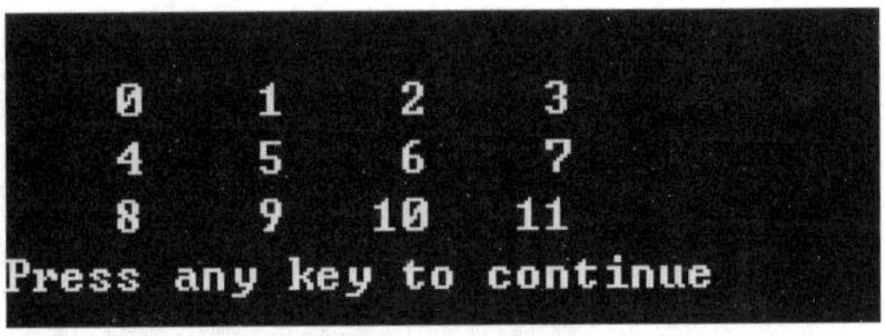

```
    0     1     2     3
    4     5     6     7
    8     9    10    11
Press any key to continue
```

图 6-3-5 运行结果

说明：

本例利用了二维数组在内存中是按行依次连续存放的特点，仅用一个列指针指向数组的开始元素，然后依次递增，就遍历了数组中所有的元素，而且仅用了一个单循环便完成了任务。初学者务必掌握这种遍历数组的方法。它与第 5 章中采用的双重循环遍历二维数组略有不同。

【例 6-3-3】 编程实现：显示二维数组的行地址和列地址。

```
1   /*
2   文件名:6-3-3Output2dimarrayaddress.c
3   功能:显示二维数组的行地址和列地址
4   */
5   #include <stdio.h>
6   int main(void)
7   {
8       int a[3][4]={0,1,2,3,4,5,6,7,8,9,10,11};
9       int(*p)[4], *q;
10      int i,j;
11      p=a;        //行指针变量 p 指向数组 a
12      printf("行地址 a:%p, 列地址 *a,a[0],&a[0][0]:%p\n",p, *a);
13      printf("行指针前加 * 转换为列指针: %p\n", *p);//还是 a[0][0]的地址
14      printf("列指针前加 & 转换为行指针: %p\n",&p[0]); //第 0 行的地址
15      printf("行指针+1 是下一行的地址: %p\n",p+1);      //第 1 行的行地址
16      printf("列指针+1 是下个元素的列地址: %p\n", *p+1);//a[0][1]的地址
17      printf("列指针前加 * 是内容: %d\n", *(*p+1));    //a[0][1]的内容 1
18      printf("指针法读取数据 *(*(a+1)+2):%d\n", *(*(a+1)+2));
19      printf("下标法读取数据 a[1][2]:%d\n",a[1][2]);
20  }
```

程序运行结果如图 6-3-6 所示。

```
C:\WINDOWS\system32\cmd.exe
行地址a: 00BEF7F0,列地址*a,a[0],&a[0][0]: 00BEF7F0
行指针前加*转换为列指针: 00BEF7F0
列指针前加&转换为行指针: 00BEF7F0
行指针+1是下一行的地址: 00BEF800
列指针+1是下个元素的列地址: 00BEF7F4
列指针前加*是内容: 1
指针法读取数据*(*(a+1)+2):6
下标法读取数据a[1][2]:6

请按任意键继续. . .
```

图 6-3-6　运行结果

说明:

(1) 在第 12 行语句中，行地址 a 和列地址 a[0]的地址值是相同的，但类型不同。也就是说，第 0 行的行地址和第 0 行 0 列的列地址仅仅在地址值数值大小上相同。另外，每次重新编译后，数组空间分配的位置可能不同，即起始地址可能发生变化，这由编译系统根据当时的运行环境而定。

(2) 指针除了具有基类型的区别以外，指向二维数组的指针还具有行列类型的区别。第 13~14 行是行列指针之间的相互转变。第 15 行代码展示了行指针加 1 指向下一行的情况，第 16 行代码展示了列指针加 1 指向下一个元素的情况。请读者认真比较指针变化前后的取值情况。

(3) 第 18~19 行分别采用了指针法和下标法来读取数组元素的值。

6.3.3　指针作为函数参数

函数的参数不仅可以是前面介绍过的整型、实型、字符型等基本数据类型的数据，也可以是指针类型的数据，下面探讨指向变量的指针和指向数组的指针作函数参数的问题。

1. 指向变量的指针作为函数参数

用指向变量的指针作函数参数，就是将一个变量的地址从主调函数传递到被调函数，在被调函数中用一个对应的形参指针变量来接收该地址，就反过来指向了主调函数中的这个变量，从而实现在被调函数中间接访问到了主调函数中的变量。有人把这种传递方式单独称为“参数的地址传递”。其实，对实参指针变量和形参指针变量而言，依然遵守“单向值传递”的原则。

【例 6-3-4】 编程实现：用 swap( )函数实现两个整型变量之间的交换，用普通变量作为函数参数。

```
1  /*
2  文件名: 6-3-4swap1.c
3  功能: 单向值传递示例
```

```
4   */
5   #include <stdio.h>
6   void swap(int a,int b)
7   {
8       int temp;
9       temp=a;  a=b;  b=temp;        //交换形参变量 a、b
10  }
11  int main(void)
12  {
13      int a = 3, b = 5;
14      swap(a,b);
15      printf("\na=%d,b=%d\n", a, b);
16      return 0;
17  }
```

程序运行结果如图 6-3-7 所示。

```
a=3, b=5
Press any key to continue
```

图 6-3-7　运行结果

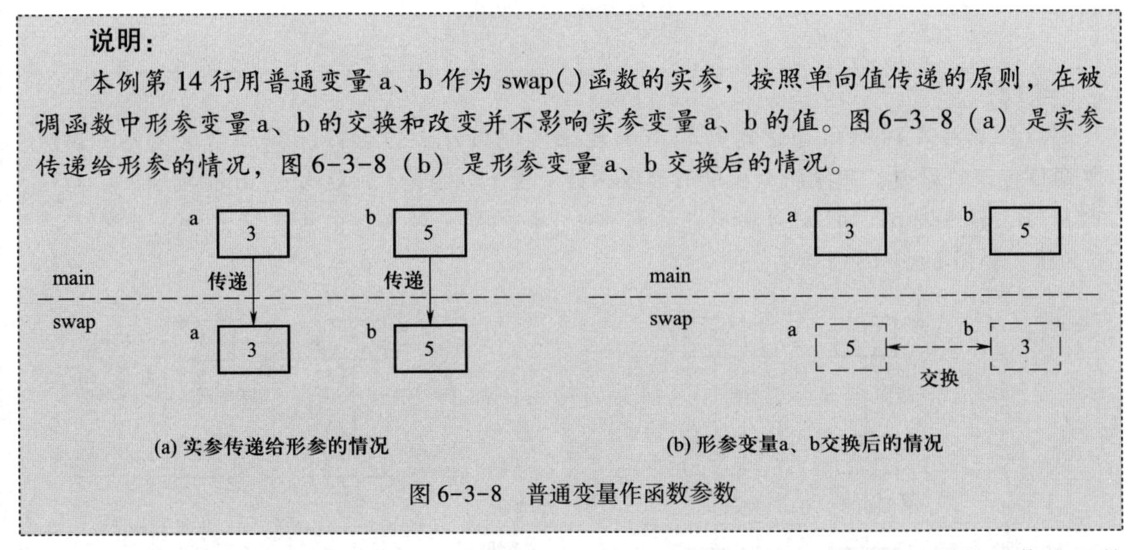

说明：

本例第 14 行用普通变量 a、b 作为 swap( ) 函数的实参，按照单向值传递的原则，在被调函数中形参变量 a、b 的交换和改变并不影响实参变量 a、b 的值。图 6-3-8（a）是实参传递给形参的情况，图 6-3-8（b）是形参变量 a、b 交换后的情况。

(a) 实参传递给形参的情况　　(b) 形参变量a、b交换后的情况

图 6-3-8　普通变量作函数参数

【例 6-3-5】 编程实现：用 swap( ) 函数实现两个整型变量之间的交换，用指针作为函数参数。

源程序如下：

```
1   /*
2   文件名：6-3-5swap2.c
```

```
3  | 功能:用指针作为函数参数交换两个整数
4  | */
5  | #include <stdio.h>
6  | void swap(int *p1, int *p2)          //注意这里定义的形参类型
7  | {
8  |     int temp;
9  |     temp=*p1;  *p1=*p2;  *p2=temp;  //对main()函数中的a、b进行交换
10 | }
11 | int main(void)
12 | {
13 |     int a = 3, b = 5, *pa = &a, *pb = &b;
14 |     swap(pa, pb);                    //注意这里传递的实参类型
15 |     printf("\na=%d,b=%d\n", a, b);
16 |     return 0;
17 | }
```

程序运行结果如图 6-3-9 所示。

```
a=5,b=3
Press any key to continue
```

图 6-3-9　运行结果

说明:

(1) 本例第 14 行用普通变量 a、b 的地址 (即指针) 作为 swap( ) 函数的实参, 按照单向值传递的原则, 在被调函数中用形参指针变量 p1、p2 分别接收 a、b 的地址, 从而指向 a、b, 再通过 p1、p2 就可实现在被调函数中访问到主调函数中的变量 a、b, 并交换 a、b 的值, 如图 6-3-10 所示。

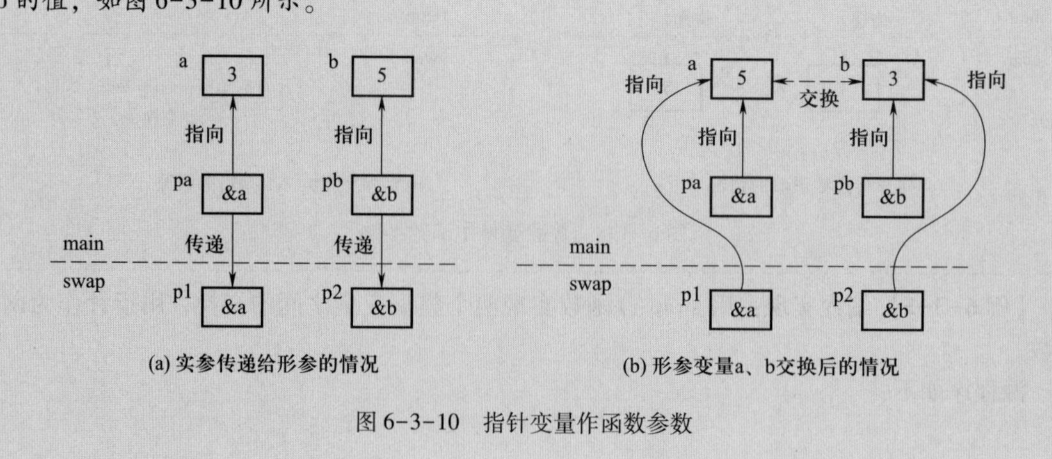

(a) 实参传递给形参的情况

(b) 形参变量a、b交换后的情况

图 6-3-10　指针变量作函数参数

(2) 虽然可以通过形参指针变量 p1、p2 可以修改到 main( )函数中的 a、b 变量，但是如果在被调函数中改变了 p1、p2 原来的指向，比如，交换 p1 和 p2 的值，这对 pa 和 pb 同样是没有任何影响的。所以，在 C 语言中，所有的参数传递都是遵守“单向值传递”原则的，不存在有些初学者所说的“双向传递”问题。双向传递是一种误解和曲解!

(3) 在本例的 swap( )函数中，初学者容易犯以下程序片段的错误:

```
18 void swap(int *p1, int *p2)
19 {
20     int *temp;  //定义了一个 temp 指针变量，但没有初始化，temp 的指
                     向不确定
21     *temp = *p1;  *p1 = *p2;   *p2 = *temp;
22 }
```

请读者认真比较第 6~10 行代码与第 18~22 行代码之间的区别，并分析后者错误的原因。也有初学者可能会写成下面这样的程序片段:

```
23 void swap(int *p1, int *p2)
24 {
25     int *temp;
26     temp = p1;   p1=p2;   p2=temp;
27 }
```

思考:

请读者分析第 23~27 行代码的作用，并分析其中是否还有语法错误。

另外，在 5.3.2 节末尾提到了在被调函数中为主调函数输入和修改一个结构体变量的问题，请读者自行编写一个 input( )函数，实现在该函数中为主调函数输入一个学生结构体数据。

2. 指向一维数组的指针作函数参数

在 5.1.3 节中，介绍了关于实参数组和形参数组为同一个数组，同占一片内存空间的问题，这里将进一步探讨这个问题，并彻底搞清楚其本质原因。

【例 6-3-6】 编程实现：用函数计算 10 个整数的平均值，并用参数返回平均分及高于平均分的整数。

解题思路:

(1) 函数要实现 3 个功能：计算平均分、统计高于平均分的整数个数，找出高于平均分的整数。

(2) 用数组名（指向一维数组的指针）和数组长度作为函数参数传递到被调函数。

(3) 如何返回 3 组数据？通过 return 语句只能返回一个数据，本例返回高于平均分的整数个数。另外两组数据就不能再通过 return 语句来返回了。本例通过指向实型变量的指针变量作

函数参数，间接修改主调函数中的变量，从而实现平均分的返回；要返回高于平均分的多个整数，可以使用一维数组名（指向一维数组的指针）作函数参数，间接修改主调函数中的数组元素，达到返回多个整数的目的。

源程序如下：

```
1   /*
2   文件名：6-3-6AvgCntofArray.c
3   功能：用函数计算 10 个整数的平均值，并用参数返回平均分及高于平均分的整数
4   */
5   #include <stdio.h>
6   int countAvg(int a[], int n, int b[], float *avg);     //函数声明
7   int main(void)
8   {
9       int a[10]={32,32,14,15,67,19,75,36,51,12},b[10];
10      int i, cout;                                //cout 用来保存高于平均分的个数
11      float av;                                   //av 用来保存平均分
12      count=countAvg(a, 10, b, &av);     //实参 &av 是地址
13      printf("平均分为=%.2f,高于平均分的个数为=%d\n",av,count);
14      printf("高于平均分的数字有:");
15      for (i=0; i<count; i++)
16          printf("%5d", b[i]);
17      printf("\n");
18  }
19  int countAvg(int a[], int n, int b[], float *avg)
20  {
21      int i, c=0;
22      float sum=0;
23      for (i=0; i<n; i++)
24      {
25          sum+=a[i];
26      }
27      *avg = sum/n;          //间接修改主函数中的 av 变量
28      for (i=0; i<n; i++)
29          if(a[i] >= *avg)    b[c++] = a[i];
30      return c;
31  }
```

程序运行结果如图 6-3-11 所示。

```
平均分为=35.30,高于平均分的个数为=4
高于平均分的数字有:      67    75    36    51
Press any key to continue_
```

图 6-3-11 运行结果

说明:

(1) 用一维数组作为函数形参，其实质就是用指针变量作为函数形参。现在读者已经学习了指向数组的指针，完全可以分析这里的“形参数组”究竟是什么？前面的章节已经做了很好的铺垫，反复提到并分析了数组名代表数组的起始地址这一基本概念。既然数组名代表数组的起始地址，那么用数组名作为函数实参，传递的就不是数组中的某个元素，也不是将整个数组的所有元素传递到被调函数，而是将该数组的起始地址传递到被调函数。然而，能够接收并存放地址值的只可能是指针变量。因此，被调函数中的形参数组就不应该是数组，而应该是一个指针变量。

实际上，程序员在源程序中书写的形参数组，幕后就是被 C 编译系统处理成了一个指针变量。对此，读者可以验证，比如，将本例第 19 行的函数头替换为：

```
1  int countAvg(int *a, int n, int *b, float *avg)
```

替换后的效果完全相同，是等价的。既然形参数组的本质是一个指针变量而非真正的数组，那么它自然也就没有长度的说法了，所以编译系统是不会检查形参数组的长度的，即有没有都可以。这就回答了例 5-1-7 中提到的问题。

(2) 通过形参指针变量可以间接访问主调函数中的数组和变量。比如，本例中的形参指针变量 a、b、avg 就用来接收从主调函数传递进来的地址，因此在 acountAvg( ) 函数中，通过 a、b、avg 指针变量分别得到 main( ) 函数中 a、b 两个数组和 av 变量的地址后，就可以反过来间接访问到 main( ) 函数中的 a、b 数组及 av 变量，如图 6-3-12 所示。

第 28、29 行的作用是遍历 main( ) 函数中 a 数组的所有元素，找出其中高于平均分的所有数据，并依次存放到 b 数组中，变量 c 起到了计数作用，同时也用来确定每个数据放在 b 数组中的位置。

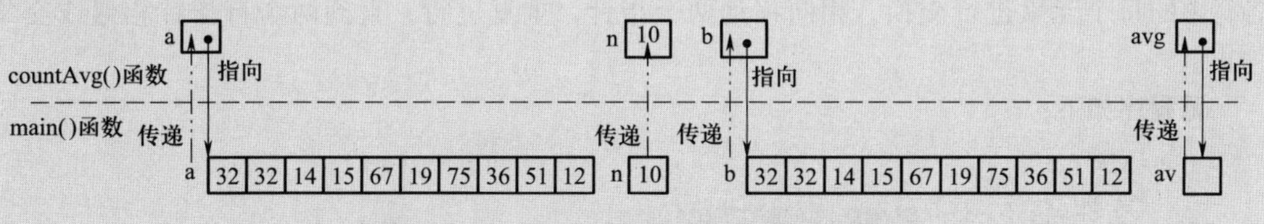

图 6-3-12 countAvg( ) 中的参数传递示意图

(3) 请读者自行编程实现：直接使用指针变量作函数形参，并在 countAvg( ) 函数中全部使用指针法完成函数功能，不使用形参数组的形式。

3. 列指针作函数参数

其实，前面用指向一维数组的指针作函数参数，本质上就是列指针作函数参数。也就是说，只要指针变量加 1 是跳过一个数组元素，该指针变量都可以被广义地理解为列指针变量。对于一个有行有列的二维数组而言，其在称呼上就更不能再说成是指向一维数组的指针了，而要更加形象地说成是列指针。比如，例 6-3-2 就利用列指针实现了对二维数组的遍历输出。如果要改用列指针作为函数参数，实现例 6-3-2 的功能，其函数源码可以写为：

```
1   /*利用列指针变量 q 作形参，接收二维数组首元素的地址 a[0]，n 接收数组长度*/
2   void output(int *q, int n)
3   {
4       int *p=NULL;
5       for (p=q; p < q+n; p++)              //q+n 为二维数组刚好越界的位置
6       {
7           if ((p - q) % 4 == 0)  printf("\n"); //每行输出 4 个元素
8           printf("%5d", *p);               //输出每一个元素
9       }
10  }
```

在 main( )主调函数中，就只需调用此 output( )函数即可：

```
1   output(*a, 12);
```

用二维数组的列地址作实参，把 a[0][0]元素的地址 *a 和二维数组的长度 12 作实参。

4. 行指针作为函数参数

用二维数组的行指针作为函数参数也能实现对二维数组的访问。5.1.3 节中利用二维数组名作为函数参数的问题，都可以改为用行指针作为函数参数来实现。

【例 6-3-7】编程实现：用行指针作为函数形参，实现矩阵按行前后交换，即垂直镜像。

解题思路：定义两个行指针，分别初始化为首行地址和尾行地址，并用在循环中分别取出各行中的每个元素进行交换，相向移动两个指针，重复进行，直到两个行指针相遇或交叉为止。

源程序如下：

```
1   /*
2   文件名：6-3-7swap2dimArray.c
3   功能：用行指针作为函数形参，实现矩阵按行前后交换
4   */
5   #include <stdio.h>
6   #define N 5
7   void swapRows(int (*a)[N]);
8   void printArr(int (*a)[N]);
9   int main(void)
```

```
10 {
11     int a[N][N]={1,2,3,4,5,6,7,8,9,10,11,12,13,14,15,16,17,18,19,
                   20,21,22,23,24,25};
12     printf("交换前: \n");
13     printArr(a);
14     swapRows(a);
15     printf("交换后: \n");
16     printArr(a);
17     return 0;
18 }
19 void  swapRows(int (*a)[N])
20 {
21     int t,j,(*p)[N]=a,(*q)[N]=a+N-1;//p 指向最前面一行，q 指向最后
                                        面一行
22     while(p<q)
23     {
24         for(j=0; j<N; j++)              //每行交换 N 个元素
25         {
26             t=*(*p+j);
27             *(*p+j)=*(*q+j);
28             *(*q+j)=t;
29         }
30         p++;    q--;                    //行指针 p 往后移，q 往前移
31     }
32 }
33 void printArr(int (*a)[N])
34 {
35     int j,(*p)[N];
36     for (p=a;p<a+N;p++)
37     {
38         for (j=0; j<N; j++)             //用指针法打印每行的 N 个元素
39             printf("%5d", *(*p+j));
40         printf("\n");                   //行尾换行
41     }
42 }
```

程序运行结果如图 6-3-13 所示。

```
交换前:
    1    2    3    4    5
    6    7    8    9   10
   11   12   13   14   15
   16   17   18   19   20
   21   22   23   24   25
交换后:
   21   22   23   24   25
   16   17   18   19   20
   11   12   13   14   15
    6    7    8    9   10
    1    2    3    4    5
Press any key to continue
```

图 6-3-13　运行结果

> **说明:**
>
> 本程序的关键是定义两个行指针变量，分别用来存储要交换的两行的行地址，通过第22~31行的循环控制完成前后各行之间的数据交换。第24行控制每行要交换的元素个数，N通常取二维数组的列宽。第30行改变行指针为下一次交换作准备。

> **思考:**
>
> 请读者将例5-1-9中scoreAverage()函数里使用的score[][N]和average[]两个形参函数分别改用行指针变量和列指针变量来实现。

6.4　指向字符串的指针

字符串的指针就是字符串在内存中的起始地址，简称字符指针（character pointer）。将字符串的起始地址放入一个字符型指针变量中，这个指针变量就指向该字符串，也就是指向字符串的指针变量，简称字符指针变量（character pointer variable）。

6.4.1　用指针访问字符串

5.2节已经介绍过字符串是由零个或多个字符组成的字符序列，并以空字符'\0'结尾。字符串可以用一个字符数组来存放，字符数组的长度至少要比字符串实际的有效字符数大1。通过对字符数组的访问，便能实现对字符串的访问和处理。在C语言中，程序员也可以用一个字符型指针变量来存放一个字符串的起始地址，也就是该字符串第0号字符的地址，即字符串指针，再通过这个指向字符串的指针变量也能很方便地访问和处理该字符串。

【例6-4-1】编程实现：分别用数组名和指针变量访问一个字符串。

```
1  /*
2  文件名:6-4-1StrPointersCmpStrArray.c
3  功能:字符串指针和数组字符串比较
4  */
5  #include <stdio.h>
```

```
6   int main(void)
7   {
8       char str[] = "I am a Chinese.";   //数组名 str 就是一个字符串指针
9       char *p = "I love my motherland, China!";   //p 就是一个指向字符
                                                      串的指针变量
10      p = p+7;                          //p 改变指向位置
11      printf("字符串 str:%s\n", str);
12      printf("p+7 后指向字符串:%s\n", p);
13      p = "I have a Chinese heart.";    //p 重新指向另外一个字符串
14      printf("p 又指向另一个字符串:%s\n", p);
15  }
```

程序运行结果如图 6-4-1 所示。

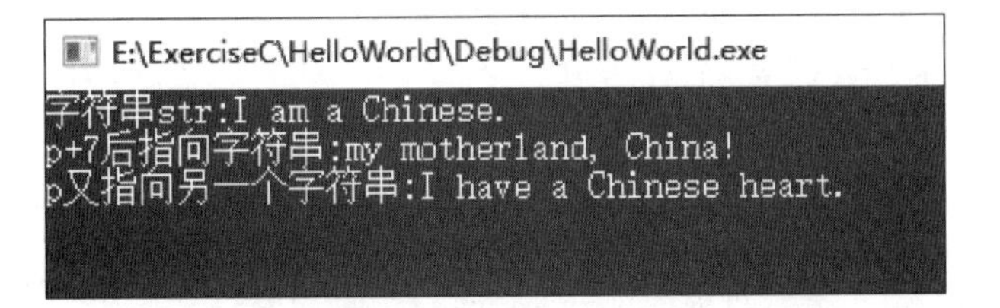

图 6-4-1　运行结果

说明：

（1）str 是字符型数组名，它代表字符数组的首地址，是一个地址常量，不能被修改，因此使用表达式 str=str+7 就是错误的。但是，p 是一个字符型指针变量，可以被修改，即改变其指向，比如，第 10 行上的表达式 p=p+7 就是跳过字符串前面的 7 个字符，指向后面的部分；甚至还可以让 p 指向别的字符串，比如，第 13 行代码。显然，使用指针变量来访问和处理字符串是非常方便和灵活的。

（2）第 8 行上的字符串常量被放在了指定的 str 数组中，数组名代表该字符串的起始地址；而第 9 行上的字符串被编译系统放在了常量区的某个位置，并让 p 指向该字符串常量。这两种存储字符串的方式分别用在了不同的场合。前者适用于对可变字符串的处理，而后者仅适用于对字符串常量的处理，不可修改。比如，把第 10 行语句改为 *p='U'，程序编译不会有错，但执行次语句时就会报错，因为 p 指向的位置位于常量区，不能执行写入操作。但是，若把第 10 行语句改为 *str='U'，就不会有任何问题。

（3）第 9 行语句等价于下面两条语句：

```
1   char *p;
2   p = " I love my motherland, China!";
```

但是，第 8 行语句却不能写成下面这两条语句：

```
1  char str[50];
2  str = " I am a Chinese.";   //错误，因为str是一个地址常量，不能被修改
```

第8行语句也不能写成下面这两条语句：

```
1  char str[50];
2  str[50] = " I am a Chinese.";   //错误，因为str[50]越界，且无法容纳
                                     一个字符常量的地址
```

（4）在3.1.1节中介绍printf( )函数时曾提到printf( )函数的第一项参数是一个字符型指针常量。现在很容易就可以证明和理解这点，比如，下面这条语句：

```
1  printf ("a = %d, b = %f \n ", a, b);
```

就可用下面这3条语句来替换：

```
1  char * format;
2  format ="a = %d, b = %f \n";
3  printf (format, a, b);
```

其效果完全一样，是等价的。这至少证明了两点：第一，printf( )函数的第一项参数确实是一个字符型指针；第二，用双引号括起来的格式控制串是一个字符串常量，确实被编译系统放置到了常量区，并将其起始地址返回作为printf( )函数的第一项参数。

6.4.2 用指针遍历字符串

遍历一个字符串是字符串操作中最基本的一项操作。程序员只需通过一个字符型指针变量指向要遍历的字符串，即可逐个访问该字符串中的每一个字符，直到访问到字符'\0'，从而实现对该字符串的遍历。

【例6-4-2】编程实现：编写一个用户自定义函数实现strcpy( )函数的功能，把一个字符串复制到另一个字符数组中。

```
1   /*
2   文件名：6-4-2strcpy.c
3   功能：把一个字符串复制到另一个字符数组中，实现strcpy()函数的功能
4   */
5   #include <stdio.h>
6   void cpyStr(char *q, char *p)   //p、q指针变量接收字符串的首地址
7   {
8       while(*p != '\0')               //判断是否已经遍历到了字符串的末尾
9       {
10          *q = *p;
11          p++;    q++;                //p、q两个指针变量同步移动一个字符
```

```
12  	}
13  	*q='\0';            //在目标字符串末尾加上'\0'作为结束标记
14  }
15  int main(void)
16  {
17  	char *p="china",b[100];
18  	cpyStr(b, p);
19  	printf("string a=%s\nstring b=%s\n",p,b);
20  }
```

程序运行结果如图 6-4-2 所示。

```
string a=china
string b=china
Press any key to continue
```

图 6-4-2 运行结果

说明:

(1) cpyStr()函数实现了把 p 所指向的源字符串复制到 q 所指向的目标字符中。

(2) 在第 8 行中，当循环条件 *p!='\0'为假时，表示 p 已经遍历到源字符串的末尾，于是退出循环。但是，此时并没有将源字符串末尾的'\0'赋值到目标字符串中。因此，第 13 行需要单独在目标字符串的末尾放一个结束标记，即 “*q='\0';”，这是初学者经常忽略的地方。

(3) 本例第 10~11 行语句的功能是对相应的字符进行复制，然后将指针变量同步下移。这两行语句完全可以优化成一条语句，即 “*p++=*q++;”，如以下函数所示:

```
1  cpyStr(char *q, char *p)
2  {
3  	while(*p != '\0')
4  		*q++=*p++;
5  	*q='\0';
6  }
```

(4) 如果将循环体中 “*q++=*p++;” 语句的功能放到循环条件内来实现，函数又可简化为:

```
1  cpyStr(char *q, char *p)
2  {
3  	while((*q++ = *p++) != '\0'); //注意这里是用一条空语句作为循环体
4  	*q='\0';
5  }
```

(5) 由于字符串的结束标记是'\0'，其ASCII码值为0，因此又可利用赋值表达式的值作为循环的终止条件。函数可进一步简化为：

```
1  cpyStr(char *q, char *p)
2  {
3      while(*q++ = *p++);
4  }
```

在此循环条件的判断中，表达式 *q++= *p++是先进行赋值运算，再判断该赋值表达式的值是否为'\0'。当判断到为'\0'字符时，空字符已经被复制到目标字符串末尾。因此，退出 while 循环以后就不要再单独执行“ *q='\0';”语句了。

【例 6-4-3】 编程实现：利用指针统计字符串中子串出现的次数。

解题思路：定义3个指针变量，一个指向母串，记住子串在母串中每一趟开始比较的位置；一个指向子串，对子串中的字符逐一进行比较；还有一个指向母串并陪伴子串进行逐一比较。另外定义一个计数变量，用于统计子串在母串中出现的次数。

源程序如下：

```
1   /*
2   文件名：6-4-3countSubstr.c
3   功能：利用指针统计字符串中子串出现的次数
4   */
5   #include <stdio.h>
6   int countSubstr(char *ss, char *s)
7   {
8       int count =0;                   //计数变量
9       char *p, *q, *p1;
10      p=ss;                           //p 指向母串
11      while(*p!='\0')
12      {
13          p1=p;                       //p1 指向母串，陪伴子串进行比较
14          q=s;                        //q 指向子串，逐一进行比较
15          while(*q!='\0')             //判断子串是否比较结束
16          {
17              if(*q!= *p1) break; //出现了不同字符则退出循环，进入下一
                                        趟匹配
18              q++;p1++;               //没有出现不同字符则同步移动指针
19          }
20          if (*q=='\0') count++;  //如果没有出现不同字符，则匹配成功，计
                                        数器加 1
```

```
21          p++;                        //指向下一趟的开始位置
22      }
23      return count;                   //返回匹配成功的子串个数
24  }
25  int main(void)
26  {
27      char a[100], s[100];
28      printf("请输入一个字符串:");
29      gets(a);                        //输入一个母串
30      printf("请输入子串:");
31      gets(s);                        //输入一个子串
32      printf("子串的数目有: %d\n", countSubstr(a, s));
33      return 0;
34  }
```

程序运行结果如图 6-4-3 所示。

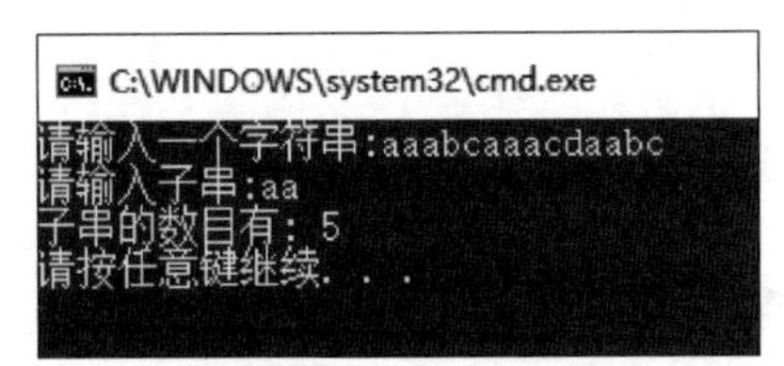

图 6-4-3 运行结果

说明:

(1) 在第 13~19 行中，用 q 指针指向子串，对子串中的各字符逐一进行比较，用 p1 指针指向母串中参与比较的字符，陪伴 q 指针进行逐一比较。具体如图 6-4-4 所示，其中实线箭头表示该指针变量的起始位置，虚线箭头表示该指针变量的当前位置。

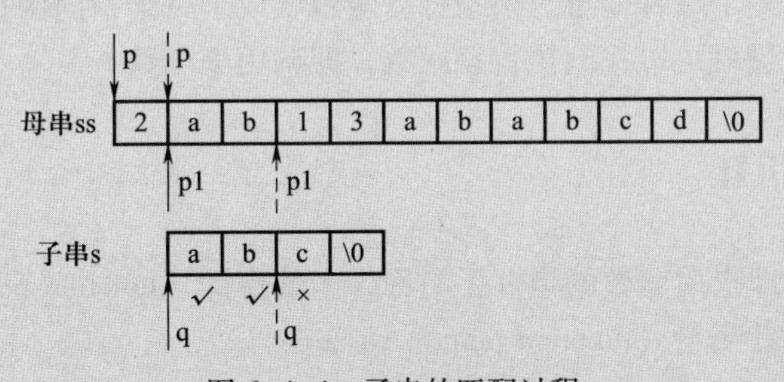

图 6-4-4 子串的匹配过程

(2) 在比较过程中，无论是匹配成功还是不成功都会结束本趟比较进入下一趟比较，如第 17 行和第 20 行代码所示。每一趟结束以后，p 指针都会加 1，指向下一趟的开始位置，如第 21 行代码所示。在每一趟开始比较前都需要对陪伴指针 p1 和子串指针 q 赋以新的值，如第 13~14 行代码所示。

（3）其实这个 countSubstr( ) 函数可以做进一步的简化，完全可以不用定义 p、q 和 p1 3 个指针变量，如以下程序所示：

```
1   int countSubstr(char *str, char *substr)
2   {
3       int i,j,k,num=0;
4       //*(str+i)相当于*(str+i)!='\0',用于判断母串是否结束
5       for(i=0; *(str+i); i++)
6           //若匹配不成功，则直接进入下一趟
7           for(j=i,k=0;*(substr+k) == *(str+j);k++,j++)
8               //若子串的后一个字符是结束符，则匹配成功
9               if(*(substr+k+1)=='\0')
10              {
11                  num++;          //匹配成功一次，则子串计数器加1
12                  break;          //本趟匹配结束，进入下一趟匹配
13              }
14              return(num);    //返回匹配成功的次数，即包含子串的个数
15  }
```

6.5 指向函数的指针和返回指针的函数

函数是由若干条语句构成的，经过编译之后，生成一系列的指令，存放在内存中，并占用一段连续的内存区域。函数名就代表该函数在内存空间中的起始地址，也称为该函数的入口地址。它就像数组名代表数组在内存空间中的起始地址一样。数组名就是数组的指针，将该指针赋值给一个指针变量，该指针变量就是一个指向数组的指针变量。同样，函数名也就是函数的指针，将该指针赋值给一个指针变量，该指针变量也就成了一个指向函数的指针变量。再通过这个指向函数的指针变量就可以找到执行该函数，即调用该函数。

6.5.1 指向函数的指针

函数的入口地址，即指向函数的指针，简称为函数指针（function pointer）。存放函数指针的变量，就称为函数指针变量（function pointer variable）。

函数指针变量定义格式为：

```
数据类型名  (*指针变量名)(函数的参数列表);
```

说明：

（1）在上面的定义格式中，编译系统首先会解析第 1 对圆括号，表示定义了一个指针

变量；然后解析第 2 对圆括号，表示该指针变量是一个指向函数的指针变量，并确定该函数的形参个数以及返回类型。这两对圆括号都不能省略。

（2）第 2 对圆括号有两个作用：一个作用是表示该指针变量所指向的是一个函数，因为圆括号是函数的书写格式；另一个作用是，如果圆括号内给定了相应的参数，则表示该指针变量可以用来指向的函数应该具有哪些参数，C 语言也允许省略参数列表，表示所指向的函数的形参暂时不能确定。

比如，下面定义了一个指针变量 pf，可以用来指向一个返回值为整型且有两个整型形参的函数。

```
1  int (*pf)(int, int);
```

再比如，下面的定义表示 pf 是一个指向函数的指针变量，该函数的返回值是一个整型数据，但形参不确定。

```
1  int (*pf)();
```

【例 6-5-1】 编程实现：利用指向函数的指针调用函数。

```
1   /*
2   文件名:6-5-1functionofPointer.c
3   功能:用指向函数的指针调用函数
4   */
5   #include <stdio.h>
6   int max(int a,int b)
7   {
8       return a>b?a:b;
9   }
10  int main(void)
11  {
12      int a=3, b=5;
13      int (*p)();  //也可定义为包含参数列表的形式"int (*p)(int,int);"
14      p = max;               //用 p 指向 max()函数,但并没有调用 max()函数
15      printf("%d\n", (*p)(a,b));   //调用形式也可写成"printf("%d\n",
                                       p(a,b));"
16  }
```

说明：

从上述程序可以看出，用指向函数的指针变量来调用函数的步骤为：

（1）首先定义一个函数指针变量，如程序中第 13 行就定义了一个函数指针变量 p。

（2）将被调函数的入口地址（即函数名）赋值给函数指针变量，即指向被调函数，如程序中第 14 行。

（3）用函数指针变量调用函数有两种形式："（*p）(a,b);"和"p(a,b);"，注意前者的括号不能省略，表示根据p中的地址找到被调函数，即调用被调函数；后者的写法与直接写函数名max(a,b)调用被调函数的形式是一样的，都属于函数入口地址带圆括号的书写形式，也就是通过函数的入口地址调用被调函数的直接访问方式，如程序第15行。

【例6-5-2】编程实现：用函数指针作为函数参数，实现两个数的加减乘除运算。

```
1   /*
2   文件名:6-5-2functionofPointerAsPara.c
3   功能:用函数指针作函数参数,实现两个数的加减乘除运算
4    */
5   #include <stdio.h>
6   #include <math.h>
7   double add(double,double);                    //第7~11行为函数声明
8   double sub(double,double);
9   double mult(double,double);
10  double divi(double,double);
11  double calculate(double x,double y,double (*f)());
12  int main(void)
13  {
14      double x,y;
15      printf("请输入两个数:");
16      scanf("%lf%lf",&x,&y);
17      printf("%.2f+%.2f=%.2f\n",x,y,calculate(x,y,add));
                                                  //用函数名作为函数参数
18      printf("%.2f-%.2f=%.2f\n",x,y,calculate(x,y,sum));
19      printf("%.2f*%.2f=%.2f\n",x,y,calculate(x,y,mult));
20      if (fabs(y)>1e-6)                         //判断除数是否为0
21          printf("%.2f/%.2f=%.2f\n",x,y,calculate(x,y,divi));
22      else
23          printf("除数为0\n");
24      return 0;
25  }
26  double calculate(double x,double y,double (*f)())
27  {
28      return f(x,y);                            //等价于return (*f)(x,y)
29  }
30  double add(double a,double b)
31  {
```

```
32      return a+b;
33  }
34  double sub(double a,double b)
35  {
36      return a-b;
37  }
38  double mult(double a,double b)
39  {
40      return a * b;
41  }
42  double divi(double a,double b)
43  {
44      return a/b;
45  }
```

程序运行结果如图 6-5-1 所示。

```
请输入两个数：3 2
3.00+2.00=5.00
3.00-2.00=1.00
3.00*2.00=6.00
3.00/2.00=1.50
Press any key to continue
```

图 6-5-1　运行结果

说明：

（1）定义了不同的函数分别实现加减乘除运算。

（2）用函数名作为实参，传递函数的入口地址；用函数指针变量作为函数形参，接收传递进来的入口地址。在上述程序中，为 calculate( ) 函数传进不同的函数名，calculate( ) 函数就具有了不同的功能，如源程序第 17~19 行和第 21 行所示。

（3）指向数组的指针变量能够通过自增、自减运算来向前或向后移动一个数组元素，从而实现对数组中不同元素的访问和对数组的遍历等操作，其根本条件就是数组中每个元素所占据的内存单元的大小是相同的。但是，指向函数的指针变量不能做自增、自减等运算，因为每个函数的代码长短可能是不一样的，试图通过指向函数的指针变量做自增或自减来跳过一个函数指向下一个函数是不可能的。也有读者可能会问，那让指向函数的指针变量做自增或自减来跳过一条指令或固定地跳过一个字节又是否可以呢？答案依然是否定的，因为机器指令的种类也很多，每种指令的长短也是不一样的，所以要通过自增或自减来跳过一条指令也很难实现，即使可以，跳过一条指令从一个函数中间某个位置开始执行，也会出现错误，没有任何意义。如果固定地跳过一个字节，就可能从某条指令的中间位置开始执行，断章取义，就更没有意义了，甚至会引起混乱！

6.5.2 返回指针的函数

一个函数如果执行完毕后向上一级函数返回的值不是普通数据类型的值，而是一个指针，那这个函数就是一个返回指针的函数，也有人将其简称为指针函数（pointer function）。

定义指针型函数的格式为：

```
数据类型名 *函数名(形参列表)            //函数头
{
    ……                                 //函数体
}
```

其中，在函数头中函数名之前的星号（*）表示该函数的返回类型是一个指针，即说明该函数是返回指针的函数。对应地，在函数体内部就应该有一个返回相应数据类型指针的return 语句。例如，strcat()库函数就是一个指针函数，该函数返回了一个指向字符串的指针。

```
1  char *strcat(char *s1, char *s2)
2  {
3      ……
4      return s1;
5  }
```

这里需要注意的是，对函数 strcat()进行声明的格式如下：

```
1  char *strcat(char *s1, char *s2);
```

初学者一定要将这种指针函数的声明形式与前面介绍的函数指针的定义形式区别开来。这里编译系统首先解析的是一对圆括号，表示这是一个函数，函数名为 strcat，返回类型为 char *，具有两个 char *形参。

在返回指针的函数中，有一种典型的错误是返回指向临时变量的指针，例如：

```
1  char*  getStr(void)
2  {
3      char str[] = {"abcd"};
4      return str;
5  }
```

【例 6-5-3】 编程实现：设计函数实现 strcat()库函数的功能，将两个字符串连接生成一个字符串。

```
1  /*
2  文件名：6-5-3strcat.c
3  功能：设计函数实现 strcat 库函数的功能，将两个字符串连接成一个字符串
4  */
5  #include <stdio.h>
```

```
6   char *strcat1(char *p,char *q)
7   {
8       char *s=p;          //暂存第一个字符串的开始地址
9       while (*p)          //循环结束后p指向'\0'
10      {
11          p++;
12      }
13      while(*p++=*q++) //将第2个字符串依次放入第1个字符串的末尾(包
                          括'\0')
14          ;
15      return s;           //返回指针值作为新字符串的首地址
16  }
17  int main(void)
18  {
19      char a[100]="abcd", *p="1234";
20      char *q;
21      q=strcat1(a, p);
22      puts(q);
23      return 0;
24  }
```

程序运行结果如图6-5-2所示。

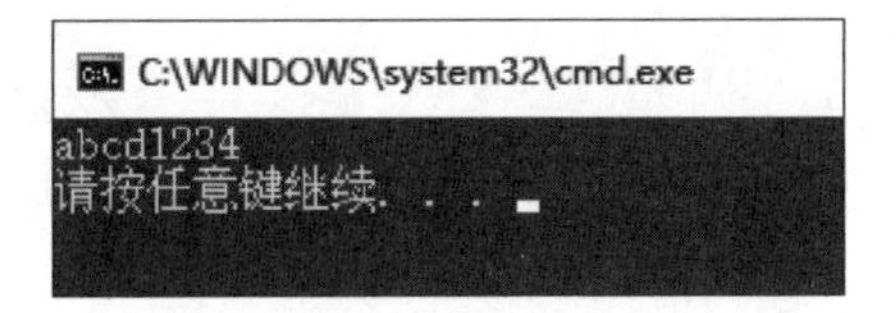

图6-5-2 运行结果

说明：

(1) 在主函数中，第21行的q指针接收strcat1()函数返回的字符指针，它是两个字符串连接后生成的新字符串的首地址。

(2) 两个字符串的连接过程包括两步：第1步是找到第1个字符串的末尾，第9~12行的功能就是利用一个while循环来找到第1个字符串的末尾，p指针逐一递增，直到遇到'\0'时结束循环，此时p是指向'\0'字符的；第2步是将第2个字符串依次复制到第1个字符串的末尾，第13~14行p、q两个字符指针同步变化，就完成了这个依次复制的过程，直到把'\0'字符也复制过去了才结束循环，实现了两个字符串的连接。整个连接过程如图6-5-3所示。

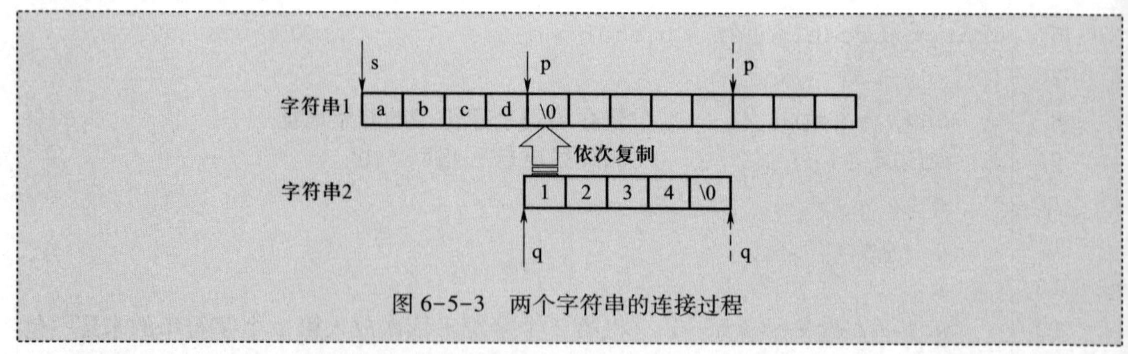

图 6-5-3　两个字符串的连接过程

【例 6-5-4】编程实现：在 main( )函数中定义一个学生结构体数组，用来存放 N 个学生的数据记录，每条记录包括学号 num、姓名 name 和分数 score；然后在一个 maxStudent( )函数中找到最高分的学生，并返回该学生结构体的地址；在 main( )函数中输出最高分的学生记录。

```
1   /*
2   文件名：6-5-4maxStudentScore.c
3   功能：返回结构体指针的函数应用
4   */
5   #define N 5
6   struct student
7   {
8       int num;
9       char name[10];
10      int score;
11  };                                         //定义了一个学生结构体类型
12  struct student *maxStudent(struct student *);     //函数声明
13  int main(void)
14  {
15      struct student *p,s[N]={1, "zhang3", 67, 2, "li4", 86, 3,
                                   "wang5", 90,
16                                 4, "zhao6", 56, 5, "xiaoming", 87};
17      p=maxStudent(s);              //p 接收最高分学生结构体的地址
18      printf("最高分学生:\n 学号:%d,姓名:%s,成绩:%d\n",p->num,p->
    name,p->score);
19  }
20  struct student *maxStudent(struct student *s)
21  {
22      int max,imax;
23      struct student *p;
```

```
24        max = s->score;     //等价于“max=s[0].score;”，即第1个站上擂台
25        imax = 0;
26        for(p = s+1; p<s+5; p++)
27        {
28            if (max < p->score)
29            {
30                max = p->score;
31                imax = p-s; //求出最大元素的下标
32            }
33        }
34        return &s[imax];    //返回最高分学生结构体的指针
35    }
```

程序运行结果如图6-5-4所示。

图6-5-4　运行结果

说明：

（1）第17行的p指针变量接收maxStudent()函数返回的学生结构体指针，它是最高分学生结构体的首地址。

（2）第24~33行是用打擂台的方法找出结构体数组中的最高分学生。其中max保存的是最高分，imax保存的是最高分学生所在的下标。

6.6　指向指针变量的指针

在介绍指向指针变量的指针之前，先来看一种特殊的数组。该数组中的元素的不是普通数据，而是指针，其中的每个元素都相当于是一个指针变量，这就是指针数组（pointer array）。

6.6.1　指针数组

与前面介绍的普通数组类似，指针数组也是由若干个相同类型的数据元素构成的，即指针数组中的每个元素都是相同类型的指针变量，都可以指向基类型相同的数据。

1. 指针数组的定义和使用

指针数组的定义格式为：

```
数据类型名 *数组名[数组长度];
```

说明:

(1) 编译系统在解析这条定义语句时，首先识别到[]是数组的书写格式，即表明定义了一个数组。该数组有数组名和数组长度，数组名前面的内容就是数组元素的类型，即某种类型的指针。

(2) 初学者要区分指针数组的定义格式和行指针变量的定义格式的不同之处。例如，定义一个指针数组p，含有3个数组元素，分别被初始化为3个变量的地址。

```
1 | int  a= 3, b = 6, c = 9;
2 | int  *p[3]={&a, &b, &c};
```

其中，p数组中的每个元素都是一个的整型指针变量，都可以用来分别指向不同的整型变量。比如，上述代码中的p[0]就指向了a，p[1]指向了b，p[2]指向了c，如图6-6-1 (a) 所示。

再比如，用一个指针数组来处理一组字符串：

```
1 | char *name[]={"zhang3", "li4", "wang5"};
```

以上语句初始化以后，name[0]指向"zhang3"，name[1]指向"li4"，name[2]指向"wang5"，如图6-6-1 (b) 所示。

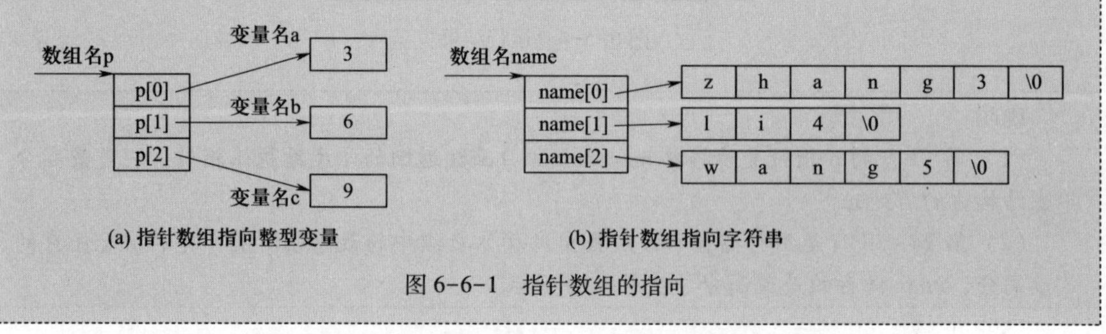

图6-6-1　指针数组的指向

【例6-6-1】编程实现：用二维数组和指针数组来处理多个字符串。

```
1  /*
2  文件名:6-6-1RepresentationOfMulStrings.c
3  功能:用二维数组和指针数组来处理多个字符串
4  */
5  #include "stdio.h"
6  int main(void)
7  {
8     char a[][10]={"zhang3","li4","wang5"};
9     char *name[]={"zhang3","li4","wang5"};
10    int i;
11    printf("用二维数组存放字符串的首地址: \n");
```

```
12 |    for (i=0;i<3;i++)
13 |        printf("a[%d]的地址是: %d\n", i, a[i]);
14 |    printf("用指针数组存放字符串的首地址: \n");
15 |    for (i=0;i<3;i++)
16 |        printf("%d\n",name[i]);
17 | }
```

对二维数组、指针数组的监视窗口情况和程序的运行结果如图 6-6-2 所示。

监视 1

名称	值	类型
a	0x012ff8f4	char [3][10]
[0]	0x012ff8f4 "zhang3"	char [10]
[0]	122 'z'	char
[1]	104 'h'	char
[2]	97 'a'	char
[3]	110 'n'	char
[4]	103 'g'	char
[5]	51 '3'	char
[6]	0	char
[7]	0	char
[8]	0	char
[9]	0	char
[1]	0x012ff8fe "li4"	char [10]
[2]	0x012ff908 "wang5"	char [10]
name	0x012ff8e0	char * [3]
[0]	0x00a25758 "ZhangPetrel"	char *
	90 'Z'	char
[1]	0x00a25794 "Jimmy"	char *
[2]	0x00a25750 "Milan"	char *

(a) 监视窗口情况

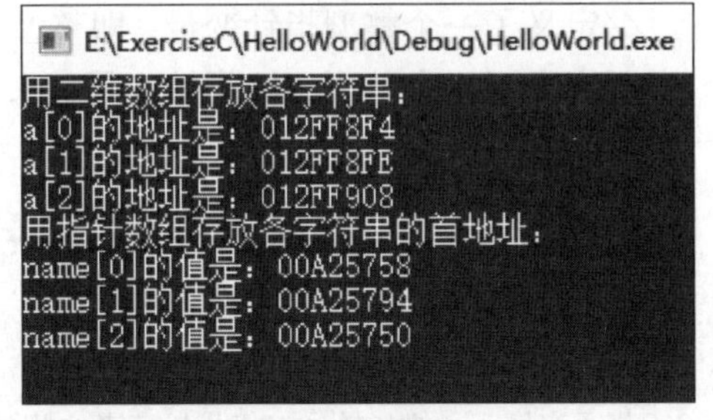

(b) 运行结果

图 6-6-2 监视窗口情况和运行结果

说明：

(1) 用二维数组来存储多个字符串，存在一定的内存空间浪费问题。因为每个字符串的长短可能存在差异，在定义一个二维数组时就只能按最长的字符串长度来定义其列宽。

（2）用指针数组来处理多个字符串常量，则无须定义固定长度的空间，由系统编译时按实际长度在系统常量区（只读）分配空间，量身定制，没有空间浪费问题。字符型指针数组中的元素可以分别存储各字符串常量的首地址。通过修改指针数组中的元素，可以使之指向不同的字符串，非常灵活。

（3）用二维数组存储的字符串可以被灵活修改，但指针数组指向的字符串常量则不能被修改。

请读者务必结合监视窗口情况仔细观察、认真体会用二维数组和指针数组来处理字符串的差异。

2. 二级指针的定义和使用

前已述及，一个普通变量 a 在计算机内存中要占据相应的存储单元，其存储单元的起始地址 &a 就是该变量的指针，若将该指针存放到一个指针变量中，即 p1 = &a，则指针变量 p1 就指向了普通变量 a。同样，这个指针变量 p1 在计算机内存中也要占据相应的存储单元，其存储单元的起始地址 &p1 也就是这个指针变量的指针，即指向指针变量的指针，也称为二级指针（second level pointer）。若将指向指针变量的指针 &p1 存入一个指针变量中，则该指针变量就是二级指针变量。相应地，就可以将前面介绍的指向普通变量的指针称为一级指针（first level pointer），其对应的指针变量就称为一级指针变量。

二级指针变量的定义格式为：

```
数据类型名    **变量名;
```

例如，定义一个整型二级指针变量，指向整型一级指针变量，程序片段如下：

```
1  int a =100;       //定义了一个普通整型变量 a,并初始化为 100
2  int *p1 = &a;     //定义了一个整型指针变量,即整型一级指针变量 p1,指向 a
3  int **p2 = &p1;//定义了一个整型二级指针变量 p2,指向 p1
```

说明：

（1）以上 3 行语句定义了 3 个变量，其相互之间的关系如图 6-6-3 所示。

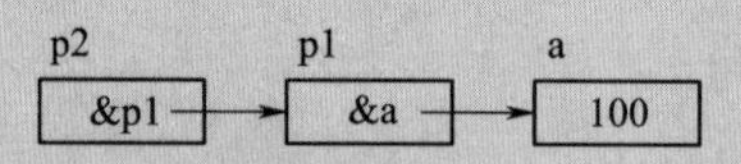

图 6-6-3　普通变量、一级指针和二级指针三者之间的关系

（2）在定义二级指针变量时，变量名 p2 前面使用了两个指针定义符（*），以此区别于一级指针变量的定义。同理，在定义三级指针变量时，则用 3 个指针定义符（*），以此区别于二级指针变量的定义。依此类推，C 语言不限制指针的级数，每增加一级指针，就在所定义的指针变量名前面增加一个指针定义符即可，很形象，易于理解。

【例 6-6-2】 编程实现：利用二级指针变量访问指针数组，输出多个字符串。

```
1  /*
2  文件名:6-6-2pointerArrayAndSecondarypointer.c
```

```
3   功能：利用二级指针变量来访问指针数组，输出多个字符串
4   */
5   #include <stdio.h>
6   int main(void)
7   {
8       char *name[]={"zhang3","li4","wang5","sun6","zhao7"};
                                          //定义了一个指针数组
9       char **p = name;                  //定义了一个二级指针变量，指向指针数组
10      for(; p < name+5; p++)
11          printf("%s\n", *p);   //对二级指针作一次指针运算，将其降为一级
                                      指针
12  }
```

程序运行结果如图 6-6-4 所示。

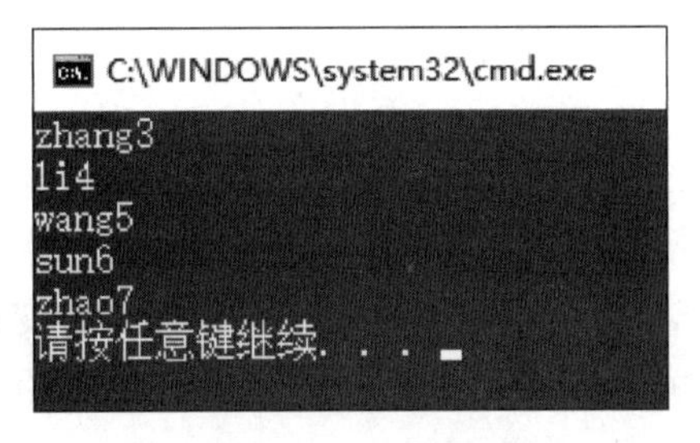

图 6-6-4　运行结果

说明：

(1) 前已述及，指针数组 name 中的每个元素都是一个字符型指针变量。数组名 name 是指针数组的起始地址，也就是 name[0]的地址，即指针变量的地址，这就是一个二级指针。因此，在第 9 行语句中定义了一个二级指针变量 p，并用指针数组名 name 来初始化。

(2) 将一个二级指针变量指向一个指针数组后，便可十分方便地访问和遍历该指针数组。这里，初学者务必要理解 p 加 1 的含义——跳过一个数组元素，指向下一个数组元素，如第 10 行代码中的 name+5 和 p++。请读者结合图 6-6-5 进行理解。

数组名name

二级指针变量p

name[0] →	z	h	a	n	g	3	\0
name[1] →	l	i	4	\0			
name[2] →	w	a	n	g	5	\0	
name[3] →	s	u	n	6	\0		
name[4] →	z	h	a	o	7	\0	

图 6-6-5　利用二级指针变量访问指针数组

（3）在6.2.3节中介绍的取址运算符和指向运算符之间的关系，在二级指针中照样适用。对一个普通变量取地址，变为一级指针；对一级指针变量再取地址，则升为二级指针。反之，对二级指针做一次指针运算，则降为一级指针；再对一级指针做一次指针运算，则变为普通变量。如第11行代码中的 *p，将二级指针降为一级指针后，实现对指针数组中各元素的访问，即得到字符串的首地址。也请读者结合图6-6-5来理解。

【例6-6-3】编程实现：利用指针数组存放多个整型变量的地址，再通过二级指针变量来输出整型变量的值。

```
1   /*
2   文件名：6-6-3pointerArrayAndMulVarAd.c
3   功能：利用二级指针变量访问指针数组，输出多个整型变量的值
4   */
5   #include <stdio.h>
6   int main (void)
7   {
8       int  a=1, b=2, c=3, d=4, e=5;
9       int  *numbers[5] ={&a, &b, &c, &d, &e};
10      int  **p;
11      p = numbers;                  //用二级指针变量指向指针数组
12      while(p < numbers+5)          //访问指针数组中的每一个元素
13      {
14          printf ("%d\t", **p);     //对二级指针 p 做两次指针运算，访问具体
                                          变量
15          p++;
16      }
17      printf("\n");
18  }
```

程序运行结果如图6-6-6所示。

图6-6-6　运行结果

说明：

在本例中，利用一个二级指针变量p指向指针数组numbers，再通过一个while循环遍历该指针数组。对二级指针变量做一次指针运算，访问到的是指针数组numbers中的一个元素，再做一次指针运算才访问到具体的整型变量，如第14行代码所示。

3. 指针数组作函数参数

【例 6-6-4】 编程实现：用指针数组对多个字符串按字母顺序进行排序并输出。

```
1  /*
2  文件名：6-6-4pointerArrayOrderOutput.c
3  功能：利用指针数组作函数参数，对多个字符串进行排序
4  */
5  #include <stdio.h>
6  #include<string.h>
7  int main(void)
8  {
9      void sort(char *name[],int n);
10     void printAddress(char *name[],int n);
11     char *name[]={"zhang3","li4","wang5","zhao6","sun7"};
12     int n=5;
13     printf("排序前\n");
14     printAddress(name,n);
15     sort(name,n);                  //指针数组名 name 就是一个二级指针
16     printf("\n 排序后\n");
17     printAddress(name,n);
18 }
19 void sort(char *name[],int n) //等价于 void sort(char **name, int n)
20 {
21     char *pt;
22     int i,j,k;
23     for(i=0;i<n-1;i++)
24         for(j=i+1;j<n;j++)
25             if(strcmp(name[i],name[j])>0)
26             {    //交换指针数组中相应元素的内容，改变其原来的指向
27                  pt=name[i];name[i]=name[j];name[j]=pt;
28             }
29 }
30 void printAddress(char *name[],int n)//等价于 void printAddress
                                          (char **name, int n)
31 {
32     int i;
33     for (i=0;i<n;i++)
```

```
34          printf("name[% d]所指的字符串:% s 的地址是:% d\n",i,name[i],
   name[i]);
35  }
```

程序运行结果如图 6-6-7 所示。

```
排序前
name[0]所指的字符串:zhang3的地址是:4333644
name[1]所指的字符串:li4的地址是:4333636
name[2]所指的字符串:wang5的地址是:4333652
name[3]所指的字符串:zhao6的地址是:4333628
name[4]所指的字符串:sun7的地址是:4333620

排序后
name[0]所指的字符串:li4的地址是:4333636
name[1]所指的字符串:sun7的地址是:4333620
name[2]所指的字符串:wang5的地址是:4333652
name[3]所指的字符串:zhang3的地址是:4333644
name[4]所指的字符串:zhao6的地址是:4333628
Press any key to continue
```

图 6-6-7　运行结果

说明：

（1）在本例中，利用一个指针数组 name 保存了多个字符串常量的首地址。在排序过程中，当两个字符串逆序时，就交换指针数组中对应元素的值（即字符串常量的首地址），而并未交换字符串本身，即字符串本身的内容和位置都没有发生任何变化，也不可能发生变化，因为它们是只读的。指针数组各元素在排序前和排序后的指向情况如图 6-6-8 所示。

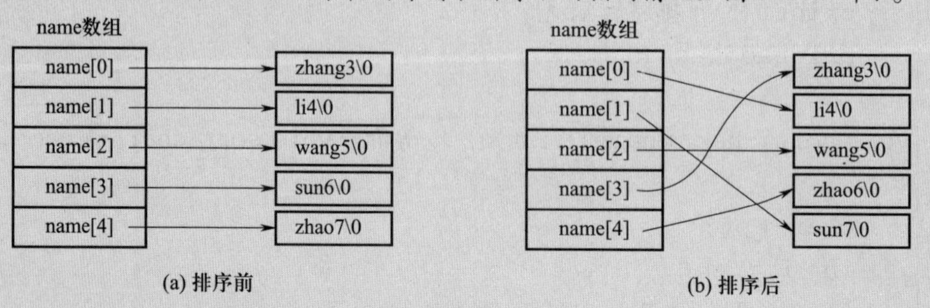

图 6-6-8　利用指针数组对多个字符串排序

（2）如果利用二维字符数组存储多个字符串，在排序过程中出现逆序时，可以通过 strcpy( ) 函数在二维数组中对两个字符串的内容进行交换，改变其原来的存储位置。很明显，通过这种交换方式实现的排序，效率会很低。读者可以自行编程实现并体会。再如，一个学生结构体数组，每个数组元素都存放了多项学生信息，如果要按其总分进行排序，则直接交换数组元素，其排序效率依然会很低。对于这种可能涉及大块数据的搬动问题，通常利用指针数组来处理，效率会明显提高。

（3）在第 15 行代码中，指针数组名 name 就是一个二级指针，把它作为实参传递给 sort( ) 函数，则在 sort( ) 函数的定义中就要用一个二级指针变量来接收，如第 19 行代码所示。char *name[ ] 表面是一个形参数组，其实质是一个二级指针变量 char **name。同样，可分析第 14 行、第 17 行和第 30 行代码。归结起来，还是以前介绍过的内容，要把一个数组传递进一个被调函数，就将该数组的起始地址和数组长度作为函数的两个参数即可。

6.6.2　指针数组作为main( )函数参数

main( )函数和普通函数一样，也可以带上形式参数。由于main( )函数不能被其他函数调用，所以它不可能在程序内部获得实际参数的值。那么，main( )函数的形参将从哪里获得具体的值呢？

1. 命令行带参数

这里，不妨请读者打开Windows系统的命令提示符窗口（也称为cmd窗口）。假定在当前计算机的d:\下存放了一个名为f1.txt的文件，里面放有用户的一些信息。现在，读者只需在命令提示符窗口中输入一行命令：

```
1  copy d:\f1.txt e:\f2.txt↙
```

就能在e:\下看到多了一个名为f2.txt的文件，其内容和d:\下的f1.txt一模一样。这是怎么回事呢？

原来copy是Windows命令提示符环境中的一个应用程序。它是很多年前就已经写好并随同Windows系统一起发布的。当年开发人员在写这个应用程序的时候，并不知道用户将来会用这个程序复制什么文件到什么地方。用户要复制的源文件和目标位置，是用户在执行copy命令时在命令行上通过参数来指定的。用户通过键盘输入的命令名和参数，被操作系统接收以后，由操作系统分配内存空间对它们进行保存，保存的格式如图6-6-9所示。

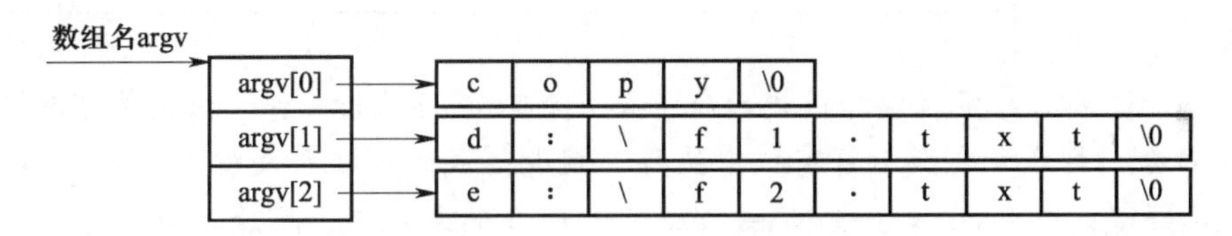

图6-6-9　命令名和参数的存储格式

可见，操作系统按照字符串常量的格式存储命令名及其参数，并将它们的起始地址分别存储在一个称为argv的指针数组中。这样，操作系统只需将这个指针数组的名字argv和长度3作为两个实际参数，在调用应用程序copy时传递给应用程序的main( )函数即可。

为此，main( )函数在定义时就必须要指定相应的形参来接收操作系统传递进来的实参。这就是main( )函数带参数的问题。

2. main( )函数带参数

为了接收操作系统传递进来的实参，C语言规定，main( )函数可以有2个或3个参数，其函数头的定义格式为：

```
int main (int argc, char *argv[])  或  int main (int argc, char *argv
                                          [], char *envp[])
```

习惯上，将前两个参数取名为argc和argv。argc是一个整型变量，用来接收指针数组的长度，也就是命令行上以空格作为间隔的字符串个数；argv 是一个二级指针变量，用来接收字符型指针数组的起始地址；第 3 个参数 envp 较少使用，也是一个二级指针变量，用来接收字符型指针数组的起始地址，在程序运行时用来获取系统的众多环境变量，即指针数组中每个元素都指向一个相应的环境变量（字符串）。

【例 6-6-5】编程实现：在主函数中显示输出命令行上以空格为间隔的每一个字符串。

```
1  /*
2  文件名:6-6-5Paraofmain.c
3  功能:在主函数中显示输出命令行上以空格为间隔的每一个字符串
4  */
5  #include<stdio.h>
6  int main(int argc, char *argv[])
7  {
8    int i;
9    printf("共有%d个字符串!\n", argc);
10   printf("所有的字符串是:\n");
11   for(i = 0; i < argc; i++)       //argc 表示命令行上字符串的个数
12       printf("%s\n", argv[i]);
13 return 0;
14 }
```

说明：

（1）本例的源程序经过编译链接后会生成一个 .exe 可执行文件，该文件可以像前面介绍的 copy 命令一样在命令提示符窗口中执行。假设生成的可执行文件名为 test.exe，首先在命令提示符窗口中用 cd 命令进入 test.exe 文件所在的文件夹，然后在命令行上输入如下命令：

```
1  test.exe  para1  para2  para3
```

当然，对于 .exe 或 .com 这样的可执行文件，系统允许省略其扩展名。程序的运行结果如图 6-6-10 所示。

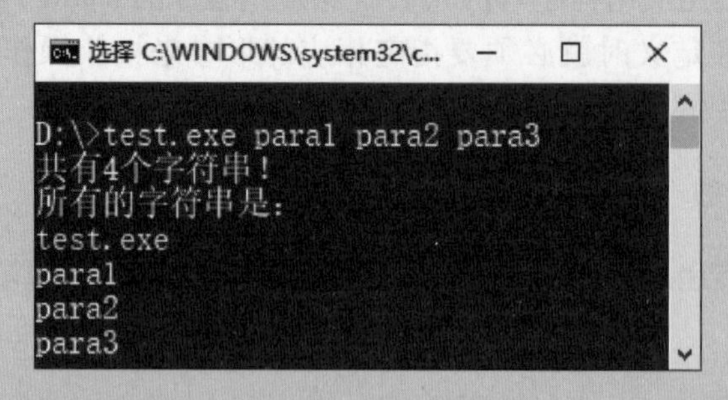

图 6-6-10　运行结果

（2）在命令行上运行一个可执行文件时，第一个字符串是命令名，即应用程序名，从

第2个字符串开始是命令名带的参数，通常可以有零个或多个以空格为间隔的参数。这些命令行上的参数就作为实参传递给 main()函数的形参。

(3) 调试和运行 main()函数带参数的程序，除了用上面介绍的命令行执行法以外，还可以在集成开发环境中进行设定，然后像调试和运行普通程序一样操作。如何在 VC++ 2010 集成开发环境中调试和运行 main()函数带参数的程序，请见《循序渐进 C 语言实验》1.4.5 节。

6.7 用指针处理链表

前面介绍的各种数据结构，无论是单个变量或数组，还是用户自定义类型的变量等，这些数据所占内存空间的位置和大小一旦被定义，由系统分配了，在程序的整个运行过程中都将是固定不变的。这种存储结构称为静态数据结构。

静态数据结构存在一个弊端，即内存资源的利用率不高。比如，在一个学生信息管理程序中，学生人数往往是变化的，很难确定。如果要用一个结构体数组来存储学生数据，就需要预先确定该数组的长度，也就是数组元素的最大个数。长度一旦确定，就不能再更改，除非重新修改源程序，这对普通用户来说，是不可能的。因此，实际学生人数一旦超过数组长度，程序将无法运行，甚至崩溃。为了避免数组越界，程序员就只有最大限度地定义数组长度，但这样又会造成内存空间的浪费。

能否根据学生的实际人数，动态调整数组的长度，在程序运行的过程中由用户根据需要来指定呢？C 语言提供了动态内存分配函数，允许程序员使用 4.2.2 节中提到的堆区来动态分配内存空间。数据所占内存空间的位置和大小在程序运行过程中是动态变化的，这种存储结构称为动态数据结构。

6.7.1 动态内存管理

C 语言提供了一些专门用于动态内存管理的函数，可在程序运行的过程中动态地申请和释放一块连续的内存区域，从而有效地利用内存资源。这些负责堆内存管理的函数都存放在 stdlib.h 头文件中。常用的堆内存管理函数有以下几个。

1. malloc()函数

malloc()的函数原型为：

```
void * malloc(size_t size);
```

函数功能：在堆区中申请若干个字节的一块连续内存空间，返回一个指向该存储区域起始位置的空类型指针。其中，参数 size 为 size_t 类型，size_t 的全称是 size type，是一种用来记录大小的数据类型，其实质上就是无符号整型，表示向系统申请堆内存的空间大小，不可能是负数。函数被调用以后，如果堆内存分配成功，则返回一个空类型的指针；如果分配失败，则返回一个空指针 NULL。

说明：

（1）这里用到了空指针和空类型指针两个概念，读者务必区分两者。关于空指针，在6.2.2节中已经介绍过了，表示该指针不指向任何内存单元。当一个指针变量被定义以后暂时还未指定取值时，就可以让它取值为NULL，避免出现野指针的情况。空类型指针是一种通用指针，一般用在某个存储单元或存储区域不知道具体将存放什么类型的数据的情况。比如，在用malloc()函数申请内存空间时，malloc()函数并知道用户将用这片内存空间来存放何种数据，即无法确定指针的基类型，于是就返回一个void类型的指针，供程序员根据实际使用情况再强制转换成自己需要的数据类型指针。当然，程序员也可以定义一个空类型的指针变量，用来接收不同类型的指针，指向不同数据类型的普通变量。比如：

```
1  int a=10;
2  double d=51.66;
3  void *vp ;                        //定义了一个通用指针变量vp
4  vp = &a ;                         //通用指针变量vp指向整型变量a
5  printf("%d\n", *((int *)vp));//*((int *)vp)等价于*(int *)vp,用于
                                     间接访问a
6  vp = &d;                          //通用指针变量vp指向双精度实型变量d
7  printf("%f\n", *((double *)vp));//间接访问d
```

其中，第5行中的(int *)vp和第7行中的(double *)vp分别用于将vp强制转换成int型指针和double型指针，然后再分别做一次指针运算，访问到具体的整型变量a和双精度实型变量d。

（2）调用malloc()函数以后，一定要在程序中检测其返回值是否为NULL，以此确定堆内存申请是否成功。

（3）函数返回值类型为void *（通用指针），在程序中不能直接引用，必须先将其强制转化为自己所需要的指针类型。例如，要在堆内存中申请能够存放100个整型数据的连续内存空间，程序片段如下：

```
1  int *p;
2  p=(int *)malloc(100*sizeof(int));  //注意：在赋值给p之前需要做相
                                          应的强制类型转换
```

用整型指针变量p来接收申请成功的堆内存块的起始地址，以便使用和释放。该内存块量身定制，刚好能够容纳下100个整型数据，因此，p也称为一维动态数组。其中，sizeof(int)可以提高程序的可移植性。虽然在VC++ 2010中sizeof(int)的值是4，但这里也不要在源程序中直接写成4，更不要“鲁莽”地写成malloc(400)的形式。用同样的方法，也可以申请能够容纳N个学生结构体数据的一维动态数组，处理一批学生数据。

（4）实际使用时，可以用一个正整数常量（如上述的100）也可以用一个整型变量来指定需要申请的数据个数，灵活多变，而且是在程序运行过程根据需要来确定的。

2. calloc( )函数

calloc( )的函数原型为：

```
void* calloc(size_t num, size_t size);
```

函数功能：在堆区中为 num 个 size 大小的数据申请存储空间，若申请成功，则返回一个空类型指针，指向这片连续内存空间的起始位置；若申请失败，则返回一个空指针 NULL。此函数与 malloc( )函数不同的是：calloc( )函数所申请的存储单元，系统将自动对其置初值 0。其中，第 1 个参数 num 表示向系统申请的存储单元个数，第 2 个参数 size 表示每个存储单元的大小，即字节数。

说明：

(1) 动态申请存放 100 个整型数据的连续内存空间，并初始化为 0，程序片段如下：

```
1  int *p;
2  p=(int *)calloc(100, sizeof(int));
```

可见，用函数 calloc( )申请的存储空间更像是一个一维数组。函数的第 1 个参数决定了一维数组的长度，第 2 个参数决定了数组元素的类型，函数的返回值就是数组的起始地址。因此，也称 p 为一维动态数组。

(2) calloc( )函数在其他方面的使用，请参考 calloc( )函数的使用说明。

3. realloc( )函数

realloc( )的函数原型为：

```
void* realloc(void* ptr, size_t size);
```

函数功能：将指针 ptr 所指向的动态存储区域的大小调整为 size 字节。若调整成功，函数的返回值是新分配的存储区域的起始地址，与原来分配的起始地址不一定相同；若调整不成功，则返回 NULL。

说明：

(1) realloc( )在调整内存时可能存在两种情况：一种是当原有空间的后面还有足够大的空闲空间时，就直接在原有空间之后扩展内存，原有空间的数据不发生变化，函数返回的起始地址也是原来空间的起始地址；另一种是当原有空间的后面没有足够的空闲空间时，就在堆内存中另找一个大小合适的连续区域，函数返回的起始地址就是一个新的内存地址，并将原有空间的数据复制到新空间，释放原有空间。

(2) realloc( )函数在其他方面的使用，请参考 realloc( )函数的使用说明。

4. free( )函数

free( )的函数原型为：

```
void free(void* ptr);
```

函数功能：释放由 ptr 指针指向的动态内存区域，无返回值。参数 ptr 必须是由 malloc( ) 函数、calloc( ) 函数或 realloc( ) 函数申请成功的内存区域的起始地址。

说明：

(1) 该函数执行以后，将释放以前申请到的存储区域，并把它交还给系统，供系统重新分配。

(2) 在栈区中保存的自动局部变量，其所需内存的分配和回收由系统根据需要自动完成，但程序员在堆区中动态申请的内存区域，在不使用时，操作系统不会自动回收，必须由程序员在程序中使用 free( ) 函数来自行释放。如果一片动态内存空间不用了，程序员又一直不释放，这会造成内存泄露（memory leak）。在程序中已动态申请和使用的堆内存在不用以后一直未释放，或丢失了其起始地址信息而无法释放，造成这片内存空间无法被系统再利用，出现了内存空间的浪费，导致程序运行速度减慢甚至系统崩溃等严重后果，这种现象就叫作内存泄露。这是一个优秀的程序员必须要避免的问题。

(3) free( ) 函数与前面介绍的 malloc( )、calloc( ) 和 realloc( ) 3 个函数是配套使用的。

(4) 在源程序中，对动态内存的管理，通常应该包括申请、使用和释放 3 个主要的步骤。

【例 6-7-1】 编程实现：通过键盘输入若干个学生的单科成绩，并计算和输出他们的平均分，学生人数由用户通过键盘输入。

解题思路： 由于预先并不知道确定的学生人数，所以只能根据用户输入的学生人数动态分配内存空间，采用动态数组来存储单科成绩。

源程序如下：

```
1   /*
2   文件名：6-7-1DArrayAndAvg.c
3   功能：用动态数组计算平均分
4   */
5   #include <stdio.h>
6   #include <stdlib.h>
7   int main(void)
8   {
9     int *p=NULL,n,i,sum;
10    printf("Please enter array size:");
11    scanf("%d",&n);                          //输入学生人数
12    p=(int *)malloc(n * sizeof(int));        /*1.申请n个sizeof(int)
                                                  字节的内存*/
13    if (p==NULL)                             //当p为空指针时结束程序
14    {
15        printf("No enough memory\n");
16        return -1;
```

```
17    }
18    printf("Please enter the score:\n");
19    for (i=0; i<n; i++)                //2. 输入n个学生的分数
20        scanf("%d", p+i);
21    sum=0;                             //将累加器sum初始化为0
22    for (i=0; i<n; i++)
23        sum=sum + *(p + i);            //计算总分
24    printf("average=%d\n",sum/n);      //输出平均分
25    free(p);                           //3. 释放用malloc()函数申请的内存
26    p=NULL;
27    return 0;
28 }
```

程序运行结果如图6-7-1所示。

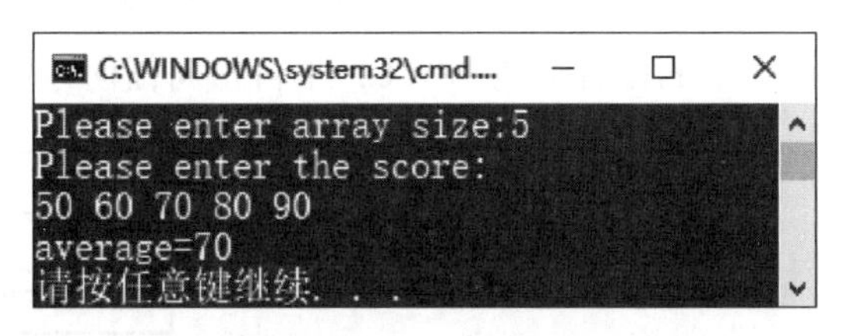

图6-7-1　运行结果

说明：

(1) 第10~12行，根据用户输入的人数建立动态数组。在第12行上使用了一个整型变量n，其值是在程序运行过程中才能确定的，即根据用户的实际需要“量身定制”，临时确定动态数组的长度。

(2) 第13~17行，处理申请失败时的情况。

(3) 第18~24行，使用动态数组，输入学生成绩，并计算和输出平均成绩。

(4) 第25~26行，释放动态申请的内存，并将指针变量重新置为空指针。

思考：

请用动态数组解决第5章的学生信息管理问题。

6.7.2　链表的概念

在计算机内存中，存储数据的方法通常有顺序存储和链接存储两种。

1. 顺序存储方法

顺序存储方法是把逻辑上相邻的数据元素存储在物理位置上也相邻的存储单元里，元素之间在逻辑上的相邻关系通过存储单元在物理位置上的邻接关系来体现。由此得到的存储结构称

为顺序存储结构，如图 6-7-2(a)所示。

数组就是一种常见的顺序存储结构。通过前面章节的学习，读者已经明白数组存在一些弊端。比如，需要按可能用到的最大长度定义其大小，内存空间利用率低。再比如，数组元素的插入和删除操作比较困难，在插入或删除一个元素时，可能需要大量地移动其他元素，程序的执行效率比较低。

2. 链接存储方法

链接存储方法是逻辑上相邻的数据元素并不一定存储在物理位置上也相邻的单元里，元素之间在逻辑上的相邻关系是通过附加的指针字段来表示的。这种存储结构称为链接存储结构。

在这种存储方法中，每个数据元素所占的存储单元分为两部分：一部分为数据域，存储元素本身的信息；另一部分为指针域，指示其后一个元素的存储地址。这样，每个元素都通过指针域依次链接起来，便形成了一条链。如图 6-7-2(b)所示，从第 1 个数据元素的起始位置 0x0060FF54 开始，其指针域指向第 2 个数据元素的起始位置 0x0060FE48，其指针域又指向第 3 个数据元素的起始位置 0x0060FE20，其指针域又指向第 4 个数据元素的起始位置 0x0060FE30，最后这个数据元素的指针域为 NULL，不再指向任何存储单元。

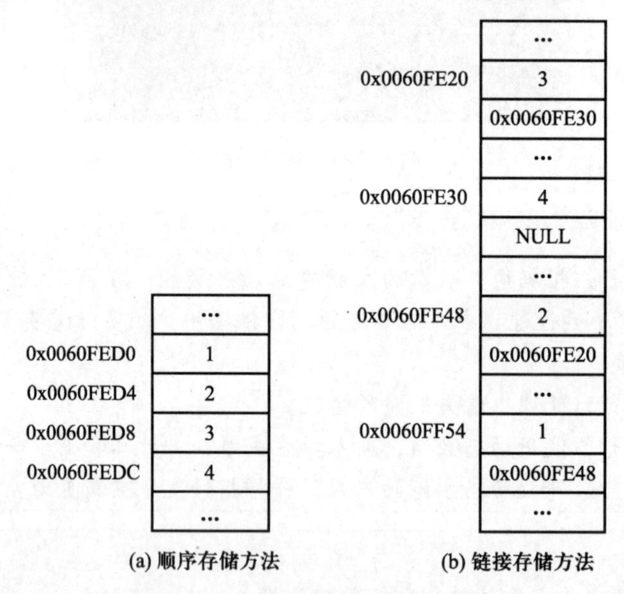

图 6-7-2　存储数据的两种基本方法

显然，链接存储方法对数据元素的插入和删除操作比较容易，无须移动任何元素，只需要修改相关指针域的指向即可。

若将表示实际物理内存空间存储情况的图 6-7-2（b）转换成图 6-7-3 所示的逻辑关系，则由指针域形成的链式存储结构就表现得格外清晰。这种采用链接存储方法表示的线性表就称为链表。其中，head 是指向链表上第 1 个数据元素的指针变量，称为头指针（变量），习惯上就用这个头指针变量名作为整个链表的名字。链表上的每一个数据元素，称为结点。链表上的最后一个结点，称为表尾。表尾的指针域不再指向任何结点，故赋值为 NULL。为了便于绘图，习惯上又将 NULL 用图形符号^来表示。

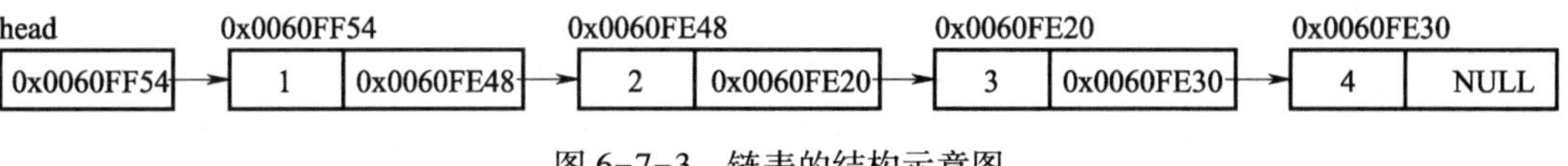

图 6-7-3　链表的结构示意图

根据链表访问方式的不同，可把链表分为单向链表、双向链表、循环链表等多种，本节重点介绍单向链表（也称为单链表）。

6.7.3　单链表的实现

单链表是指一个链表的访问方向是单向的，只能从头指针开始依次到最后一个结点结束，不能反过来访问，也不能跳过某一个结点不访问而直接访问其后面的结点。

1. 单链表的定义

单链表上所有结点的结构都是相同的，均包括一个数据域和一个指针域。数据域又可能包含若干个成员，每个成员的数据类型根据实际情况由程序员定义，用来存储该结点自身的信息。指针域必须是一个指向结点的指针变量，用来存放每个结点的后继结点的地址。

如果要用 C 语言来实现单链表的结构，关键在于如何用 C 语言来定义一个单链表的结点。根据前面所学的知识可知，结构体可以实现对多个成员的定义和分工。为此，下面就用一个自引用结构体（self-referential structure）类型定义了一个单链表的结点类型。定义形式如下：

```
typedef struct node
{
    int data;                //数据域
    struct node *next;       //指针域
}NODE;
```

其中，用 typedef 自定义了一种 NODE 类型，即 struct node 类型。该类型包含了两个成员：一个是 data 成员，即数据域；另一个是 next 成员，即指针域。其指针域 next 是一个指向 sturct node 类型的结构体指针变量，即指向自身类型的指针变量，所以称这种结构体类型为自引用结构体类型。这样，利用 NODE 类型名，就可以定义相应的结点。如果再利用动态内存分配函数就可以在堆内存中为每个结点申请相应的存储单元，再把这些结点串起来，就形成了一个单链表，如图 6-7-3 所示。

2. 带头结点和不带头结点的单链表

如果一个头指针变量直接指向单链表的第一个有效结点，则这个单链表是不带头结点的单链表，如图 6-7-4（a）所示。不带头结点的单链表为空表时，即一个结点也没有的情况，此时其头指针变量取值为 NULL，如图 6-7-4（b）所示。

为了便于编程，统一处理方式，在程序设计中又经常在头指针变量和第一个有效结点之间增加一个结点，这个结点通常不存放有效数据，有时也被程序员用来存放链表上结点的个数。由于这个结点位于单链表的开头，在第 1 个有效结点之前，故称其为头结点。图 6-7-4（a）就是一个带头结点的非空单链表。带头结点的单链表为空表时，链表上没有任何有效结点，但有头结点，此时头结点的指针域为 NULL，如图 6-7-5（b）所示。由于头结点的数据域通常不放有效数据，所以用阴影表示。

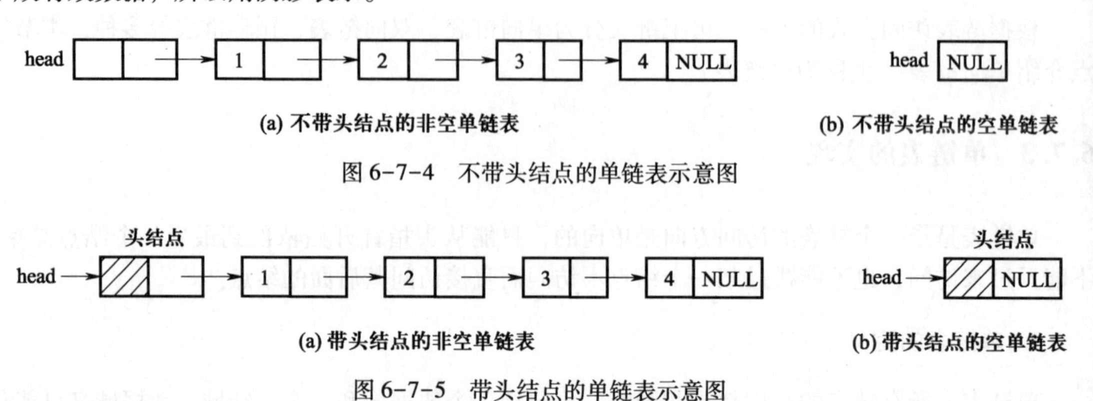

(a) 不带头结点的非空单链表　　(b) 不带头结点的空单链表

图 6-7-4　不带头结点的单链表示意图

(a) 带头结点的非空单链表　　(b) 带头结点的空单链表

图 6-7-5　带头结点的单链表示意图

带头结点的单链表具有两个明显的优点：一是由于第一个有效结点的位置被存放在头结点的指针域中，所以对第一个有效结点的操作和对链表中其他结点的操作是一样的，无须单独处理；二是无论链表是否为空，其头指针都是一个指向头结点的非空指针，因此空链表和非空链表的处理方式也就是统一的。

思考：请读者比较头指针和头结点的不同。

6.7.4　单链表的基本操作

对单链表的基本操作主要有以下几种：初始化一个单链表为空表、销毁单链表、重置单链表为空表、判断单链表是否为空表、建立单链表、计算单链表的长度、读取单链表上指定位置的结点数据、统计单链表上满足给定条件的所有元素、修改单链表上指定位置的结点数据、查找单链表上首先满足给定条件的结点、在单链表上指定结点之前或满足给定条件的第一个结点之前插入新结点、删除单链表上指定位置的结点或满足给定条件的第一个结点等。其中，单链表的初始化、单链表的建立、单链表的取值、查找结点、插入结点和删除结点是本书要求读者掌握的重要操作。

1. 插入和删除结点

（1）插入结点。

要在单链表中插入一个新的结点，必须先找到插入位置的前一个结点，即前驱。然后，在其后面插入新结点。这是因为在单向链表中，访问结点的方向只能是从前往后，无法通过指针域从后往前回溯到前面的结点。如图 6-7-6 所示，如果要在 a、b 两个结点之间插入一个结点 x，就必须用一个指针指向 a 结点。

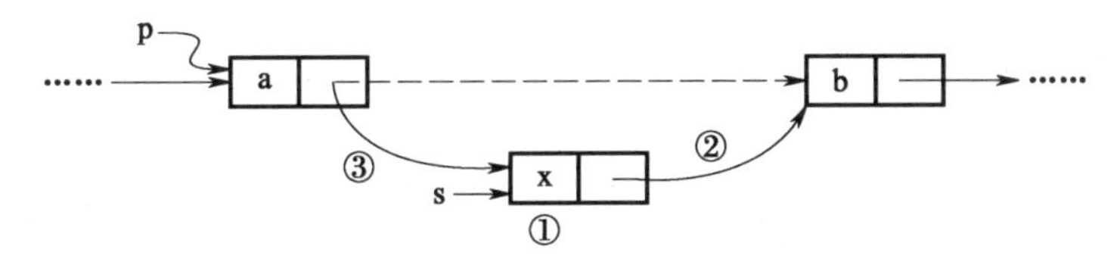

图 6-7-6 插入新结点

具体的插入步骤分为以下 3 步：

① 用 malloc( ) 函数动态申请一个新的结点，用 s 指针变量指向该新结点，对新结点的数据域赋值。新结点的存储单元为动态申请的堆内存空间，每个结点的大小用 sizeof(类型)来计算，并把 malloc( ) 函数的返回地址 void ＊类型强制转化为 NODE＊类型，操作语句如下：

```
1  s = (NODE * )malloc(sizeof(NODE));
2  s->data = x;              //存放结点的数据域
```

② 将新结点的指针域 next 指向 b 结点，操作语句如下：

```
1  s->next = p->next;      //图 6-7-6 中的操作步骤②
```

③ 将 a 结点的指针域 next 指向新结点 x，p->next 指针域原来的指向将消失，如图 6-7-6 中的虚线箭头所示，操作语句如下：

```
p->next = s;            //图 6-7-6 中的操作步骤③
```

步骤②和③的先后顺序不能交换，否则，如果先执行 p->next = s，则会首先覆盖 p->next 中原来保存的后继结点 b 的地址信息，从而丢失 b 及其之后的所有结点，出现内存泄露。后面再去执行 s->next = p->next 就已经没有意义了。

通过以上 3 步之后，新结点就被插入到 p 指针所指的结点之后了。即使 a 结点位于表尾，执行这 3 步之后，也能将新节点 x 插到该单链表的末尾。

(2) 删除结点。

删除结点的操作方法与插入结点相似，也必须先找到待删结点的前驱结点，然后再将待删结点删除。

如图 6-7-7 所示，假设待删除的结点为 x，则首先应将 p 指向待删结点 x 的前驱结点 a，再将 q 指向待删结点 x，然后执行以下程序片段即可：

```
1  q=p->next;          //用 q 暂存被删结点的地址信息，避免丢失地址信息出现内
                         存泄露
2  p->next=q- >next;  //等价于 p->next=p->next->next，用于将 q 所指结点从
                         链中断开
3  free(q);            //释放结点的存储空间
```

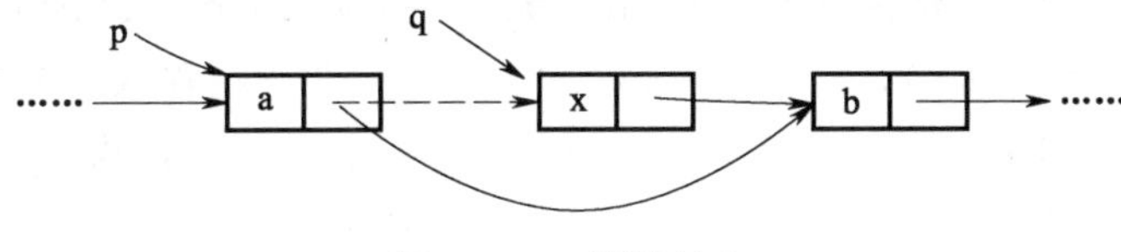

图 6-7-7 删除结点

2. 建立和销毁单链表

建立单链表的过程就是在空链表的基础上，通过多次循环，不断插入新结点，并将最后一个结点的指针域设置为空指针，形成一个有头有尾的单链表。根据插入结点的位置不同，可以将建立单链表时的插入方法分为头插法和尾插法两种。

用尾插法建立带头结点的单链表，就是始终将新结点插入到单链表的尾部。用尾插法建立的不带头结点的单链表与建立的带头结点单链表类似，两者的不同之处是插入第1个结点时，链表中没有结点，需要进行判断和差别化处理。

(1) 采用头插法建立单链表。

采用头插法建立单链表，根据情况又分为采用头插法建立带头结点的单链表和不带头结点的单链表。下面先讨论采用头插法如何建立带头结点的单链表。

采用头插法建立带头结点的单链表，就是将新结点不断地插入到单链表的头结点之后作为第一个有效结点，而原来链表上的有效结点顺序依次推后。第1步，建立一个带头结点的空链表；第2步，动态申请一个新结点，并将数据存放到新结点的数据域中；第3步，将新结点插入到当前链表的头结点之后，即表头位置。这样就形成了一个与输入数据顺序相反的单链表，如图6-7-8所示。

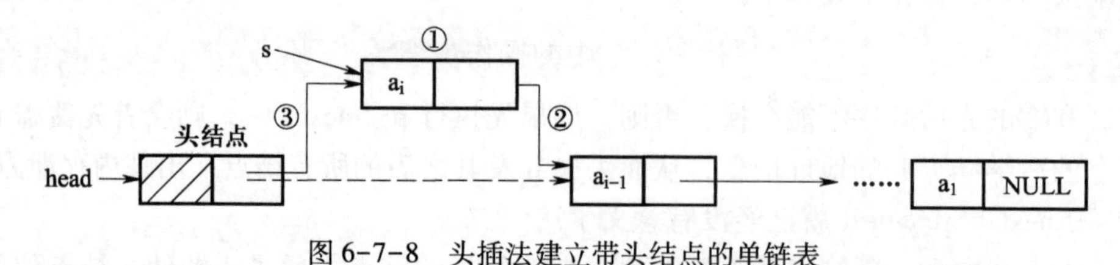

图6-7-8 头插法建立带头结点的单链表

头插法建立带头结点单链表的函数原型设计：

- 用返回指针的函数实现：NODE * HeaderNodeListCreateFront( );。
- 用二级指针作函数参数实现：void HeaderNodeListCreateFront (NODE * * head);。

用返回指针的函数实现，源程序如下：

```
1   NODE *HeaderNodeListCreateFront ()
2   {
3     //从表尾到表头逆向建立单链表head，每次均在头结点之后插入元素
4     NODE  *head, *s;
5     int x;
6     head=(NODE *)malloc(sizeof(NODE));      //创建头结点
7     head->next=NULL;                        //建立空的单链表
8     printf("Please enter an integer, -1 will end:\n");
9     scanf("%d",&x);                         //输入一个整数
10    while (x != -1)                         //直到输入-1时结束创建过程
11    {
```

```
12 |    s= (NODE *)malloc(sizeof (NODE));      //① 为新结点申请堆内存空间
13 |    s->data=x;                             //向新结点的数据域存入数据
14 |    s->next=head->next; //② 让新结点的 next 指针域指向头结点的下一个结点
15 |    head->next=s;       //③ 将新结点插入到表头，head 为头指针
16 |    scanf("%d",&x);                        //为下一个新结点输入数据
17 |  }
18 |  return head;                             //返回头指针
19 |}
```

说明：

此函数通过一个 while 循环从键盘上不断输入数据并作为结点数据插入单链表，直到输入-1 时结束，完成带头结点单链表的建立。具体细节，请读者根据注解进行理解。

下面讨论采用头插法如何建立不带头结点的单链表。其方法就是将新结点不断地插入到头指针之后，作为第一个结点，而原来链表上的结点顺序依次推后。这个方法与采用头插法建立带头结点的单链表类似，主要区别在于第 1 步和第 3 步。其中，第 1 步建立的空链表形态不同，没有头结点；第 3 步，头指针直接指向新结点。采用头插法建立不带头结点的单链表的示意图如图 6-7-9 所示。

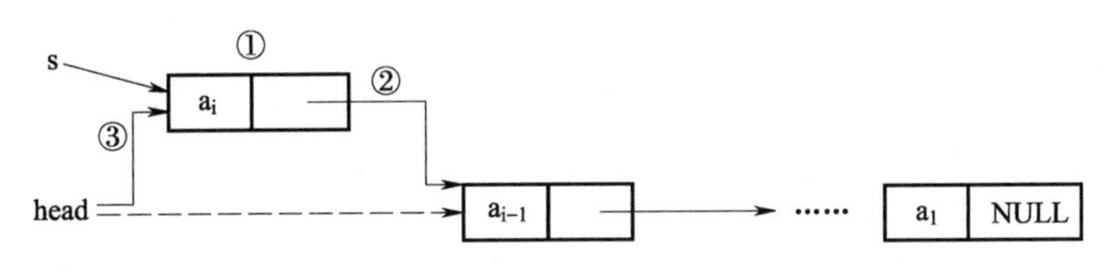

图 6-7-9 采用头插法建立不带头结点的单链表

因此，对采用头插法建立不带头结点单链表的函数，只需做如下修改。

涉及第 1 步的修改：建立空链表：

```
1 |head =NULL;
```

第 3 步的修改：新结点 s 插入到头指针之后、原来的第 1 个结点之前：

```
1 |s->next=head;      //新结点 s 插入到原来的第 1 个结点之前
2 |head=s;            //头指针指向新结点
```

（2）采用尾插法建立单链表。

采用头插法建立单链表的算法虽然简单，但生成链表的结点顺序和输入数据的顺序相反。若要使两者顺序一致，可采用尾插法。该方法是将新结点插入到当前链表的表尾，为此必须要定义一个尾指针 r，r 始终指向最后一个结点，使新结点始终插入到 r 结点的后面。如图 6-7-10 所示。

采用尾插法建立带头结点的单链表的函数原型设计如下：

- 用返回指针的函数实现：NODE * HeaderNodeListCreateBack()；
- 用二级指针作函数参数实现：void HeaderNodeListCreateBack(NODE * * head)；

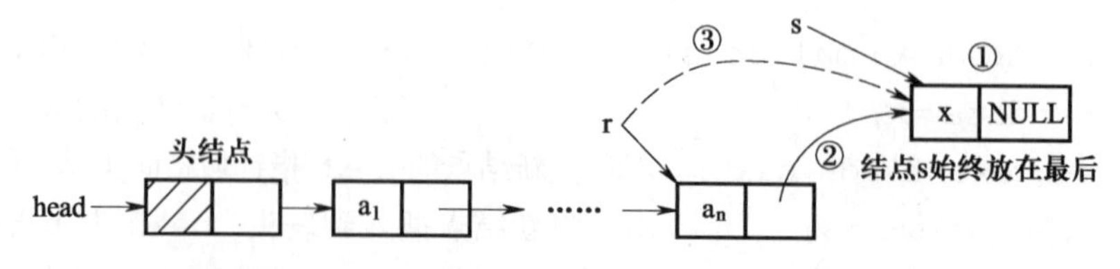

图 6-7-10　采用尾插法建立带头结点的单链表

采用尾插法建立带头结点的单链表的函数，用二级指针作为函数参数，具体代码如下：

```
1   void HeaderNodeListCreateBack(NODE * * head)
2   {
3     //从表头到表尾正向建立单链表 * head，每次均在表尾之后插入新结点
4     NODE  * s, * r;
5     int x;
6     * head = r = (NODE * )malloc(sizeof(NODE)); //创建头结点
7     (* head)->next = NULL;                    //建立头指针为 head 的空链表
8     printf("请为新结点输入一个整数，-1 结束：\n");
9     scanf("% d",&x);                          //输入一个整数
10    while (x != -1)                           //直到输入-1 结束创建单链表
11    {
12      s= (NODE * )malloc(sizeof (NODE) ) ; //① 创建新结点 s
13      s->data = x;
14      s->next = NULL;                         //将新结点作为最后一个结点
15      r->next = s;      //② 将新结点插入到表尾，尾结点 r 的 next 指针指向新结点 s
16      r = s;            //③ r 指针指向新的表尾，为下一次插入作准备
17      scanf("% d",&x);                        //输入下一个 x
18    }
19  }
```

说明：

（1）本例使用二级指针变量作函数参数，接收的是主调函数中单链表头指针变量的地址，由于还没有建立单链表，所以刚开始传递进来的应该是 NULL。在本函数中创建空链表以后，就必须要修改主调函数中单链表的头指针变量，如第 6 行代码所示，使主调函数能够访问到被调函数创建的单链表。

（2）本例函数类型是 void，所以不能使用 return 语句来返回任何信息。

下面介绍采用尾插法如何建立不带头结点的单链表。其方法与上述带头结点的单链表的建立方法类似，区别在于插入第 1 个结点（相当于采用头插法插入第 1 个结点）时与插入后续结点的操作所有不同，需要先判断当前插入的结点是否是第 1 结点。在上述源代码中，只需修改涉及第 1 步和第 3 步的内容即可。

涉及第①步的修改：空链表的形态不同，将第 6~7 行代码替换为：

```
1  *head =NULL;
```

涉及第③步的修改：如果单链表为空表，则将新结点作为第1个结点插入，否则将新结点插入到表尾。将第15行语句改为双分支选择结构语句即可，修改后的程序片段如下：

```
1  if (*head==NULL)
2      *head=s;
3  else
4      r->next=s;    //② 否则，将新结点插到表尾之后，成为新的表尾
```

思考：在建立单链表的过程中，如果要求插入的新结点数据不能与已有结点的数据相同，该如何实现？

（3）销毁单链表。

通过前插法或尾插法调用malloc()函数创建了单链表，如果操作结束后不再使用单链表了，可以调用free()函数逐个释放单链表上的各个结点，最终达到销毁单链表的目的。因此，销毁单链表的函数就是根据单链表的头指针，依次将链表上的每个结点释放，最后返回一个空指针。函数的源代码如下：

```
1   NODE *DestroyList(NODE *head)
2   {
3       NODE *p;
4       while (head != NULL)      //head指向了结点就进入循环销毁该结点
5       {
6           p = head;             //p暂存当前结点的地址信息
7           head = head->next;    //在销毁当前结点前，head先指向下一个结点
8           free(p);              //释放当前结点
9       }
10      return head;             //在释放完所有结点之后，返回一个空指针
11  }
```

说明：

在程序中，head指针始终指向剩余结点的开始结点，直到head为NULL，表示释放了所有结点。

3. 遍历和输出单链表

建立一个单链表之后，便可遍历该单链表，即对该单链表上的每个结点都访问到，而且只访问一次。在遍历一个单链表的同时，还可对该单链表上的每个结点的数据进行显示或统计。

访问单链表的关键是要有头（头指针），还要有尾（最后一个结点的指针域为NULL），即首先通过头指针访问到第1个结点，然后通过结点的指针域访问下一个结点，直到指针域为NULL，链表结束。ListPrint()函数是显示带有头结点的单链表的每一个结点，代码如下：

```
1  void ListPrint(NODE *head)
```

```
2   {
3       NODE *p;
4       p = head->next;                  //p指向第1个结点，若为不带头结点的单
                                           链表，则为“p = head;”
5       printf("链表输出:\nhead->");
6       while (p != NULL)                //指针域不为空，则继续遍历单链表
7       {
8           printf("%d->", p->data);     //显示输出当前结点的数据域
9            p = p->next;                //指向下一个结点
10      }
11      printf("end\n");
12  }
```

说明：

（1）从头指针开始访问一个带头结点的单链表时，需要首先跳过头结点，将指针变量p指向第1个有效结点，如第4行代码所示。如果从头指针开始访问的是一个不带头结点的单链表，则不存在跳过头结点的问题，这时第4行代码应改为“p = head;”

（2）如果需要对一个单链表进行某方面的统计操作，比如，找最大值、最小值、求和、求均值、求表长，等等。这些操作都需要对链表进行遍历。

思考： 建议读者自行设计若干个函数，实现对带头结点和不带头结点的单链表的各种统计操作。

【例6-7-2】 编程实现：分别采用头插法和尾插法建立带头结点的单链表。通过键盘输入各结点的数据，直到输入-1时结束。输出显示该单链表后就销毁该单链表。

解题思路： 本程序包括4个任务，即采用头插法建立单链表、采用尾插法建立单链表、输出单链表、销毁单链表。运用前面已经设计好的4个函数，通过函数调用实现相应功能。

程序主体和测试函数的源代码如下：

```
1   /*
2   文件名:6-7-2leadNodeListCreateOutput.c
3   功能:带头结点的单链表的建立与输出显示
4   */
5   #include <stdio.h>
6   #include <stdlib.h>
7   typedef struct node
8   {
9     int data;                //数据域
10    struct node *next;       //指针域
11  }NODE;
```

```
12 /* 函数申明 * /
13 NODE * HeaderNodeListCreateFront();    //采用头插法建立单链表
14 NODE * HeaderNodeListCreateBack();     //采用尾插法建立单链表
15 void ListPrint(NODE *head);            //显示单链表
16 NODE *DestroyList(NODE *head);         //销毁单链表
17 void test1()
18 {
19   NODE *p1=NULL, *p2=NULL;
20   printf("用头插法创建带头结点单链表1:\n");
21   p1=HeaderNodeListCreateFront();
22   ListPrint(p1);
23   printf("用尾插法创建带头结点单链表2:\n");
24   p2=HeaderNodeListCreateBack();
25   ListPrint(p2);
26   p1=DestroyList(p1);
27   p2=DestroyList(p2);
28   if (!p1&&!p2)printf("单链表销毁成功!\n");
29 }
30 int main(void)
31 {
32   test1();
33   return 0;
34 }
     //4 个自定义函数定义程序段(此处省略)
```

程序运行结果如图 6-7-11 所示。

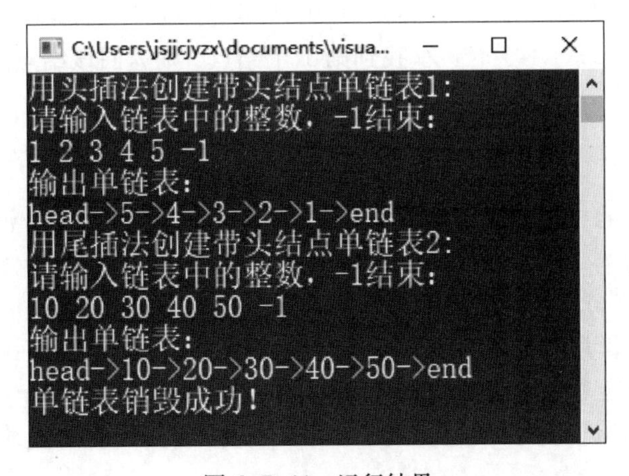

图 6-7-11　运行结果

> **说明：**
> 创建动态链表以后，在程序结束前，一定要销毁链表，释放占用的内存空间。

4. 根据指定位置或指定条件查找结点

（1）查找指定位置的结点。

对于采用顺序存储结构的数组，要查找指定位置的数据，只需通过数组下标即可直接找到。但是，在带头结点的单链表中，要查找第 i 个结点，则需要首先从头指针出发，跳过头结点，找到第 1 个有效结点，然后由前往后依次搜索，直到第 i 个结点，返回该结点的指针；否则，返回一个空指针，表示不存在第 i 个结点，即结点位置错误。

在带头结点的单链表中，按序号查找指定位置的结点的函数如下：

```
1   //head 为带头结点的单链表的头指针
2   NODE * ListFindSite (NODE *head, int i)
3   {  /* 当第 i 个元素存在时，返回第 i 个结点的指针，否则返回空指针 */
4       NODE *p;
5       int j=1;             //j 为计数器，表示当前结点的位置序号
6       //跳过头结点，指向第 1 个结点；不带头结点的单链表应为 p=head
7       p=head->next;
8       //p 从前往后依次查找，直到 p 指向第 i 个结点或为 NULL
9       while(p!=NULL&&j<i)
10      {
11          p = p->next;  //p 指向下一个结点
12          j++;           //位置加 1
13      }
14      if (p==NULL || j>i) return NULL;  //第 i 个结点不存在，返回 NULL
15      return p;            //找到第 i 个结点，则返回该结点的指针
16  }
```

> **说明：**
> （1）在第 6 行代码中，循环条件设置为 p!=NULL&&j<i，有 3 种情况会退出循环。第 1 种是 p 为 NULL 时，表示已经到表尾，但还未到第 i 个结点的位置，即第 i 个结点并不存在。第 2 种情况是 j 等于 i 时，表示找到了第 i 个结点。第 3 种情况是 j 大于 i，这种情况比较隐蔽，是初学者不容易发现的。比如，当主调函数传递进来的 i 是小于或等于 0 的，就会出现这种情况，即这是一个明显错误的位置。
> （2）第 11 行代码就表示上述的第 1 种和第 3 种情况，只要满足其中一种，就返回空指针。

（2）查找指定条件的结点。

同样，从单链表的头指针开始，找到第 1 个结点，由前往后依次取出单链表中各结点数据域中的值与给定值 x 进行比较，若某个结点数据域的值满足指定条件，比如，等于给定值 x，即查找成功，返回该结点的指针；若找到表尾遇到空指针都还没有找到符合条件的结点，即查找失败，则返回空指针。

在带头结点的单链表中，查找数据域值等于 x 的结点的函数如下：

```
1   NODE * ListFindData (NODE * head, int x)
2   {  /* 在带头结点的单链表中，查找数据域值等于 x 的结点 * /
       //若是不带头结点的单链表，p 初始化为头指针“p=head;”
3      NODE *p= head ->next;
4      while (p!=NULL&&p->data!=x) //从第 1 个结点开始查找 data 域为 x 的结点
5          p=p->next;
6      return p;           //若找到值为 x 的结点则返回结点指针，否则返回 NULL
7   }
```

5. 根据指定位置或指定条件插入结点

（1）在单链表指定位置前插入结点。

根据单链表的特点可知，在第 i 个结点（i≥1）之前插入元素值为 x 的结点，需要找到第 i-1 个结点。对于带头结点的单链表，当 i 为 1 时，在头结点后面插入 x 结点，处理方法与其他位置一样；对于不带头结点的单链表，当 i 为 1 时需要单独处理，新结点作为第 1 个结点插在表头，头指针指向新结点。

向不带头结点的单链表的第 i 个结点（i≥1）之前插入结点 x 的算法步骤为：

① 申请新结点，用指针 s 指向该结点，给数据域赋值。

② 如果 i=1，则将 s 指向的新结点，将新结点直接插入到第 1 个结点的位置，返回头指针。

③ 在单链表中查找第 i-1 个结点。

④ 如果查找成功，则在第 i-1 个结点后插入 s 指向的新结点，否则表明 i-1 的值超出了单链表的长度范围，按出错处理。

在不带头结点的单链表的第 i 个结点（i≥1）之前插入 x 结点的函数如下：

```
1   NODE * InsertNode(NODE * head, int i, int x)
2   {  /* 在不带头结点的单链表的指定位置前插入结点 * /
3      int j=1;                               //j 从 1 开始计数
4      NODE *p= head, *s;
5      s=(NODE *)malloc(sizeof(NODE));  //① 申请新结点
6      s->data=x;
7      if(i == 1)                             //② 将新结点插入到表头
8      {
```

```
9            s->next= head ;
10           head =s;
11       }
12       else //将新结点插入到单链表的其他位置
13       {  //③ 在单链表中查找第 i-1 个结点
14           while ( p && j<i-1)
15           {
16               p=p->next;
17               j++;
18           }
19           if (!p || j!=i-1)
20               printf("指定位置 i 超出范围!\n");   //i 太大或太小
21           else
22           {  //④ 查找成功，在第 i-1 个结点后插入 s 指向的新结点
23               s->next=p->next;
24               p->next=s;
25           }
26       }
27       return head;
28   }
```

思考：

在带头结点的单链表的第 i 个结点（i≥1）之前插入 x 结点，函数又该如何实现？

（2）在有序单链表中，插入指定元素后单链表依然有序。

假设有序单链表为升序，插入元素的基本思路是：先依次取出单链表上各结点的数据值与待插入结点的数据值进行比较，确定插入位置后再插入新结点。一般需要两个指针来控制插入操作。

在不带头结点的有序单链表中，插入指定数据的算法步骤如下：

① 申请新结点，用指针 s 指向该结点，给数据域赋值 x。

② 如果单链表为空或指定数据 x 不大于第 1 个结点的数据，则把新结点插入到表头，返回修改后的头指针。

③ 为新结点寻找插入位置 q（姊妹指针 p 指向 q 结点的前驱结点，p 的值小于待插数据 x，q 的后继结点的值不小于 x）。

④ 将 s 结点插入到已确定的位置，即 p 与 q 之间。

在不带头结点的有序单链表中，插入指定数据 x 后的单链表依然有序，其函数如下：

```
1   NODE *InsertAscend(NODE *head, int x)
2   {  /* 在不带头结点的有序单链表中，插入指定数据 x 结点 */
3       NODE *p,*q,*s;
```

```
4      /* ① 申请新结点，将指针 s 指向新结点，给数据域赋值 */
5      s= (NODE *)malloc(sizeof(NODE));
6      s->data=x;
7   /* ② 链表为空或数据 x 不大于第 1 个结点的值，则将新结点插入到表头，返回头
       指针 */
8      if (!head || x<= head ->data)
9      {
10         s->next= head;
11         head =s;
12     }
13     else
14     {  /* ③ 为 s 结点寻找插入位置 */
15         p= head;     //p 指向 q 的前驱结点，刚开始指向头结点
16         q=p->next; //q 用于取出结点数据进行比较，刚开始指向第 1 个结点
17         /* 当 q 不是尾结点且 q 结点的排序码小于 x 时，则继续循环查找 */
18         while ( q!=NULL&& q->data < x)
19         {
20             p=q;
21             q=q->next;
22         }
23         //④ 将 s 结点插入到已确定的位置，即 p 与 q 之间.
24         s->next=q;
25         p->next=s;
26     }
27     return head;
28  }
```

说明：

(1) 有序单链表按值插入的关键是找到插入位置的前一个结点（前驱）。本例在遍历过程中，定义了一对姊妹指针 p 和 q，q 像“大姐”，它带着“小妹”p 不断往前走（遍历），p 始终指向遍历指针 q 的前驱，即紧跟在 q 的后面。这样，一旦找到插入位置，便将新结点插入到姊妹指针 p 和 q 之间。

(2) 在第 18 行上，寻找插入位置的循环条件有两个：q!=NULL 表示遇到空指针，即链表遍历到末尾时，结束循环；q->data<x 表示在链表中找到第 1 个不满足条件的位置时就退出循环，在退出循环那一刻正好要插入的位置就在 p 和 q 之间。

(3) 对于带头结点的有序单链表，如果单链表为空或数据 x 不大于第 1 个结点的数据，则把新结点插入到头结点之后，不需要单独处理。因此，去掉步骤（2）即可（第 7~14 行、26 行）。

6. 根据指定位置或指定条件删除结点

(1) 删除单链表上指定位置的结点。

在不带头结点的单链表中，删除第 i 个结点的基本方法是：先找到第 i-1 个结点，再删除第 i 个结点。基本步骤如下：

① 如果 i=1，则删除第 1 个结点，返回头指针。

② 查找第 i-1 个结点。

③ 如果查找成功，则删除第 i 个结点，否则按出错处理，返回头指针。

在不带头结点的单链表中，删除第 i 个结点的函数如下：

```
1   NODE  *DeletePosLinkList(NODE *head,int i)
2   {  /* 删除不带头结点的单链表上指定位置的结点 */
3       int  j=1;        //若是带头结点的单链表，则 j=0
4       NODE *p,*q;
5       if (i==j)        //① 如果 i=j，则删除第 1 个结点，返回头指针
6       {
7           q=head;      //q 指向第 1 个结点
8           head=q->next;
9           free(q);
10      }
11      else
12      {           //② 查找第 i-1 个结点
13          q=head; //q 指向第 1 个结点
14          while  (q!=NULL&& j<i-1)    //寻找第 i-1 个结点
15          {
16              q=q->next;
17              j++;
18          }
19          if  (!q || j!=i-1)
20              printf("i 太大或 i 为 0!!\n");
21          else
22          {  //③ 查找成功，则删除第 i 个结点
23              p=q->next;
24              q->next=p->next;
25              free(p);
26          }
27      }
28      return head;
29  }
```

说明：

对于带头结点的单链表，不需要单独处理第1个结点的删除问题，将j初始化为0，不执行步骤①即可。

(2) 删除单链表上指定条件的结点。

在不带头结点的单链表中，删除指定值为x的第1个结点，其基本步骤如下：

① 如果单链表为空，则无法删除，按出错处理，返回头指针。

② 如果表头结点是待删除的结点，则删除该结点后，返回新的头指针。

③ 从第2个结点开始，查找其值为x的结点，直到查找结束（成功或失败）为止。

④ 若查找成功，则删除被查找的结点并返回新的头指针，否则按出错处理。

```
1   NODE  *DeleteKeyLinkList(NODE *head,int x)
2   {  /* 从不带头结点的单链表中删除指定值为 x 的结点 */
3       NODE  *p, *q;
4       if  (!head)return head;   //① 如果单链表为空则返回 NULL
5       if (head->data==x)        //② 如果表头结点的值为 x，则删除表头结点
6       {
7           q=head;
8           head=q->next;
9           free(q);
10      }
11      else
12      {
13          p=head; q=head->next;
14          //③ 从第 2 个结点开始，查找其值为 x 的结点
15          while  (q!=NULL&& q->data!=x)
16          {
17              p=q;
18              q=q->next;
19          }
20          if (!q)
21              printf("所要删除的结点不存在!!\n");
22          else
23          {  //④ 若查找成功，则删除被查找的结点并返回新的头指针
24              p->next=q->next;
25              free(q);
26          }
27      }
28      return head;
29  }
```

说明：

对于带头结点的单链表，不需要单独处理表头结点，只需要去掉步骤②即可（删除第4~12行、23行）。

7. 循环单链表

为了解决单链表只能从头到尾进行遍历的问题，可以将简单的单链表设计成循环单链表。循环单链表与单链表的区别在于，表中最后一个结点的指针域不是NULL，而是头结点的指针，即指向头结点。这样，整个链表从表尾又返回到了头结点，整个链表形成了一个环，这种头尾相接的单链表就称为循环单链表。如图6-7-12（a）所示。

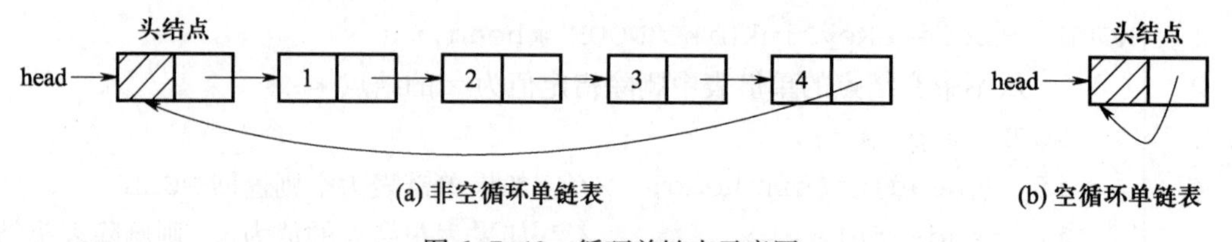

(a) 非空循环单链表　　(b) 空循环单链表

图6-7-12　循环单链表示意图

在循环单链表中，每个结点的指针域都没有为NULL的情况，因此，遍历循环单链表的结束条件不再是判断结点的指针域是否为空，而应该是判断当前结点的指针域是否与头指针相等。判断循环单链表是否为空链表的条件是：head->next等于head吗？如图6-7-12（b）所示。

在单链表中只能从表头结点开始往后顺序遍历整个链表，而循环单链表可以从表中的任意结点开始遍历整个链表。有时对单链表常做的操作是在表头和表尾进行的，此时可对循环单链表不设头指针而仅设尾指针，从而使操作效率更高，因为尾指针所指结点的指针域是指向头结点的。如果有一个设立尾指针为R的带头结点的单循环链表，则头结点可以表示为R->next，第1个结点可以表示为R->next->next，R就指向表尾结点。

8. 单链表实例

【例6-7-3】编程实现：通过键盘输入若干个整数，直到输入-1时结束，用单链表实现以下功能：

① 通过键盘输入数据　　② 显示输出数据
③ 查找指定位置的数据　　④ 查找指定数据
⑤ 在指定位置插入数据　　⑥ 删除指定数据

解题思路：若没有给定数据的最大个数，则可以采用动态数组，也可以按照题干要求采用单链表结构。将问题分解为6项任务，设计若干个函数完成其功能。用户交互界面可以用菜单函数实现。在主函数中，使用多分支switch结构，根据用户对菜单的选择，调用对应函数完成相应功能。以带头结点单链表为例，实现以上6项功能的函数已经在前面的介绍中设计完成，只需在主体程序中声明即可使用。

程序主体和测试函数的源程序如下：

```
1   /*
2   文件名：6-7-3AppofleadNodeList.c
3   功能：带头结点单链表的应用示例
4   */
5   #include <stdio.h>
6   #include <stdlib.h>
7   typedef struct node
8   {
9     int data;                //数据域
10    struct node *next;       //指针域
11  }NODE;
12  /* 函数声明，以下 7 个函数均已在前面的介绍中实现 */
13  NODE * HeaderNodeListCreateBack();          //① 采用尾插法创建单链表
14  void ListPrint(NODE *head);                 //② 显示单链表
15  NODE * ListFindSite (NODE *head, int i);    //③ 带头结点的单链表查找
16  NODE * ListFindData (NODE *head, int x);    //④ 在带头结点的单链表中，
                                                  查找 x 结点
17  NODE *InsertNode(NODE *head, int i, int x); //⑤ 在单链表的指定位置前
                                                  插入结点
18  NODE  *DeleteKeyLinkList(NODE *head,int x);//⑥ 从单链表中删除指定值
                                                  的结点
19  NODE *DestroyList(NODE *head);              //⓪ 销毁单链表
20  /* 函数实现 */
21  int  menu()//菜单函数
22  {/* 用户交互界面用菜单实现 */
23    int select;
24    printf("\n=========================\n");
25    printf("用单链表编程实例\n");
26    printf("=========================\n");
27    printf("① 通过键盘输入数据\n");
28    printf("② 显示输出数据\n");
29    printf("③ 查找指定位置的数据\n");
30    printf("④ 查找指定数据\n");
31    printf("⑤ 在指定位置插入数据\n");
32    printf("⑥ 删除指定数据\n");
33    printf("⓪ 结束程序\n");
34    printf("=========================\n");
```

```
35   printf("输入(0-6)");
36   scanf("% d",&select);
37   return select;
38 }
39 /*测试函数*/
40 void test1()
41 {
42   int select;
43   int pos;
44   int key;
45   NODE *head=NULL;
46   NODE *temp=NULL;
47   while(1)
48   {
49       select=menu();          //显示交互界面
50       switch(select)
51       {
52       case 1:                 //1.创建带头结点的单链表
53           printf("采用尾插法创建无头结点的单链表:\n");
54           head=HeaderNodeListCreateBack();
55           break;
56       case 2:                 //2.显示单链表
57           ListPrint(head);
58           break;
59       case 3:                 //3.带头结点的单链表查找
60           printf("\n输入序号查找:");
61           scanf("% d", &pos);
62           temp=ListFindSite(head,pos);
63           if (temp!=NULL)
64               printf("找到% d!",temp->data);
65           else
66               printf("未找到!");
67           break;
68       case 4:                //4.输入数据查找
69           printf("\n输入查找数据:");
70           scanf("% d", &key);
71           temp=ListFindData (head,key);
72           if (temp!=NULL)
```

```
73                  printf("找到% d!",temp->data);
74              else
75                  printf("未找到!");
76              break;
77          case 5:                 //5. 带头结点的单链表插入
78              printf("\n 输入插入位置:");
79              scanf("% d", &pos);
80              printf("\n 输入插入数据:");
81              scanf("% d", &key);
82              InsertNode(head,pos,key);
83              break;
84          case 6:                 //6. 删除指定数据
85              printf("\n 输入待删除结点的数据:");
86              scanf("% d", &key);
87              head=DeleteKeyLinkList(head,key);
88              break;
89          case 0:                 //0. 结束程序
90              head=DestroyList(head);
91              if (!head)printf("单链表销毁成功!\n");
92              system("pause");
93              return ;
94          }
95      }
96  }
97  int main(void)
98  {
99    test1();
100   return 0;
101 }
      //其他函数的定义(略)
```

程序运行结果如图 6-7-13 所示。

说明：

(1) 程序由 10 个函数组成，包括 7 个功能函数，与菜单功能相对应。另外设计交互菜单函数、测试函数和主函数。实际编程中，通常将功能函数用独立的函数库文件保存，单链表存储结构用头文件保存，结构更清晰。

(2) 插入和删除有序表中指定位置的结点的两个函数，也可以通过增加菜单项进行调用。

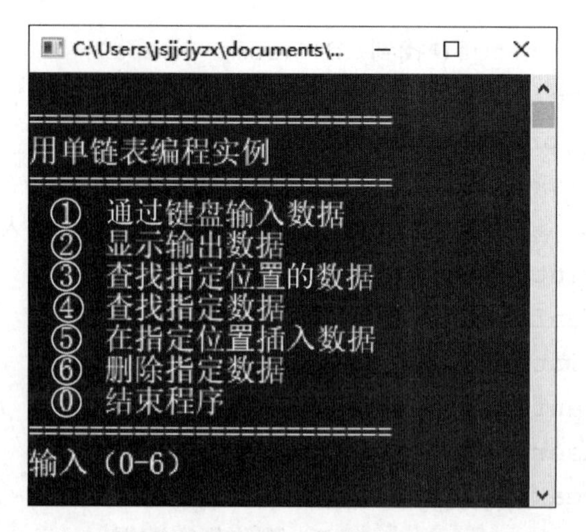

图 6-7-13 运行结果

思考：

（1）读者可以将本例改用不带头结点的单链表来实现。

（2）读者也可以尝试将例 5-3-2 中的学生信息管理程序改用单链表来实现。

*6.7.5 双链表的基本操作

无论是简单的单链表还是循环单链表，都只能单向遍历。对于一个长链表而言，在进行插入、删除操作时要找到某个结点的前驱结点是比较麻烦的，其代价相当大。为了克服单链表的这一缺点，便引入了双向链表，简称双链表。双链表在每个结点中都增加了一个域 prior，指向当前结点的前驱结点，如图 6-7-14 所示。

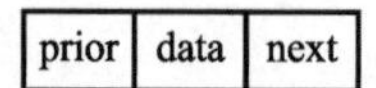

图 6-7-14 双链表结点示意图

对于图 6-7-14 中描绘的双链表结点，可采用如下的定义来实现：

```
1  typedef struct
2  {
3      struct node *prior;
4      int data;
5      struct node *next;
6  }DNODE;
```

在双链表结点类型中，增加了一个指向前驱的 prior 指针，这样就可以很方便地向前或向后查找当前结点的前驱或后继结点。双链表的示意图如图 6-7-15 所示。

双链表的结点插入和删除操作可以通过直接修改相关的指针来实现，但是在修改的过程中需要保证双链表中的结点不断链。为了方便双链表的访问，可以用两个指针来表示双链表：一

个 head 指针用来指向链表的头结点，另一个 tail 指针用来指向链表的尾结点。

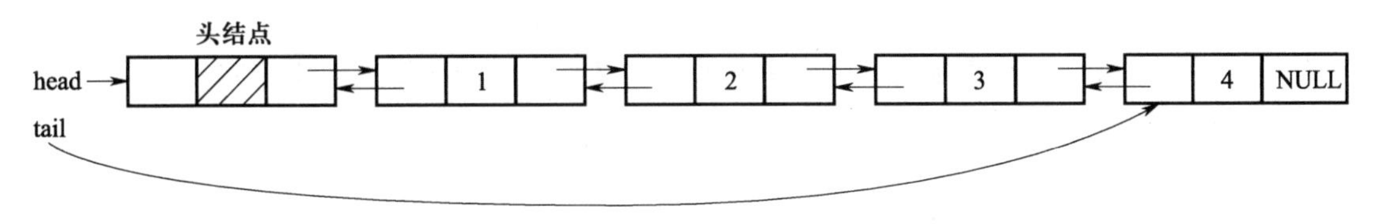

图 6-7-15　双链表示意图

1. 插入结点

双链表中的结点由于有前驱和后继两个指针域，可以将新结点任意插入到某个结点之前或之后。找到插入结点的位置后，用一个指针 p 指向该结点，新结点将插入到它的后面。具体步骤分为 5 步，其操作过程如图 6-7-16 所示。具体如下：

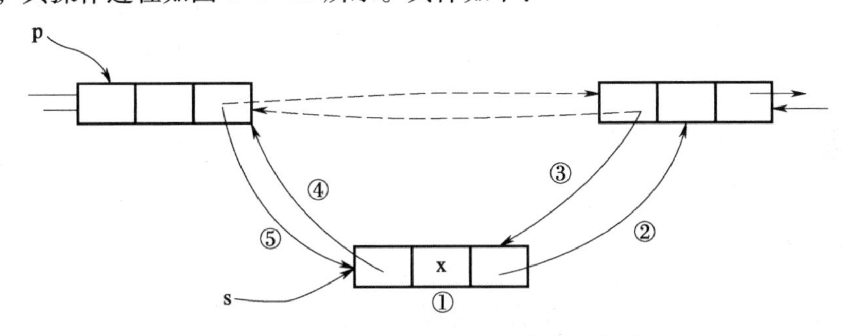

图 6-7-16　在双链表中插入结点示意图

① 用 malloc( ) 函数动态申请一个新结点，对数据域赋值。

```
1  s=(DNODE *)malloc(sizeof(DNODE));
2  s->data=x;
```

② 改变新结点的 next 指针域，指向 p 结点的下一个结点。

```
1  s->next=p->next;        //图 6-7-16 所示的操作步骤②
```

③ 改变 p 的下一个结点的前驱指针域 piror，指向 s 结点。当 p 的下一个结点的前驱指针域 piror 指向新的地址后，原来的指向消失，图 6-7-16 中虚线箭头所示。

```
1  p->next->piror=s;        //图 6-7-16 所示的操作步骤③
```

④ 改变 s 所指结点的 prior 指针域，指向 p 结点。

```
1  s-> piror=p;             //图 6-7-16 所示的操作步骤④
```

⑤ 改变 p 结点的 next 指针域，指向 s 结点。当 p 的 next 指针指向新的地址后，原来的指向消失，图 6-7-14 中虚线箭头所示。

```
1  p->next =s;              //图 6-7-16 所示的操作步骤⑤
```

其中，步骤②③的顺序可以交换，不会影响结果，同样步骤④⑤也可以交换。但步骤②③必须在步骤⑤之前，否则会造成断链。

2. 删除结点

如图 6-7-17 所示，若要删除双链表中 p 所指的结点，只需改变其前驱的 next 指针和后继的 piror 指针，然后释放 p 结点即可。

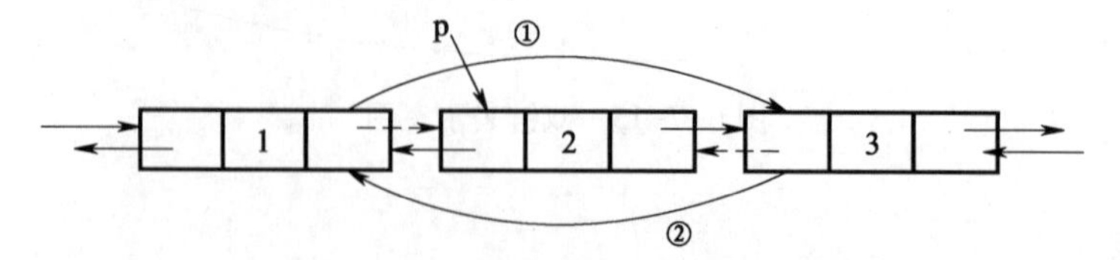

图 6-7-17　在双链表中删除结点示意图

删除结点的程序片段如下：

```
1  p->piror->next=p ->next;      //图 6-7-17 中的步骤①
2  p->next->prior=p->prior;      //图 6-7-17 中的步骤②
3  free (p) ;                    //释放结点空间
```

在双链表中删除结点的过程中，由于可通过 p 结点找到它的前驱和后继，所以步骤①和步骤②可以交换。

3. 创建双链表

创建双链表的方法和创建单链表的方法类似，只是多了一项修改结点 prior 指针域的工作。一般采用 head 头指针和 tail 尾指针双指针表示双链表。下面主要介绍采用尾插法创建带头结点的双链表的方法。

```
1   void DList Creat(DNODE **head,DNODE **tail) //采用尾插法创建双链表
2   {
3       DNODE  *h,*s,*r;
4       int x;
5       h=r=(DNODE *)malloc(sizeof(DNODE)); //创建头结点
6       h->next=NULL;           //创建头指针为 head 的空双链表
7       h->prior=NULL;
8       printf("请为新结点输入一个整数,-1 结束:\n");
9       scanf("%d",&x);
10      while (x!=-1)
11      {
12          s= (DNODE*)malloc(sizeof(DNODE)) ;
13          s->data=x;
14          r->next=s;
15          s->prior=r;          //使新结点的前驱指针指向 r
16          s->next=NULL;
```

```
17 |        r=s;                    //r 指针指向双链表的尾结点
18 |        scanf("% d",&x);
19 |     }
20 |      *head=h; *tail=r; //间接修改主调函数中的头指针变量和尾指针变量
21 | }
```

说明：

(1) 创建双链表的难点是一个被调函数要得到双链表的头尾两个指针，可以采用二级指针作函数参数的方法来间接修改主调函数中指针变量的值。在第 1 行中，函数首部的头尾指针形参变量就被定义成了二级指针变量。这样，在第 20 行上就可以间接修改主调函数里的头指针变量和尾指针变量的值了。后面，主调函数就可以访问到在被调函数中创建的双链表了。

(2) 在主调函数中调用创建立双链表的代码如下：

```
1 | DNODE *head,*tail;          //定义头尾两个指针变量
2 | creatDList(&head,&tail); //将头尾两个指针变量的地址（两个二级指针）
  |                                传递进去
```

4. 遍历和输出双链表

从前往后访问双链表的方法与访问单链表完全相同，下面重点介绍从后往前访问双链表的方法。函数实现如下：

```
1  | void DlistPrintPre(DNODE *head,DNODE *tail)   //反向遍历双向链表
2  | {
3  |   DNODE *p;
4  |   p=tail;                    //指向尾结点
5  |   while(p != head)           //访问到头结点就结束
6  |   {
7  |       printf("% 5d",p->data);
8  |       p=p->prior;            //指向前一个结点
9  |   }
10 | }
```

说明：

(1) 在第 5 行中，由于头结点的数据是无效的，不能输出头结点的数据，所以当指针变量 p 访问到头结点时就结束遍历。

(2) 第 8 行语句显示输出完一个结点的数据后，指针向前移动一个结点。

思考：

请读者采用类似方法，实现正向遍历双向链表。

5. 循环双链表

单链表可以有循环单链表，双向链表同样也可以有循环双链表。将双链表头结点的 prior 指针指向尾结点，再把尾结点的 next 指针指向头结点，就可形成正向和反向的双环结构，如图 6-7-18（a）所示。由于循环双链表头结点的 piror 指针指向尾结点，所以只需用一个头指针就可以表示一个循环双链表。

同样，在循环双链表中，每个结点的指针域都不为 NULL，因此，遍历循环双链表时结束条件也不再是判断结点指针域是否为空。判断循环双链表为空的条件是“head->next 是否与 head 相等”或者“head->piror 是否与 head 相等”，如图 6-7-18（b）所示。

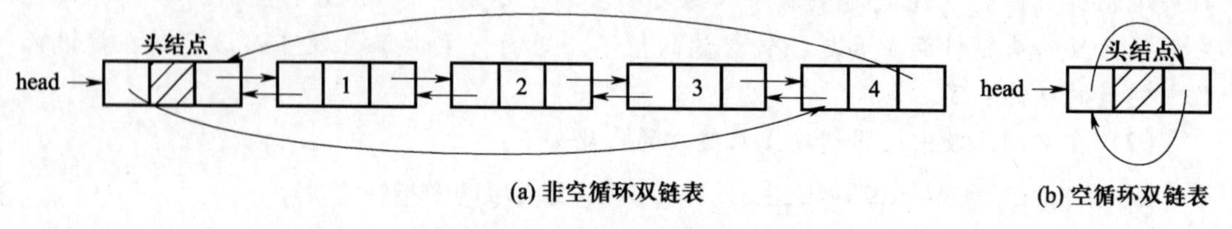

图 6-7-18　循环双链表示意图

在循环单链表中只能按顺时针方向遍历整个单链表，但在循环双链表中既可以按顺时针方向也可以按逆时针方向遍历整个双链表。代码实现与前面的 DlistPrintPre( ) 函数类似。

第7章　文件操作

电子教案

家无负郭田，架有悬签轴。不惜罄俸钱，渐已充床屋。
——〔清〕唐仲冕

古人记录、存储数据，主要使用木简、竹简和纸张。浩如烟海的各种典籍，“处则充栋宇，出则汗牛马”。现在，一个普通高校图书馆的纸质藏书也在一百万册以上，即便如此，也只需一块100 TB以上的硬盘就能将这些图书以文件的形式保存下来。

7.1　文件概述

7.1.1　文件的概念

平时，大家所说的文件（file），多数是指存储在外部存储介质上的一组相关数据的有序集合，比如，磁盘文件、磁带文件、光盘文件，等等。每个文件都用一个文件名来标识，便于操作系统对文件进行组织、管理和访问。文件名、文件夹和文件的路径等内容，请参考《大学计算机》教材。

前已述及，程序输入输出的对象可能是磁盘、磁带、光盘等外部存储介质，也可能是键盘、显示器、打印机等外部设备。为了统一、简化对这些输入输出对象的管理，许多操作系统都把这些与输入输出有关的操作统一看成是对文件的处理，把所有用于输入输出的外部设备统称为设备文件（device file），比如，把键盘称为标准输入文件，把显示器称为标准输出文件，把打印机称为标准打印文件。这样，就把实际的物理设备抽象为逻辑文件的概念了，把对所有外部设备的输入输出处理变成了对相应文件的读写操作。

7.1.2　文件的分类

根据不同的分类标准，可以把文件划分成不同的种类，比如，按文件所依附的介质不同，可以分为卡片文件、纸带文件、磁带文件、磁盘文件和光盘文件等；按文件的内容不同，可以分为源程序文件、目标文件、数据文件。这里只介绍与C语言文件操作有关的两种分类标准。

1. 流式文件和记录式文件

要想熟练掌握C语言对文件的操作，就需要理解C语言中关于流（stream）的概念。这里先以生活中的水流和电流为例进行讲解，以便理解。不管水流还是电流都有一个传输的通道，

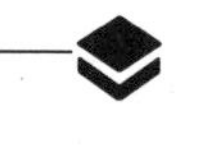

比如，水流有河道、水管，电流有导线作为传输的通道。它们也都有源头和目标，也就是它们的流向。C 语言对文件的操作，就形象地借用了生活中流的概念，把所有输入输出数据的过程都理解为流，比如，将数据从内存写入到外部目标的过程称为输出流；将数据从外部对象读入到内存的过程称为输入流。也就是说，流是程序输入或输出的一个连续的字节序列，就像水流一样是无结构的。

文件呈现在用户面前的结构称为逻辑结构。文件的逻辑结构是从用户的角度出发看到的文件的组织形式。文件的物理结构是从实现的角度出发看到的文件在外存上实际存储的组织形式，因此也被称为文件的存储结构。文件的逻辑结构与存储介质的特性无关，但文件的物理结构与存储介质的特性是有关的，具体请参考《大学计算机》教材。

按照文件的逻辑结构，可将文件分为流式文件（也称为无结构文件）和记录式文件（也称为有结构文件）两大类。流式文件由一连串的有序字节流构成，数据无组织结构，以字节为单位进行存储和读写操作，在输入输出时其数据流的开始和结束仅受程序的控制，而不受回车符、换行符之类的物理符号所控制，处理起来比较灵活。记录式文件则由若干条逻辑记录组成，一条记录描述实体集中的一个实体；每条逻辑记录又由若干个数据项构成，一个数据项描述一个实体的一项属性。比如，一个学生信息表中的一条记录就描述了一个学生实体，而其中的每一个数据项就描述了学生实体的每一项属性（学号、姓名、出生日期、民族、籍贯、政治面貌、联系电话等）。大量的数据结构和数据库采用的是记录式文件，大量的源程序、可执行程序、函数库等采用的是流式文件。

2. 二进制文件和文本文件

按照文件中数据编码方式的不同，可以把文件分为文本文件（text file）和二进制文件（binary file）两大类。

数据在内存中是以二进制形式存放的，以字节为单位，比如，若有“short int a = 10002;”，则在内存中 a 变量占 2 个字节，这 2 个字节中存放的二进制串是：00100111 00010010。若将变量 a 按其在内存中实际存放的二进制形式直接原样写入相应的文件中，则这种文件称为二进制文件。该二进制文件将占 2 个字节。如果将这 2 个字节按字节读出并显示出来，则第 1 个字节的二进制串是：00010010，若按 ASCII 编码来识别，其值是 18，对应控制字符为 DC2。这样从原本 2 个字节的二进制补码中“断章取义”截取其中的 1 个字节，再按 ASCII 编码来显示，其显示结果就不会是用户所希望的了，就可能是一些乱码，不可阅读，甚至有些字符是不可显示的。如图 7-1-1 所示为二进制文件存储和显示情况示例。

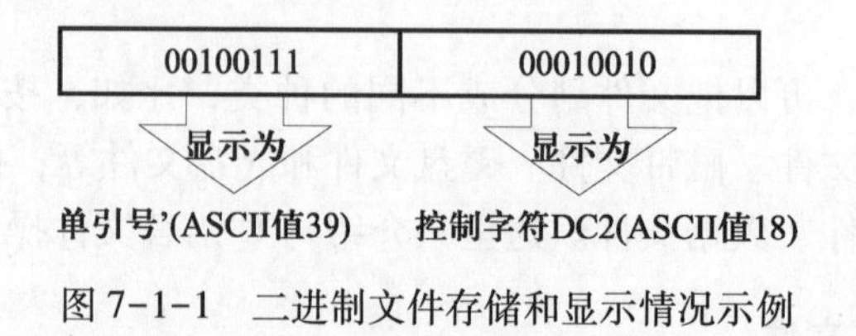

图 7-1-1　二进制文件存储和显示情况示例

操作二进制文件的流，称为二进制流（binary stream）。二进制流操作保证了数据从内存写入文件后可以用同样的方式再从文件读入内存，数据的形式和内容都不会发生改变，数据也不

需要做任何形式的转换，在读写批量数据时速度也快，程序执行效率也高，存储空间一般也较小。

如果将内存中的数据按某一进制的 ASCII 码形式写入文件中，这种文件的每一个字节都代表着一个字符，而且存放的就是这个字符的 ASCII 码值，则这类文件称为文本文件，也称为 ASCII 文件。比如，将 a 变量中的值按十进制 ASCII 码形式写入一个文本文件中，则该文本文件要占 5 个字节，每个字节具体存放的内容和读出来显示的结果如图 7-1-2 所示。

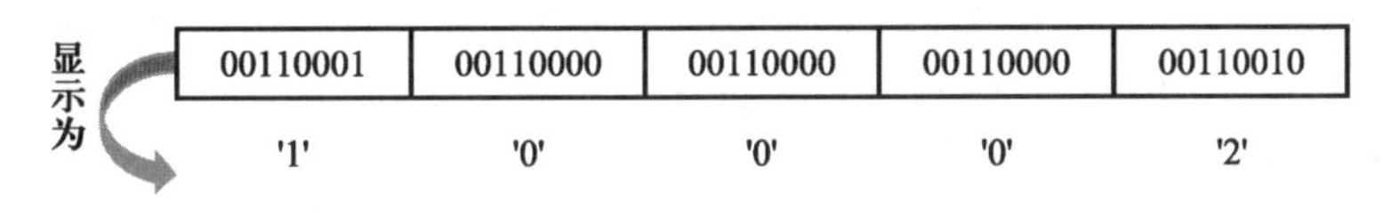

图 7-1-2　文本文件存储和显示情况示例

操作文本文件的流，称为文本流（text stream）。文本流实现将内存中实际存放的二进制编码转换成对应的 ASCII 编码，写入文本文件，文本文件中存放的每一个字节都是一个 ASCII 码值，对应一个可显示、可阅读的字符。但这又带来了另外一个问题，就是无论是写入还是读取一个文本文件，都需要在不同的编码之间进行相应的转换，这就需要消耗一定的时间。因此，相对二进制文件而言，读写文本文件的速度就会更慢，程序执行的效率就会更低，同时文本文件的存储空间一般情况下也会更大。

在各种输入输出流中，是否存在编码转换的问题呢？可参考图 7-1-3 所示。其中，单实线表示不存在转换，直接读写；双虚线表示存在转换过程。读写方向均相对于用户程序数据区而言。

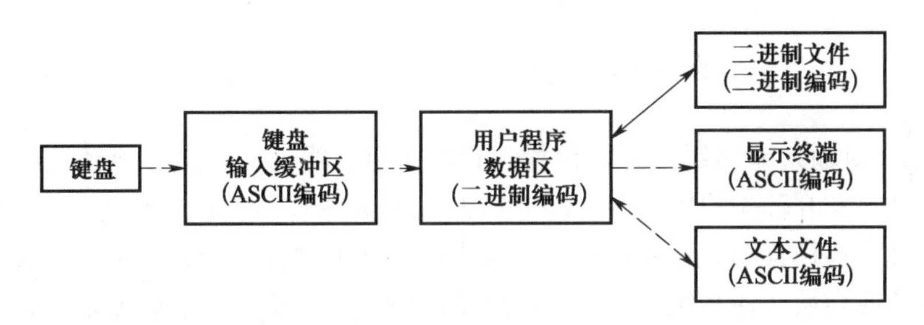

图 7-1-3　各种输入输出流的编码转换情况

7.1.3　文件的输入输出缓冲区

由于制造成本和技术难度高的原因，在计算机中很多部件和设备在制造工艺上存在很大的差异，导致其运行速度也相差很大。一个快速设备和一个慢速设备如何协同匹配的问题，在计算机中大量存在，解决这个问题简单、有效的办法就是缓冲。CPU 和内存之间通过 Cache 来缓冲。内存和外部存储器之间，内存和键盘、显示器、打印机之间，则通过内存中预留的存储空间来缓冲。这些在内存中用来暂时存放输入和输出数据的预留空间，就称为缓冲区（buffer）。用于暂存输入数据的缓冲区，称为输入缓冲区；用于暂存输出数据的缓冲区，称为输出缓冲区。

应用程序需要从外部存储器（如磁盘）上获取数据时，并不直接从磁盘文件中读取数据，而是先由文件系统将一批数据从磁盘上取出，放入内存输入缓冲区中，然后再由应用程序的读操作从输入缓冲区中依次提取数据，送给程序数据区相应的接收变量，供程序使用。反之，应用程序需要向外部存储器（如磁盘）写入数据时，也是先将程序数据区中的数据放入内存输出缓冲区中，待输出缓冲区装满以后，再由文件系统将输出缓冲区中的数据一次性写入磁盘文件中。这种利用输入输出缓冲区对文件进行访问的方法可以避免应用程序每次读写操作都去频繁地直接访问磁盘，减少了应用程序对磁盘的读写次数，提高程序的执行效率，因为每一次对磁盘的读写都要移动磁头并寻找磁道扇区，会花费一定的时间。图 7-1-4 展示了应用程序通过文件输入输出缓冲区读写磁盘文件的过程。

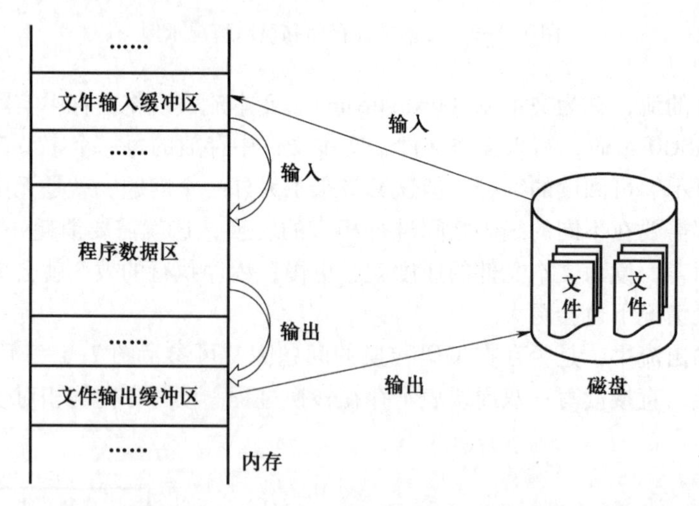

图 7-1-4　文件输入输出缓冲区工作示意图

ANSI C 标准对输入输出缓冲区的设置和管理作出了明确的规定，由系统在内存区为每个正在使用的文件自动开辟一块缓冲区，缓冲区的大小由各 C 语言版本确定，一般为 512 B，并由系统自动管理。这种自动设置和管理输入输出缓冲区的文件系统，称为缓冲文件系统，也称为标准文件系统或高层文件系统。在有些特殊情况下，程序员也可以改变输入输出缓冲区的大小，甚至决定是否使用输入输出缓冲区。这种不由系统自动设置和管理输入输出缓冲区，而由程序员根据自己的需要来自行设置和管理的文件系统，称为非缓冲文件系统，也称为非标准文件系统或底层文件系统。

显然，在标准文件系统中，系统替程序员做了很多事情，操作起来十分方便。因此，ANSI C 标准推荐使用标准文件系统。但对一些系统软件或控制程序的开发者来说，他们却可能会使用非标准文件系统来操作文件，比如，在传统的 UNIX 下，处理文本文件采用的是标准文件系统，而处理二进制文件采用的就是非标准文件系统。非标准文件系统直接依赖于操作系统，通过操作系统的功能对文件进行直接操作，与系统底层结合紧密，编程难度相对较大，程序的兼容性较差，可移植性不好，但程序占用内存资源较少，执行效率较高。在 C 语言程序设计中，无论程序员采用哪种文件系统操作文件，都是利用 I/O 库函数来实现的，只是标准文件系统使用的是<stdio. h>，而非标准文件系统使用的是<io. h>。

7.1.4　文件指针的概念

在标准文件系统中，系统会在内存中为每个被使用的文件开辟一个区域。这个区域实际是一个结构体变量。在这个结构体变量中，每一个成员都保存了与该文件相关的一项信息，所有的这些信息共同描述了正在操作的这个文件。在<stdio. h>中有对这个结构体类型的定义，具体如下所示：

```
1   #ifndef _FILE_DEFINED
2   struct _iobuf {
3       char *_ptr;         //读写文件的下一个位置，即文件的位置指针
4       int _cnt;           //当前缓冲区的相对位置
5       char *_base;        //基础位置，即是文件的起始位置
6       int _flag;          //文件标志
7       int _file;          //文件的有效性验证
8       int _charbuf;       //检查缓冲区状况，如果无缓冲区则不读取
9       int _bufsiz;        //缓冲区大小
10      char *_tmpfname;    //临时文件名
11  };
12  typedef struct _iobuf FILE;
13  #define _FILE_DEFINED
14  #endif
```

由上可知，这个结构体类型的名称为 FILE。在实际操作文件的过程中，程序员不需要深入了解 FILE 结构体中的细节性问题，只需要知道 FILE 是一个结构体类型，由它定义的变量保存了与被操作文件相关的一些信息，知道利用 FILE 在用户程序中作出以下定义即可：

```
1   FILE * fp;
```

其中，FILE 必须大写，而且在使用前必须包含<stdio. h>，因为它不是程序员自己定义的类型，也不是 C 语言的固有数据类型，而是在<stdio. h>中定义的类型；fp 是一个 FILE 类型的指针变量，由程序员自行命名。

有了 fp 以后，程序员就可利用 fp 去指向一个 FILE 类型的结构体变量，并找到与操作某个文件相关的一些信息，从而实现对该文件的操作，即 fp 间接指向了该文件。因此，fp 常被称为文件指针（file pointer）。在后面章节中所有对标准文件的操作都与文件指针有关。

这里介绍在 C 语言程序设计中经常用到的 3 个标准文件指针。一个 C 程序只要一启动，操作系统就会自动为之打开 3 个文件，并将这 3 个文件的指针提供给该程序使用。这 3 个文件分别是标准输入文件、标准输出文件和标准错误文件，分别对应的 3 个文件指针是 stdin、stdout 和 stderr，它们在<stdio. h>中有相应的声明。多数情况下，stdin 指向键盘，stdout 和 stderr 则指向显示器。其中，stdin 和 stdout 可以在很多环境下通过符号“<”和“>”来实现重定向到一个磁盘文件，或者通过管道来自（传给）一个应用程序；但是 stderr 不能被重定向。

7.2 文件的打开与关闭

在前面的章节中，程序所需要输入的数据主要来自键盘，比如，利用 scanf()、getchar()等函数来输入数据；而程序处理的结果都通过计算机屏幕输出，比如，利用 printf()、putchar()等函数来输出结果。这种输入和输出数据的方式存在一些问题。比如，当程序需要输入的数据量比较大时，如果每次调试和运行程序都通过键盘输入数据，这是一件很麻烦的事情，更何况有些程序本来就是要处理一些预先保存好的数据。再比如，有些程序的输出结果比较繁杂，不便在屏幕上观察，甚至有些结果本身就需要长期保存。为了解决这些类似的问题，就需要进行文件操作。

C 语言对文件的操作过程概括起来就是三大步，如图 7-2-1 所示。

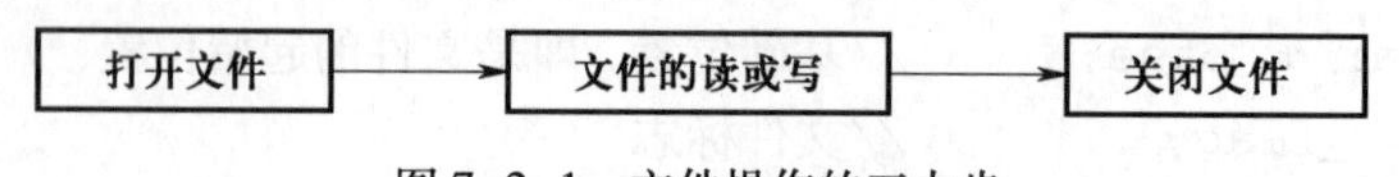

图 7-2-1　文件操作的三大步

从这一节开始，就将介绍 C 语言对文件的一系列操作。这些操作都是由相应的库函数来实现的，而且其中很多库函数都是成对出现的，本章将重点介绍 8 对常用的文件操作函数。以此类推，读者可以学习其他文件操作函数的使用方法。下面即将介绍的这些函数默认都是基于标准文件系统的，它们的函数名通常都以“f”开头，它们也都在<stdio.h>中有相应的声明。

7.2.1 打开文件

应用程序在使用一个文件之前，必须首先打开这个文件。在标准文件系统中，打开一个文件使用 fopen()函数来实现，其函数原型为：

```
FILE *fopen(char *name, char *mode);
```

关于这个函数的使用，现作以下 5 点说明。

(1) 参数 name 的用法。参数 name 是一个字符型指针变量，其取值是一个包含文件名的字符串的起始地址。它可以直接写成一对双引号括起来的文件名，也可以写成一个存放文件名字符串的数组名等形式，但本质上都是一个含有文件名的字符串的起始地址。具体用法请参考下面这两个程序片段。

```
1  //程序片段 1：从用户当前项目的工作目录中打开文件 f1.txt
2  FILE *fp;
3  fp = fopen( "f1.txt" ,"r");
```

```
1  //程序片段 2：从用户当前项目的工作目录中打开文件 f2.txt
2  FILE *fp;
3  char str[]="f2.txt";
4  fp = fopen( str ,"r");
```

接下来，再看第 3 种情况。

```
1  //程序片段 3：从程序员指定的目录中打开文件 stud.dat
2  FILE  *fp;
3  fp = fopen("d:\\user\\stud.dat","rb");
```

在这段程序中，fopen( )函数的第 1 个参数，除了包含文件名 stud. dat 以外，还包含该文件所在的盘符和路径“d:\user\”，但其中的反斜线在书写上出现了变化，由本来的单反斜线写成了双反斜线，原因是在第 2. 2 节中介绍的转义字符的书写格式。当然，也可以写成“fp = fopen(“d:/user/stud. dat”,“rb”);”，从而回避了反斜线用作转移字符书写格式的问题。

（2）参数 mode 的用法。参数 mode 也是一个字符型指针变量，其取值依然是一个字符串的起始地址，该字符串表示程序将以何种方式来访问这个文件，通常称为文件的打开方式或者使用方式。比如，一个程序可以是以“读”“写”或“追加”的方式等来访问一个文件。打开方式一般直接写成一对双引号括起来的字符串常量形式，如上面 3 个程序片段所示。

文件最基本的打开方式只有 3 种，初学者必须首先掌握这 3 种打开方式，它们分别是：

① "r"方式（read）：用于打开一个已经存在的文本文件，只能从该文件中读出数据。打开时，文件的位置指针自动指向文件开头。

② "w"方式（write）：只能用于向文本文件中写入数据。要打开的文本文件若已经存在，则打开时先删除该文件，然后重新建立一个新文件；若不存在，则新建一个这样的空文件。总之，用"w"方式打开的文件一定是一个新的、空的文件。

③ "a"方式（append）：用于向文本文件末尾添加数据。文件打开时，位置指针自动指向文件末尾，以便程序追加数据。若要打开的文本文件不存在，则先创建一个这样的新文件。

在以上 3 种基本打开方式的基础上，还有 3 种与之对应的增强方式，它们分别是：

① "r+"方式：要求被打开的文件应存在，否则无法打开文件。打开后位置指针指向文件的开头，若原文件中有内容，此时立即写入数据，则会覆盖原文件的内容。

② "w+"方式：要打开的文件若已经存在，则其内容会全部丢失，指针指向文件的开头；若不存在，则新建一个这样的空文件，指针指向文件的开头。总之，用此方式打开的也是一个新的、空的文件，如果一打开就执行读操作，将无法读到数据，需要“先写后读”。

③ "a+"方式：要打开的文件若已存在，则其内容保留，位置指针自动指向文件末尾；若不存在，则新建一个这样的空文件，指针指向文件的末尾（也是这个空文件的开头）。总之，用此方式打开的文件，位置指针指向文件的末尾，可直接追加数据，但如果打开后立即读取其中的数据，也将无法读到数据。因此，这种方式在读取数据时也必须注意文件当前的位置指针所指向的位置。

注意：

在以上 6 种方式中都提到了文件的位置指针，它就是 FILE 结构体中的一个成员 char *_ptr。在每次读写文件时都要清楚该位置指针当前所指向的位置。

以上 6 种打开方式都是针对文本文件而言的，如果要操作二进制文件，就在以上 6 种方式的基础上再加上一个字母“b”即可，即"rb"、"wb"、"ab"、"rb+"（或"r+b"）、"wb+"（或"w+b"）和"ab+"（或"a+b"）。这样，文件的打开方式就又多了 6 种，共计 12 种打开方式。由于操作二进制文件的这6种方式与操作文本文件的6种方式功能一样，仅仅是操作的文件的类型不同而已，所以这里就不再赘述了。

（3）fopen()函数的返回值。正常情况下，如果文件打开成功，fopen()返回的是所打开文件的FILE变量的地址，即指向相应文件的指针。如果文件打开失败，fopen()返回的是一个空指针值NULL。NULL在<stdio. h>文件中已定义为0。

（4）fopen()函数的作用。调用fopen()函数，如果成功打开一个文件，系统会在内存中为该文件建立一个相应的FILE变量，用来保存这个文件的所有操作信息，然后将该变量的起始地址作为fopen()的返回值，程序员再将此返回值赋给一个FILE类型的指针变量。通过此指针变量，程序员就可以对该文件进行操作了。

（5）打开一个文件的常用格式。请初学者学会使用下面这段程序来打开一个文件：

```
1  FILE *fp;
2  if ((fp = fopen ( "myFile.txt", " r" )) = = NULL)
3  {
4     printf ("Can't open this file\n") ;        //此语句还有待于进一步改进
5     exit(1);
6  }
```

也可进一步包装成自己定义的一个文件打开函数：

```
1  FILE * openFile(const char *filename, const char *mode)
2  {
3     FILE * fp = fopen(filename, mode);
4     if (fp= =NULL)
5     {
6        printf("打开文件%s 失败!\n", filename);
7        exit(1);
8     }
9     return fp;
10 }
```

其中，函数void exit(int status)的作用是：不管当前程序的执行位于哪个函数调用当中，一旦执行exit()函数，首先关闭所有输出文件，将缓冲区中的所有未输出数据写到相应的输出文件中；然后终止当前程序的执行，并将状态值status返回给调用该程序的父进程。父进程可以通过该返回值，得知其调用的应用程序是否已经被成功执行。一般情况下，约定status取0表示正常退出，取非0表示异常退出。非0的情况有很多，可自行进一步约定。

7.2.2 关闭文件

打开一个文件，执行相关操作以后，如果不再使用此文件，则必须关闭它。在标准文件系统中，关闭一个文件使用fclose()函数来实现，其函数原型为：

```
int fclose(File *fp);
```

关于这个函数的使用，现作以下 3 点说明。

（1） 参数 fp 的用法。参数 fp 必须是调用 fclose( )之前用 fopen( )函数所打开的文件指针。

（2） fclose( )函数的返回值。调用 fclose( )函数后，如果正常关闭所指定的文件，则返回值为 0；否则，返回值为 EOF（它在<stdio.h>中被定义为-1，这里的含义为 Error of File）。

（3） fclose( )函数的作用。调用 fclose( )函数后，首先是刷新文件输出缓冲区，将输出缓冲区中尚未输出的数据写入文件中，避免丢失数据；然后丢弃文件输入缓冲区中的数据；再释放动态分配的输入输出缓冲区；最后释放由 fopen( )函数建立的 FILE 变量，切断文件指针与该文件之间的联系，使文件指针与该文件“脱钩”。可见，fclose( )最后的功能正好与 fopen( )的功能相反。因此，fclose( )和 fopen( )是一对前后呼应的函数，必须成对出现。

7.3　文件的顺序读写

使用 fopen( )函数成功打开一个数据文件以后，程序就可对它进行相应的读写操作了。默认情况下，在读写一个文件时，文件的位置指针会根据实际读写的情况自动变化，即以字节为单位从前往后依次读写文件中的每一个字节，读写完一个字符后，位置指针自动指向下一个字节的位置，这种读写文件的方式称为顺序读写。

在标准文件系统中，读写文件的方式有 4 种，如图 7-3-1 所示。

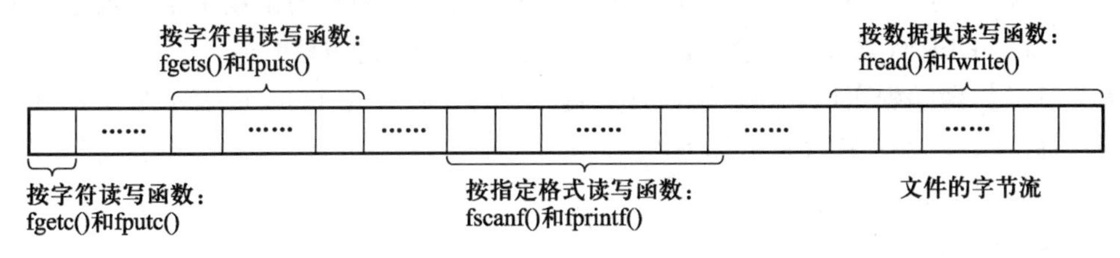

图 7-3-1　读写文件的 4 种方式

7.3.1　按字符顺序读写

按字符读写是读写文件最基本的一种方式。使用函数 fgetc( )（或 getc( )）和 fputc( )（或 putc( )）来实现。其函数原型分别为：

```
int fgetc (FILE *fp);
int fputc (int c, FILE *fp);
```

关于这两个函数的使用，现做如下说明。

调用 fgetc( )函数，将从指定流当前位置读取一个字符，若读取成功则返回所读到的字符，若读取出错或遇到文件结束则返回 EOF(-1)。调用 fputc( )函数，则将把字符 c 转换为 unsigned char 类型，输出到流 fp 中。若输出成功，则返回写入的字符；若写入出错，则返回 EOF。可见，在<stdio.h>中定义的 EOF，实际上代表了两个含义：一是文件出错“Error of

File”，二是文件结束“End of File”。

这里需要进一步说明的一点是，这两个函数的返回值为什么是 int 而不是 char。很多初学者认为，fgetc()从流中一次读取一个字符，因此它的返回值就是一个 char 字符，程序中也就自然应该定义一个 char 变量来接收这个字符。其实，这种程序仅适用于处理那些存放基本 ASCII 的文本文件，处理二进制文件时就会出现非常严重的错误。因为在二进制文件中经常都可能出现一个字节全 1 的情况（即 0xFF），如果将这个全 1 的字节按照 signed char 来理解，那就是-1（EOF），就会造成对文件结束的误判。也有初学者此时便牵强附会、自圆其说，认为只有文本文件才能使用 EOF 来判断文件是否结束，因为文本文件中存放的每个字节都对应着一个 ASCII 码字符，正常情况下是不会出现一个字节全 1 的情况的，只有在文本文件结束的时候才用一个全 1 的字节作为文件的结尾标志。这些都是初学者常犯的错误！其实，真相是这样的：fgetc()从流中一次读取一个字节，按 unsigned char 理解，其取值范围为 0~255（即对应 0x00~0xFF）。即使 fgetc()从流中读到一个字节 0xFF，转换成 32 位系统的 int 后得到 0x000000FF（按 int 理解为 255），而不会是 0xFFFFFFFF（按 int 理解为-1，即 EOF）。这就不会误认为文件结束了。当系统读取下一个字节，发现没有数据了，文件真的结束了，或者读取下一个字节出错了，这时就会返回一个 int 数据 0xFFFFFFFF。程序就可根据这个 EOF 来判断是否文件结束或读取错误。反之，在调用 fputc()将一个数据写到输出流时，系统会自动截取这个 int 数据的低 8 位，丢弃其高 24 位，复原成一个字节的 unsigned char 数据，写到相应的输出流中。可见，这两个函数的返回类型之所以都采用 int，就是为了在程序设计中有效利用 EOF 来判断文件是否已经读完，或是否出现了读写错误；而 fputc()的第 1 个参数也采用 int 则是为了和 fgetc()的返回类型相衔接。这是一个非常巧妙的处理方法！

【例 7-3-1】 请编程实现：通过键盘任意输入一行字符（按 Enter 键表示结束），保存到用户当前工作目录下，文件名为 myFile. txt。

```
1   # include <stdio.h>
2   int main ( )
3   {
4     FILE  * fp ;
5     int   c;
6     //打开文件
7     if ((fp = fopen ("myFile1.txt", "w")) = = NULL)
8     {
9         printf ("Can't open this file!\n");
10        exit ( 1 ) ;
11    }
12    //读写文件
13    c = getchar( ) ;
14    while ( c != '\n')
15    {
```

```
16        fputc (c, fp);
17        c = fgetc(stdin);  //此语句等价于 c = getchar( )
18    }
19    //关闭文件
20    fclose (fp);
21 }
```

说明:

这是一个非常简单的文件操作程序，请初学者在阅读这个程序的过程中，务必体会以下几点：

(1) 操作一个文件时，三大步骤（打开、读写和关闭）必不可少。

(2) 除了可以使用 fgetc( )和 fputc( )来实现按字符读写以外，还可以使用 getc( )和 putc( )。实际上，getc( )和 putc( )就等价于 fgetc( )和 fputc( )，只是它们是用宏定义来实现的。不仅如此，前面经常使用的 getchar( )和 putchar( )两个函数也是通过两个宏定义来实现的，在<stdio. h>中都能找到相关的宏定义，比如：

```
#define getchar()     getc(stdin)
#defineputchar(_c)  putc((_c),stdout)
```

【例 7-3-2】假设已有源文件 D:\user\srcFile. txt，其中有一段话：

Sichuan University of Science & Engineering

http:// www. suse. edu. cn/

School of Computer Science and Engineering

Basic Computer Education Centre

Mr. Lan

请编程实现：将源文件 srcFile. txt 中的内容复制到另一个目标文件中，该目标文件的路径和名称在程序运行以后由用户自行输入。

```
1  # include <stdio.h>
2  FILE * openFile(const char *filename, const char *mode)
3  {
4    FILE *fp=fopen(filename, mode);
5    if (fp= =NULL)
6    {
7        printf("打开文件% s 失败!\n", filename);
8        exit(1);
9    }
10   return fp;
11 }
12 int main ( )
```

```
13  {
14    FILE  *sfp, *dfp;
15    int   c;
16    char srcFile[128]="D:/user/srcFile.txt";
17    char destFile[128];
18    printf("Input the destination file:");
19    scanf("%127s",destFile);      //请思考这里为什么要使用"%127s"
20    sfp = openFile(srcFile,"r");
21    dfp = openFile(destFile,"w");
22    while ( (c = fgetc(sfp)) != EOF)
23    {
24        fputc(c, dfp);
25        fputc(c, stdout);         //等价于"putchar(c);"
26    }
27    printf("srcFile.txt has been copied to %s.\n",destFile);
28    fclose (sfp);
29    fclose (dfp);
30    return 0;
31  }
```

程序运行结果如图 7-3-2 所示。

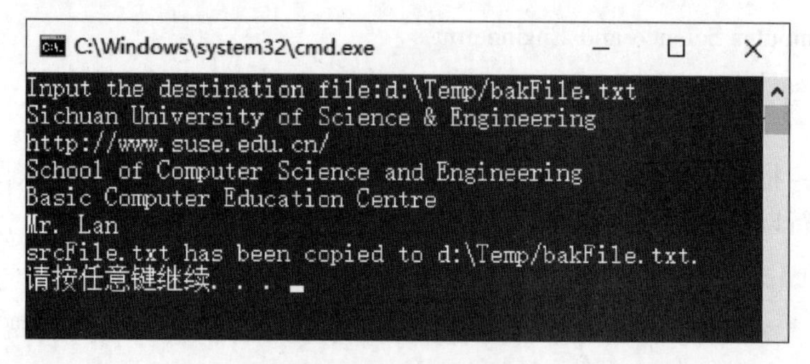

图 7-3-2　运行结果

> **思考：**
> 例 7-3-2 程序第 19 行中为什么要使用"%127s"

【例 7-3-3】 请编写一个 C 源程序，保存为文件 ccopy. c，并将其编译连接后生成一个可执行文件 ccopy. exe。然后，用户在命令行上运行此程序，比如输入：

```
C:\>ccopy  file1.txt  file2.txt
```

程序就能实现将 file1. txt 中的内容复制到 file2. txt 中。如果 ccopy 后面没有参数，则实现将标准输入得到的数据复制到标准输出；如果 ccopy 后面只有一个参数，则实现将该参数所指

定的文件复制到标准输出；如果 ccopy 后面的参数个数大于 2，则提示“Too many parameters!”。

源代码如下：

```
1   # include <stdio.h>
2   FILE * openFile(const char *filename, const char *mode)
3   {
4     FILE *fp=fopen(filename, mode);
5     if (fp==NULL)
6     {
7         printf("打开文件%s失败!\n", filename);
8         exit(1);
9     }
10    return fp;
11  }
12  void copy(FILE *sfp, FILE *dfp)
13  {
14    int c;
15    while(!feof(sfp))
16    {
17        fputc(fgetc(sfp),dfp);
18    }
19    printf("\nThe data has been copied.\n");
20  }
21  int main (int argc, char *argv[] )
22  {
23    FILE  *sfp, *dfp;
24    int   c;
25    if(argc == 1)          //处理没有参数的情况
26        copy(stdin,stdout);
27    else if(argc == 2)   //处理只有一个参数的情况
28    {
29        sfp = openFile(argv[1],"r");
30        copy(sfp,stdout);
31        fclose (sfp);
32    }
33    else if(argc ==3)    //处理有两个参数的情况
34    {
```

```
35          sfp = openFile(argv[1],"r");
36          dfp = openFile(argv[2],"w");
37          copy(sfp,dfp);
38          fclose (sfp);
39          fclose (dfp);
40      }
41      else
42          printf("Too many parameters!\n");
43  }
```

注意：

（1）在第15行语句中用到了feof()函数，这是一个用来判断输入流是否结束的函数。若输入流结束了，该函数返回一个非0值；若输入流没有结束，则返回0。这个函数对文本流和二进制流均适用。这样，在读取一个文件的过程中就又多了一种判断文件是否结束的方法。

（2）当命令行不带参数时，执行第26行语句的过程中，程序将从标准输入上不断地读取数据，并输出到标准输出，直到标准输入流结束。问题是，标准输入流何时结束？当用户输入一串字符以后按Enter键，表示确认自己输入的内容，程序从键盘缓冲区中读走这批数据，但Enter键并不表示输入流的结束。通过按Ctrl+Z键，表示标准输入流结束。若在程序执行过程中按Ctrl+C键，则表示要终止当前用户程序的执行。

思考：

（1）第31行语句和第38~39行语句能否提出来放到第42行语句的后面？

（2）本程序没有考虑argc>3的情况。假设现在命令行上带有n（n>2）个参数，能否实现将第1到n-1个参数所指定的n-1个文件依次合并到第n个文件中？

（3）在6.6.2节中已经提到，在Windows的命令提示符窗口中就有一个叫copy的文件复制程序，读者不妨去熟悉一下它的功能，看能否对本程序做进一步的完善。

7.3.2 按字符串顺序读写

标准库还提供两个按字符串读写文件的函数fgets()和fputs()，其原型如下：

```
char * fgets(char * buffer, int maxNum, FILE * fp);
int fputs(const char * buffer, FILE * fp);
```

关于这两个函数的使用，现做如下说明。

调用fgets()函数后，将从fp所指向的输入流中最多读取maxNum-1个字符，并以'\0'结尾作为一个字符串保存到字符数组buffer中。若读取成功，返回buffer；若读取失败，返回NULL。这里需要注意的一点是，在实际读取maxNum-1个字符的过程中，可能还未读到maxNum-1个字符就遇到换行符或文件结束了，这时便提前结束字符串的读取，但要读走流中的换行符，并在换行符的后面加上'\0'作为该字符串的结尾。也就是说，fgets( )函数会连同换行符作为字符串的一部分保存到 buffer 中。

调用 fputs( )函数后，将从 buffer 所指的内存位置开始输出一个字符串（直到输出'\0'为止）到 fp 所指向的输出流中。如果该字符串中含有换行符，会照样输出，但不会在该字符串输出结束时再另外添加换行符了。若输出成功，函数返回值一个非负值；若失败返回值为 EOF。

综上所述，fgets( )和 fputs( )是一对密切配合的函数。它们与 gets( )和 puts( )这对函数的功能是类似的，只是 gets( )和 puts( )只针对 stdin( )和 stdout( )进行读写。另外，gets( )在键盘缓冲区中遇到换行符时，会将其读走并丢弃；而 puts( )在输出一个字符串结束的时候又会在末尾添加一个换行符。因此，gets( )和 puts( )也是一对密切配合的函数。

另外，5.2.1 节介绍了输入字符串的安全性问题，这里再作一点补充。相对于 gets( )函数而言，fgets( )函数用于通过键盘上输入字符串更安全。比如，“fgets(buffer, sizeof(buffer), stdin);”，就避免了因录入字符过长而出现内存越界的情况。

最后再说明一点，fgets( )和 fputs( )这对函数其实也是由 fgetc( )和 fputc( )这两个函数编程实现的，感兴趣的读者可以自行实现。

【例 7-3-4】 编程实现：通过键盘输入一个字符串，然后程序将该字符串再回显到屏幕上。

```
1  # include <stdio.h>
2  int main(void)
3  {
4    char str[10];                      //定义了一个长度为 10 的字符数组
5    printf("请输入一个字符串:");
6    fgets(str, sizeof(str), stdin);//从 stdin 流中最多读取 9 个字符到字符
                                        数组 str 中
7    fputs(str, stdout);                //将 str 中的字符串输出到 stdout 流中
8    return 0;
9  }
```

此程序第 1 次运行时，输入：SUSE

运行结果如图 7-3-3 所示。

第 2 次运行时，输入：SUSE_COMPUTER

运行结果如图 7-3-4 所示。

图 7-3-3　运行结果 1

图 7-3-4　运行结果 2

7.3.3 按指定格式顺序读写

前已述及，scanf( )和printf( )函数是两个专门用于格式化输入输出的函数，但这对函数只针对stdin和stdout进行读写，不能读写一般的磁盘文件。对普通磁盘文件按指定格式进行顺序读写，需要使用fscanf( )和fprintf( )这对函数，其函数原型如下：

```
int fscanf(FILE * fp, char * format,…);
int fprintf(FILE * fp, char * format, …);
```

从函数原型上不难看出，这对函数的使用与scanf( )和printf( )类似，其格式控制串和后面的输入输出项都与scanf( )和printf( )用法相同，这里就不再赘述。唯一不同的是，在fscanf( )和fprintf( )的第1个参数位置上都多了一个指向普通文件的指针。如果将fp改成stdin或stdout，那么这对函数就能实现scanf( )和printf( )的功能了，因此，fscanf和fprintf的功能涵盖了scanf( )和printf( )的功能。

fscanf( )的返回值是成功输入数据的个数，而fprintf( )的返回值是成功输出字符的个数；两个函数如果出现输入输出错误或遇到文件结束，均返回EOF。

按指定格式读写文件适用于对文本文件或标准输入输出设备进行操作，特别是程序的输入输出数据或运行结果需要便于与人交流、便于肉眼观察时就非常适合采用这种读写方式。

【例7-3-5】对于有些重要的用户程序，系统管理员需要了解程序的运行情况，比如，什么时候开始执行，什么时候结束执行，执行了多长时间，共计执行了多少次，等等。为此，请编程实现：统计一个用户程序自身被执行的次数，并将统计结果保存在磁盘文件log. txt中，以备系统管理员检查。

```
1   #include <stdio.h>
2   FILE * openFile(const char * filename, const char * mode)
3   {
4     FILE * fp = fopen(filename, mode);
5     if (fp = = NULL)
6     {
7         fprintf(stderr,"打开文件% s 失败!\n", filename);
8         exit(1);
9     }
10    return fp;
11  }
12  int main()
13  {
14    FILE * fp;
15    unsigned int counter = 0;
16    fp = openFile("log.txt","r");
```

```
17    fscanf(fp,"% d",&counter);
18    fclose(fp);
19    fprintf(stdout,"本程序已经被执行过% u 次.\n",++counter);
20    //以“写”方式重新打开 log.txt 文件，记录最新运行次数
21    fp = openFile("log.txt","w");
22    fprintf(fp,"% u",counter);
23    fclose(fp);
24    printf("…\n 程序执行结束.\n");
25    return 0;
26 }
```

说明：

(1) 此程序有一个瑕疵，就是在第一次执行此程序时，需要预先在当前工作目录下人为创建一个 log.txt 文件，并在里面保存一个数字 0，否则会出现“打开文件 log.txt 失败!”的提示。请读者完善此程序，实现在第一次执行此程序时，若当前工作目录中没有 log.txt 文件，则程序自动创建一个新的 log.txt 文件，并重新开始计数。

(2) 此程序中的 openFile()函数比例 7-3-3 写得更好，请仔细体会。特别是第 7 行代码中用 stderr 比用 stdout 更好，请分析为什么，并在自己将来的程序中模仿这种用法。

7.3.4 按数据块顺序读写

按指定格式读写文件，在读写过程中需要在不同数据格式之间进行转换，转换是需要时间的，因此这种读写方式的效率不高，而且在格式转换的过程中可能会丢失某些信息，比如，实型数据在转换的过程中就可能丢失精度，把内存中的一个实型数据写入磁盘文件后，再读入内存，可能就不再是和原来一模一样的数据了。因此，如果程序员仅仅是想保存数据以便将来使用，例如，可能是本程序在本次运行过程中后续要用，也可能是本程序在下次运行过程中要使用，还有可能是其他程序在运行过程中要使用，等等，只要不是便于后面人的解决，就没有必要去进行不同格式之间的转换。采用二进制流，直接按数据块读写文件，效率是最高的，标准文件系统提供 fread()和 fwrite()两个函数来实现，其函数原型如下：

```
size_t fread(void *ptr, size_t size, size_t num, FILE *fp);
size_t fwrite(const void *ptr, size_t size, size_t num, FILE *fp);
```

在这两个函数中，都用到了一个叫 size_t 的数据类型。其实，在 C 语言的很多库函数原型中，参数类型经常用到 size_t。size_t 就是 size type 的意思。它不是 C 语言固有的基本数据类型，而是 C 标准库中定义的一个与机器体系结构相关的无符号整型，该类型的大小取决于不同系统的具体定义，程序员可以使用 sizeof 来检测它对应的类型大小。使用 size_t 主要是为了提高代码的可移植性、有效性或者可读性，甚至三者兼备。

第 1 个参数 ptr 是一个指针，对 fread()而言，它是读入数据要存放的内存起始地址；对

fwrite( )而言，它是要输出数据的内存起始地址。由于预先都不知将要读入或输出的数据是什么类型，所以这两个函数的第 1 个参数都定义为 void 指针类型。在使用数据时再根据程序中定义的具体指针类型来决定。

第 2 个参数 size 是读写一次的字节数，即单位数据块的大小。

第 3 个参数 num 是要读写的次数，即数据块的个数。

第 4 个参数 fp 是指向输入输出流（通常是二进制流）的文件指针。

fread( )和 fwrite( )两个函数在执行以后正常情况下最多读取 num 个数据块，并返回 num 的值。若返回值不等于 num 则说明在读写过程中遇到了问题。问题可能有多种，比如，在读一个文件时可能该文件没有足够的数据，只能提前结束，这是一种正常的情况，可以通过其返回值知道程序读到了多少个数据块；但也可能在读一个文件时中途遇到数据出错、磁盘故障等情况，这就是一种异常情况了。程序员可以在程序中利用 feof( )和 ferror( )两个函数来对这些情况进行逐一判断。ferror( )的函数原型是“int ferror(FILE * fp);”，该函数用于对 fp 所指向的文件进行判断，判断其最近一次文件操作（读或写）是否成功。若操作成功则返回值为 0，若操作失败则返回值为非 0。因此，判断最近的一次文件操作成功与否，除了可以通过文件读写函数的返回值来判断以外，还可以通过本次读写文件之后、下次读写文件之前立即调用 ferror( )函数来进行判断。

【例 7-3-6】 编程实现：通过键盘输入 N 位考生 K 门课程的成绩（为了便于调试程序，在本程序中的 N 和 K 都取 3），每位考生对应一个结构体数据，然后将这些数据存储到磁盘文件 stud. dat 中。

```
1   #include <stdio.h>
2   #define N 3
3   #define K 3
4   FILE * openFile(const char * filename, const char * mode)
5   {
6     FILE * fp=fopen(filename, mode);
7     if (fp==NULL)
8     {
9         fprintf(stderr,"打开文件% s 失败!\n", filename);
10        exit(1);
11    }
12    return fp;
13  }
14  int main()
15  {
16    enum sexType{M,F};
17    struct student
18    {
19        long int num;
```

```
20	    char name[10];
21	    enum sexType sex;
22	    short int age;
23	    int score[K];
24	    float total;
25	    float aver;
26	}stud[N];
27	int i,j;
28	FILE *sfp;
29	sfp=openFile("stud.dat","wb");
30	for(i=0; i<N; i++)
31	{
32	    printf("Input NO.%d student: number, name, sex(0 or 1), age\
n",i+1);
33	    scanf("%ld",&stud[i].num);
34	    scanf("%9s",stud[i].name);
35	    scanf("%d",&stud[i].sex);
36	    scanf("%hd",&stud[i].age);
37	    printf("Input NO.%d student: Grades for three courses\n",i+1);
38	    for(j=0;j<K;j++)
39	        scanf("%d",&stud[i].score[j]);
40	    if(fwrite(stud+i,sizeof(struct student),1,sfp) != 1)
41	    {
42	        printf("Writing No.%d student data, fail!\n", i+1);
43	        break;
44	    }
45	    else
46	        printf("Writing No.%d student data, succeed!\n", i+1);
47	}
48	printf("\nEND\n");
49	fclose(sfp);
50	return 0;
51	}
```

说明：

（1）第35行代码是通过键盘为一个枚举变量输入值，这里用0代表M，用1代表F。

（2）第40~46行是利用fwrite()函数将结构体数据逐个写入二进制文件中，请认真体会其判断是否写入成功的方法。

> **思考：**
>
> 第40行写入操作是否成功，是利用fwrite()函数的返回值进行判断的。如果要利用ferror()函数来判断最近一次写入是否成功，程序应该如何修改？

【例7-3-7】编程实现：从例7-3-6所保存的磁盘文件stud.dat中读取所有考生的成绩，并计算出每位考生的总分和平均成绩，将计算结果写入磁盘文件student.dat中。要求每位考生依然对应一个结构体数据。

```
1   #include <stdio.h>
2   #define N 3
3   #define K 3
4   FILE * openFile(const char * filename, const char * mode)
5   {
6     FILE * fp=fopen(filename, mode);
7     if (fp==NULL)
8     {
9         fprintf(stderr,"打开文件%s失败!\n", filename);
10        exit(1);
11    }
12    return fp;
13  }
14  int main()
15  {
16    enum sexType{M,F};
17    struct student
18    {
19        long int num;
20        char name[10];
21        enum sexType sex;
22        short int age;
23        int scores[K];
24        float total;
25        float aver;
26    }stud[N];
27    int i,j;
28    float sum;
29    FILE *sfp, *dfp;
30    sfp=openFile("stud.dat","rb");
31    dfp=openFile("student.dat","wb");
```

```
32  if((i=fread(stud, sizeof(struct student), N, sfp))!= N)
33  {
34      if(feof(sfp))
35          fprintf(stderr,"\n文件中数据不够，只读到%d个数据\n",i);
36      else
37          printf("读取文件出错!\n");
38      fclose(sfp);
39      fclose(dfp);
40      return 0;
41  }
42  for(i=0; i<N; i++)
43  {
44      sum=0;
45      for(j=0; j<K; j++)
46      {
47          fprintf(stderr,"No.%d student: No.%d course is %d\n",
                        //注意这种长行拆分的书写格式
                        i+1,j+1,stud[i].scores[j]);
48          sum+=stud[i].scores[j];
49      }
50      stud[i].total=sum;
51      stud[i].aver=sum/K;
52  }
53  if(fwrite(stud,sizeof(struct student),N,dfp) != N)
54      printf("Writing file, fail!\n");
55  else
56      printf("Writing file, succeed!\n");
57  fclose(sfp);
58  fclose(dfp);
59  return 0;
60 }
```

说明：

（1）第 32 行语句采用了一次性读取多个数据块的方法，当然也可以使用循环语句采用逐个读取的方法。具体采用哪种方法，由程序员根据实际情况而定。

（2）在程序中适当输出程序执行过程中的一些信息，不仅在程序调试阶段对程序员查找程序的错误有帮助，在程序正式发布以后对用户使用程序也会更友好。比如，本程序的第 47 行代码就比较有用，它可以让用户直观地看到从二进制文件中读取的数据。

思考：

第 34 行语句在判断输入流是否结束时，使用了 feof( ) 函数。请读者思考，这里能否还像例 7-3-2 那样使用 EOF 来判断输入流是否结束？为什么？体会这两种判断方法的差异。

7.4 文件的随机读写

前已述及，在 FILE 结构体中有一个位置指针（_ptr），它总是指向下一个即将读写的字节。默认情况下，文件的读写是以“顺序读写”的方式进行的，文件的位置指针会随着实际读写的情况而自动变化，操作起来简单方便。但是，有些情况下这种读写方式却变得十分地麻烦，比如，在一个二进制文件中存放了成千上万个学生的个人信息，如果要读取最后一个学生的信息，那就需要先读遍前面所有学生的信息，这样的读写效率是让人无法接受的！因此，在有些时候程序员就希望能够打破这种顺序读写的规律，将位置指针指向需要读写数据的任意位置，然后进行读写，这种方式称为“随机读写”。随机读写方式主要是通过控制文件的位置指针来实现的，下面就将介绍一些用于随机读写的函数。

7.4.1 获取和定位文件的位置指针

在读写部分数据或所有数据以后，如果不想再依次读写下一位置的数据了，而想实现对其他位置的读写，那么就需要改变位置指针当前的指向，将它定位到其他位置，实现获取和定位文件位置指针的函数有 rewind( )、fgetpos( )、fsetpos( )、fseek( ) 和 ftell( ) 共 5 个，其函数原型分别为：

```
void rewind(FILE *fp);
int fgetpos(FILE *fp, fpos_t *pos);
int fsetpos(FILE *fp, const fpos_t *pos);
int fseek(FILE *fp, long offset, int whence);
long ftell(FILE *fp);
```

现对以上函数逐一讲解。

（1）rewind( ) 函数的功能是将文件的位置指针重新指向文件的开始位置。这样，在对文件进行了一系列的操作以后，就可以通过调用 rewind( ) 函数又重新回到文件的开始位置，从头开始读写。该函数的第 1 个参数 fp 和后面 4 个函数的参数 fp 一样，都是一个指向当前输入输出流的指针。该函数执行完毕后没有返回值。比如，例 5-2-2 第 24 行和第 29 行，就利用 rewind( ) 函数实现了对标准输入缓冲区的清空操作。

（2）fgetpos( ) 函数的功能是将 fp 流当前位置指针的值记录到第 2 个参数 pos 中，供随后的 fsetpos( ) 函数的第 2 个参数使用。参数 pos 的类型是 fpos_t，此类型在<stdio.h>中被定义为 long，即 64 位的整型，用来表示文件当前读写位置的类型。pos 的值指明了当前文件正在读写的位置，这位置值是从文件头最前面的位置开始，按字节依次标号为 0、1、2…n-1（假设该文件有 n 个字节的内容）。fgetpos( ) 若获取位置失败，将返回一个非 0 值。

（3）fsetpos( )和 fgetpos( )是一对密切配合的函数。fsetpos( )函数的功能是将 fp 流当前的位置指针设置为前面由 fgetpos( )获取到的位置值。若设置失败，该函数返回一个非 0 值。

（4）fseek( )函数的功能是将 fp 流当前的位置指针设定到从基准点 whence 出发，偏移 offset 个字节的位置处。其中，whence 只有 3 种取值（0、1 和 2），分别对应的宏名和具体含义如表 7-4-1 所示。

表 7-4-1　whence 参数的取值情况

基准点含义	宏　　名	取　　值
文件开始	SEEK_SET	0
文件当前位置	SEEK_CUR	1
文件末尾	SEEK_END	2

另外，偏移量 offset 之所以采用 long int 而不是 int，原因是为了使偏移的范围更大，能够处理更长的文件。offset 可正可负，为正时朝文件末尾方向移动，为负时朝文件开头方向移动。该函数定位成功返回值为 0，失败返回一个非 0 值。比如，有以下程序片段：

```
1  FILE *fp;
2  …
3  fseek(fp, 30L, SEEK_SET);   //将位置指针定位到距离开始位置向后 30 个字节处
4  fseek fp, 20L, SEEK_CUR); //将位置指针定位到当前位置向后 20 个字节处
5  //上述两条语句执行后，位置指针指向了距离开始位置 50 个字节的地方
6  fseek(fp,-15L, SEEK_END);//将位置指针定位到距离文件末尾向前 15 个字节
                             的地方
```

这里，顺便再说明一下 rewind( )函数，以便加深理解。rewind( )函数实际上就等价于以下两条语句的执行效果：

```
1  fseek(fp, 0L, SEEK_SET);      //将位置指针定位到开始位置
2  clearerr(fp);                 //清除与流 fp 相关的文件结束和操作出错标记
3  ftell()函数返回 fp 流当前的读写位置.如果出错，则返回-1L.
```

7.4.2　实现随机读写

有了前面介绍的 5 个函数以后，就可以轻松地获取到文件位置指针当前的指向，并定位到需要读写的位置，从而实现对文件的随机读写。这里需要强调的一点是，在没有改变文件的位置指针时，系统总是顺序读写的，只有程序员修改位置指针以后，系统才按修改后的位置进行读写，直到程序员下一次再修改位置指针之前系统都是按顺序读写的。也就是说，顺序读写是系统默认采用的方式，是最基本的读写方式，是主要的读写方式，只有在程序员重新定位位置指针时才是随机读写的。

下面通过一个实例来展示随机读写具体是如何实现的。

【例 7-4-1】编程实现：将一串字符“This is www. suse. edu. cn.”写入 file. txt 磁盘文件

中，并观察当前位置指针的取值；然后再把该字符串从文件中重新读取出来显示在屏幕上，并记录下当前位置指针的取值；再将字符串“C Programming Langauge step by step.”存入文件第7个字符的后面；然后又将位置指针设置到前面记录下来的位置，再将字符串“C Programming Langauge step by step.”写入一遍。请调试运行以下程序，观看对文件每次操作后的变化情况。

```
1   #include <stdio.h>
2   FILE * openFile(const char * filename, const char * mode)
3   {
4     FILE * fp=fopen(filename, mode);
5     if (fp= =NULL)
6     {
7         fprintf(stderr,"打开文件% s 失败!\n", filename);
8         exit(1);
9     }
10    return fp;
11  }
12  int main()
13  {
14    FILE * fp;
15    long int i;
16    char str[100];
17    fpos_t position;
18    fp = openFile("file.txt","w+");
19    fputs("This is www.suse.edu.cn.", fp);
20    if((i=ftell(fp)) = = -1L)
21    {
22        fprintf(stderr,"获取文件位置指针失败!");
23        exit(1);
24    }
25    printf("当前位置指针指向距离文件开头% d 个字节的位置 .\n",i);
26    rewind(fp);          //位置指针重新指向开头
27    puts(fgets(str,100, fp));//从输入流获取一个字符串再输出到显示器
28    fgetpos(fp, &position);  //获取当前位置，并记录在 position 中
29
30    fseek( fp, 7, SEEK_SET ); //位置指针从 0 开始计数，表示跳过 7 个字节
31    fputs("C Programming Langauge step by step.", fp);
32    rewind(fp);
```

```
33    puts(fgets(str, 100, fp));
34
35    fsetpos(fp, &position);  //将位置指针定位到前面 position 记录的位置
36    fputs(" C Programming Langauge step by step.", fp);
37    rewind(fp);
38    puts(fgets(str, 100, fp));
39    fclose(fp);
40    return 0;
41  }
```

此程序的运行结果为：

```
当前位置指针指向距离文件开头 24 个字节的位置 .
This is www.suse.edu.cn.
This is C Programming Langauge step by step.
This is C Programming La C Programming Langauge step by step.
请按任意键继续…
```

7.5 文件的综合应用

【例 7-5-1】 请在例 7-3-5 的基础之上编程实现：不仅统计用户程序自身的运行次数，还要记录下每次运行的日期时间和时间长度。要求每次运行的日期时间和时间长度都分行记录在磁盘文件 log. txt 中，以备系统管理员日后检查，具体如图 7-5-1 所示。

```
1   #include<stdio.h>
2   #include<time.h>
3   int main()
4   {
5     FILE *fp;
6     unsigned int counter=0;  //程序运行次数
7     double CPUtime;
8     time_t timep;
9     struct tm *p;
10    //读写记录文件
11    if((fp = fopen("log.txt","r+")) == NULL)
12    {
13        fprintf(stderr,"打开文件 log.txt 失败!系统将创建一个新的 log.txt
                  文件,并重新开始计数.\n");
14        fp = fopen("log.txt","w+");
15        fprintf(fp,"共计运行%3u 次\n",0);
```

```
16  }
17  else
18      fscanf(fp,"共计运行%u次",&counter);
19  rewind(fp);                                  //使文件的位置指针指向开始位置
20  fprintf(fp,"共计运行%3u次\n",++counter); //更新程序的运行次数
21  fprintf(stdout,"本程序已经被执行过%u次.\n",counter);
22  //获取windows系统时间
23  time(&timep);                                //也可以写成"timep=time(NULL);"
24  p=gmtime(&timep);
25  fseek(fp,0L,2);                              //使文件的位置指针指向末尾位置
26  fprintf(fp,"第%u次运行的日期时间是:%d年",counter,1900+p->tm_
        year);/*获取当前年份,从1900开始计算,所以要加1900*/
27  fprintf(fp,"%d月",1+p->tm_mon);
                                       //获取当前月份,范围是0~11,所以要加1
28  fprintf(fp,"%d日",p->tm_mday);   //获取当前日数,范围是1~31
29  fprintf(fp,"%d时",8+p->tm_hour);/*获取当前小时,这里是格林尼治平均时
                                       间,刚好与北京时间相差8个小时*/
30  fprintf(fp,"%d分",p->tm_min);    //获取当前的分钟
31  fprintf(fp,"%d秒\n",p->tm_sec); //获取当前的秒钟
32  //程序等待中
33  printf("程序正在执行中\n\n……\n");
34  getchar();
35  printf("程序执行结束.\n");
36  //计算程序运行的时间长度
37  CPUtime=(double)clock()/CLOCKS_PER_SEC;
38  fprintf(stdout,"%fs\n",CPUtime);   //计算程序执行的时间长度
39  fprintf(fp,"第%u次运行的时间长度是:%fs\n",counter,CPUtime);
40  fclose(fp);
41  return 0;
42 }
```

此程序运行两次以后的记录文件内容，如图7-5-1所示。

```
log.txt - 记事本
文件(F) 编辑(E) 格式(O) 查看(V) 帮助(H)
共计运行  2次
第1次运行的日期时间是：2021年8月19日16时30分24秒
第1次运行的时间长度是：2.660000s
第2次运行的日期时间是：2021年8月19日17时5分41秒
第2次运行的时间长度是：10.325000s
```

图7-5-1　例7-5-1记录文件内容

此程序在例 7-3-5 的基础之上进行了大量的改进，不仅在第 17～18 行解决了当前工作目录下如果没有 log.txt 文件会报错的问题，还统计了每次运行的日期时间和时间长度。运行程序的时间长度是通过 CPU 时间来计算的，在第 4 章中有具体的介绍，这里就不再赘述。在此，仅简单介绍一下如何在 C 程序中获取当前的日历时间。

在<time.h>头文件中定义了 2 个与日历时间有关的数据类型：time_t 和 struct tm。

（1）<time.h>对 time_t 的定义如下：

```
1  #ifndef _TIME_T_DEFINED
2  #ifdef _USE_32BIT_TIME_T
3  typedef __time32_t time_t;      //time value
4  #else
5  typedef__time64_t time_t;       //time value
6  #endif
7  #define _TIME_T_DEFINED         //avoid multiple def's of time_t
8  #endif
```

可见，time_t 在 32 位系统中被定义为 32 位时间类型，在 64 位系统中被定义为 64 位时间类型。实际上，在 Windows 系统中 time_t 就是一个长整型。它表示从一个固定的时间点 1970 年 1 月 1 日 0 时 0 分 0 秒到当前获取时间点的秒数，即日历时间。在 32 位系统中，长整型取 32 个二进制位，最多能表示到 2038 年 1 月 18 日 19 时 14 分 07 秒。要想表示更久远的日历时间，就需要使用 64 位甚至更长的整型数。在微软的 VC++ 2010 中采用的就是 64 位整型 __time64_t 来表示的日历时间，可以描述到 3001 年 1 月 1 日 0 时 0 分 0 秒之前的日历时间。

（2）<time.h>对 struct tm 的定义如下：

```
1   struct tm {
2          int tm_sec;      //seconds after the minute - [0,59]
3          int tm_min;      //minutes after the hour - [0,59]
4          int tm_hour;     //hours since midnight - [0,23]
5          int tm_mday;     //day of the month - [1,31]
6          int tm_mon;      //months since January - [0,11]
7          int tm_year;     //years since 1900
8          int tm_wday;     //days since Sunday - [0,6]
9          int tm_yday;     //days since January 1 - [0,365]
10         int tm_isdst;    //daylight savings time flag
11         };
```

这是一个用来保存日历时间的结构体，其中的成员分别表示自 1900 年开始计算的年数、月数、日数、时数、分数、秒数和星期几等。

另外，在<time.h>中还声明了两个与日历时间有关的库函数：time( ) 和 gmtime( ) 函数。

（1）time( ) 函数的原型为：

time_t time(time_t *timer)

此函数有两种用法：一是当 timer 为 NULL 时，也就是为空指针时，返回当前日历时间距离固定时间点 1970-01-01 00：00：00 的秒数，time_t 是一个 unsigned long 类型；二是当 timer 不为空时，则除了通过返回值返回当前日历时间距离固定时间点的秒数以外，还将返回值存储在 timer 中，如例 7-5-1 中第 23 行代码所示。

（2）gmtime( )函数的原型为：

struct tm *gmtime(time_t *timer)

该函数的功能是将距离固定时间点的秒数 timer 转换成 struct tm 结构体形式的时间信息，并按格林尼治平均时间表示，如例 7-5-1 中第 26~31 行代码所示。

第 8 章　C 语言与相关专业的深度融合

十年磨一剑，霜刃未曾试。今日把示君，谁有不平事？

——〔唐〕贾岛

好不容易，学完了前面 7 章的内容，熟练掌握了 C 语言这把锋利的宝剑，但利用这把宝剑究竟能做些什么事情呢？这一章将抛砖引玉，以智能家居和仿生机械领域的应用为例，融合多学科多专业的知识，让读者初步体会 C 语言在相关专业领域的具体应用。

近年来，集科学（science）、技术（technology）、工程（engineering）、艺术（art）和数学（mathematics）多学科融合的 STEAM 综合教育受到世界各国的广泛重视，被视为国家战略。STEAM 教育重点加强 5 个方面的综合素养教育：科学素养是运用科学知识理解自然并参与影响自然的过程；技术素养是使用、管理、理解和评价技术的能力；工程素养是对工程设计与开发过程的理解；数学素养是发现、表达、解释和解决多种情境下的数学问题的能力；艺术素养即培养审美观念、鉴赏能力和创作能力。

STEAM 采用机器人教育、编程教育、创客教育、科学实验和艺术教育等多种教育形式，利用开源（open source）技术，通过跨学科、跨专业、有趣味的情境化应用，在团队协作氛围中进行创新设计，培养计算思维、编程思维、创新思维和问题解决的能力，推动大众创业和万众创新。

8.1　开源硬件与 Arduino

开源硬件是撬动创客教育实践的杠杆。开源硬件（open source hardware）是指用与自由及开源软件相同的方式设计的计算机和电子硬件。开源硬件设计者通常会公布详细的硬件设计资料，如机械图、电路图、物料清单、印制电路板（printed circuit board，PCB）图、硬件描述语言（hardware description language，HDL）源码和 IC 版图，以及驱动开源硬件的软件开发工具包等。

常见的开源硬件有 Arduino、Raspberry Pi、pcDuino、BeagleBone 等。其中，Arduino 几乎就是创客和硬件创新的代名词，是创客首选的原型制作平台。Arduino 的诞生是开源硬件发展史上的里程碑。它源于 2005 年意大利人 Massimo Banzi、David Cuartielles、Tom Igoe、Gianluca Martino 和 David Mellis 等的开源硬件项目。在如诗如画的小镇 vrea 上，Massimo Banzi 经常光顾名为“di Re Arduino”的酒吧（纪念被德国亨利二世国王废黜的 Arduin 国王），便将开源硬件命名为 Arduino 以纪念此地。

创客运动兴起的标志就是 2005 年冬季诞生的第一块 Arduino 开发板。这款电路板一石激起千层浪，在全球范围内激起了创客风潮。越来越多的硬件和软件开发者使用 Arduino 研发产品，进入硬件、物联网等开发领域。大学的自动化专业、软件专业甚至艺术专业，也纷纷开设了 Arduino 相关课程。使用 Arduino 电路板，几乎任何人，即使不懂计算机编程也能做出很酷的作品，完成很专业的任务。

8.1.1 Arduino 硬件

Arduino 主要包含 Arduino 控制板和 Arduino 集成开发环境（Arduino IDE）两部分。

1. Arduino 控制板

Arduino 控制板的核心是一个单片机（single chip microcomputer）。官方 Arduino 控制板使用基于 Atmel 公司的 megaAVR 系列芯片。AVR 单片机源自 1997 年加入 Atmel 公司挪威设计中心的 Alf-Egil Bogen 和 Vegard Wollan，两位工程师利用 Flash 技术研发了 RISC 精简指令集高速 8 位单片机，简称 AVR。

megaAVR 是 AVR 单片机的高档机型，它由 AVR CPU、各种输入输出端口、时序、模数转换、定时器/计数器、串口以及其他各种功能部件组成。广泛应用于计算机外部设备、工业实时控制、仪器仪表、通信设备、家用电器等各个领域。

megaAVR 系列芯片包括 ATmega8（8 KB）、ATmega168（16 KB）、ATmega328（32 KB）、ATmega32U4（32 KB）、ATmega1280（128 KB）以及 ATmega2560（256 KB）等。主要区别在于板载闪存的数量、最大时钟频率、芯片 I/O 引脚的数目以及可用的内部外围电路等。

Arduino 控制板有多种型号，包括 Arduino UNO、Arduino Leonardo、Arduino Due、Arduino Yún、Arduino Micro、Arduino Mini、Arduino Zero、Arduino Mega 等典型系列；Arduino Robot、Arduino Ethernet、Arduino Nano、Arduino Esplora（用于手持设备）、LiLyPad Arduino 系列（用于可穿戴设备）、Arduino Pro 系列、Arduino Fio 等，如图 8-1-1 所示。

Arduino Uno开发板(ATmega328)

Arduino Leonardo板(ATmega32U4)

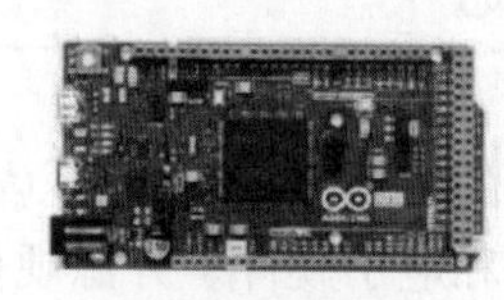
Arduino Due板(Atmel SAM3X8E ARM Cortex-M3)

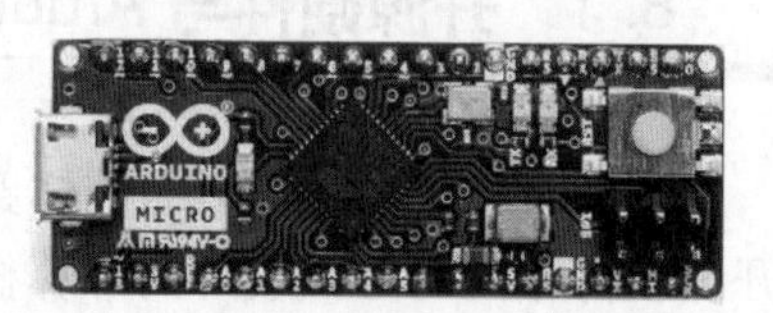

Arduino Micro板(ATmega32U4)

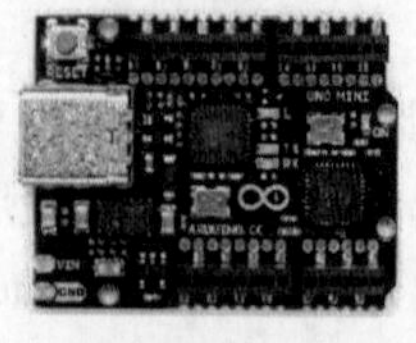
Arduino UNO Mini Limited Edition

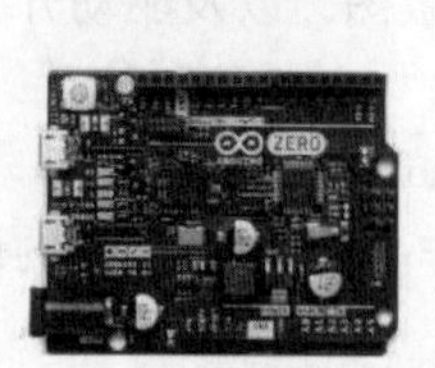

Arduino Zero板(UNO32位扩展)

Arduino Yún(ATmega32U4和Atheros AR9331)

Arduino Mega板(Mega 2560)

(a) 典型系列控制板

Arduino Robot板

Arduino Ethernet板
(ATmega328)

Arduino Nano板
(ATmega328)

Arduino Esplora板
(ATmega32U4)

(b) NANO系列、用于手持设备和穿戴设备控制等

图 8-1-1　Arduino 控制板

Arduino 扩展板（也称为盾板）是可以直接插在 Arduino 主板上的集成模块。例如，Arduino GSM 扩展板使用 GPRS 无线网络连接到因特网；Arduino Ethernet 扩展板使用以太网连接到因特网；Arduino WiFi 扩展板使用 WiFi 连接到因特网；Arduino Wireless SD 扩展板；Arduino Motor 扩展板驱动继电器、螺线管、直流电动机和步进电动机等，如图 8-1-2 所示。

Motor扩展板

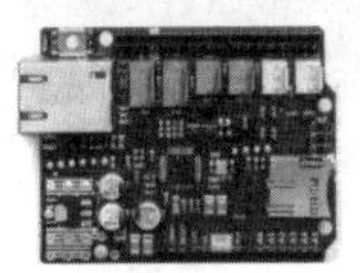

Ethernet扩展板

继电器扩展板

GPS扩展板

MKR CAN扩展板

图 8-1-2　Arduino 扩展板

目前，Arduino UNO 控制板最为常用，它使用 ATmega328P 微控制器。ATmega328P 具有 Flash 闪存 32 KB，EEPROM 为 1 KB，RAM 为 2 KB，2 个 8 位定时器/计数器，1 个 16 位定时器/计数器，6 个 PWM（脉冲宽度调制）通道，6 或 8 个通道的 10 位 ADC（ A/D 模数转换器），USART（通用同步/异步串行接收/发送器）等。ATmega168/328 微控制器的内部框图如图 8-1-3 所示。

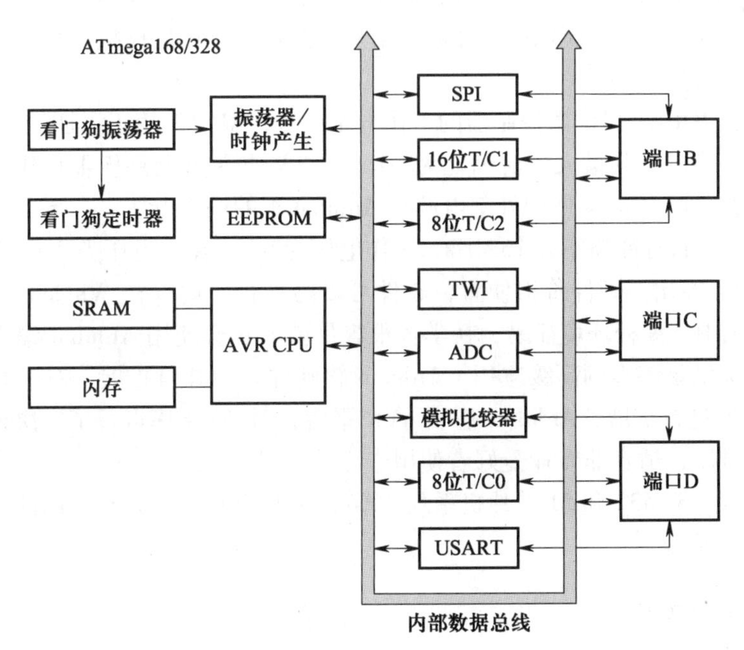

图 8-1-3　ATmega168/328 微控制器的内部框图

Arduino UNO R3 开发板的主要元器件和端口如图 8-1-4 所示。

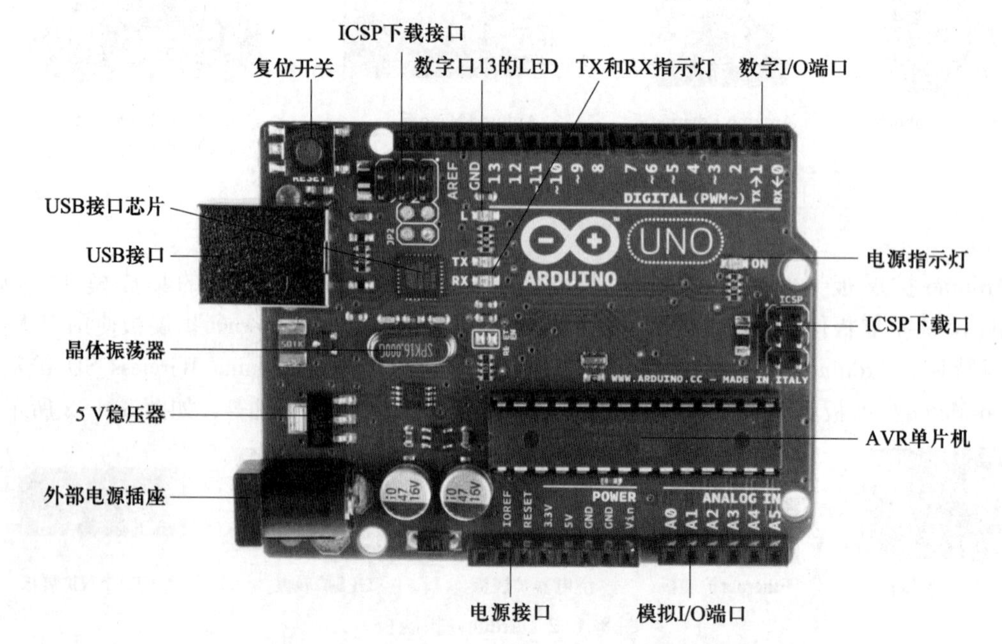

图 8-1-4　UNO R3 开发板的主要元器件和端口

Arduino UNO 板共有两排端口，按功能主要分为数字 I/O 端口、模拟 I/O 端口和电源接口。14 个数字 I/O 口可以输入输出数字信号，只有高电平（5 V）和低电平（0 V）两种形态；数字 I/O 口中的第 3、5、6、9、10、11 口支持 PWM 输出，变化范围为 0~255；数字 I/O 端口的 0 口和 1 口为串行接口，可用于 Arduino 与微控制器（如另一块 Arduino）通信。

6 个模拟 I/O 口可以输入模拟信号和数字信号，但是不能输出模拟信号，可以测量连接在它上面的电压以供程序使用。

电源端口包括 IOREF 提供微控制器的工作电压参考；RESET 用于添加复位按钮；3.3 V 电源是板载稳压器产生的，其最大电流消耗为 50 mA；5 V 电源是电路板上稳压器输出的 5 V 电压；两个 GND 为接地；Vin 为使用外部电源时 Arduino 板的输入电压。

Arduino UNO 板的时钟频率为 16 MHz，工作电压为 5 V，输入电压为 7~12 V。

Arduino 的优点突出。硬件价格便宜，软件可以跨平台，运行在 Windows、Macintosh OSX 和 Linux 操作系统中。编程环境简易，初学者很容易就能学会使用 Arduino 编程环境，同时它又能为高级用户提供足够多的高级应用。Arduino 软硬件开源并可扩展，对于有经验的编程人员可以通过 C++库进行扩展，Arduino 基于 AVR 平台，对 AVR 库进行了二次编译封装，大大降低了软件开发难度，适宜非专业爱好者使用。

相比较树莓派、STM32 和 51 单片机系列，Arduino 也存在不少缺点，因此一般用于原型开发，深受 DIY 用户喜爱。

2. Arduino 电子元件

Arduino 使用的通用元器件有导线、电缆、连接器、电阻以及面包板等。导线为电流提供通路，多根独立导线组成电缆。杜邦线可用于实验板的引脚扩展，增加实验项目等。杜邦线可以非常牢靠地和插针连接，无须焊接即可快速进行电路试验。

面包板是专为电子电路的无焊接实验设计制造的线路板。由于面包板无须焊接就可以轻松实现元器件之间的电气连接，因此非常适用于学习测试，如图 8-1-5 所示。

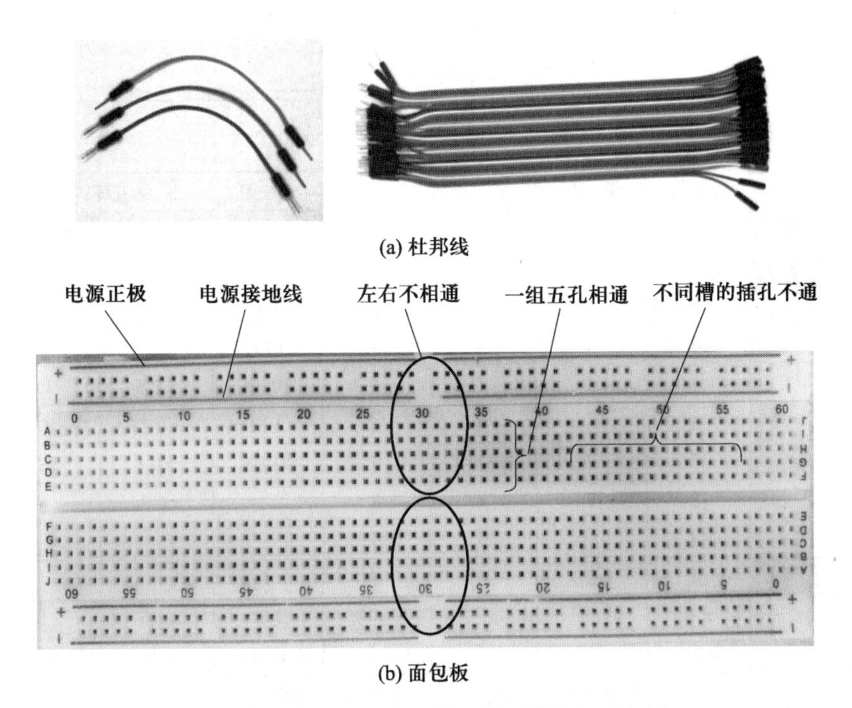

图 8-1-5　Arduino 使用的通用元器件和面包板

固定电阻就是有一个固定值的电阻，它的阻值在相同的环境下是固定的（有一定误差范围）。电阻的大小通常有数字标记和色环标记两种表示方式。四色环电阻：前两环代表有效值，第三环代表乘上的次方数，第四个色环表示误差；五色环电阻：前三环代表有效值，第四环代表乘上的次方数，第五个色环表示误差。如图 8-1-6 所示。

电阻在电路中的作用是分压和限流。因为电气元件对电压和电流都有一定的承受范围，超过指定的范围就有可能导致元件损坏。因此，电阻在电路中的作用是非常重要的。

欧姆定律描述了电路中电阻值和电压、电流之间的关系：在同一电路中，导体中的电流 I 与导体两端的电压 V 成正比，与导体的电阻阻值 R 成反比，基本关系式为：$I=V/R$。

两个电阻首尾相连起来就构成了一个大的电阻，这种形式被称为电阻的串联。串联后电阻的值可以使用下面的公式计算：$R_{total}=R_1+R_2+\cdots+R_N$。与串联电阻对应的是并联电阻，并联电阻的等效电阻可以使用如下的公式计算：$R_{total}=1/(1/R_1+1/R_2+\cdots+1/R_N)$

除电阻以外，其他最常见的元件是电容，用于旁路、去耦、滤波、储能等。二极管是单向传导电流的电子元件，常用于整流、稳压等电路中。其中，发光二极管有正负两极，短脚为负极、长脚为正极，广泛应用于信号指示和照明等领域。此外，还有三极管，具有放大、振荡和开关等作用。

3. Arduino 传感器模块

用面包板接插元件构建各种电路需要一定的电子知识，使用传感器扩展板通过连接线连接各种模块，可以更快速地搭建出自己的项目。Arduino 的传感器模块很多，主要有环境传感器系列、运动传感器系列、物理量测量传感器和触觉、视觉、听觉传感器系列等。

色	标	代表数	第一环	第二环		第三环	% 第五环	字母
棕		1	1	1	1	10	±1	F
红		2	2	2	2	100	±2	G
橙		3	3	3	3	1 K		
黄		4	4	4	4	10 K		
绿		5	5	5	5	100 K	±0.5	D
兰		6	6	6	6	1 M	±0.25	C
紫		7	7	7	7	10 M	±0.1	B
灰		8	8	8	8		±0.05	A
白		9	9	9	9			
黑		0	0	0	0	1		
金		0.1				0.1	±5	J
银		0.01				0.01	±10	K
无			第一环	第二环	第三环	第四环	±20	M

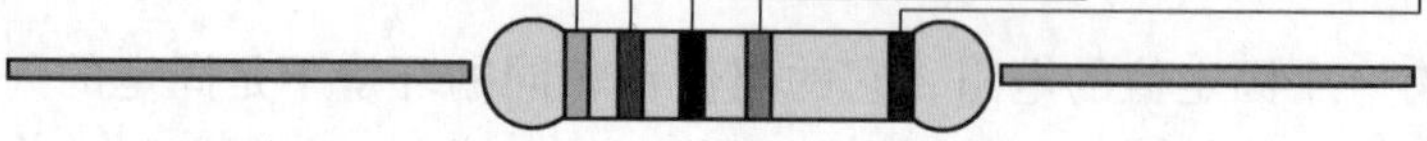

图 8-1-6　四环电阻和五环电阻

环境传感器系列：DHT11 温湿度传感器、MQ-2 气体烟雾传感器、MQ-3 酒精传感器、红外热释电传感器、LM35 线性温度传感器、DS18B20 数字温度传感器、火焰传感器、水流量传感器、土壤湿度传感器、水位传感器、水蒸气传感器、PM2. 5 传感器等。

运动传感器系列：超声波传感器、Mini 红外寻线传感器、Mini 红外避障传感器、双轴加速度计、三轴加速度计、PS2 游戏摇杆模块、旋转角度电位计模块、继电器开关控制模块、单向倾角传感器、震动传感器、按压式大按钮模块、碰撞开关模块、Flex 2. 2 弯曲传感器、滑条电位计模块、压电陶瓷震动传感器、振动电动机模块、电子罗盘、九轴姿态检测传感器、风扇电动机模块、电磁铁模块等。

物理量测量传感器：电压检测传感器、电流检测传感器、磁感应传感器、FSR400 压力感测电阻、Flexiforce 压力传感器-100 磅、Flex-03A 单向弯曲传感器、MEAS 压电式薄膜-直、MEAS 压电式薄膜-弯等。

触觉、视觉、听觉传感器系列：光线传感器、蜂鸣器发声模块、TCS3200 颜色传感器、声

音检测传感器、USB 麦克风模块、灰度传感器、触摸传感器、TEMT6000 光敏传感器、全彩 LED 发光模块、Speaker 发声模块、Recorder 录音/播放模块、复眼传感器等。

其他模块：RTC 时钟模块、逻辑与模块、逻辑或模块、逻辑非模块、模拟键盘模块、SD 卡读写模块、TF 卡读写模块等。

8.1.2 Arduino 软件

1. Arduino 软件开发环境

Arduino 的软件开发环境一般有两类。一类是图形化编程开发环境，如 Mind+或 Mixly 等。这些环境将与 Arduino 兼容的硬件模拟成一个个模块，用户只需在环境中拖曳选择模块，设定参数，给模块连线并上传到 Arduino 便能轻松快速地完成模型。这类环境无须用户具备任何编程背景，大大降低了 Arduino 编程的学习难度。

另一类是 C 语言集成开发环境 Arduino IDE。这类环境是专门为 Arduino 开发板量身定做的，提供程序编辑、校验与编译以及上传烧写等多项功能。Arduino IDE 界面友好，语法简单，下载程序方便，开发程序便捷；具有跨平台兼容性，适用于 Windows、macOS 以及 Linux 多种操作系统。Arduino IDE 界面如图 8-1-7（a）所示。

Arduino IDE 安装包可以从 Arduino 官网下载，Arduino 还为用户提供了 Arduino 社区，以便于用户进行资源共享。

如果 Arduino 开发板要与主机进行交互，例如，输出调试信息等，可以通过串口将信息传输到主机，在主机中通过串口软件就可以读取到 Arduino 开发板发出的信息。Arduino IDE 提供了一个简易的串口监视器，如图 8-1-7（b）所示。

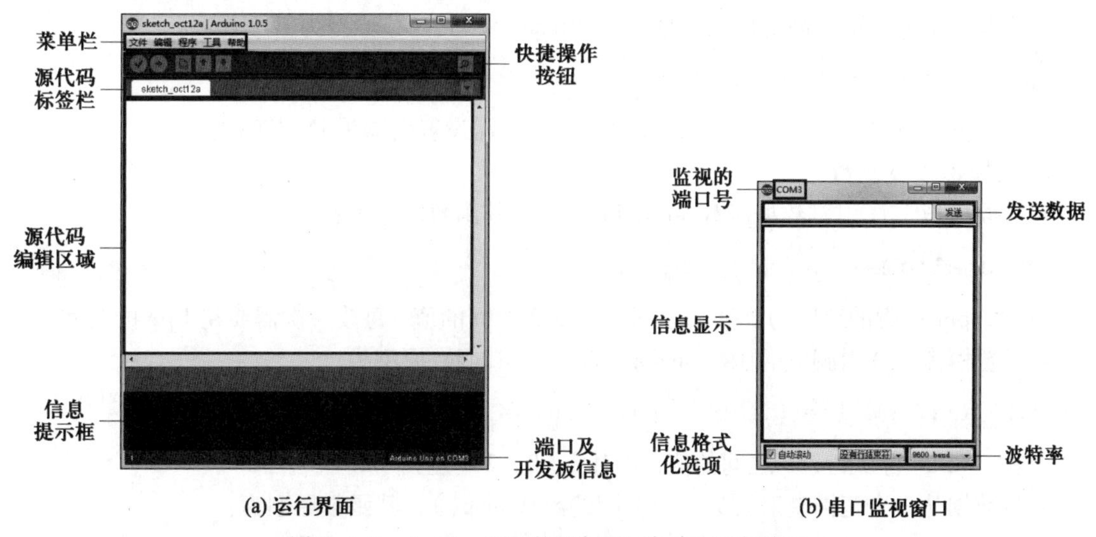

图 8-1-7 Arduino IDE 的运行界面与串口监视窗口

在 Arduino IDE 中进行编码的流程为：创建、保存和打开源文件（扩展名为 .ino）→编辑源文件→校验源文件（通过编译源代码来检查是否有错误）→上传程序到开发板（将编译好的二进制程序文件传输到Arduino开发板中）。上述流程都可以通过菜单栏的菜单选项、工具栏的快捷按钮或快捷键进行操作。

2. Arduino的程序结构和基本函数

Arduino使用C/C++语言编写程序。任意一个Arduino程序至少由setup()与loop()两个函数组成。

setup()函数通常用来做一些初始化工作。例如，配置I/O口状态、初始化串口等。程序启动时，只调用执行setup()一次。loop()函数是程序的主体部分，用于驱动各种模块和采集数据等。setup()函数执行一次结束后，紧接着不断重复执行loop()函数，直到设备断电或者Arduino开发板重置。

Arduino程序中没有main()函数，main()函数的定义隐藏在Arduino的核心库文件中。

Arduino提供了基础库函数，包括数字I/O函数、模拟I/O函数、时间函数、中断函数、串口通信函数等。

（1）数字I/O函数。

• 设置I/O引脚模式的函数pinMode()，该函数用于配置引脚为输入或输出模式，函数原型为：

```
void pinMode(uint8_t pin, uint8_t mode)
```

其中，pin为引脚编号（0~13），mode可以设置为INPUT、OUTPUT或INPUT_PULLUP。

• 设置数字I/O引脚高低电平函数digitalWrite()，其函数原型为：

```
void digitalWrite (uint8_t pin, uint8_t value)
```

其中，value可设为HIGH或LOW。写引脚前，需设置引脚为OUTPUT模式。

• 读取数字I/O引脚高低电平函数digitalRead()，其函数原型为：

```
int digitalRead (uint8_t pin)
```

其中，pin为引脚编号（0~13），读引脚之前，需设置引脚为INPUT模式。

（2）模拟I/O函数。

• 读取模拟I/O引脚数据函数analogRead()，其函数原型为：

```
int analogRead (uint8_t pin);
```

其中，pin引脚的范围为0~5，返回0~1 023之间的值，每读一次需要花1 μs的时间。

• 设置模拟I/O引脚值的函数analogWrite()，其函数原型为：

```
void analogWrite (uint8_t pin, int value);
```

其中，value为0到255之间的值，0对应off，255对应on。

• 将数据从一个范围映射到另一个范围的函数map()，其函数原型为：

```
map(value, fromLow, fromHigh, toLow, toHigh);
```

其中，value为要映射的数据；fromLow为当前范围的下限值；formHigh为当前范围的上限值；toLow为目标范围的下限值；toHigh为目标范围的上限值。返回值为重新映射后的数据。

例如：

```
angle = map(potVal, 0, 1023, 0, 179);
```

可以将 potVal 的值从 0~1023 范围映射转换到 0~179 范围。

（3）时间函数。

- 获取机器运行的时间长度的函数 millis()，其单位为 μs，函数原型为：

```
unsigned long millis (void)
```

注意： 系统最长的记录时间为 9 小时 22 分，如果超出该时间将从 0 开始；时间为 unsigned long 类型，如果用 int 保存时间将得到错误结果。

- 毫秒延时函数 delay()，其函数原型为：

```
void delay (unsigned long ms);
```

- 微秒延时函数 delayMicroseconds()，其函数原型为：

```
void delayMicroseconds (unsigned int us);
```

（4）中断函数。

中断（interrupt）是计算机中的一个重要概念，现代计算机普遍采用中断技术。

CPU 执行时原本是按程序指令一条一条向下顺序执行的。当出现需要时，CPU 暂时停止执行当前程序，转而执行处理新情况的程序，执行完之后再回到原程序继续执行，这个过程被称为中断。比如，假如你正在读书，这时电话响了，于是你放下手中的书去接电话，接完电话后，再回来继续读书，并从原来读的地方继续往下读。

Arduino 中主要有时钟中断和外部中断两种。时钟中断由系统自动触发，外部中断由外部中断源发出中断请求触发。

中断函数主要有 4 个：中断注册函数 attachInterrupt()、取消中断函数 detachInterrupt()、中断使能函数 interrupts()、禁止中断函数 noInterrupts()。

- attachInterrupt()函数为中断发生时指定特定名称的中断服务程序，其函数原型为：

```
void attachInterrupt (uint8_t interruptNum, void(*)(void)userFunc,
int mode);
```

其中，参数 interruptNum 为中断类型 0 或 1，可以使用 digitalPinToInterrupt()函数将引脚号转换为中断类型号。对于 Uno、Nano、Mini、other 328-based 类型的开发板，外部中断只能用到数字 I/O 引脚 2 和引脚 3。

参数 mode 为中断触发模式，包括 LOW 低电平触发、CHANGE 变化时触发、RISING 低电平变为高电平触发、FALLING 高电平变为低电平触发 4 种。

参数 userFunc()为中断服务函数。需要注意以下几点：

① 在中断服务子函数中，不能使用 delay()函数和 millis()函数，但可以使用 delayMicroseconds()函数。

② 中断服务程序应尽量保持简单短小，否则可能会影响 Arduino 工作。

③ 中断服务程序中涉及的变量应声明为 volatile 类型。

④ 中断服务程序不能返回任何数值，应尽量在中断服务程序中使用全局变量。

中断服务程序对监测 Arduino 输入十分有用。中断适用于执行那些需要不断检查的工作，例如，检测引脚相连的按键开关是否被按下。中断更适用于很快就会消失的信号检查，例如，检测引脚的脉冲信号，使用中断确保这个转瞬即逝的脉冲信号可以很好地被 Arduino 开发板检测到并执行相应任务。

- detachInterrupt(interrupt)函数，其是中断开关函数，当 interrupt=1 时表示开中断，当 interrupt=0 时表示关中断。
- interrupts()使能中断函数。
- noInterrupts()禁止中断函数。

（5）串口操作函数。

与传统的 RS-232 或 RS-422 串行通信不同，目前可通过 USB/串口实现 Arduino 与 PC 之间的串口通信。Arduino 串口操作的主要函数有：begin()、end()、available()、read()、print()、println()、flush()、write()、peek()、serialEvent()等。

串口通信首先需要对串口进行初始化，开启串口。使用 begin()函数，通过参数 speed 设定串口的波特率等，其函数原型为：

```
Serial.begin(speed)
Serial.begin(speed, config)
```

其中，speed 为波特率，一般取值 9 600、115 200 等；config 用于设置数据位、校验位和停止位，默认 SERIAL_8N1 表示 8 个数据位，无校验位，1 个停止位；函数无返回值。

Arduino 能够使用串口接收来自 PC 的命令，通过 Serial. read()函数读取串口数据，一次只能读取一个字符，读取完后删除已读数据。返回串口缓存中第 1 个可读字节，没有可读字节时返回-1。其函数原型为：

```
Serial.read();
```

Arduino 可以通过 Serial. print(data)或 Serial. println(data)函数向 PC 输出数据 data。

```
1 Serial.print(val)
2 Serial.print(val,format)
```

串口通信使用了缓冲器，串口缓冲区中最多能缓冲 64 个字节，使用 Serial. available()函数可以判断串口缓冲区的状态，返回从串口缓冲区可读取的字节数。用 Serial. flush()函数则可清空串口缓冲器。

（6）Arduino IDE 标准库。

Arduino IDE 本身提供了大量标准函数库，同时还允许不断添加第三方库，方便用户在程序中使用。这些函数库可用于访问周边设备，比如，以太网接口、液晶显示器、传统串口以及其他外围设备等。

例如，EEPROM 库支持对 Arduino 内置 EEPROM 的读写操作；Ethernet 库可实现与 Arduino Ethernet 扩展板的交互，提供服务器端与客户端功能；GSM 库和 GSM 扩展板一起用于连接到 GSM/GPRS 网络；Liquid Crystal 库控制液晶显示器（LCD）模块显示；Servo 库用于控制伺服电机（用于机器人或无人机等）；Software Serial 库可用在 Arduino 的数字 I/O 引脚上实现基于软件的串行通信；Wire 库可用于与 TWI（two-wire serial interface，双线串行接口总线）或 IIC（inter-integrated circuit，IIC 集成电路总线）类型的设备进行通信；WiFi 库可以让 Arduino 拥有连接无线网络的能力。

当程序与库模块被编译之后，链接器工具就会在库组件与用户提供的函数之间解析地址引用，然后将所有组件绑定到一个可执行的二进制映像。Arduino IDE 将编译好的二进制代码传送到 AVR 设备，并将其存储到处理器的板载内存中。

3. Arduino 程序实例（Arduino UNO 板）

（1）串口通信编程。

① 硬串口通信编程。Arduino 与计算机通信最常用的方式就是串口通信。对于 Arduino UNO 板，硬件串口对应数字 I/O 的 0（RX，接收）和 1（TX，发送）两个引脚。Arduino 的 USB 口通过一个转换芯片（通常为 ATmega16u2）与这两个串口引脚连接。该转换芯片通过 USB 接口在计算机上虚拟出一个用于与 Arduino 通信的串口，当使用 USB 数据线将 Arduino 与计算机连接时，两者之间建立串口连接，便可与计算机互传数据了。

【例 8-1-1】编程实现：通过硬串口实现 Arduino 与 PC 的信息交流。

解题思路：本例要求实现的功能为：Arduino 从串口读取 PC 发送的数据，再通过串口输出数据到 PC 并显示出来。通过 begin( ) 函数启动串口，用 available( ) 函数检测串口缓冲区的剩余字符数，如果串口缓冲区不为空，则用 read( ) 函数读取串口数据，再通过 print( ) 函数或 println( ) 函数输出数据到串口，从而实现 Arduino 与 PC 的信息交流。

源程序如下：

```
1   /*
2   程序文件：8-1-1SerialComputer.ino
3   程序功能：Arduino 与 PC 的信息交流
4   */
5   int val;
6   void setup()
7   {
8     Serial.begin(9600);          //设定串口的波特率为 9600
9   }
10  void loop()
11  {
12    if (Serial.available()>0)  //如果串口缓冲区有数据
13    {
14      val = Serial.read();       //读取串口数据，一次读一个字符，读完后删除
                                     已读数据
15      if (-1 != val)
16      {
```

```
17        Serial.print("二进制形式输出：");     //向串口输出数据
          //串口输出二、八、十、十六进制数（BIN/OCT/DEC/HEX）并换行
18        Serial.println(val, BIN);
19      }
20    }
21  }
```

源程序经过 Arduino IDE 的“项目”菜单的“验证/编译”成功和“上传”成功后，再使用“工具”菜单下的“串口监视器”，将“串口监视器”的波特率设置为程序的串口初始化波特率，这里设为 9600。当“串口监视器”发送 123456789 时，程序运行结果如图 8-1-8 所示。

图 8-1-8　运行结果

说明：

本例采用硬串口通信进行数据传输。

（1）本实例不需要连接其他设备，只需用 USB 线连接 PC 和 Arduino UNO 即可。

（2）“串口监视器”的波特率设置必须与程序中对串口的波特率设置相同，均为 9600。

（3）可以通过参数设置串口输出函数 println( )，使其输出二进制、八进制、十进制、十六进制数。

② 软串口通信举例。Arduino UNO 上自带的一个串口称为硬串口。如果要连接更多的串口设备，可以使用软串口（software serial）。软串口使用 SoftwareSerial 类库，将某些数字引脚通过程序模拟成串口通信引脚。软串口的波特率一般不要超过 57 600，软串口成员函数 available( )、begin( )、read( )、write( )、print( )、println( )、peek( )等的用法与硬串口相同。

【例 8-1-2】 编程实现：建立 Arduino 软串口，并测试向软串口输出字符串。

解题思路： 建立最简单的软串口的方法——可以将数字 I/O 口的 2、3 号引脚分别模拟为串口的 RX（接收）和 TX（发送），并将硬串口引脚 1（TX）和软串口 3（TX）连接起来即

可。这样软串口 3（TX）的输出就会进入到硬串口 1（TX）中，进而发送给 PC。

源程序如下：

```
1   /*
2   程序文件: 8-1-2SoftSerialSimple.ino
3   程序功能: 使用软串口向 PC 输出数据
4   */
5   #include <SoftwareSerial.h>
6   //将引脚 2 和引脚 3 分别模拟为 RX 和 TX，引脚 3 直接连接引脚 1
7   SoftwareSerial mySerial(2, 3);              //RX, TX
8   void setup()
9   {
10    mySerial.begin(9600);                     //设定软串口的波特率为 9600
11  }
12  void loop()
13  {
14    mySerial.println("SoftSerial Simple"); //TX 输出
15    delay(1000);                              //延时 1 000 ms
16  }
```

源程序在 Arduino IDE 中经过“验证/编译”成功和“上传”成功后，打开“串口监视器”设置波特率后，可见程序的运行结果如图 8-1-9 所示。

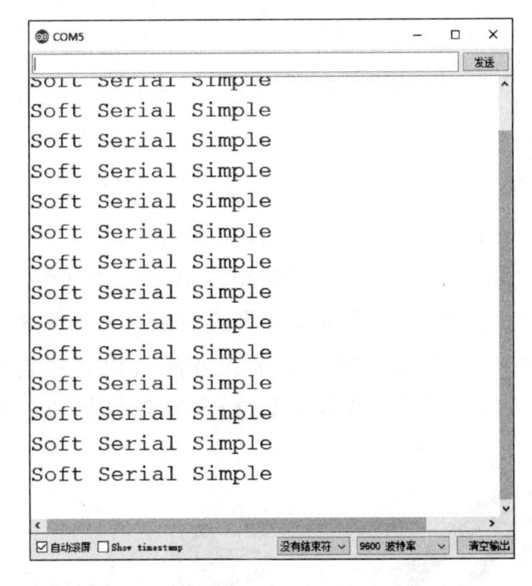

图 8-1-9　运行结果

说明：

（1）使用 SoftwareSerial 类库建立软串口，需要包含 SoftwareSerial. h 文件，如第 5 行。

（2）需要用程序创建 SoftwareSerial 对象，指定用于模拟串口的 I/O 引脚，如第 7 行。

（3）软串口常用于连接串口设备，例如，ESP8266 WiFi 模块、JDY-31 蓝牙模块等。

（2）电位器与舵机编程。

① 电位器模拟输入。电位器（potentiometer）属于无极性器件，是一种可变电阻。电位器有 3 个触点，通过旋转旋钮改变 2 号脚的位置，从而改变阻值的大小。电位器的 1 脚和 3 脚分别接开发板的 5V 和 GND，2 脚接模拟输入引脚。电位器及其电路图符号如图 8-1-10 所示。

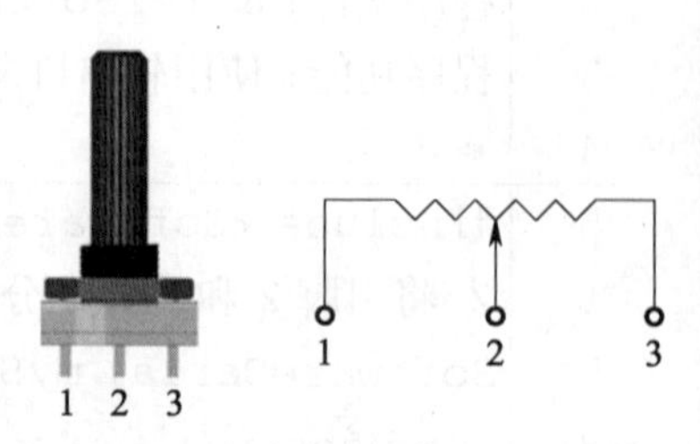

图 8-1-10　电位器及其电路图符号

Arduino UNO 有 6 个模拟接口，从 A0 到 A5。通过函数 analogRead( ) 可以读出模拟接口的值。Arduino328p 采用 10 位 A/D 采样，因此模拟接口的量值范围为 0~1 023，数值只是 A/D 转换后的值。

如果要将模拟口值转换为实际电压值，可以使用以下公式来计算：

$$V_R = \frac{\text{Value}}{2^{10}-1} \times V_{DD}$$

其中，V_R为实际电压值；Value 为 A/D 采样值，可以用 analogRead（模拟接口）读取；V_{DD}为参考电压值。

假设电位器引脚 2 接 Uno R3 的模拟接口 A0，引脚 1 和引脚 3 接 Uno R3 的 GND 和+5 V，则测量电位器引脚 2 电压的程序片段如下：

```
1  value =analogRead(A0);           //读取模拟引脚 A0 的原始数据
2  voltage =value *5.0 /1023 ;   //实际电压值
```

读取引脚 A0 的模拟值（0~1 023）并将其转换为 0~179 的数值，其程序片段如下：

```
1  value = analogRead(A0);                   //读取电位器的值
2  angle = map(value, 0, 1023, 0, 179);  //缩放数据
```

② 舵机控制。舵机（steering engine）是一种位置（角度）伺服的电机，由直流电机，减速齿轮组，传感器和控制电路组成，适用于需要角度不断变化并可以保持的控制系统。舵机可以旋转到 0°~180°之间的任何角度，广泛应用于飞机航模、潜艇航模等高档遥控玩具，遥控机器人以及航天航海工程应用中。舵机实物图及接线方法（红色电源线接 Uno R3 的 5V 引脚，黑色或棕色地线接 GND，黄色信号线接 Uno R3 的 PWM 信号数字引脚）如图 8-1-11 所示。

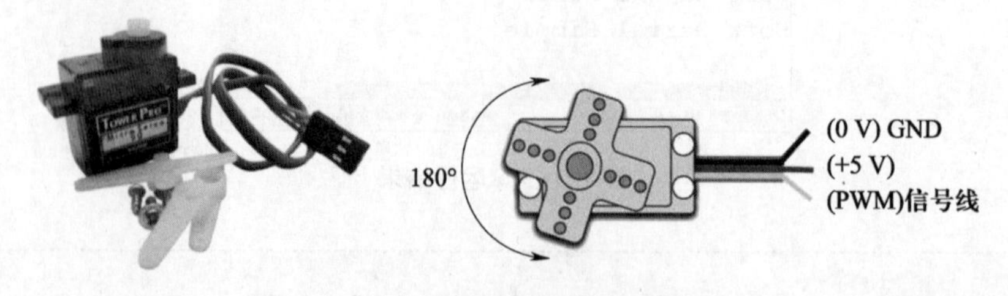

图 8-1-11　舵机实物及接线示意图

用周期为 20 ms 左右，信号高电平部分一般为 0.5～2.5 ms 范围的脉冲宽度调制信号（PWM）控制舵机转动角度，以 180°角度的舵机为例，则 0.5 ms/1.0 ms/1.5 ms/2.0 ms/2.5 ms 分别对应于 0°/45°/90°/135°/180°。当舵机接收到小于 1.5 ms 的脉冲时，输出轴将作为标准中间位置，逆时针旋转一定角度；当接收脉冲大于 1.5 ms 时，输出轴顺时针旋转。不同品牌的转向器，甚至同一品牌的不同转向器，最大值和最小值可能不同。舵机控制信号如图 8-1-12 所示。

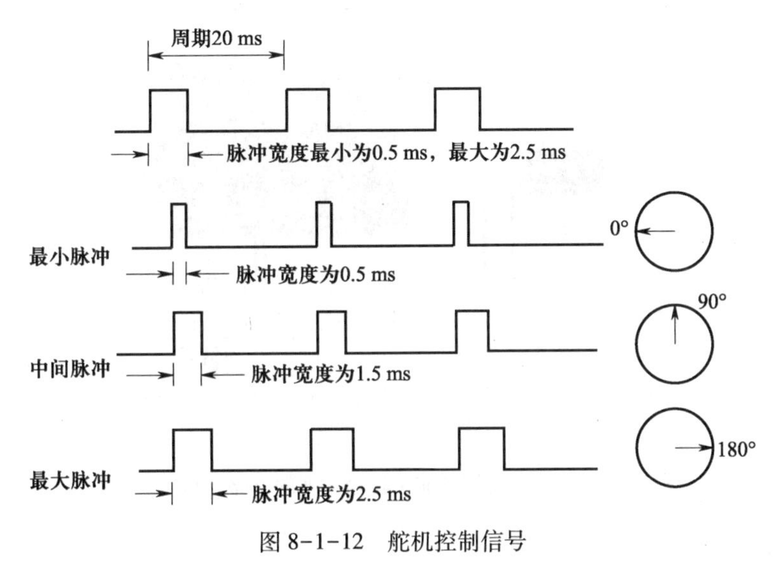

图 8-1-12　舵机控制信号

用 Arduino 编程控制舵机一般有两种方法：方法一是通过 Arduino 的普通数字引脚产生占空比不同的方波，模拟产生 PWM 信号进行舵机控制。方法二是直接利用 Arduino 自带的 Servo 库进行控制。初学者一般采用 Servo 库控制更安全和方便。

Servo 库有以下常用函数：attach( )——设置控制舵机的引脚；write( )——设置舵机旋转到指定角度位置；read( )——读取舵机的当前角度；attached( )——检查 Servo 变量是否连接到引脚等。舵机操作的主要程序片段如下：

```
1  #include <Servo.h>
2  Servo myServo;              //创建一个舵机对象
3  myServo.attach(9);          //将引脚 9 上的舵机连接到舵机对象
4  myServo.write(angle);       //设置舵机旋转到 angle 变量的位置
5  myServo.read();             //读取舵机的当前角度
```

【例 8-1-3】编程实现：用电位器控制舵机转动角度。

解题思路：通过 Arduino 模拟 I/O 口，读取电位器输入的电压值来控制舵机转动角度。先使用 analogRead( )函数读取电位器输入的 10 位精度整数值（0～1 023），再使用 map( )函数将其转换为 0～179 的舵机保持角度，最后控制舵机转动到指定角度。

实例 8-1-3 所需的材料与电路连接：Uno R3 开发板、配套 USB 数据线、面包板及配套连接线、1 个 10 kΩ 电位器、1 个 180°旋转舵机。UnoR3 通过 USB 数据线连接 PC，电位器和舵机与 UnoR3 的连接方法如表 8-1-1 所示，电路具体连接方法如图 8-1-13 所示。

表 8-1-1　电位器控制舵机转动角度的信号线引脚连线表

Arduino Uno	电位器输入	Arduino Uno	舵机控制
A_0	引脚 2	7（PWM）	黄色信号线
5 V	引脚 3	5 V	红色电源线
GND	引脚 1	GND	棕色或黑色地线

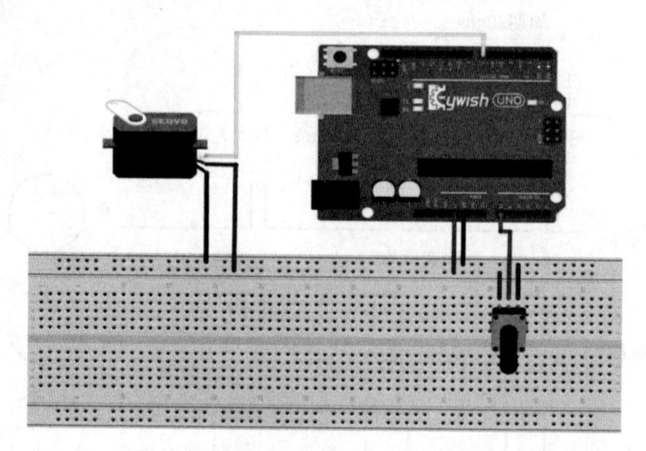

图 8-1-13　电位器控制舵机转动角度的电路连接示意图

源程序如下：

```
1  /*
2  程序文件：8-1-3PotentiometerServo.ino
3  程序功能：使用电位器控制舵机转动角度
4  */
5  #include <Servo.h>                    //包含伺服电机库
6  Servo myServo;                        //创建一个舵机对象
7  int potPin = A0;                      //连接电位器的模拟端口引脚
8  int potVal;                           //模拟引脚读取值
9  float Voltage;                        //模拟电压值
10   int angle;                          //伺服电机保持角度
11   void setup()
12   {
13     myServo.attach(7);                //将引脚 7 上的伺服连接到伺服对象
14     Serial.begin(9600);               //打开与计算机的串行通信口
15   }
16   void loop()
17   {
18     potVal = analogRead(potPin);      //读取电位器的值
```

```
19      Serial.print("potVal: ");                    //显示电位器的值
20      Serial.print(potVal);
21      Voltage = potVal * 5.0/1023;                 //计算电位器输入电压
22      Serial.print(", Voltage: ");                 //显示电位器输入电压
23      Serial.println(Voltage);
24      angle = map(potVal, 0, 1023, 0, 179);        //缩放数据
25      Serial.print(", angle: ");                   //显示伺服角度
26      Serial.println(angle);
27      myServo.write(angle);                        //设置舵机到达的角度
28      delay(1000);                                 //等待伺服到达指定角度
29    }
```

程序运行结果如图 8-1-14 所示。

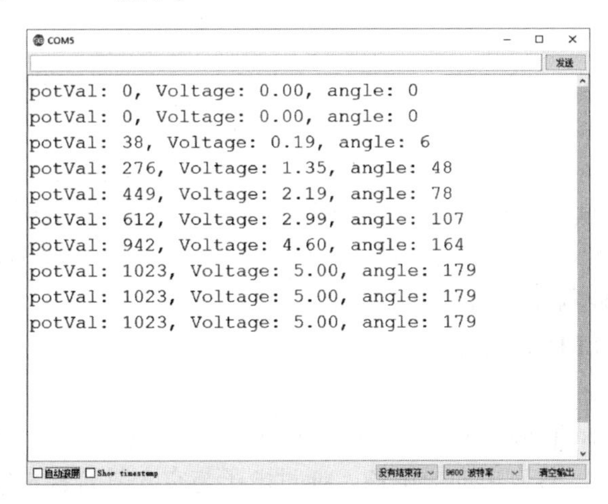

图 8-1-14　运行结果

说明：

本例使用串口通信输出模拟端口值、电压值和舵机角度，并用电位器旋转控制舵机旋转角度。

思考：

（1）能否用电位器输入的电压值来控制 LED 灯的亮度？

（2）如何用模拟传感器模块控制 LED 灯的亮度？例如，温度传感器、压力传感器等。

（3）如何直观进行 Arduino 电路设计开发和电路仿真？

Fritzing 是一款图形化 Arduino 电路开发软件，也是电子设计自动化软件，可以用于学习和制作电路原理图和 PCB，它支持设计师、艺术家、研究人员和爱好者从物理原型参与到实际的产品设计中。

采用 Fritzing 软件设计“电位器控制 LED 灯亮度”实例的原理图，如图 8-1-15 所示。

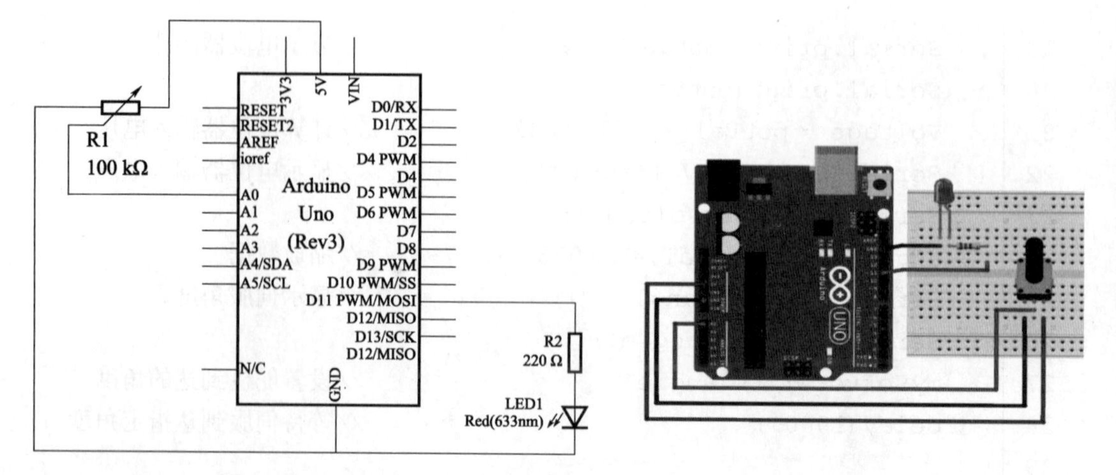

图 8-1-15　采用 Fritzing 软件设计电位器控制 LED 灯亮度的原理图

主要的程序片段如下：

```
1  int ledPin = 11;              //UnoR3 的 11 号引脚对应 LED 阳极
2  pinMode(ledPin, OUTPUT); //在 setup()函数中设置引脚模式为输出低阻抗状态
3  readValue = analogRead(A0);                //读取 A0 模拟口的数值
4  ledValue = map(readValue, 0, 1024, 0, 255); //数据缩放到 0~255
5  analogWrite(ledPin, ledValue);             //PWM 最大取值为 255
```

请读者结合电位器控制舵机的实例，完成本例。

(3) 外部中断控制 LED 灯亮灭。

① LED 灯。

发光二极管（light-emitting diode，LED）是一种常用的发光器件。发光二极管与普通二极管一样由一个 PN 结组成，具有单向导电性。通过电子与空穴复合释放能量发光，释放的能量越多，则发出的光的波长越短。砷化镓二极管发红光，磷化镓二极管发绿光，碳化硅二极管发黄光。LED 灯就是发光二极管，与传统灯具相比，LED 灯节能、环保、显色性与响应速度好，在照明领域应用广泛。插件型 LED、电路符号与工作原理如图 8-1-16 所示。

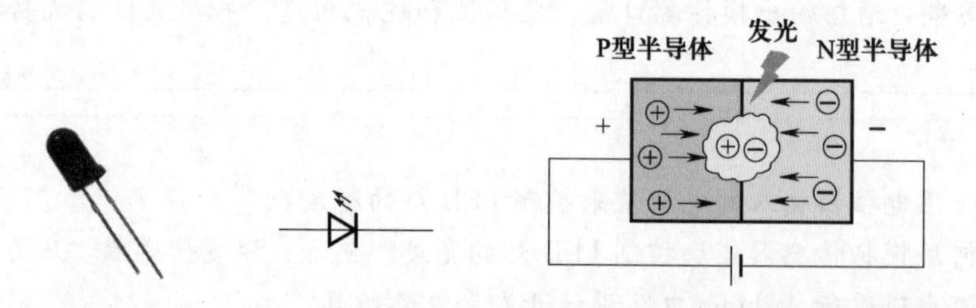

图 8-1-16　插件型 LED、电路符号与工作原理图

发光二极管的工作电压一般为 1.5~2.0 V，工作电流通常为 10~20 mA。因此在 5 V 的数字逻辑电路中，需要串联限流电阻，可以通过下式计算其电阻值：

$$R=\frac{V-V_F}{I}$$

其中，V 为电源电压，V_F为 LED 正向压降，I 为 LED 工作电流。可以使用 220 Ω 电阻作为限流电阻。

② 震动传感器。

震动传感器即震动开关，根据其结构的不同又分为弹簧开关和滚珠开关。弹簧开关，其内部由一根中心金属导电脚和环绕在其外部的弹簧导电脚组成。弹簧震动时会接触到中心导电脚，形成短路闭合状态。滚珠开关，其内部包含有一颗金属滚珠，当震动时滚珠滚动短路两个导电脚，形成短路闭合状态。

【例 8-1-4】 编程实现：利用震动开关触发外部中断，控制 LED 灯亮灭。

解题思路： Arduino 程序架构是通过 loop( ) 函数不断循环进行。在程序运行过程中，如果使用轮询方式监控某些事件的发生，效率比较低，而且随着程序功能的增加，轮询到指定功能时需要等待的时间变长。通过 attachInterrupt( ) 外部中断配置函数，使用中断方式检测，可以达到实时检测的效果。

材料清单与电路连接：Uno R3 开发板、配套 USB 数据线、面包板及配套连接线、1 个 LED 灯、1 个 220 Ω 限流电阻、1 个震动传感器（也可用其他传感器）。LED 灯的阳极连接 220 Ω 限流电阻，电阻另一端连接开发板数字 I/O 口 11 引脚，LED 灯的阴极接开发板 GND。震动传感器一端接开发板 GND，另一端接开发板数字 I/O 口 2 引脚。采用 Fritzing 软件设计实例的原理图（用轻触开关代替震动开关），如图 8-1-17 所示。

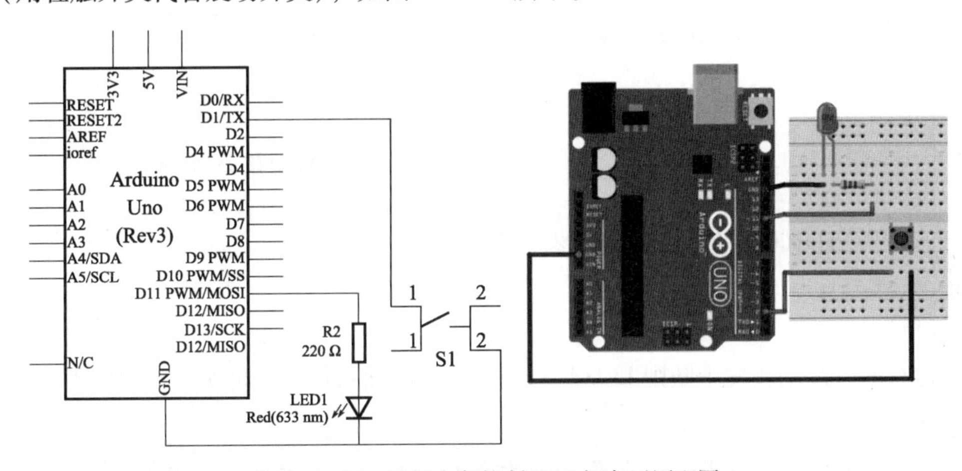

图 8-1-17　外部中断控制 LED 灯亮灭原理图

源程序如下：

```
1  /*
2  程序文件：8-1-4ShockSensorLED.ino
3  程序功能：通过外部中断检测震动开关的触发来控制 LED 灯亮灭
4  */
5  int SensorLED = 11;              //数字引脚 11 连接 LED 灯
6  int SensorINPUT = 2;             //数字引脚 2 连接震动开关，中断 0
7  char state = LOW;                //全局变量
```

```
8    void setup()
9    {
10     pinMode(SensorLED, OUTPUT);          //LED 为输出模式
11     pinMode(SensorINPUT, INPUT_PULLUP);//震动开关为输入模式
12     attachInterrupt(0, blink, FALLING); //下降沿触发，中断0，调用blink()
                                             函数
13   }
14   void loop()
15   {
16     if (state == HIGH)                   //如果state为HIGH
17     {
18       state = LOW;
19       digitalWrite(SensorLED, HIGH);     //亮灯
20       delay(500);                        //延时500ms
21     }
22     else
23     {
24       digitalWrite(SensorLED, LOW);      //否则，关灯
25     }
26   }
27   void blink()                           //中断函数blink()
28   {
29     //一旦中断触发，state状态反转
30     state = !state;
31   }
```

程序运行时，震动触发中断则LED灯点亮，一段时间后熄灭，再次震动触发再次点亮。

说明：

由于采用了外部中断触发，点亮LED灯的效率比轮询方式高，可以达到实时检测的效果。外部中断源可以是震动传感器，也可以是火焰传感器模块、触摸传感器、按键开关等，如图8-1-18所示。

(a) 震动传感器模块

(b) 火焰传感器模块

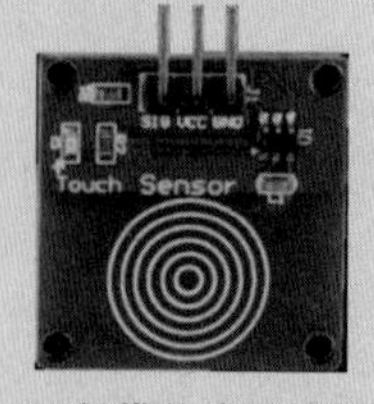

(c) 触摸传感器模块

(d) 按键开关

图8-1-18　作为外部中断源的部分传感器模块

（4）多个 LED 灯的程序控制。

【例 8-1-5】编程实现：双向 LED 流水灯的制作。

解题思路：包括硬件和软件两方面的设计。假设流水灯由 6 只不同颜色的 LED 灯组成，按照单个 LED 灯控制方法，用 UnoR3 的 6 个 I/O 数字口分别控制不同的 LED 灯点亮和熄灭。

流水灯正向控制方法是从左到右依次点亮 6 个 LED 灯，每个 LED 灯按照点亮、延时 0.5 s 再熄灭的过程进行。流水灯逆向控制方法是从右到左依次点亮中间 4 个 LED 灯，每个 LED 灯按照点亮、延时 0.5 s 再熄灭的过程进行。

采用 Fritzing 软件进行双向 LED 流水灯的原理图设计，设计结果如图 8-1-19 所示。

采用 Fritzing 软件进行电路图设计，设计结果如图 8-1-20 所示。

还可以采用 Proteus 仿真软件进行双向 LED 流水灯的电路仿真。

Proteus 软件是英国 Lab Center Electronics 公司出品的 EDA（electronic design automation）工具软件。它不仅具有其他 EDA 工具软件的仿真功能，还能仿真单片机及外围器件。Proteus 能够从原理图、代码调试到单片机与外围电路协同仿真，一键切换到 PCB 设计，真正实现了从概念到产品的完整设计。

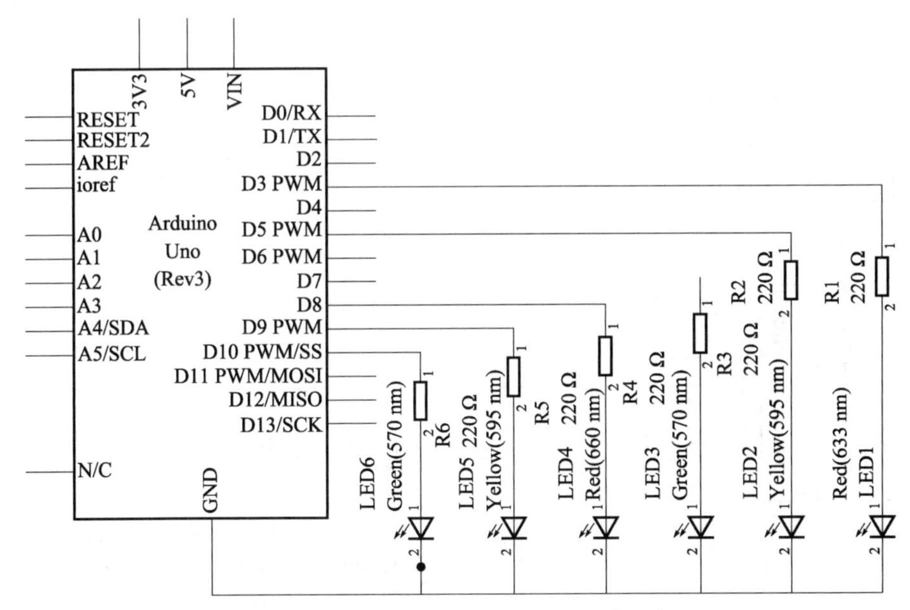

图 8-1-19　双向 LED 流水灯的电路设计

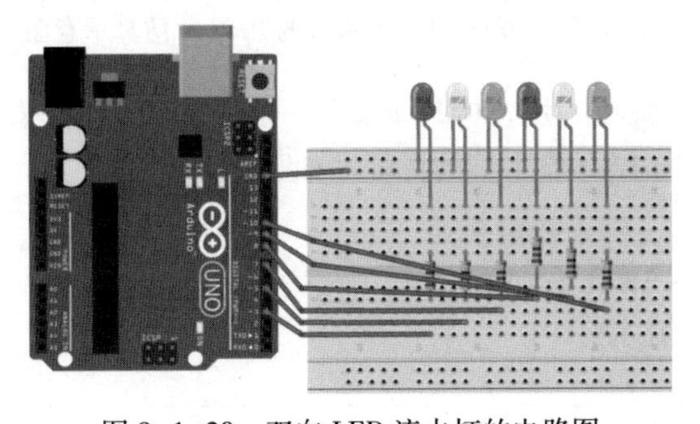

图 8-1-20　双向 LED 流水灯的电路图

Proteus 是目前世界上唯一将电路仿真软件、PCB 设计软件和虚拟模型仿真软件三合一的设计平台，其处理器模型支持 8051、HC11、PIC10/12/16/18/24/30/DsPIC33、AVR、ARM、8086 和 MSP430 等，2010 年又增加了 Cortex 和 DSP 系列处理器，并持续增加其他系列的处理器模型。

① 准备工作。

下载并安装 Proteus，下载并安装 Arduino IDE，在 Proteus 中安装 Arduino 库。

② 双向 LED 流水灯的仿真。

- 添加元器件。

打开 Proteus 8 Professional，新建一个工程（File->New project），在“Name”文本框中输入工程的名字，在 Path 中选择工程保存的位置，然后一直单击“Next”按钮直到完成。

- 放置并连接元器件。
- 调整元器件位置。
- 添加终端（输入/输出/电源/接地）。
- 连线，左击元器件的端口进行连接（13→LED→电阻→GND）

③ 修改元器件参数。

④ Arduino 程序编译并导出已编译的二进制文件。

⑤ Proteus 仿真——闪烁的 LED 灯，如图 8-1-21 所示。

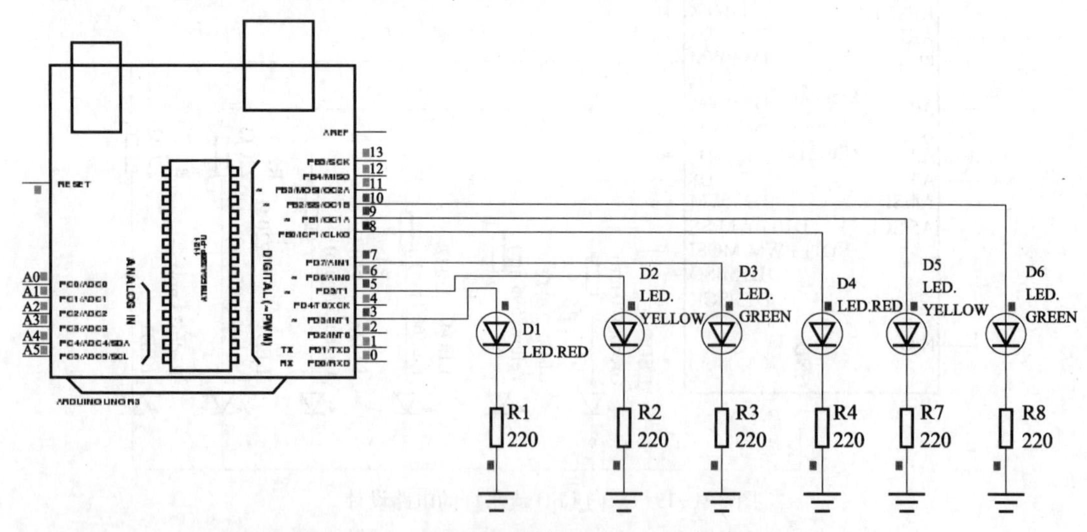

图 8-1-21　双向 LED 流水灯的 Proteus 仿真示意图

硬件准备：Arduino 实验板一块，USB 下载线一根，LED 灯 6 只，杜邦线 7 根，220 Ω 电阻 6 只，面包板一块。双向 LED 流水灯的源程序如下：

```
1  /*
2  程序文件:8-1-5WaterLED.ino
3  程序功能:双向流水灯
4  */
5  const byte  LEDs[] = {3, 5, 7, 8, 9, 10};   //定义 LED 连接的引脚
```

```
6   const byte  total = sizeof(LEDs);  //确定连接 LED 的引脚个数
7   void setup( )
8   {
9     int i = 0;
10    do {
11      pinMode(LEDs[i], OUTPUT);      //数字引脚 i 作为 LED 信号驱动输出引脚
12      i++;
13    } while (i < total);
14  }
15  void loop( )
16  {
17    int j = 0;
18    while (j < total)                //正序点亮 LED
19    {
20      digitalWrite(LEDs[j], HIGH);   //引脚 j 输出高电平，点亮 LED
21      delay(500);                    //延时 500 ms
22      digitalWrite(LEDs[j], LOW);    //引脚 j 输出低电平，熄灭 LED
23      j++;
24    }
25    for ( j = total - 2; j > 0; j--)  //逆序点亮 LED
26    {
27      digitalWrite(LEDs[j], HIGH);   //引脚 j 输出高电平，点亮 LED
28      delay(500);                    //延时 500 ms
29      digitalWrite(LEDs[j], LOW);    //引脚 j 输出低电平，熄灭 LED
30    }
31  }
```

实验接线如图 8-1-22 所示。

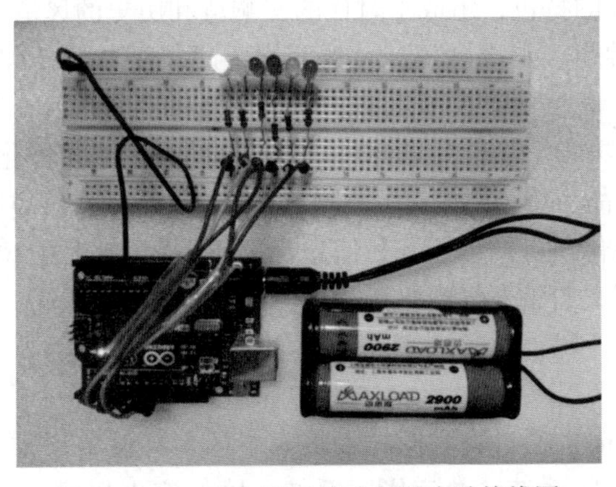

图 8-1-22　双向 LED 流水灯的实验接线图

说明：

（1）通过数组初始化，存储LED连接的Uno R3引脚号（程序第5行），维护方便。

（2）在setup()函数中，采用do while循环，将连接LED灯的Uno R3的I/O口设为输出模式（程序第10~13行）。

（3）用while循环控制，正序依次点亮LED流水灯（程序第18~24行）。

（4）用for循环控制，逆序依次点亮LED流水灯（程序第25~30行）。

8.2 在智能家居领域的应用实例

8.2.1 应用场景介绍

开源硬件Arduino的应用领域十分广泛，在电子信息技术、电气工程及其自动化、通信工程、生物医学工程和智能科学与技术等众多专业应用领域都能找到它的身影。例如，Arduino的各类机器人研发、设备故障检测、电气线路检测、现场数据采集、智能控制系统、信号测量、健康服务、智能家居、智慧交通，等等。

本节以智能家居为应用领域，采用Arduino Uno R3控制板，制作一个家庭智能彩灯。

1. 背景介绍

彩灯，又名花灯，是我国普遍流行的、传统的、民间的、综合性的工艺品。彩灯艺术也就是灯的综合性的装饰艺术。古代彩灯使用纸或者绢作为灯笼的外皮，使用竹或木条作为骨架，中间放上蜡烛，主要用于照明。现代彩灯无论是在制作工艺还是在功能方面都早已远远超越了古代彩灯，成为了一种集历史、文化、艺术、娱乐、教育、科技等于一身的产品。彩灯在华夏民族五千年历史长河中，在各地域、各民族中广泛传承、发展、演变，形成了各具特色的地方性文化艺术产品和非物质文化遗产。非遗彩灯这一传统民俗在我国不断发扬光大，已成为一种展示中国文化自信与民族自豪的艺术语言。享誉世界的自贡灯会更是以其气势壮观、规模宏大、精巧别致、迷离奇异的特色，组成了时代的交响诗和历史的风情画，以其富有个性的文化品位和艺术魅力，轰动神州，走出国门，名播四海，赢得了“天下第一灯”的美称！自贡也因此获得了“中国灯城”的美誉，并成为自贡城市旅游的一张名片。

为了聚焦“彩灯+”“+彩灯”跨界融合，抢抓彩灯消费需求多样化、应用场景多元化契机，推动灯会灯组向彩灯消费品、传统制作向智能制造、彩灯文化向彩灯应用等多维度转变，促进彩灯实用化、生活化和商品化，自贡市经济和信息化局于2021年9月10日专门下发了《自贡市“彩灯进家庭”实施方案》，打造彩灯产业新业态。本节案例就是在这一背景下创意设计的。

2. 创意描述

智能家居（smart home）通过物联网技术将家中的各种设备（如音视频设备、照明系统、窗帘控制、空调控制、安防系统、数字影院系统、网络家电以及三表抄送等）连接到一起，

提供家电控制、照明控制、窗帘控制、电话远程控制、室内外遥控、防盗报警、环境监测、暖通控制、红外转发以及可编程定时控制等多种功能，创建高效、舒适、安全、便利、环保的居住环境，实现全方位的信息交互。

灯具是居室的重要组成部分。传统家居的灯具功能单一，不能感知环境，缺乏人机交互。特别是有来宾或行人时难以及时提醒主人，营造迎宾氛围。智能彩灯在传统灯具的基础上，通过增加智能感知和显示设备，使灯具不仅能照明，更能与人交互，与环境相协调。

基于 Arduino 控制的智能彩灯运用超声波传感器、人体感应传感器和触摸传感器作为基本的环境感知设备，在宾客与彩灯的不同距离范围内，通过 LED 点阵显示器、LCD 显示屏、LED 数码管和 RGB 彩色灯等显示设备做出不同的响应，增强人机交互。

场景描述：来宾在距离彩灯 5 m 以内时，彩灯的 8×8 点阵数码管变换显示“WELCOME !”；在距离彩灯 3 m 以内时，LCD 灯从左到右循环显示“WELCOME !”，同时 RGB 彩色灯变换色彩，4 段数码管显示来宾距离；在距离彩灯 2 m 以内时，4 段数码管倒计时；在触摸彩灯时，8×8 点阵数码管变换显示“I LOVE YOU!”。

智能彩灯还可以增加温度传感器、湿度传感器、烟雾传感器、酒精传感器、语音识别、视觉感知等设备以增强环境感知能力，增加蓝牙、WiFi 和无线传输设备实现远程居室监控功能，与智能车或机器宠物结合以增强学习能力。

3. 功能及总体设计

智能彩灯初级版分为两个部分进行设计：环境感知部分和信息显示部分。其中，环境感知部分包括：人体感应模块、超声波测距模块和手指触摸模块，感知来宾的不同距离。信息显示部分包括：8×8 点阵数码管模块、4 段数码管模块、LCD 液晶显示模块和 RGB 彩色灯模块显示环境数据、来宾距离和欢迎词等多种信息。

（1）整体框架图。

5 m 范围内通过人体感应模块感知距离，3 m 范围内通过超声波测距模块测量来宾距离，触摸传感器通过手指触摸接收信息。点阵 LED 显示模块变换显示“WELCOME !”“I LOVE YOU!”及爱心图案、数码管显示模块距离和倒计时、LCD 显示屏模块循环显示“WELCOME!”、RGB 彩色灯模块变换色彩显示。实例的整体框架如图 8-2-1 所示。

（2）系统流程图。

接通电源以后，智能彩灯开始工作。来宾在距离彩灯 5 m 以内时，彩灯的 8×8 点阵数码管变换显示“WELCOME!”，在距离彩灯 3 m 以内时，LCD 显示屏从左到右循环显示“WELCOME !”；同时 RGB 彩色灯变换色彩；4 段数码管显示来宾距离，来宾在距离彩灯 2 m 以内时，4 段数码管倒计时，来宾触摸彩灯时，8×8 点阵数码管循环显示“I LOVE YOU!”。机器不断循环重复所有功能，直到切断电源，工作停止。系统流程如图 8-2-2 所示。

（3）总电路图。

智能彩灯系统的主要材料有：Arduino UNO R3 控制板 1 块、HC-SR501 人体感应模块 1 块、HC-SR04 超声波测距模块 1 块、手指触摸模块 1 块、MAX7219 点阵显示模块 1 块、TM1637 4 段数码管模块 1 块、LCD 1602 液晶显示模块 1 块和 RGB 彩色灯模块 1 块、3.7 V 的电池一对、杜邦线若干、面包板 1 块。电路连接如图 8-2-3 所示。

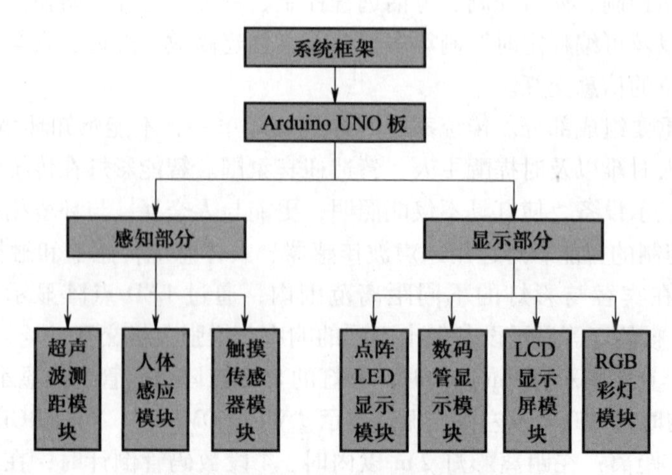

图 8-2-1　智能彩灯的整体框架图

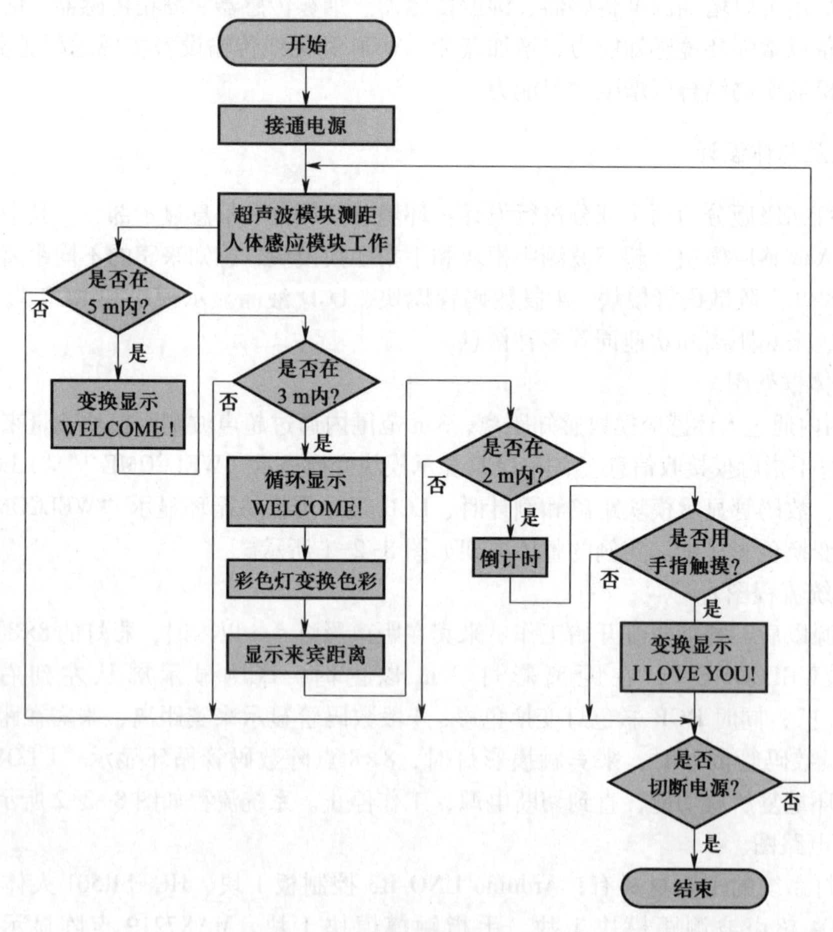

图 8-2-2　智能彩灯系统流程图

智能彩灯的信号线引脚连线如表 8-2-1 所示。

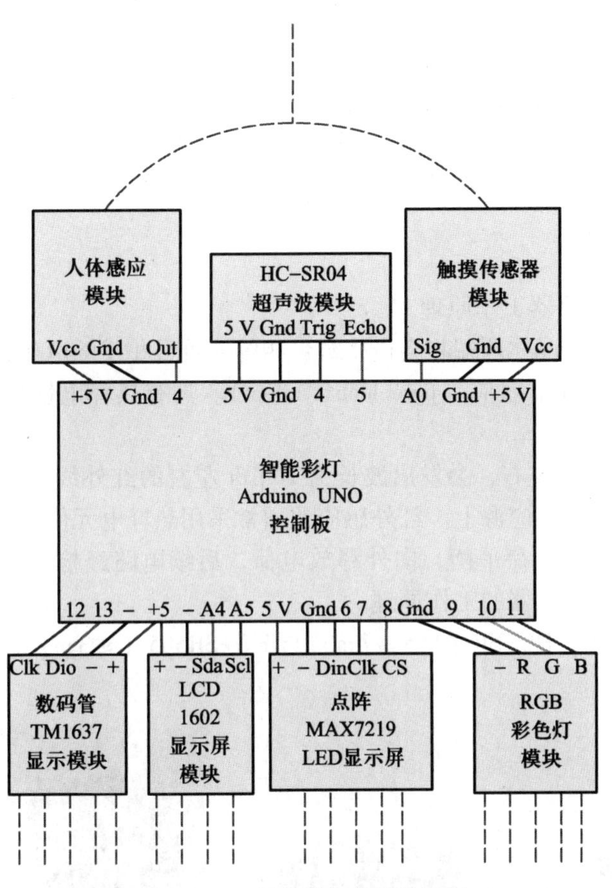

图 8-2-3　智能彩灯的总线路图

表 8-2-1　智能彩灯的信号线引脚连线表

Arduino UNO	彩灯功能模块	Arduino UNO	彩灯功能模块
A0	/	5	超声波 HC-SR04-Echo
A1	/	6	点阵 MAX7219-CLK
A2	/	7	点阵 MAX7219-CS
A3	/	8	点阵 MAX7219-DIN
A4	LCD 1602-SDA（I2C）	9	RGB 彩色灯-R
A5	LCD 1602-SCL（I2C）	10	RGB 彩色灯-G
2	触摸开关-SIG（外中断）	11	RGB 彩色灯-B
3	人体感应 SR501-OUT（外中断）	12	数码管 TM1637-CLK
4	超声波 HC-SR04-Trig	13	数码管 TM1637-DIO

8.2.2 程序框架

本项目主要包括以下几个模块：超声波模块、人体感应模块、触摸传感器模块、点阵LED 显示模块、LCD 显示屏模块、TM1637 数码管显示模块、RGB 彩色灯模块。下面将讨论各部分的相关原理、功能与连接电路图等。

1. 人体感应模块

（1）热释电红外传感器工作原理。

某些晶体受热时，在晶体两端将会产生数量相等而符号相反的电荷，这种由于热变化而产生的电极化现象称为热释电效应（pyroelectric effect）。具有热释电性质的材料称为热释电体（pyroelectric）。

人体体温一般在37℃左右，会发出波长为10 μm 左右的红外线，这些红外线通过菲涅尔滤光片增强后聚集到红外感应源上。红外感应源通常采用热释电元件，在接收到人体红外辐射温度发生变化时就会失去电荷平衡，向外释放电荷，后续电路经检测处理后就能产生报警信号，这就是热释电红外传感器的工作原理。

常用的人体感应模块 HC-SR501（≤7 m）与 HC-SR505（≤3 m）和连接电路如图 8-2-4 所示。

图 8-2-4　人体感应模块与连接电路示意图

其中，UNO-3 连接 HC-SR501-OUT，UNO-5V 连接 HC-SR501-“+”，UNO-GND 连接 HC-SR501-“-”。可以用热释电传感器信号控制 LED 灯和蜂鸣器工作。

（2）控制方法。

采用外中断控制方式，通过 SR501 人体感应触发中断 1，即低电平变为高电平触发。主要程序片段如下：

```
1   //SR501 人体感应模块引脚设置
2   const int PIR = 3;
3   char PIR_state = LOW;                              //人体感应传感器状态变量
4   void SR501_setup()
5   {
6     //SR501 人体感应模块初始化
7      pinMode(PIR, INPUT);
```

```
8      attachInterrupt(1, SR501_Interrupt, RISING); //RISING 低电平变为高
                                                       电平触发
9   }
10  void SR501_Interrupt()
11  { //SR501 人体感应触发中断 1, PIR_state 状态取反
12    PIR_state = !PIR_state;
13  }
```

说明：

上述程序主要由 3 部分组成：

（1）SR501 人体感应模块引脚设置。

（2）SR501 人体感应模块初始化，低变为高电平触发中断 1。

（3）SR501 的中断子程序 SR501_Interrupt( )。

2. 超声波模块

（1）相关原理概述。

人的耳朵能听到的声波频率为 20～20 000 Hz，频率高于 20 000 Hz 的声波称为超声波（ultrasonic）。蝙蝠和某些海洋动物能够利用超声波进行回声定位或信息交流。超声波的方向性好，穿透能力强，易于获得较集中的声能，在水中的传播距离远。超声波可用于测距、测速、清洗、焊接、碎石、杀菌、消毒等，在医学、军事、工业、农业上应用很多。

超声波发射器向某一方向发射超声波，在发射的同时开始计时，超声波在空气中传播，途中碰到障碍物就立即返回，超声波接收器收到反射波就立即停止计时。设超声波在空气中的传播速度为 v，根据计时器记录的时间为 t，根据 v 和 t 就可以计算出发射点距障碍物的距离，即 $L=vt/2$。这就是所谓的超声波位差测距原理。

超声波测距模块 HC-SR04 有 4 个引脚——Vcc、Trig、Echo 和 GND。其中，Trig 是测距触发引脚，只要 Trig 引脚上有 10 us 以上的高电平（start pulse），就会触发 HC-SR04 模块的测距功能。触发后，模块会自动发送 8 个 40 kHz 超声波脉冲（chirp），并自动检测是否有返回的信号（echo）。如果检测到任何返回信号，Echo 引脚将输出高电平（echo time pulse），高电平的持续时间是超声波从发射到返回的时间。可以使用 pulseIn( ) 函数获得距离测量的结果（单位为 μs），并计算实际距离。超声波测距的基本原理和信号时序如图 8-2-5 所示。

（2）功能设计。

超声波测距模块主要用于测试来宾与“彩灯”的距离。当来宾距离彩灯 3 m 以内，小于超声波探测的最大范围时，LCD 灯从左到右循环显示“WELCOME !”，当超声波探测到目标距离小于 2 m 时，4 段数码管倒计时。元器件包括 HC-SR04 超声波传感器 1 块和若干杜邦线，基本电路连接如图 8-2-6 所示。

其中，Arduino UNO 的数字 I/O 口 4 连接到 Trig 引脚，UNO 的数字 I/O 口 5 连接到超声波 HC-SR04 的 Echo 引脚，UNO 的 5 V 连接到超声波 HC-SR04 的 VCC，UNO 的 GND 连接到超声波 HC-SR04 的 GND。

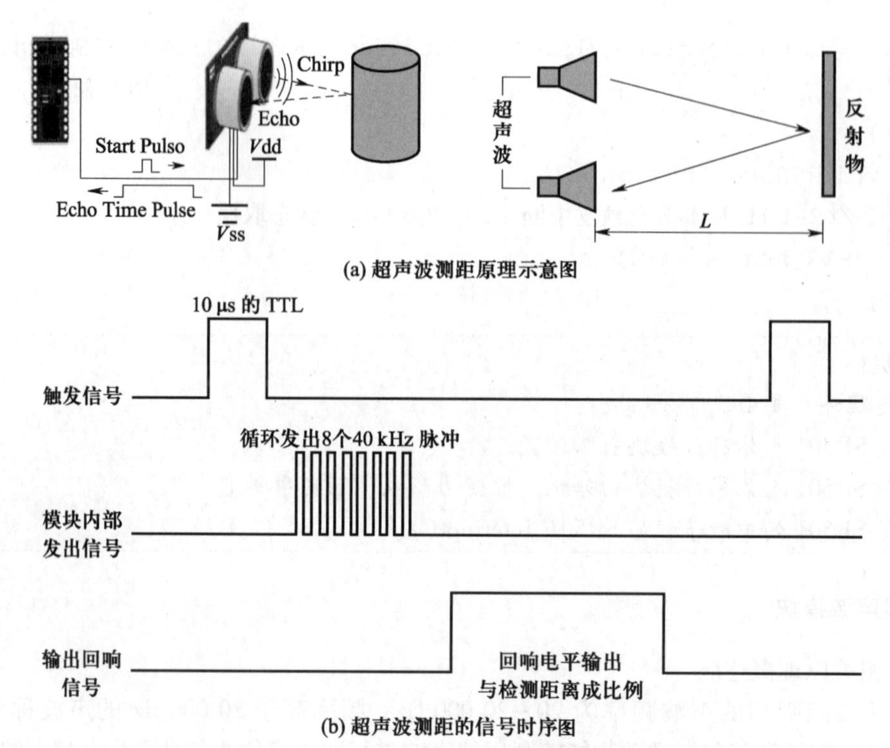

(a) 超声波测距原理示意图

(b) 超声波测距的信号时序图

图 8-2-5　超声波测距的基本原理与信号时序

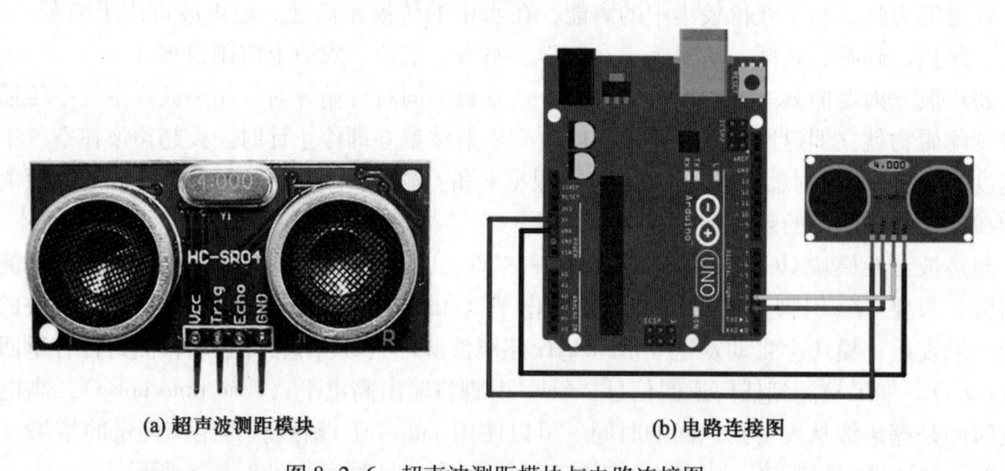

(a) 超声波测距模块　　(b) 电路连接图

图 8-2-6　超声波测距模块与电路连接图

通过程序产生 10 μs 的高电平触发脉冲去触发 TrigPin，调用 pulseIn( ) 函数检测 Echo 高电平的脉冲信号宽度（即超声波从发射到接收所经过的时间），再计算距离。超声波测距的主要程序片段如下：

```
1  //HC-SR04 超声波测距传感器模块引脚设置
2  const int TrigPin = 4;
3  const int EchoPin = 5;
4  float distance;                          //超声波测得的距离变量
```

```
5   void Ultr_setup()
6   {//HC-SR04 超声波测距传感器模块初始化
7     pinMode(TrigPin, OUTPUT);      //使管脚处于输出状态
8     pinMode(EchoPin, INPUT);       //使管脚处于输入状态
9   }
10  float distance_Ultr()
11  { //使用 HC-SR04 超声波测距传感器模块测距
12    float distance;                //物体的距离
13    digitalWrite(TrigPin, LOW);
14    delayMicroseconds(2);
15    digitalWrite(TrigPin, HIGH); //产生一个 10 μs 的高脉冲去触发 TrigPin
16    delayMicroseconds(10);
17    digitalWrite(TrigPin, LOW);
18    //检测脉冲宽度，并计算出距离
19    distance = pulseIn(EchoPin, HIGH) * 0.034/2;  //单位为 cm/μs
20    return distance;
21  }
```

说明：

(1) 第 2~3 行将 UnoR3 的数字口 4 和 5 分别连接到超声波模块的 Trig 引脚和 Echo 引脚。

(2) 第 13~17 行产生一个 10 μs 的高脉冲去触发 TrigPin。

(3) 第 19 行计算距离，也可改为：distance = pulseIn(EchoPin, HIGH)/58.0。

3. 触摸传感器模块

(1) 触摸开关模块工作原理。

触摸开关模块是一个基于触摸检测 IC（TTP223B）的电容式点动型触摸开关模块。常态下，模块输出低电平，为低功耗模式；当用手指触摸相应位置时，模块会输出高电平，模式切换为快速模式；当持续 12 s 没有触摸时，模式又切换为低功耗模式。可以将模块安装在非金属材料如塑料、玻璃的表面，另外将薄纸片（非金属）覆盖在模块的表面，只要触摸的位置正确，即可做成隐藏在墙壁、桌面等地方的按键。触摸开关模块也可以用来控制 LED 灯和蜂鸣器工作，触摸开关模块与连接电路如图 8-2-7 所示。

其中，UNO-5 V 连接触摸开关 VCC，UNO-GND 连接触摸开关 GND，UNO-2 连接触摸开关 Sig。可以用触摸开关模块控制 LED 灯和蜂鸣器工作。

(2) 控制方法。

采用外中断控制方式，通过触摸开关模块触发中断 0，即高电平变为低电平触发。主要程序片段如下：

图 8-2-7 触摸开关模块与连接电路图

```
1   //触摸开关模块引脚设置
2   const int Sig = 3;
3   void Touch_setup()
4   {
5       //触摸开关模块初始化
6       pinMode(Sig, INPUT_PULLUP);
        //FALLING 高电平变为低触发
7       attachInterrupt(0, Touch_Interrupt, FALLING);
8   }
9   void Touch_Interrupt()
10  { //触摸开关触发中断 0, state 状态反转
11    state = !state;
12  }
```

说明：

上述程序主要由 3 部分组成：

（1）触摸开关模块引脚设置。

（2）触摸开关模块初始化，高电平变为低电平触发中断 0。

（3）触摸开关模块的中断子程序 Touch_Interrupt( )。

4. 点阵 LED 显示模块

（1）点阵 LED 模块工作原理。

以 MAX7219 为例，它是美国 MAXIM 公司推出的一种集成化的串行输入输出共阴极显示驱动器。MAX7219 共阴极点阵示意图如图 8-2-8 所示。

MAX7219 采用 3 线串行接口传输数据，可直接与单片机接口连接，用户能方便修改其内部参数，以实现多位 LED 显示。MAX7219 中包含硬件动态扫描电路、BCD 译码器、段驱动器和位驱动器。此外，其内部还包含 8×8 位静态 RAM，用于存放 8 个数字的显示数据。

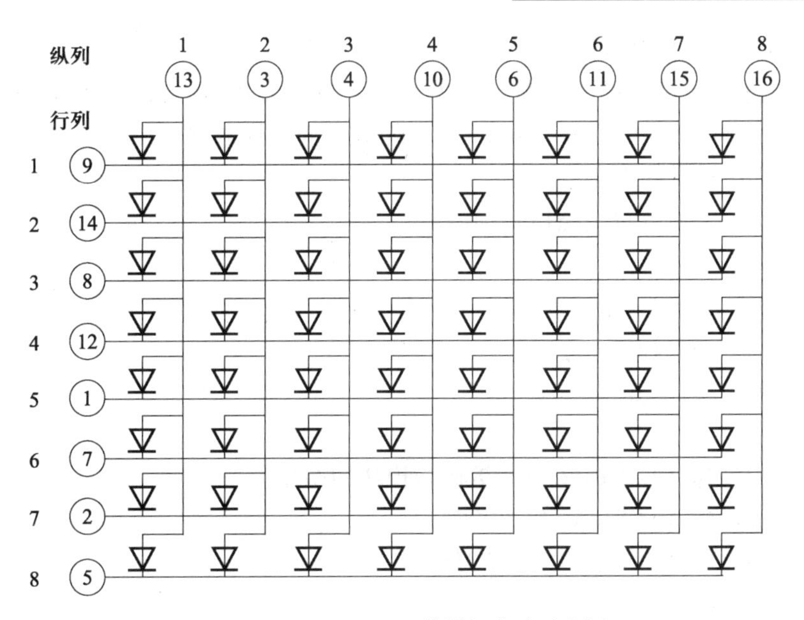

图 8-2-8　MAX7219 共阴极点阵示意图

MAX7219 可以用来连接微处理器与 8 位数字的 7 段数字 LED 显示器，也可以用来连接条线图显示器或者 64 个独立的 LED。

MAX7219 支持多个模块级联，可控制更多的 LED 点阵显示器。第 1 个模块的 DIN 输入端接单片机，DOUT 输出端接第 2 个模块的 DIN 输入端，第 2 个模块的 DOUT 输出端接第 3 个模块的 DIN 输入端，以此类推，用单片机的 3 个 IO 口就可以驱动 1 个/10 个或 20 个的点阵。

MAX7219 同样允许用户对每一个数据选择编码或者不编码。整个设备包含一个 150 μA 的低功耗关闭模式，模拟和数字亮度控制，一个扫描限制寄存器允许用户显示 1~8 位数据，还有一个让所有 LED 发光的检测模式。

其中，Arduino UNO-6 号引脚连接到 MAX7219-CLK 时钟接口，Arduino UNO-7 号引脚连接到 MAX7219-CS 片选端，Arduino UNO-8 号引脚连接到 MAX7219-DIN 数据输入口，Arduino UNO-5 V 连接到 MAX7219-VCC 供电接口，Arduino UNO-GND 连接到 MAX7219-GND。MAX7219 点阵显示屏与连接电路如图 8-2-9 所示。

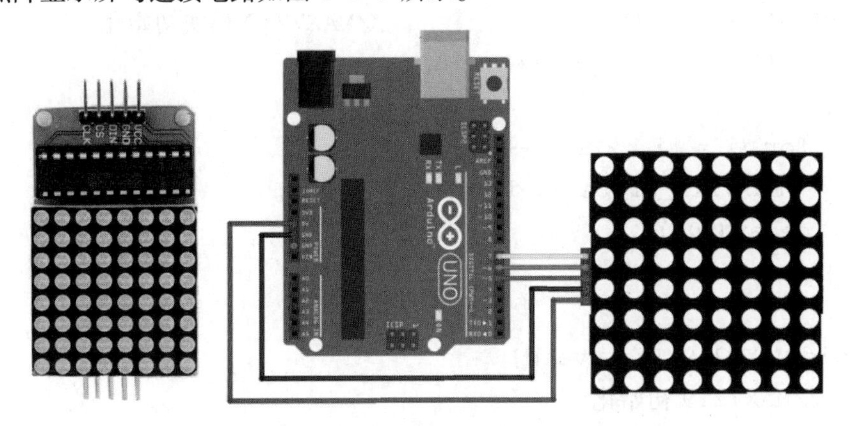

图 8-2-9　MAX7219 点阵显示屏与连接电路图

（2）点阵 LED 模块控制方法。

MAX7219 点阵显示模块的主要构成函数包括：MAX7219_Display( )、MAX7219_Init( )、Max7219_Write( )、Max7219_Write_byte( )。点阵显示的字模数据可以人工设计，也可用工具软件生成。主要程序片段如下：

```
1  //MAX7219 点阵显示模块引脚设置
2  const int MCLK = 6;
3  const int MCS =7;
4  const int MDIN = 8;
5  void MAX7219_setup()
6  {
7        //MAX7219 8x8 LED 数码管模块初始化
8        pinMode(MCLK, OUTPUT);
9        pinMode(MCS, OUTPUT);
10       pinMode(MDIN, OUTPUT);
11 }
12 void  MAX7219_Display()
13 { //MAX7219 点阵显示模块数据显示
14   unsigned char disp1[7][8] = {
15     {0x00, 0x89, 0x89, 0x89, 0x89, 0x9D, 0x56, 0x22}, //W
16     {0x7C, 0x7C, 0x60, 0x7C, 0x7C, 0x60, 0x7C, 0x7C }, //E
17     {0x40, 0x40, 0x40, 0x40, 0x40, 0x40, 0x40, 0x7E}, //L
18     {0x7E, 0x7E, 0x60, 0x60, 0x60, 0x60, 0x7E, 0x7E}, //C
19     {0x7E, 0x7E, 0x66, 0x66, 0x66, 0x66, 0x7E, 0x7E}, //O
20     {0xE7, 0xFF, 0xFF, 0xDB, 0xDB, 0xDB, 0xC3, 0xC3}, //M
21     {0x7C, 0x7C, 0x60, 0x7C, 0x7C, 0x60, 0x7C, 0x7C} //E
22   };
23   unsigned char i, j;
24   MAX7219_Init();                        //MAX7219 模块初始化
25   for (j = 0; j < 10; j++)
26   {
27     for (i = 1; i < 9; i++)
28       Max7219_Write(i, disp1[j][i - 1]);
29     delay(500);
30   }
31 }
32 void MAX7219_Init(void)
33 {  //MAX7219 初始化
```

```
34    Max7219_Write(0x09, 0x00);     //译码方式：BCD码
35    Max7219_Write(0x0a, 0x03);     //亮度
36    Max7219_Write(0x0b, 0x07);     //扫描界限：4个数码管显示
37    Max7219_Write(0x0c, 0x01);     //掉电模式：0，普通模式：1
38    Max7219_Write(0x0f,0x00);      //显示测试：1；测试结束，正常显示：0
39  }
40  void Max7219_Write(unsigned char address, unsigned char dat)
41  { //向MAX7219写入数据
42    digitalWrite(MCS, LOW);
43    Max7219_Write_byte(address); //写入地址，即数码管编号
44    Max7219_Write_byte(dat);     //写入数据，即数码管显示数字
45    digitalWrite(MCS, HIGH);
46  }
47  void Max7219_Write_byte(unsigned char DATA)
48  { //向MAX7219写入字节
49    unsigned char i;
50    digitalWrite(MCS, LOW);
51    for (i = 8; i >= 1; i--) {
52      digitalWrite(MCLK, LOW);
53      if(DATA & 0X80)
54        digitalWrite(MDIN, HIGH);
55      else
56        digitalWrite(MDIN, LOW);
57      DATA <<= 1;
58      digitalWrite(MCLK, HIGH);
59    }
60  }
```

5. RGB彩色灯模块

使用Arduino的PWM端口可以控制RGB LED灯（简称RGB彩色灯），并使其显示不同的颜色。RGB代表红色、绿色和蓝色通道，每一个颜色通道具有255级亮度。当三原色全部为0时，RGB彩色灯最暗，即关闭；三原色全部为255时，RGB彩色灯最亮。可以通过改变3个颜色通道值来显示不同颜色。当叠加三原色发出的光时，颜色将混合。亮度等于所有亮度的总和，混合得越多，LED灯就越亮。RGB LED模块与连接电路如图8-2-10所示。

其中，Arduino UNO-GND连接到RGB彩色灯的“—”引脚，Arduino UNO-9连接到RGB彩色灯的R引脚，Arduino UNO-10连接到RGB彩色灯的G引脚，Arduino UNO-11连接到RGB彩色灯的B引脚。控制RGB彩色灯输出显示的主要程序片段如下：

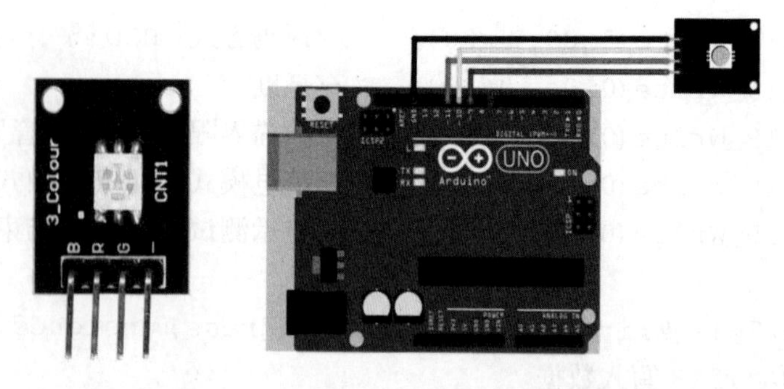

图 8-2-10　RGB LED 模块与连接电路图

```
1   //RGB 贴片模块引脚设置
2   const int RGB_RED = 9;
3   const int RGB_GREEN = 10;
4   const int RGB_BLUE = 11;
5   void RGB_setup()
6   {//RGB 贴片模块初始化
7     pinMode(RGB_RED, OUTPUT);
8     pinMode(RGB_GREEN, OUTPUT);
9     pinMode(RGB_BLUE, OUTPUT);
10  }
11  void RGB_Display()
12  { //RGB 贴片模块显示
13    int i;
14    for (i = 0; i < 256; i++)
15      RGB_setColor(i, 0, 0);
16    delay(100);
17    for (i = 0; i < 256; i++)
18      RGB_setColor(0, i, 0);
19    delay(100);
20    for (i = 0; i < 256; i++)
21      RGB_setColor(0, 0, i);
22    delay(100);
23  }
24  void RGB_setColor(int red, int green, int blue)
25  {//RGB 贴片模块颜色设置
26    analogWrite(RGB_RED, red);
27    analogWrite(RGB_GREEN, green);
28    analogWrite(RGB_BLUE, blue);
29  }
```

说明：

程序主要包括模块的引脚连接设置、初始化和 PWM 控制 RGB 彩色灯显示。

思考：

如果要有规律地显示色彩，例如，先显示蓝色、然后显示红色和绿色，其效果类似于呼吸灯，请读者设计程序实现这种效果。

6. LCD 显示屏模块

字符型液晶是一种专门用来显示字母、数字、符号等的点阵型液晶模块。它广泛应用于工业产品，比如，电子钟、温度显示器。字符型液晶由若干个 5×7 或者 5×11 等点阵字符位组成，每个点阵字符位都可以显示一个字符，每位之间有一个点距的间隔，每行之间也有间隔，起到了字符间距和行间距的作用。

LCD1602 是指显示的内容为 16×2（即可以显示两行），每行 16 个字符的液晶模块（显示字符和数字）。带了转接板（PCF8574T）的 LCD1602 显示屏，使用了 IIC 接口（串行时钟线 SCL 和串行数据线 SDA），节省了许多的 I/O 口，使 Arduino 能实现更多的功能。通过模块上的电位器还可以调节 LCD 显示器的对比度。通过设置跳线还可以设置地址为 0x20～0x27，使 Arduino 能控制多块 LCD 1602。

电路连接方式：LCD1602 显示屏带 PCF8574T 转接板的 SDA 引脚接 Uno R3 的 A4，SCL 引脚接 Uno R3 的 A5，如图 8-2-11 所示。如果 A4、A5 口已经被占用，则可以接到 Arduino 最上面的两个没有标文字的 IO 口，即 D0～D13 那一排最上面的两个口。

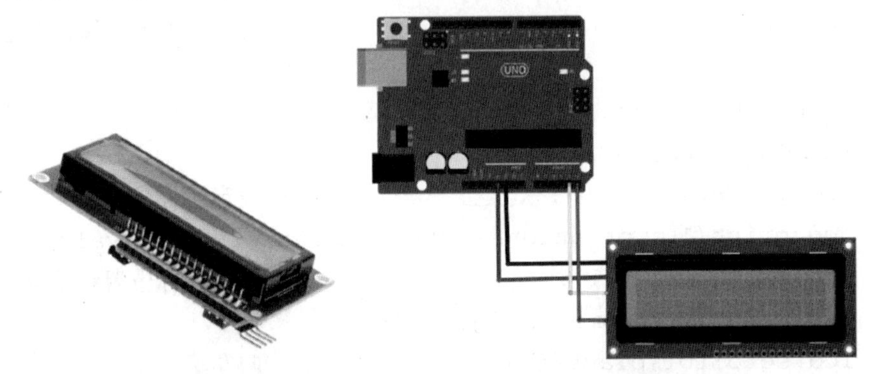

图 8-2-11　LCD1602 显示屏及其连接电路示意图

LiquidCrystal 类实体 LCD 的成员函数：

```
1  LCD.begin(cols,rows)          //设置显示宽度和高度
2  LCD.clear()                   //清屏，将光标移到左上角
3  LCD.home                      //将光标复位到左上角
4  LCD.setCursor(col,row)        //设置光标到指定位置
5  LCD.write(data)               //输出一个字符到 LCD
6  LCD.print(data)               //输出一串字符，返回字符数
```

```
7   LCD.cursor()/noCursor()          //显示/隐藏光标
8   LCD.blink/noBlink                //开启/关闭光标闪烁
9   LCD.display/noDisplay            //开启/关闭 LCD 显示
10  LCD.scrollDisplayLeft()          //向左滚屏显示
11  LCD.scrollDisplayRight()         //向右滚屏显示
12  LCD.leftToRight()                //文本输入方式为从左至右
13  LCD.rightToLeft()                //文本输入方式为从右至左
14  LCD.autoscroll()                 //自动滚屏
15  LCD.noAutoscroll()               //关闭自动滚屏
```

主要程序片段如下：

```
1   #include <Wire.h>
2   #include "LiquidCrystal_I2C.h"
3   //设置 LCD 的地址为 0x27，显示两行字符，每行 16 个字符
4   LiquidCrystal_I2C lcd(0x27,16,2);    //创建对象
5   void LCD1602_setup()
6   {
7     //LCD 1602 模块初始化
8     lcd.init();
9     lcd.backlight();                   //开启背光
10    delay(200);
11    lcd.clear();                       //清屏，将光标移到左上角
12  }
13  void LCD1602_Display()
14  { //LCD1602 模块显示
15    lcd.setCursor(0,0);                //设定游标位置在第 1 行行首
16    lcd.print("International dinosaur Lantern Festival");
17    lcd.setCursor(0,1);                //设定游标位置在第 2 行行首
18    lcd.print("Welcome to Zigong!");
19    lcd.scrollDisplayLeft();           //向左滚屏显示
20    delay(200);
21  }
```

说明：

上述程序主要包括模块的引脚连接设置、初始化和 LCD1602 模块显示。

7. 数码管显示模块

LED 数码管（LED segment display）由多个发光二极管封装在一起组成“8”字形的器件，引线已在其内部连接完成，只需引出它们的各个笔画和公共电极。

数码管包括7个控制字形的LED发光管和1个控制小数点的LED发光管，分别用字母A、B、C、D、E、F、G、dp来表示。当数码管的特定段加上电压后就会发亮，形成看到的字样。数码管的工作原理如图8-2-12（a）所示。

例如，显示一个“2”字，那么应当是A亮、B亮、G亮、E亮、D亮、F不亮、C不亮、dp不亮。LED数码管有一般亮和超亮等不同之分，也有0.5英寸、1英寸（1英寸=2.54厘米）等不同的尺寸。小尺寸数码管的显示笔画常用一个发光二极管组成，而大尺寸的数码管由两个或多个发光二极管组成，一般情况下，当单个发光二极管的管压降为1.8 V左右时，要求电流不超过30 mA。

发光二极管的阳极连接到一起连接到电源正极的称为共阳极数码管，发光二极管的阴极连接到一起连接到电源负极的称为共阴极数码管。常用LED数码管显示的数字和字符有0、1、2、3、4、5、6、7、8、9、A、B、C、D、E、F。

TM1637数码管显示模块由一个4位7段共阳极数码管和控制芯片TM1637构成，如图8-2-12（b）所示。TM1637模块常用于时间显示、秒表显示以及其他需要显示数字的设备上。

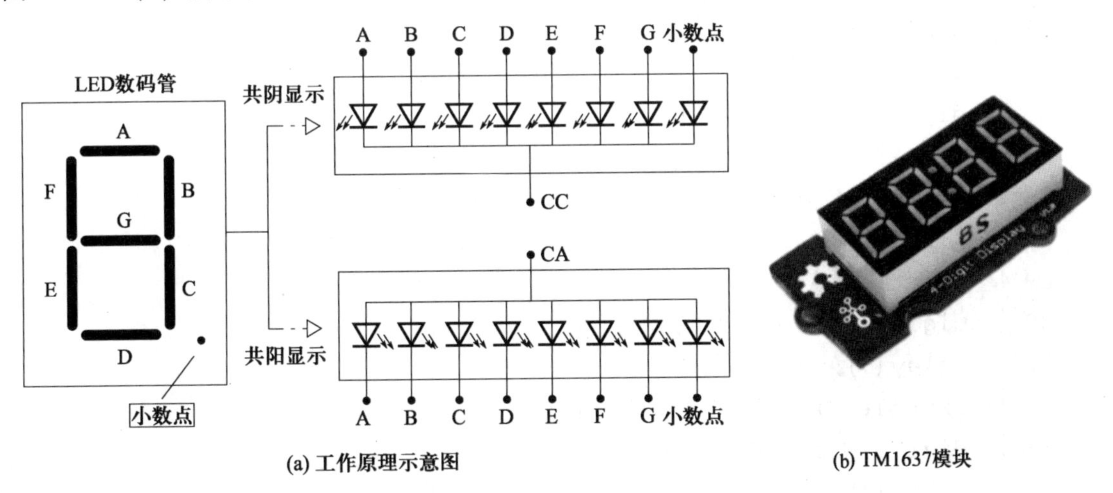

图8-2-12　TM1637数码管显示模块与工作原理示意图

电路连接：Uno R3的12引脚连接数码管TM1637-CLK，Uno R3的13引脚连接数码管TM1637-DIO，Uno R3的5 V连接TM1637-VCC，Uno R3的GND连接TM1637-GND。

主要程序片段如下：

```
1  //TM1637 LED数码管模块引脚设置
2  const int CLK = 12;
3  const int DIO = 13;
4  void TM1637_setup()
5  {//TM1637 LED数码管模块初始化
6    pinMode(CLK,OUTPUT);
7    pinMode(DIO, OUTPUT);
8  }
9  void TM1637_display_add(int x)
```

```
10  {//TM1637 LED 数码管模块数据显示
11    int d3, d2, d1, d0;
12    int i;
13    d0 = x % 10;
14    d1 = x/10 % 10;
15    d2 = x/100 % 10;
16    d3 = x/1000;
17    TM1637_display(d3, d2, d1, d0, 0x00);
18    delay(500);
19  }
20  void TM1637_start(void)
21  { //IIC 开始
22    digitalWrite(CLK, HIGH);
23    digitalWrite(DIO, HIGH);
24    delay(2);
25    digitalWrite(DIO, LOW);
26  }
27  void TM1637_ack(void)
28  { //IIC 应答
29    char i;
30    digitalWrite(CLK, LOW);
31    delay(5);
32    //while (DIO == 1 && (i < 250))i++;
33    digitalWrite(CLK, HIGH);
34    delay(2);
35    digitalWrite(CLK, LOW);
36  }
37  void TM1637_stop(void)
38  { //IIC 停止
39    digitalWrite(CLK, LOW);
40    digitalWrite(DIO, LOW);
41    delay(2);
42    digitalWrite(CLK, HIGH);
43    delay(2);
44    digitalWrite(DIO, HIGH);
45    delay(2);
46  }
47  void TM1637_Write(unsigned char DATA)
```

```
48  { //TM1637 写数据函数
49    unsigned char i;
50    for (i = 0; i < 8; i++)
51    {
52      digitalWrite(CLK, LOW);
53      if (DATA & 0x01)
54        digitalWrite(DIO, HIGH);
55      else
56        digitalWrite(DIO, LOW);
57      delay(3);
58      DATA = DATA >> 1;
59      digitalWrite(CLK, HIGH);
60      delay(3);
61    }
62  }
63  void TM1637_display (unsigned char a, unsigned char b, unsigned
                        char c, unsigned char d, unsigned char h)
64  {//写数据+自动地址加 1+普通模式，按顺序显示
65    unsigned char tab[] =
66    {
67     0x3F, 0x06, 0x5B, 0x4F, 0x66, 0x6D, 0x7D, 0x07, 0x7F, 0x6F,
    /* 0123456789 * /
68     0x77, 0x7C, 0x58, 0x5E, 0x79, 0x71, 0x00 /* ABCDEF * /
69    };
70    //Command1：设置数据
71    TM1637_start();
72    TM1637_Write(0x40);            //写数据+自动地址加 1+普通模式
73    TM1637_ack();
74    TM1637_stop();
75    //Command2：设置地址
76    TM1637_start();
77    TM1637_Write(0xc0);            //设置显示首地址即第 1 个 LED
78    TM1637_ack();
79    //Data1~N：传输显示数据
80    TM1637_Write(tab[a]);
81    TM1637_ack();
82    TM1637_Write(tab[b] | h << 7); //h 为 1 时显示时钟中间的两点
```

```
83 |   TM1637_ack();
84 |   TM1637_Write(tab[c]);
85 |   TM1637_ack();
86 |   TM1637_Write(tab[d]);
87 |   TM1637_ack();
88 |   TM1637_stop();
89 |   //Command3:控制显示,开始显示
90 |   TM1637_start();
91 |   TM1637_Write(0x8B);
92 |   TM1637_ack();
93 |   TM1637_stop();
94 | }
```

8.2.3 部分程序实现

主要程序实现

```
1  | /*
2  | 程序文件:8-2-2IntelligentColorLampModel.ino
3  | 程序功能:智能彩灯示例
4  | */
5  | void setup()
6  | {
7  |   //Serial 串口设置
8  |   Serial.begin(9600);
9  |   //1. SR501 人体感应模块初始化
10 |   SR501_setup();
11 |   //2. HC-SR04 超声波测距传感器模块初始化
12 |   Ultr_setup();
13 |   //3. 触摸开关模块引脚初始化
14 |   Touch_setup();
15 |   //4. MAX7219 8x8 LED 数码管模块初始化
16 |   MAX7219_setup();
17 |   //5. RGB 贴片模块初始化
18 |   RGB_setup();
19 |   //6. LCD 1602 模块初始化
20 |   LCD1602_setup();
21 |   //7. TM1637 LED 数码管模块初始化
```

```
22    TM1637_setup();
23  }
24  void loop()
25  {
26    if (PIR_state ==HIGH)     //人与彩灯的距离在7m内
27    {
28      MAX7219_Display1();     //点阵数码管变换显示“WELCOME!”
29    }
30    distance = distance_Ultr();
31    SerialDisplay(distance);
32    if (distance > 200)
33    {
34      LCD1602_Display();      //LCD1602 循环显示“WELCOME to ZiGong!”
35      RGB_Display();          //RGB 彩色灯变换色彩
36      TM1637_display_add(distance);   //4段数码管显示来宾距离
37    }
38    else
39    {
40      TM1637_display_time(); //4段数码管倒计时
41    }
42    if (state == HIGH)        //触摸彩灯，触发外中断
43    {
44      MAX7219_Display2();     //点阵数码管变换显示“I LOVE YOU”
45    }
46    delay(100);
47  }
48  void SerialDisplay(float x)
49  { //Serial 显示数据
50    Serial.println("Ultrasonic sensor:");
51    Serial.print("distance is :");
52    Serial.print(x);
53    Serial.print("cm");
54    Serial.println();
55  }
```

说明：

智能彩灯运用了超声波测距、人体感应和触摸3种感知模块，控制点阵LED、LCD液晶显示器、数码管和RGB彩色灯显示。

（1）增强智能彩灯的环境感知能力。

在实际应用中，可以根据智能彩灯的不同应用场景，增删环境感知模块。例如，加入温度传感器模块、湿度传感器模块、烟雾传感器模块、火焰传感器模块等用于家庭环境。还可以加入语音控制模块、摄像模块增强彩灯的可控性和信息感知能力。

（2）LED 点阵模块是一种重要的交流工具。

LED 点阵模块一般有两类产品：一种是用插灯或表贴封装做成的单元板，常用于户外门头单红屏、户外全彩屏，室内全彩屏等；另外一种是用作夜间装饰的发光字串。

LED 点阵指用 8×8 的模块封装，再将封装后的模块组合成单元板，这样的单元板称为点阵点元板，一般用于室内单色、双色显示屏用。LED 点阵显示模块可显示汉字、图形、动画及英文字符等，显示方式有静态、横向滚动、垂直滚动和翻页显示等。

此外，还有 RGB 全彩色 LED 点阵，其比普通点阵颜色更加丰富，可以通过编程显示任一种颜色，用于车站、超市、学校等作为信息显示屏，也可用于游戏屏幕、音乐音量显示等。

（3）增强智能彩灯的远程监控能力。

在智能彩灯中，加入 WiFi、蓝牙等通信模块，增强智能彩灯的远程监控能力。

8.3 在仿生机械领域的应用实例

仿生机器人是机器人技术领域中一个新兴发展的分支，是当前机器人领域的研究热点。近年来，具有强地形环境适应能力、高动态运动能力以及大负载能力的四足机器人越来越受到学者的重视。在非结构化地形环境下的物资运输、灾后救援、野外勘探、高危环境作业等领域，四足机器人具有较好的应用前景。

在国外，20 世纪 60 年代，Mc Ghee 研制了世界上第一台四足机器人。2005 年，美国波士顿动力公司成功研制出了由发动机伺服液压缸驱动的 BigDog，如图 8-3-1（a）所示，成为四足机器人发展的一个重要里程碑，实现了雪地、冰面、瓦砾等复杂地面下的稳定行走。2012 年美国麻省理工学院（MIT）研制出了由全电机驱动的四足搜救机器人 Cheetah，如图 8-3-1（b）所示，其室内奔跑速度达到了 45.5 km/h。2016 年苏黎世联邦理工学院推出了新一代四足机器人

(a) BigDog

(b) Cheetah

(c) ANYmal

图 8-3-1　BigDog、Cheetah 和 ANYmal 四足机器人

ANYmal，如图 8-3-1（c）所示，其可用于恶劣环境下的自主作业，通过躯体上的激光传感器和摄像机，感知环境地形进行地图构建、自主定位和自主规划导航路径。

在国内，2010 年，我国“863 计划”先进制造技术领域启动了“高性能四足仿生机器人”项目，旨在开展新型仿生机构、高功率密度驱动、集成环境感知、高速实时控制等四足仿生机器人核心技术研究，以建立高水平四足仿生机器人综合集成平台。国防科技大学、哈尔滨工业大学、上海交通大学、中国北方车辆研究所和浙江大学等科研院所先后推出了多种四足机器人。国内科研院所推出的四足机器人如图 8-3-2 所示。

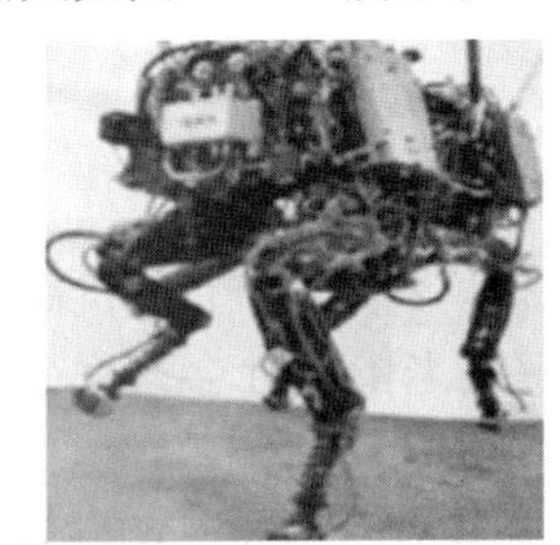

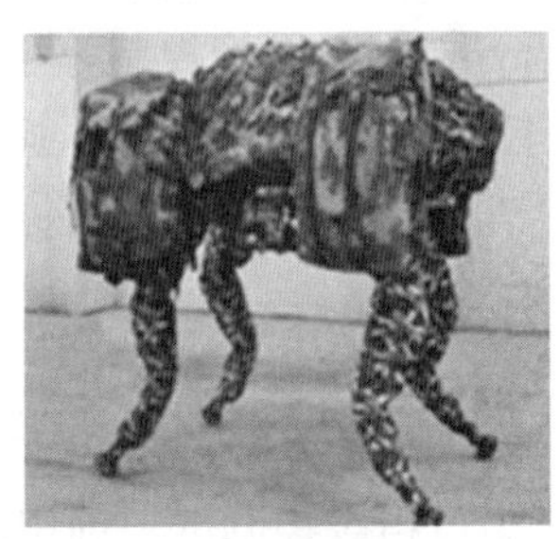
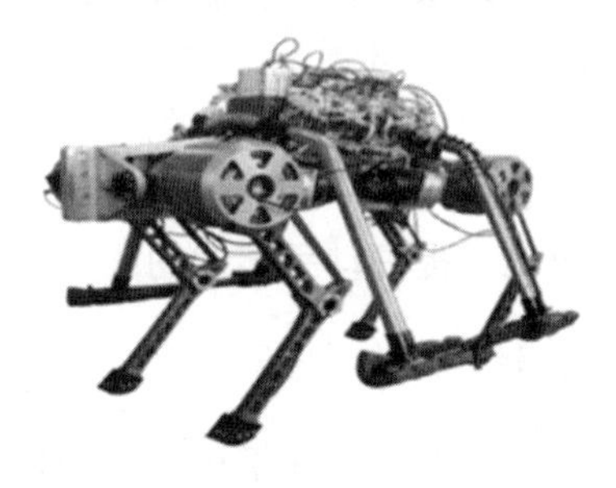

图 8-3-2　国内科研院所推出的四足机器人

8.3.1　应用场景介绍

智能机器人能够认识周围环境状态（感觉要素），并对外界做出反应性动作（反应要素）。具有发达的“大脑”（中央处理器），能够根据感觉要素所得到的信息，思考采用什么样的动作。感觉要素相当于人的眼、鼻、耳等五官，利用摄像机、图像传感器、超声波传感器、激光器、导电橡胶、压电元件、气动元件、行程开关等器件来实现。从反应要素来说，智能机器人需要一个无轨道型的移动机构，以适应诸如平地、台阶、墙壁、楼梯、坡道等不同的地理环境，可以借助轮子、履带、支脚、吸盘、气垫等移动机构来完成。思考要素包括有判断、逻辑分析、理解等方面的智力活动，实质上是一个信息处理过程，由计算机来完成。

本节以机器宠物为应用场景，采用 Arduino NANO 板和 NANO 扩展板，制作了一个四足仿生机器猫。读者只需在此基础之上，在外形和功能上稍做改进，就能制作出其他类似的机器宠物，比如，很多青少年都喜欢的恐龙。

1. 背景介绍

自贡恐龙最早由美国地质学家劳德伯克于 1913—1915 年间发现。他的发现叩开了自贡恐

龙化石宝藏的大门。老一辈地质学家在自贡发现了160余处恐龙化石产出地，以大山铺最负盛名。大山铺被称为“恐龙公墓”，发掘出了蜥脚类、肉食龙类、鸟脚类和剑龙类等各类恐龙的骨架化石，而且保存十分完整，现已成为自贡城市旅游的又一张名片。自贡也因此被誉为“恐龙之乡”！

作者所在的校区就位于自贡市大山铺，作为“恐龙之乡”的一员，没有理由不宣传一下世界有名的自贡恐龙。本节案例就是在这一背景下创意设计的。根据本例的设计原理，读者可以采用类似的机械结构和驱动装置，外形选用柔软的海绵和硅胶植皮，就可制作出会动的恐龙，甚至是仿真恐龙。

2. 创意描述

仿生智能机器人能够模仿生物工作，例如，流行的机器蜘蛛、机器鱼、机器蛙、机器猫等机械宠物，以及弥补劳动力不足，解决老龄化社会家庭服务和医疗等社会问题的仿人机器人等。

仿生智能机器人可以采用多种控制模式，例如，WiFi通信控制、Ethernet控制、ZigBee无线控制、CAN总线控制、蓝牙通信、串口通信、语音控制、图像控制等。

四足仿生机器猫采用PC串口指令控制、语音控制和安卓手机APP蓝牙3种控制模式，模拟猫的某些行为。通过设计一只功能较为简单，具有一定猫动作的四足仿生机器猫，培养读者的编程水平和计算思维，提高动手实践的能力。

3. 功能及总体设计

四足仿生机器猫在语音、蓝牙手机APP或PC串口指令控制下，利用超声波传感器模块和陀螺仪加速器组件的检测数据，控制机器猫的四肢12部舵机运动，实现“前进”“后退”“右转”“左转”“步行”“原地踏步”“坐下”“握手”“自动跟随”“摇摆动作”“起卧动作”“自动行走”“踢球”和“停止动作”等多种步行姿态。

（1）整体框架图。

机器猫由5个部分组成：距离感知部分、蓝牙传输部分、运动处理部分、语音控制部分和运动系统部分。

① 距离感知部分，利用超声波传感器模块（HC-SR04）探测目标位置，探测距离为300 mm。

② 语音控制部分，利用SNR9815VR-M高精度语音识别模块，对本地发出的多条语音指令进行智能识别，将识别到的指令转换为操作控制指令，控制和调整机器猫的运动姿态。

③ 蓝牙传输部分，利用JDY-31蓝牙模块与支持蓝牙的计算机或Android手机通信，通过手机APP发出操作指令，控制和调整机器猫的运动姿态。

④ 运动处理部分，利用MPU6050六轴陀螺仪加速器组件或MMA8452加速度模块对三维空间中的运动设备进行测量和智能处理，进行“自我平衡”控制。

⑤ 运动系统部分，在语音、蓝牙或PC串口指令控制下，使用距离感知数据和运动处理数据，控制机器猫四肢的舵机运动，实现多种步行姿态。

机器猫的整体框架如图8-3-3所示。

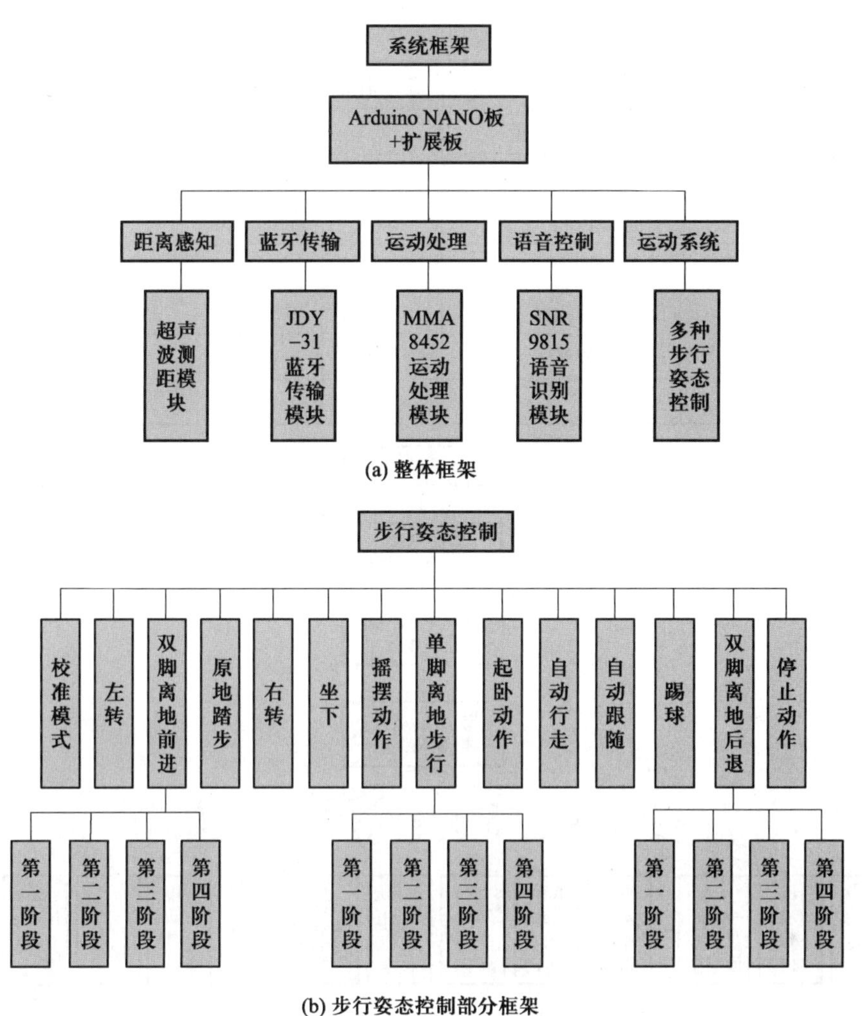

(a) 整体框架

(b) 步行姿态控制部分框架

图 8-3-3 机器猫的整体框架图

（2）系统流程图。

通电后，机器猫开始工作。调试机器猫时，断开语音模块，控制模式为蓝牙数据透传手机 App 控制和 PC 串口通信控制模式。机器猫正常工作时，控制模式为蓝牙数据透传手机 App 控制和语音控制模式。

系统流程图如图 8-3-4 所示。

正常工作情况下，对机器猫的动作姿态进行蓝牙数据透传软串口控制。蓝牙指令、串口显示和机器猫动作姿态的关系如表 8-3-1 所示。

表 8-3-1 机器猫动作姿态控制的蓝牙指令设计表

蓝牙指令	串口显示	动作行为	蓝牙指令	串口显示	动作行为
'w'	walk	单脚离地步行前行	'k'	kick	踢球
'f'	run	双脚离地步行前行	'u'	updown	上下起卧

续表

蓝牙指令	串口显示	动作行为	蓝牙指令	串口显示	动作行为
'b'	runback	双脚离地步行后退	'y'	swing	左右摇摆肩部
's'	step walk	原地踏步	'h'	shakehands	坐姿握手
'r'	turn right	向右转向	'a'	autowalking	自动行走
'l'	turn left	向左转向	't'	sit	坐下
'c'	calibration	舵机校准模式	'i'	self-balance	站立平衡，遇障碍自动转向
'd'	stand	站立姿态	'm'	follow me	跟随
x		停止			

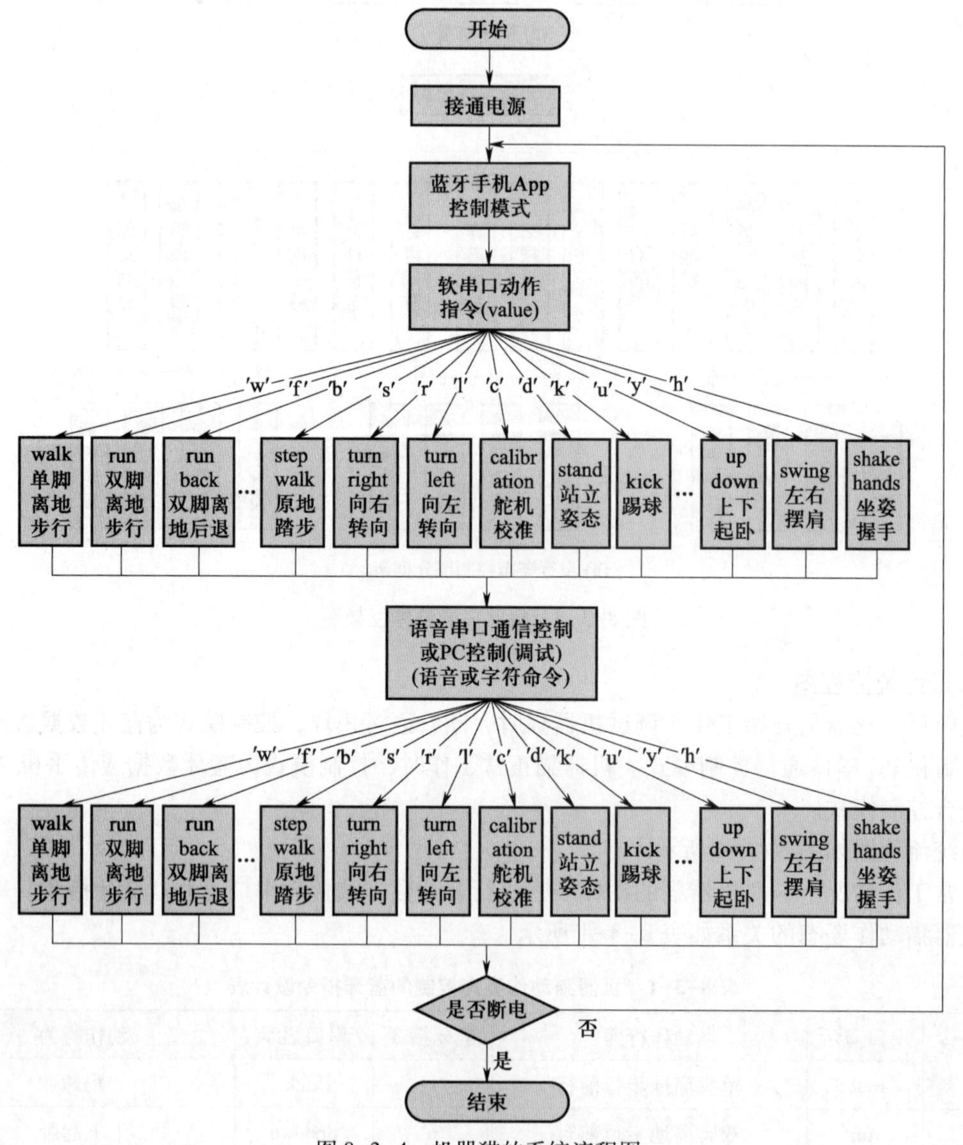

图 8-3-4　机器猫的系统流程图

在调试阶段，机器猫的动作姿态可以通过串口通信，用 PC 端串口指令控制。实际工作状态下，为增强机器猫的人机交互性，还可加入语音识别模块，进行语音指令智能控制。机器猫串口指令、语音指令与串口信息输出关系如表 8-3-2 所示。

表 8-3-2 机器猫姿态控制的串口及语音指令设计表

字符指令	串口指令	语音指令	串口显示	字符指令	串口指令	语音指令	串口显示
"3" ‖ "4"	102('f')	前进	前进	"e"	104('h')	握手	shakehands
"5" ‖ "7"	98('b')	后退	后退	"f"	109('m')	自动跟随	follow me
"8"	114('r')	右转	右转	"10"	121('y')	摇摆动作	swing
"9"	108('l')	左转	左转	"11"	117('u')	起卧动作	updown
"b"	119('w')	步行	walk	"12"	107('k')	踢球	kick
"c"	115('s')	原地踏步	step walk	/	99('c')	停止动作	calibration
"d"	116('t')	坐下	sit	"13"	97('a')	自动行走	autowalking

(3) 总电路图。

机器猫的总电路如图 8-3-5 所示。

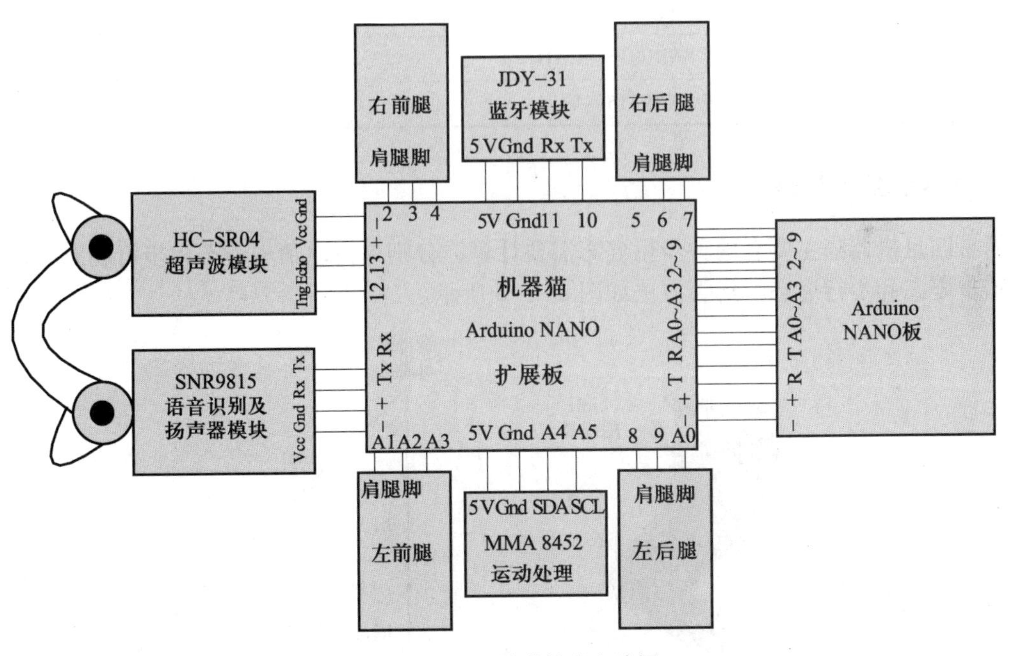

图 8-3-5 机器猫的总电路图

(4) 机器猫的主要硬件清单。

Arduino NANO 板、NANO 扩展板、HC-SR04 超声波模块、JDY-31 蓝牙模块、SNR9815 语音识别及扬声器模块、MMA8452 运动处理模块、舵机 12 个、3.7 V 18650 锂电池一对及其他机械配件。NANO 板、NANO 扩展板与其他模块的连接方法如表 8-3-3 所示。

表 8-3-3　机器猫电路引脚连线表

NANO 板引脚	扩展板引脚	模块端引脚	NANO 板引脚	扩展板引脚	模块端引脚
GND	GND	超声波 HC-SR04—GND	2	2	右前肩舵机
13	13	超声波 HC-SR04—Echo	3	3	右前腿舵机
12	12	超声波 HC-SR04—Trig	4	4	右前脚舵机
/	5V	超声波 HC-SR04—VCC	5	5	右后肩舵机
11	11	蓝牙 JDY-31—RX（软串）	6	6	右后腿舵机
10	10	蓝牙 JDY-31—TX（软串）	7	7	右后脚舵机
/	GND	蓝牙 JDY-31—GND	8	8	左后肩舵机
/	5V	蓝牙 JDY-31—VCC	9	9	左后腿舵机
A4	SDA	运动 MMA8452—SDA	A0	A0	左后脚舵机
A5	SCL	运动 MMA8452—SCL	A1	A1	左前肩舵机
/	GND	运动 MMA8452—GND	A2	A2	左前腿舵机
/	5V	运动 MMA8452—VCC	A3	A3	左前脚舵机
TX1	TX	语音 SNR9815—RX（串）	TX1	TX	与 USB 共用
RX0	RX	语音 SNR9815—TX（串）	RX0	RX	与 USB 共用
/	GND	语音 SNR9815—GND			
/	5V	语音 SNR9815—VCC			

4. 基本步态算法分析

简易四足机器猫主要有两种步行姿态需要计算，分别是原地踏步姿态和步行姿态。机器猫原地踏步姿态和步行姿态的解算方法如图 8-3-6 所示。

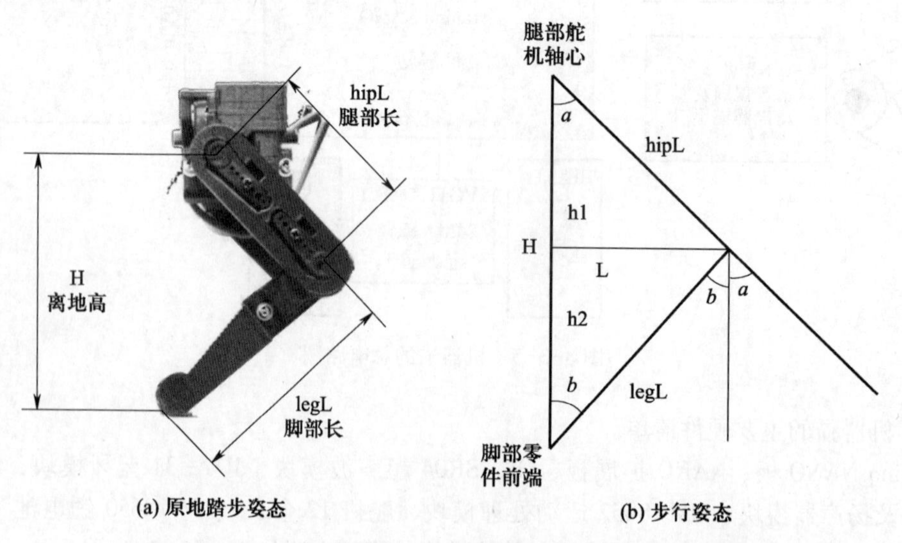

图 8-3-6　机器猫原地踏步姿态和步行姿态解算方法示意图

H 是腿部舵机轴心到地面距离；$hipL$ 是腿部舵机轴心到脚部舵机轴心的距离，即腿部零件长度；$legL$ 是脚部舵机轴心到脚部前端的距离，即脚部零件长度。例如，实例机器猫的几何参数为：$hipL=40\,\text{mm}$，$legL=58\,\text{mm}$。

（1）原地踏步姿态。

原地踏步姿态运动可分为两个阶段：阶段 A，右前脚和左后脚弯曲回缩，左前脚和右后脚向下伸展；阶段 B，右前脚和左后脚向下伸展，左前脚和右后脚弯曲回缩。

在原地踏步姿态中，腿部舵机轴心与脚部零件前端应始终保持在一直线上且直线垂直于地面。要达到这一要求，需要 L 保持不变，且 L 与 H 保持垂直。

已知腿部舵机的转动角度为 a_h、腿部舵机校准位角度为 a_c、脚部舵机校准位角度为 b_c，可以计算求出原地踏步的脚部舵机的实时位置 a_{leg}，计算公式如下：

$$a=\omega\,|a_h-a_c|\times\frac{\pi}{180} \tag{8-3-1}$$

其中，ω 为舵机校正因子，测试后取值为 0.9，a_h 为腿部舵机角度，a_c 为腿部舵机校准位角度。

$$L=\sin(a)\times hipL \tag{8-3-2}$$

$$b=\arcsin\left(\frac{L}{legL}\right)\times\frac{180}{\pi} \tag{8-3-3}$$

$$a_{leg}=a+\frac{b}{\omega}+b_c \tag{8-3-4}$$

其中，b_c 为脚部舵机校准位角度。

（2）步行姿态。

在步行姿态运动过程中，腿部舵机轴心到地面的距离 H 需保持不变。例如，机器猫的几何参数 $hipL$ 为 40 mm，$legL$ 为 58 mm，则 H 为 70 mm，即 h_1+h_2 不变。

已知腿部舵机的转动角度为 a_h、腿部舵机校准位角度为 a_c、脚部舵机校准位角度为 b_c，可以计算求出步行姿态的脚部舵机实时位置 a_{leg}，计算公式如下：

$$a=\omega\,|a_h-a_c|\times\frac{\pi}{180} \tag{8-3-5}$$

其中，ω 为舵机校正因子，测试后取值为 0.9，a_h 为腿部舵机角度，a_c 为腿部舵机校准位角度。

$$h_1=\cos(a)\times hipL \tag{8-3-6}$$

$$h_2=H-h_1 \tag{8-3-7}$$

$$b=\arccos\left(\frac{h_2}{legL}\right)\times\frac{180}{\pi} \tag{8-3-8}$$

$$a_{leg}=a+\frac{b}{\omega}+b_c \tag{8-3-9}$$

其中，b_c 为脚部舵机校准位角度。

（3）步行姿态基本规律。

步行姿态单个脚的运动轨迹为抬起向前跨出，着地后返回原位，可分解为 4 个阶段：阶段

a 为脚抬起并向前跨出；脚着地后返回的阶段三等分为阶段 b、阶段 c 和阶段 d，如图 8-3-7 所示。

机器猫的 4 个运动阶段所用时间相同，即：

$$t_a = t_b = t_c = t_d \tag{8-3-10}$$

对于腿部舵机，阶段 a 转过的角度等于后 3 个阶段转过角度之和，且方向相反，即：

$$angle_a = -(angle_b + angle_c + angle_d) \tag{8-3-11}$$

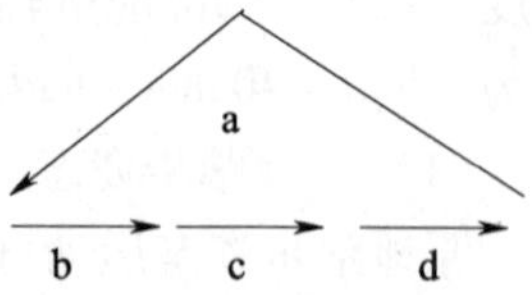

图 8-3-7 步行姿态脚的运动轨迹分解

步行姿态的类型可分为双脚离地（同踏步）和单脚离地两种。把整个步行姿态也分为 4 个阶段，每个阶段中各个脚所处的阶段不同，具体如表 8-3-4 所示。

表 8-3-4 步行姿态不同阶段，各脚所处的阶段列表

阶段	双脚离地模式				单脚离地模式			
	左后	左前	右后	右前	左后	左前	右后	右前
阶段一	b	d	d	b	a	d	c	b
阶段二	c	a	a	c	b	a	d	c
阶段三	d	b	b	d	c	b	a	d
阶段四	a	c	c	a	d	c	b	a

实际程序运行中，为了减少 Arduino 的计算成本，可将腿部舵机的转动范围设定好后，根据前面的计算公式，计算出每个腿部舵机位置对应的脚步舵机读数，构成数组控制脚部舵机运动。

8.3.2 程序框架

机器猫主要包括以下几个模块：超声波距离感知模块、蓝牙手机 App 控制、语音控制模块、运动处理模块、运动系统。下面将分别给出各部分的基本原理、功能和程序流程。

1. 距离感知

机器猫利用超声波传感器模块（HC-SR04）探测目标位置，探测距离为 300 mm。将超声波模块插入到猫头眼睛的位置，用 1 根长 20 cm 的 4 线并排杜邦线将超声波模块的 VCC-Trig-Echo-GND 与 Arduino 扩展板的 5 V-12-13-GND 连接，如图 8-3-8 所示。

机器猫利用超声波传感器模块感知距离，超声波测距的工作原理参见 8.2.2 节。

基本算法如下：

（1）当串口或软串口收到“follow me”跟随指令时：执行“自动跟随”动作，机器猫使用超声波模块测试与障碍物的距离。如果测得的距离小于 5 cm，则后退；如果测得的距离大于 6 cm，小于 15 cm，则跟随前进。

（2）当串口或软串口收到“autowalking”自动行走指令时：执行“自动行走”动作，机器猫使用超声波模块测试与障碍物的距离，如果测得的距离大于 20 cm，则前进；如果测得的距离小于20 cm，则转向，随机左转或右转。

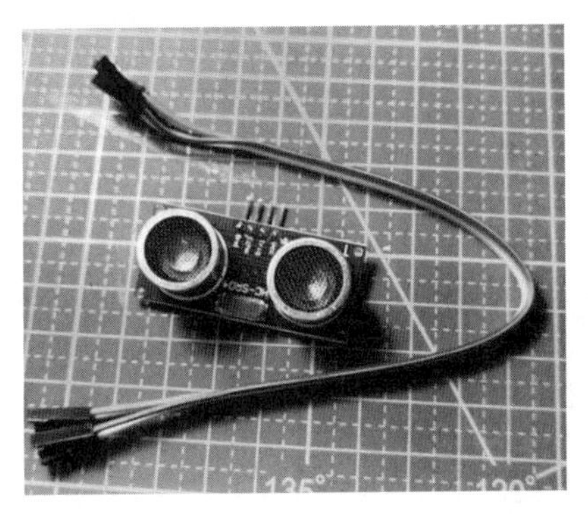

图8-3-8　距离感知模块的构成与安装方法

2. 蓝牙模块

蓝牙（bluetooth）是一种开放性的、短距离、低功耗的无线数据通信标准。蓝牙技术遵循IEEE 802.15.1标准，功耗水平在mW级别，有效通信距离为10～100 m。JDY-31蓝牙模块基于蓝牙3.0SPP设计，支持Windows、Linux、Android数据透传，工作频段为2.4 GHz，调制方式为GFSK，最大发射功率为8 dB，最大发射距离为300 m，支持用户通过AT命令修改设备名、波特率等指令，方便快捷、使用灵活。

JDY-31蓝牙模块可以与支持蓝牙的计算机（台式计算机、笔记本电脑）、手机（Android）通信，可以实现与Windows计算机和Android手机蓝牙串口之间的透传，常用于智能家居控制、蓝牙玩具、医疗仪器等场景中。

透传就是透明传输（transparent transmission），是一种与传输网络的介质、调制解调方式、传输方式、传输协议无关的数据传输方式。数据透传是指在数据传输过程中，不会对数据作任何形式的变动，原封不动地将数据交给接受者。在物联网时代，广泛利用蓝牙、WiFi、ZigBee等无线传输技术，通过蓝牙模块、WiFi模块、ZigBee模块等实现数据透传。

在本案例中，通过软串口实现蓝牙模块的数据传输。机器猫的JDY-31蓝牙模块连接电路与蓝牙安卓手机操控界面如图8-3-9所示。

3. 语音控制

机器猫的语音控制采用了SNR9815VR-M高精度语音识别模块。SNR9815VR是一颗用于语音识别处理的内置神经网络处理器的人工智能芯片，支持本地语音识别，支持多达100条本地指令，可广泛应用于家电、智能家居、声控照明、音箱、玩具、穿戴设备、汽车等智能产品领域，实现语音交互及控制。该模块识别距离远且在噪声环境下表现依然出色。只需要采用单麦克风即可实现10 m超远距离的语音识别，并且识别率高达97%及以上。

打开电源开关，扬声器发出“叮叮咚”声响，表示模块上电正常。语音模块唤醒词“小猫你好”会有猫叫反馈。当机器猫20 s没有接到语音命令，则会自动进入休眠状态，此时需要再次使用唤醒词才能控制。

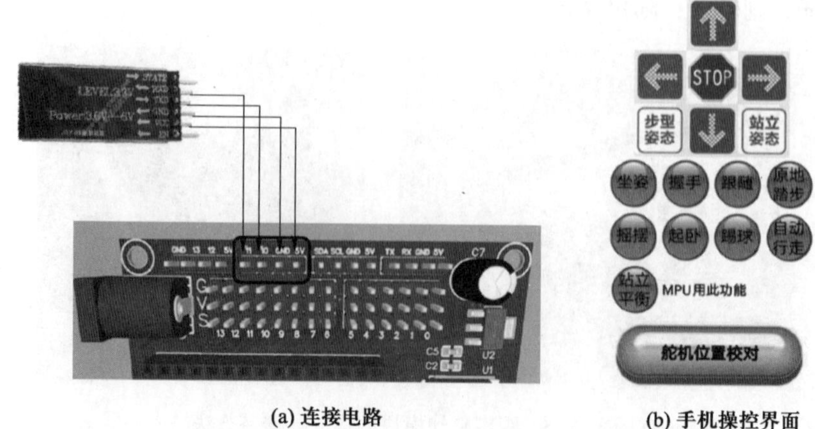

(a) 连接电路　　(b) 手机操控界面

图 8-3-9　JDY-31 蓝牙模块连接电路与蓝牙安卓手机操控界面

语音模块与 USB 共用一个通信通道。当机器猫连接在计算机上，传程序或发送串口命令时，需要断开语音模块连线。语音识别模块的电路连接如图 8-3-10 所示。具体语音指令为："前进""后退""右转""左转""停止动作""步行""原地踏步""坐下""握手""自动跟随""摇摆动作""起卧动作""自动行走"和"踢球"。

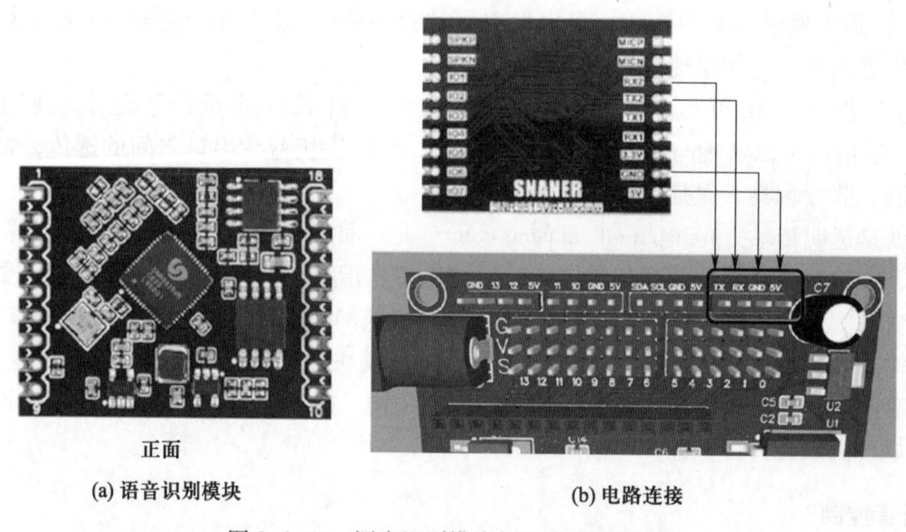

正面

(a) 语音识别模块　　(b) 电路连接

图 8-3-10　语音识别模块与电路连接示意图

4. 运动处理

运动处理部分负责对三维空间中的运动设备进行测量及智能处理，常用的运动处理组件有 MPU6050 六轴陀螺仪加速器组件、MMA8452 模块等。本机器猫采用 MMA8452 加速度模块，通过 IIC 总线的 SCL 和 SDA 接口可以直接读取三轴加速度数据，如图 8-3-11（a）所示。

MMA8452 模块可以同时检测 3 个方向的加速度，是一款具有 12 位分辨率的智能低功耗、三轴、电容式微机械加速度传感器。MMA8452Q 具有±2 g/±4 g/±8 g 的用户可选量程，可以实时输出高通滤波数据和非滤波数据。

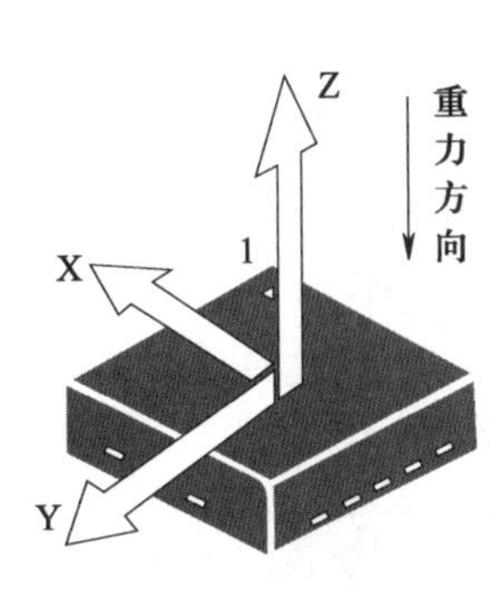

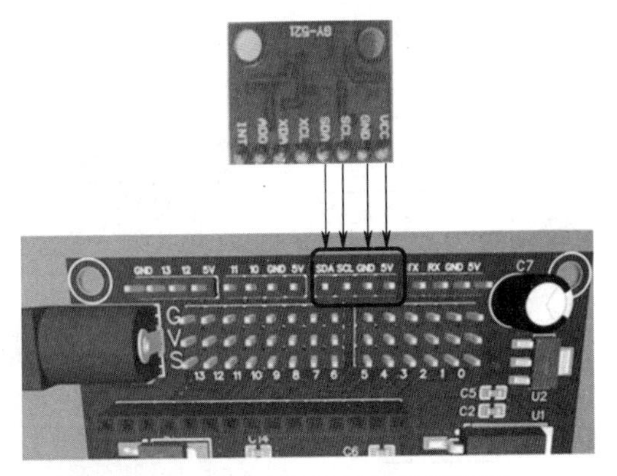

(a) MMA8452 可检测加速度方向　　(b) MMA8452模块与机器猫扩展板连接图

图 8-3-11　MMA8452 三轴加速度方向与模块连接图

MMA8452 模块可应用于电子罗盘、静止方向检测（横向/纵向、上/下、左/右、前/后位置识别）、笔记本电脑、电子书阅读器和便携式计算机跌落和自由落体检测、实时方向检测（虚拟现实和游戏机 3D 用户位置反馈）、实时活动分析（如计步器计数）、便携式节能产品的动作检测（如手机、PDA、GPS、游戏机等）场景中。

机器猫运动处理部分的主要功能是通过 x、y、z 3 个方向的加速度感知，进行“自我平衡”控制。一旦判断倾斜则转动舵机来弥补这一倾斜。基本策略如下：

如果 x 方向加速度 Accl 小于-100 时，转动四肢腿和脚的舵机进行运动调整。

如果 x 方向加速度 Accl 大于 100 时，转动四肢腿和脚的舵机进行运动调整。

如果 y 方向加速度 Accl 小于 0 时，转动四肢腿和脚的舵机进行运动调整。

如果 y 方向加速度 Accl 大于 100 时，转动四肢腿和脚的舵机进行运动调整。

5. 运动系统

运动系统对机器猫的运动姿态进行驱动控制。机器猫的运动姿态由四肢运动构成，通过 4 组共 12 部舵机驱动。每组包括肩部、腿部和脚部 3 部舵机，如图 8-3-12（a）所示。舵机引脚线与 Arduino NANO 扩展板的舵机针脚连接方法，如图 8-3-12（b）所示。舵机的程序编号、引脚号与四肢位置的对应关系如表 8-3-5 所示。

表 8-3-5　舵机的程序编号、扩展版引脚号与舵机位置对应表

程序编号	扩展版引脚号	舵机位置	程序编号	扩展版引脚号	舵机位置
servo[0]	2	右前肩	servo[6]	8	左后肩
servo[1]	3	右前腿	servo[7]	9	左后腿
servo[2]	4	右前脚	servo[8]	14	左后脚
servo[3]	5	右后肩	servo[9]	15	左前肩
servo[4]	6	右后腿	servo[10]	16	左前腿
servo[5]	7	右后脚	servo[11]	17	左前脚

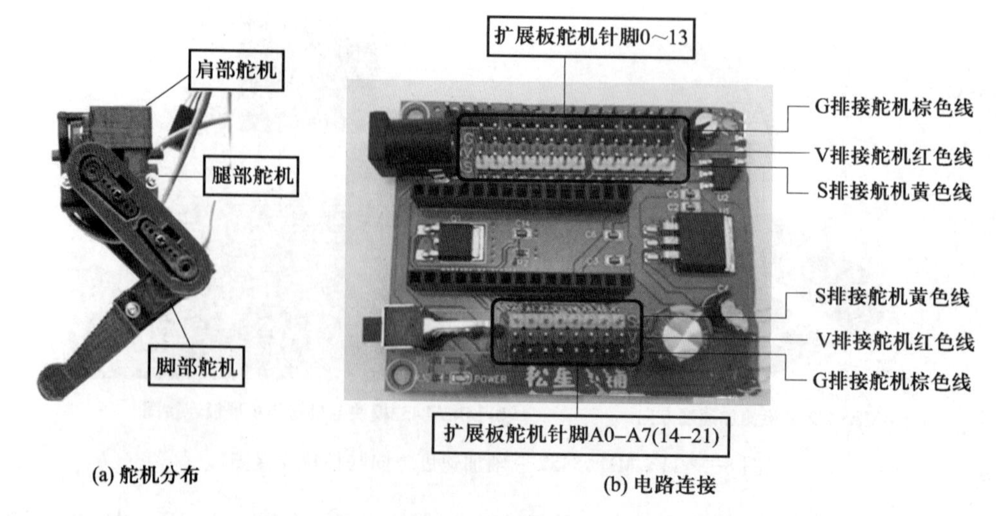

(a) 舵机分布　　(b) 电路连接

图 8-3-12　机器猫单腿舵机分布与电路连接示意图

运动系统主要实现对运动姿态控制，通过语音模块和蓝牙模块发出操作控制指令，控制舵机操作。调试时，断开语音控制模块，通过串口通信由 PC 发出操作指令控制运动姿态，并可以在 PC 端串口显示运动情况。操作控制指令与机器猫的动作姿态控制函数设计如表 8-3-6 所示。

表 8-3-6　机器猫的动作函数设计表

指令	串口显示	动作姿态	调用函数列表
'w'	walk	单脚离地前行	stand, walkA, walkB, walkC, walkD, stopaction
'f'	run	双脚离地前行	stand, runA, runB, runC, runD, stopaction
'b'	runback	双脚离地后退	stand, runbackA, runbackB, runbackC, runbackD, stopaction
's'	step walk	原地踏步	stand, svmovea, svmoveb, stepwalk, stopaction
'r'	turn right	向右转向	turnpreparation, turnright, stopaction
'l'	turn left	向左转向	turnpreparation, turnleft, stopaction
'c'	calibration	舵机校准模式	calibration
'd'	stand	站立姿态	stand
'k'	kick	踢球	kick
'u'	updown	上下起卧	stand, updownpreparation, updown
'y'	swing	左右摇摆肩部	turnpreparation, swingpreparation, swing
'h'	shakehands	坐姿握手	shakehands, stopaction
'a'	autowalking	自动行走	stand, CalculateDistance, runA, runB, runC, runD, turnleft, turnright, stopaction
't'	sit	坐下	sit
'i'	self-balance	站立平衡，遇障碍自动转向	stand

续表

指令	串口显示	动作姿态	调用函数列表
'm'	follow me	跟随	stand, CalculateDistance, runA, runB, runC, runD, runbackA, runbackB, runbackC, runbackD, stopaction
x		停止	

8.3.3 部分程序实现

四足仿生机器猫的主要函数如下：

```
1   int CalculateDistance();          //超声波模块测距，返回距离值
2   void calibration();               //舵机校准模式
3   double legangleL(int anglehA, int anglehC, int anglelC); //步行姿态计算公式
4   double legangleR(int anglehA, int anglehC, int anglelC); //步行姿态计算公式
5   double SlegangleL(int anglehA, int anglehC, int anglelC); //原地踏步姿态计算公式
6   double SlegangleR(int anglehA, int anglehC, int anglelC);//原地踏步姿态计算公式
7   //双脚离地步行姿态的4个运动阶段
8   void runA();void runB();void runC();void runD();
9   //双脚离地后退姿态的4个运动阶段
10  void runbackA(); void runbackB(); void runbackC(); void runbackD();
11  //单脚离地步行姿态的4个运动阶段
12  void walkA(); void walkB(); void walkC(); void walkD();
13  void shakehands();                  //坐姿握手
14  void sit();                         //坐姿
15  void situp();                       //坐下
16  void stand();                       //使机器猫从任意状态转变到站立状态
17  void stopaction();                  //停止行为
18  void kick();                        //踢球
19  void stepwalk();                    //原地踏步
20  void svmovea(int sv, int angleA);   //控制舵机缓速从小角度转到大角度的目标位置
21  void svmoveb(int sv, int angleA);   //控制舵机缓速从大角度转到小角度的目标位置
```

```
22 void swingpreparation();          //左右摇摆肩部预备
23 void swing();                     //左右摇摆肩部
24 void turnpreparation(); //转向预备，机器人脚部腿部舵机变到转向踏步起
                             始位置
25 void turnleft();        //左转向，原地踏步姿态，减小踏步步幅，改变肩部
                             舵机位置达到转向
26 void turnright();       //右转向，原地踏步姿态，减小踏步步幅，改变肩部
                             舵机位置达到转向
27 void updownpreparation();         //上下起卧预备
28 void updown();                    //上下起卧
```

1. 距离感知

采用超声波测距模块进行距离感知，主要程序片段如下：

```
1  int soundTriggerPin = 12;      //定义超声波模块针脚位置
2  int soundEchoPin = 13;         //定义超声波模块针脚位置
3  int CalculateDistance()        //超声波模块测距，返回距离数值
4  {
5    digitalWrite(soundTriggerPin, HIGH);
6    delayMicroseconds(10);
7    digitalWrite(soundTriggerPin, LOW);
8    long duration =pulseIn(soundEchoPin, HIGH);
9    float distance = duration * 0.017F;
10   return int(distance);
11 }
12 void loop()
13 {
14   //如果软串口或串口通信有信息传输过来
15   long ASRvalue = Serial.read();
16   String va = String(ASRvalue, HEX);
17   char value = mySerial.read();
18   if (va == "f" || ASRvalue == 109 || value == 'm')
19   {//跟随动作
20     Serial.println("follow me");
21     stand();
22     act = 1;
23     delay(200);
24     int a = 3;
```

```
25      while (act == 1)
26      {
27        double Fdistance = CalculateDistance();  //记录超声波测距数据
28        if (Fdistance < 5)    //如果超声波测得的距离小于 5 cm，则机器猫后退
29        {
30          if (a != 2)
31          { //设立变量开关，前进和后退状态转变时先站立，再进行下一个动作
32            delay(100);
33            stand();
34            delay(100);
35            a = 2;
36          }
37          else if (a == 2)
38          {
39            servo[0].write(angleC0);  servo[3].write(angleC3);
40            servo[6].write(angleC6);servo[9].write(angleC9);
41            runbackA(); runbackB(); runbackC(); runbackD();
42          }
43        }
44        else if (Fdistance > 6 && Fdistance < 15)
45          //如果超声波测得的距离大于 6 cm 小于 15 cm，则前进
46        {
47          if (a !=1)
48          { //设立变量开关，当前进和后退状态转变时先站立，再进行下一个动作
49            delay(100);
50            stand();
51            delay(100);
52            a = 1;
53          }
54          else if (a == 1)
55          {
56            servo[0].write(angleC0);  servo[3].write(angleC3);
57            servo[6].write(angleC6);  servo[9].write(angleC9);
58            runA(); runB(); runC(); runD();
59          }
60        }
61        stopaction();
```

```
62      }
63    }
64    if (va == "13" ‖ ASRvalue == 97 ‖ value == 'a')
65    {//自动行走
66      Serial.println("autowalking");
67      act = 1;
68      stand();
69      delay(500);
70      while (act == 1)
71      {
72        double Fdistance = CalculateDistance(); //记录超声波测距数据
73        if (Fdistance > 20)                  //如果测距数据大于20 cm，则前进
74        {
75          servo[0].write(angleC0);  servo[3].write(angleC3);
76          servo[6].write(angleC6);  servo[9].write(angleC9);
77          runA(); runB(); runC(); runD();
78        }
          //如果测距数据小于20 cm，则随机左转或右转
79        else if (Fdistance <= 20)
80        {
81          delay(300);
82          int a = random(1, 3);              //设随机数，使机器猫随机左转或右转
83          if (a == 1)
84          {
85            for (int i = 0; i < 5; i++)
86            {
87              delay(100);
88              turnright();
89            }
90          }
91          else if (a == 2)
92          {
93            for (int i = 0; i < 5; i++)
94            {
95              delay(100);
96              turnleft();
```

```
97              }
98            }
99          }
100         stopaction();
101       }
102     }
103 }
```

2. 蓝牙模块

根据表8-3-1的蓝牙指令设计，调用运动系统的动作函数，控制机器猫动作姿态调整。以下述8条蓝牙指令为例：

'w'表示"walk"；'f'表示"run"；'b'表示"runback"；'s'表示"step walk"；

'r'表示"turn right"；'l'表示"turn left"；'c'表示"calibration"；'d'表示"stand"；

主要程序片段如下：

```
1   #include <Wire.h>
2   #include <SoftwareSerial.h>
3   SoftwareSerial mySerial(10, 11); //RX,TX
4   #define Addr 0x1C
5   void bluetooth_setup()
6   {
7     mySerial.begin(9600);
8   }
9   void loop()
10  {
11    if (mySerial.available() > 0)       //如果软串口有数据
12    {
13      char value = mySerial.read();     //接收串口数据
14      switch (value)
15      {
16        case 'w':  //如果接收指令为'w'，则执行此段程序，实现单脚离地前行
17          Serial.println("walk");
18          stand();
19          act = 1;
20          while (act == 1)
21          { //重复执行以下这段程序
22            servo[0].write(angleC0);  servo[3].write(angleC3);
23            servo[6].write(angleC6);  servo[9].write(angleC9);
```

```
24          walkA(); stopaction();   walkB(); stopaction();
25          walkC(); stopaction();   walkD(); stopaction();
26        }
27        break;
28      case 'f':   //如果接收指令为'f',则执行此段程序,实现双脚离地前行
29        Serial.println("run");
30        stand();
31        act = 1;
32        while (act == 1)
33        {
34          servo[0].write(angleC0);  servo[3].write(angleC3);
35          servo[6].write(angleC6);  servo[9].write(angleC9);
36          runA(); stopaction();runB(); stopaction();
37          runC(); stopaction();  runD(); stopaction();
38        }
39        break;
40      case 'b':   //如果接收指令为'b',则执行此段程序,实现双脚离地后退
41        Serial.println("runback");
42        stand();
43        act =1;
44        while (act == 1)
45        {
46          servo[0].write(angleC0);  servo[3].write(angleC3);
47          servo[6].write(angleC6);  servo[9].write(angleC9);
48          runbackA(); stopaction();  runbackB(); stopaction();
49          runbackC(); stopaction();  runbackD(); stopaction();
50        }
51        break;
52      case 's':   //如果接收指令为's',则执行此段程序,实现原地踏步
53        Serial.println("step walk");
54        stand();
55        act = 1;
56        svmovea(1, angleC1 - 75);   svmoveb(4, angleC4 - 25);
57        svmoveb(7, angleC7 + 65);   svmovea(10, angleC10 + 35);
58        while (act == 1)
59        {
60          servo[0].write(angleC0);  servo[3].write(angleC3);
```

```
61          servo[6].write(angleC6);  servo[9].write(angleC9);
62          stepwalk();  stopaction();
63        }
64        break;
65      case 'r':  //如果接收指令为'r'，则执行程序，向右转向
66        Serial.println("turn right");
67        act = 1;
68        turnpreparation();
69        while (act == 1)
70        {
71          turnright();  stopaction();
72        }
73        break;
74      case 'l':  //如果接收指令为'l'，则执行此段程序，向左转向
75        Serial.println("turn left");
76        act = 1;
77        turnpreparation();
78        while (act == 1)
79        {
80          turnleft();  stopaction();
81        }
82        break;
83      case 'c':  //如果接收指令为'c'，则执行此段程序，进入舵机校准模式
84        Serial.println("calibration");
85        delay(200);
86        calibration();
87        break;
88      case 'd':  //如果接收指令为'd'，则执行此段程序，进入站立姿态
89        Serial.println("stand");
90        delay(200);
91        stand();
92        break;
93      case 'k':  //如果接收指令为'k'，则执行此段程序，踢球
94        Serial.println("kick");
95        delay(200);
96        kick();
97        break;
```

```
98      case 'u':  //如果接收指令为'u'，则执行此段程序，上下起卧
99        Serial.println("updown");
100       delay(100);
101       act = 1;
102       stand();
103       delay(500);
104       updownpreparation();
105       while (act == 1)
106         updown();
107       break;
108     case 'y':  //如果接收指令为'y'，则执行此段程序，左右摇摆肩部
109       Serial.println("swing");
110       delay(100);
111       act = 1;
112       turnpreparation();
113       delay(500);
114       swingpreparation();
115       while (act == 1) {
116         swing();
117       }
118       break;
119     case 'h':  //如果接收指令为'h'，则执行此段程序，坐姿握手
120       Serial.println("shakehands");
121       delay(200);
122       act = 1;
123       shakehands();
124       delay(300);
125       while (act ==1)
126       {
127         for (int i = 50; i < 90; i++)
128         {
129           servo[2].write(i);
130           delay(15);
131         }
132         for (int i = 90; i > 50; i--)
133         {
134           servo[2].write(i);
```

```
135            delay(15);
136          }
137          delay(200);
138          stopaction();
139        }
140        break;
141        //以下控制方法类似
142        …
143    }
144  }
145}
```

3. 语音控制

根据 8.3.1 节的串口指令和语音指令设计，调用运动系统的动作函数，控制机器猫动作姿态调整。与蓝牙指令的控制方法类似，下面以剩余的 5 条指令为例：

'k'表示"kick"；'u'表示"updown"；'y'表示"swing"；'h'表示"shakehands"；'t'表示"sit"；

```
1   /* 语音控制 * /
2   void sound_setup()
3   {//串口初始化
4     Serial.begin(9600);
5   }
6   void loop()
7   {
8     if (Serial.available())
9     {
10      byte ASRvalue = Serial.read();   //定义 ASRvalue，存储接收到的串
                                           口信息
11      String va = String(ASRvalue, HEX);
12      Serial.println(va);
13      //'w','f','b','s','r','l','c','d' 8 条指令与蓝牙模块类似
14      …
15      if (va == "12" || ASRvalue == 107)
16      {//蓝牙指令为'k'，语音指令为“踢球”
17        Serial.println("kick...");
18        delay(200);
19        kick();
20        stopaction();
```

```
21      }
22      if (va == "11" ‖ ASRvalue == 117)
23      {//蓝牙指令为'u', 语音指令为“起卧动作”
24        Serial.println("updown");
25        delay(100);
26        act = 1;
27        stand();
28        delay(500);
29        updownpreparation();
30        while (act == 1)
31          updown();
32      }
33      if (va == "10" ‖ ASRvalue == 121)
34      {//蓝牙指令为'y', 语音指令为“摇摆动作”
35        Serial.println("swing");
36        delay(100);
37        act = 1;
38        turnpreparation();
39        delay(500);
40        swingpreparation();
41        while (act == 1)
42          swing();
43      }
44      if (va == "e" ‖ ASRvalue == 104)
45      {//蓝牙指令为'h', 语音指令为“握手”
46        Serial.println("shakehands");
47        delay(200);
48        act = 1;
49        shakehands();
50        delay(300);
51        while (act == 1)
52        {
53          for (int i = 50; i < 90; i++)
54          {
55            servo[2].write(i);
56            delay(15);
57          }
```

```
58          for (int i = 90; i > 50; i--)
59          {
60            servo[2].write(i);
61            delay(15);
62          }
63          delay(200);
64          stopaction();
65        }
66      }
67      if (va == "d"||ASRvalue == 116)
68      {//蓝牙指令为't'，语音指令为“坐下”
69        Serial.println("sit");
70        delay(200);
71        sit();
72        stopaction();
73      }
74      …//ASRvalue 为 109，与蓝牙指令'm'和语音“自动跟随”相同
75      …//ASRvalue 为 97，与蓝牙指令'a'和语音指令“自动行走”相同
76    }//if
77  }//loop
```

4. 运动处理

用 MMA8452Q 三轴传感器进行运动处理，用于机器猫自动平衡控制，主要程序片段如下：

```
1   #include <Wire.h>
2   #define Addr 0x1C //MMA8452Q I2C 地址为 0x1C(28)
3   void MMA_setup()
4   {
5     Wire.begin();                        //将 IIC 通信初始化为主机
6     Wire.beginTransmission(Addr);        //开始 IIC 传输
7     Wire.write(0x2A);                    //选择控制寄存器
8     Wire.write(0x00);                    //待机模式
9     Wire.endTransmission();              //停止 IIC 传输
10    Wire.beginTransmission(Addr);
11    Wire.write(0x2A);
12    Wire.write(0x01);                    //主动模式
13    Wire.endTransmission();
14    Wire.beginTransmission(Addr);
```

```
15    Wire.write(0x0E);                         //选择控制寄存器
16    Wire.write(0x00);                         //量程设置±2 g
17    Wire.endTransmission();                   //停止 IIC 传输
18  }
19  void loop()
20  {
21    if (mySerial.available() > 0)
22    { //如果蓝牙软串口通信口有数据
23      char value = mySerial.read();     //接收此信息
24      switch (value)
25      {
26        case 'i':
27          Serial.println("self-balance");
28          delay(100);
29          act = 1;
30          stand();
31          delay(2000);
32          while (act == 1)
33          {
34            unsigned int data[7];
35            Wire.requestFrom(Addr, 7);  //请求 7 个字节的数据
36            if (Wire.available() == 7)
37            { //读取 7 个字节的数据
38              data[0] = Wire.read();
39              data[1] = Wire.read();
40              data[2] = Wire.read();
41              data[3] = Wire.read();
42              data[4] = Wire.read();
43              data[5] = Wire.read();
44              data[6] = Wire.read();
45            }
46            //将两个字节的数据转换为 12 位数据
47            int xAccl = ((data[1] * 256) + data[2])/16;
48            if (xAccl > 2047)        xAccl -= 4096;
49            int yAccl = ((data[3] * 256) + data[4])/16;
50            if (yAccl > 2047)         yAccl -= 4096;
51            Serial.print("Acceleration in X-Axis : ");
```

```
52          Serial.println(xAccl);
53          Serial.print("Acceleration in Y-Axis : ");
54          Serial.println(yAccl);
55           if (servo[2].read() < 150 &&servo[5].read() < 150 &&
                 servo[8].read() > 20 && servo[11].read() > 20)
56          {
57            if (yAccl < 0)
58            {
59              int sva1 = servo[1].read() + 1;  servo[1].write(sva1);
60              int sva2 = servo[2].read() + 2;  servo[2].write(sva2);
61              int sva4 = servo[4].read() - 1;  servo[4].write(sva4);
62              int sva5 = servo[5].read() - 2;  servo[5].write(sva5);
63              int sva7 = servo[7].read() + 1;  servo[7].write(sva7);
64              int sva8 = servo[8].read() + 2;  servo[8].write(sva8);
65              int sva10 = servo[10].read() - 1;  servo[10].write(sva10);
66              int sva11 = servo[11].read() - 2;  servo[11].write(sva11);
67              delay(5);
68            }
69            if (yAccl > 100)
70            {
71              int sva1 = servo[1].read() - 1;  servo[1].write(sva1);
72              int sva2 = servo[2].read() - 2;  servo[2].write(sva2);
73              int sva4 = servo[4].read() + 1;  servo[4].write(sva4);
74              int sva5 = servo[5].read() + 2;  servo[5].write(sva5);
75              int sva7 = servo[7].read() - 1;  servo[7].write(sva7);
76              int sva8 = servo[8].read() - 2;  servo[8].write(sva8);
77             int sva10 = servo[10].read() + 1;  servo[10].write(sva10);
78              int sva11 = servo[11].read() + 2;  servo[11].write(sva11);
79              delay(5);
80            }
81          }
82          if (servo[2].read() >= 150) servo[2].write(150);
83          if (servo[5].read() >= 150) servo[5].write(150);
84          if (servo[8].read() <= 20)  servo[8].write(20);
85          if (servo[11].read() <= 20)servo[11].write(20);
86          stopaction();
87        }
```

```
88          break;
89        }//switch
90      }//if
91    }//loop
```

5. 运动系统

用运动系统进行运动姿态控制。

（1）舵机校准。

```
1   void calibration()
2   { //舵机标准模式
3     if (servo[0].read() < angleC0)   svmoveb(0,angleC0);
4     else if (servo[0].read() > angleC0)  svmovea(0, angleC0);
5     //舵机从 servo[1]到 servo[10]的校准方法类似
6     .....
7     if (servo[11].read() < angleC11)  svmoveb(11, angleC11);
8     else if (servo[11].read() > angleC11) svmovea(11, angleC11);
9   }
```

（2）控制舵机缓速转动到所需位置。

```
1   /* 控制舵机从大转到小，缓速转到所需位置 */
2   void svmovea(int sv, int angleA)
3   {
4     for (double i = servo[sv].read(); i > angleA; i--)
5     {
6       servo[sv].write(i);
7       delay(5);
8     }
9   }
```

（3）步行姿态和原地踏步姿态的计算公式源码。

```
1   double legangleL(int anglehA, int anglehC, int anglelC)
2   { //步行姿态的计算公式源码
3     double angleh = abs(anglehA - anglehC);
4     double radn = angleh * 0.9 * pi/180;
5     double h1 = cos(radn) * hipL;
6     double h2 = H - h1;
7     double angleleg = acos(h2/legL) * 180/pi;
8     double svangleleg = angleleg/0.9 + angleh + anglelC - 10;
```

```
9        return svangleleg;
10     }
11   double legangleR(int anglehA, int anglehC, int anglelC)
12   { //步行姿态的计算公式源码
13     double angleh = abs(anglehA - anglehC);
14     double radn = angleh * 0.9 * pi/180;
15     double h1 = cos(radn) * hipL;
16     double h2 = H - h1;
17     double angleleg = acos(h2/legL) * 180/pi;
18     double svangleleg = anglelC - (angleleg/0.9 + angleh) + 10;
19     return svangleleg;
20   }
21   double SlegangleL(int anglehA, int anglehC, int anglelC)
22   { //原地踏步姿态的计算公式源码
23     double angleh = abs(anglehA - anglehC);
24     double radn = angleh * 0.9 * pi/180;
25     double L = sin(radn) * hipL;
26     double angleleg = asin(L/legL) * 180/pi;
27     double svangleleg = anglelC + (angleleg/0.9 + angleh);
28     return svangleleg;
29   }
30   double SlegangleR(int anglehA, int anglehC, int anglelC)
31   { //原地踏步姿态的计算公式源码
32     double angleh = abs(anglehA- anglehC);
33     double radn = angleh * 0.9 * pi/180;
34     double L = sin(radn) * hipL;
35     double angleleg = asin(L/legL) * 180/pi;
36     double svangleleg = anglelC - (angleleg/0.9 + angleh);
37     return svangleleg;
38   }
```

(4) 机器猫停止行动和站立姿态源码。

```
1    void stopaction()
2    { //机器猫停止行动
3      if (Serial.available() > 0)
4      {
5        long ASRvalue = Serial.read();  //定义变量ASRvalue,赋值为串口信息
6        String va = String(ASRvalue, HEX);
```

```
7       Serial.println(ASRvalue);
8       if (va == "14")
9       { //控制跳出循环体
10        act = 2;
11        stand();
12      }
13    }
14    if (mySerial.available() > 0)
15    { //当机器猫控制板的串口接收到信息
16      char value = mySerial.read(); //判断接收到的信息是否是 x
17      if (value == 'x' )
18      { //控制跳出循环体
19        act = 2;
20        stand();
21      }
22    }
23  }
24  void stand()
25  { //使机器猫从任意状态转变到站立状态。
26    servo[0].write(angleC0);
27    if (servo[1].read() < angleC1 - 50)  svmoveb(1,angleC1 - 50);
28    else if (servo[1].read() > angleC1 - 50) svmovea(1, angleC1 - 50);
29    if (servo[2].read() < angleC2 - 85) svmoveb(2, angleC2 - 85);
30    else if (servo[2].read() > angleC2 - 85) svmovea(2, angleC2 - 85);
31    servo[9].write(angleC9);
32    if (servo[10].read() < angleC10 + 50)  svmoveb(10, angleC10 + 50);
33    else if (servo[10].read() > angleC10 + 50)svmovea(10, angleC10 + 50);
34    if (servo[11].read() < angleC11 + 85)  svmoveb(11, angleC11 + 85);
35    else if(servo[11].read() > angleC11 + 85) svmovea(11, angleC11 + 85);
36    servo[3].write(angleC3);
37    if (servo[4].read() < angleC4 - 45)  svmoveb(4, angleC4 - 45);
38    else if (servo[4].read() > angleC4 - 45)svmovea(4, angleC4 - 45);
39    if (servo[5].read() < angleC5 - 73)  svmoveb(5, angleC5 - 73);
40    else if (servo[5].read() > angleC5 - 73)svmovea(5, angleC5 - 73);
41    if (servo[7].read() < angleC7 + 45)  svmoveb(7, angleC7 + 45);
42    else if (servo[7].read() > angleC7 + 45)svmovea(7, angleC7 + 45);
43    if (servo[8].read() < angleC8 + 73)  svmoveb(8, angleC8 + 73);
```

```
44   else if (servo[8].read() > angleC8 + 73)svmovea(8, angleC8 + 73);
45   servo[6].write(angleC6);
46 }
```

（5）机器猫“原地踏步”动作源码。

```
1  void stepwalk()
2  {
3    for (int i = angleC1 - 75, j = angleC10 + 35, k = angleC4 - 25, l =
         angleC7 + 65; i < angleC1 - 35, j < angleC10 + 75, k > angleC4 -
         65, l > angleC7 + 25; i++, j++, k--, l--)
4    {
5      servo[1].write(i);  servo[4].write(k); servo[7].write(l);
   servo[10].write(j);
6      double a = SlegangleR(i, angleC1, angleC2);
7      double b = SlegangleR(k, angleC4, angleC5);
8      double c = SlegangleL(l, angleC7, angleC8);
9      double d = SlegangleL(j, angleC10, angleC11);
10     servo[2].write(a); servo[5].write(b); servo[8].write(c);
   servo[11].write(d);
11     delay(7);
12   }
13   for (int i = angleC1 - 35, j = angleC10 + 75, k = angleC4 - 65, l =
         angleC7 + 25; i > angleC1 - 75, j > angleC10 + 35, k < angleC4-
         25, l < angleC7 + 65; i--, j--, k++, l++)
14   {
15     servo[1].write(i);  servo[4].write(k);  servo[7].write(l);
   servo[10].write(j);
16     double a = SlegangleR(i, angleC1, angleC2);
17     double b = SlegangleR(k, angleC4, angleC5);
18     double c = SlegangleL(l, angleC7, angleC8);
19     double d = SlegangleL(j, angleC10, angleC11);
20     servo[2].write(a); servo[5].write(b);  servo[8].write(c);
   servo[11].write(d);
21     delay(7);
22   }
23 }
```

（6）机器猫“自动跟随”动作和“自动行走”的实现。参见8.3.3节的“距离感知”部分源码。

（7）机器猫双脚“离地步行”姿态的实现。

机器猫双脚“离地步行”姿态的第一阶段源码片段如下：

```
1   void runA()
2   {
3     //runA(),runB(),runC(),runD()是双脚离地步行的4个运动阶段
4     for (int a = angleC7 + 22, b = angleC10 + 57, c = angleC4 - 54, d =
          angleC1 - 25; a < angleC7 + 37, b < angleC10 + 72, c > angleC4 -
          69, d > angleC1 - 41; a++, b++, c--, d--)
5     {
6       if (act == 1) {
7         servo[7].write(a);
8         servo[8].write(servo8[a - angleC7 - 22]);
9           servo[10].write(b - 4);
10          servo[11].write(servo11[b - angleC10 - 25]);
11          servo[4].write(c);
12          servo[5].write(servo5[c - angleC4 + 69]);
13          servo[1].write(d);
14          servo[2].write(servo2[d - angleC1 + 72]);
15        delay(10);
16      }
17      stopaction();
18    }
19  }
```

（8）机器猫单脚“离地前移”动作的实现。

单脚离地步行的第一阶段源码片段如下：

```
1   void walkA()
2   { //walkA(),walkB(),walkC(),walkD()是单脚离地步行的4个运动阶段
3     for (int a = angleC7 + 69, b = angleC10 + 57, c = angleC4 - 38, d =
          angleC1 - 25; a > angleC7 + 22, b < angleC10 + 72, c > angleC4 -
          54, d > angleC1 - 41; a = a - 3, b++, c--, d--)
4     {
5       servo[7].write(a);
6       servo[8].write(servo8[a - angleC7 - 22] + 10); //"+10"表示需要
                                                        离地前移
7       servo[10].write(b);
8       servo[11].write(servo11[b - angleC10 - 25]);
9         servo[4].write(c);
```

```
10         servo[5].write(servo5[c - angleC4 + 69]);
11         servo[1].write(d);
12         servo[2].write(servo2[d - angleC1 + 72]);
13         delay(8);
14     }
15 }
```

6. 故障及问题分析

（1）问题：三轴传感器数据没有变化。

原因：三轴传感器 MMA8452Q 信号线接线错误，正确接法为：SDA 接 A4，SCL 接 A5。

（2）问题：机器猫无法连接、四肢不受控制乱动等异常现象。

原因：电量不足。机器猫持续动作半小时或站立（不做动作）3 个小时，应及时充电。

（3）问题：机器猫下载程序或发送串口命令无响应。

原因：由于语音模块与 USB 使用同一个通信通道，机器猫连接计算机上传程序或发送串口命令时需要断开语音模块连线。

（4）问题：调试机器猫，PC 端串口无响应。

原因：尝试将 PC 端 Arduino IDE 串口通信波特率设定为 115200，与机器猫的设置一致。

（5）问题：机器猫无法连接以及四肢不受控制乱动。

原因：电量不足会发生机器猫无法连接以及四肢不受控制乱动等现象。

（6）问题：上传程序出现读取错误。

原因：此时程序实际已上传成功，单击 Arduino IDE 左上角的“文件”→“首选项”选项，取消勾选“上传后验证代码”复选框，则可消除此错误提示。

（7）问题：当上传程序出现其他错误时。

原因：可将 Arduino nano（带 USB 接口的模块）从扩展板上拔下来，单独连接尝试与计算机连接，如果单独连接可以上传，则检查机器猫各零件连线是否正确，上传程序时蓝牙模块不要连接，另外电池需要充电（很多都是因为电池电量不足导致的）。

（8）问题：Arduino nano 单独连接计算机还是上传出现错误。

方法：检查端口设置是否正确；程序文件是否完整；“开发板”选择是否正确；端口选择是否正确；“处理器”选择是否正确。

本案例的步态算法得到淘宝“松星小铺”的支持，在此表示感谢。

7. 拓展思考

C 语言与相关专业深度融合的模型可以从几个方面加以描述：第一，提取专业元素，如专业核心课程、专业应用方向、专业课程中的数学、理化及算法模型、专业课程思政内容与人文价值观等；第二，确定专业的计算机产品载体，如专业应用的计算机软件、专业设备的控制程序、智能化产品、专业应用小程序、专业文化创意作品等，运用借鉴或重构等方法设计专业应用的恰当的项目课题；第三，构建专业应用项目课题的学科知识结构及准备软硬件材料；第四，C 语言的专业应用软件开发实践；第五，设计并生产出专业应用的原型产品。

新时代弘扬中华文化，实现非物质文化遗产项目的活态传承，需要以非遗文化创意产品为载体，通过科技手段的融入让非遗项目实现跨界创新。文化创意产品指借助现代科技手段，将设计者对文化元素的认知以创新型产品的形式表达出来，它同时具有使用功能和文化传播功能。将非遗元素结合文化创意产品，利用智能硬件、VR 技术和大数据等现代科技手段，设计出兼具科技感和文化内涵的非遗文化创意产品，不仅是对非遗项目的传承与发展，更是将非遗项目背后的人文环境、风俗民情，以生动有趣的形式展现在人们面前。

开源硬件在非遗文化创意产品设计中的应用模型：第一，提取非遗项目元素，如具有代表性的造型、色彩、肌理、工艺与人文价值等；第二，确定非遗文化创意产品载体，如多功能的家居类用品、智能化的办公用品、趣味性的玩具、有文化内涵旅游纪念品等，运用借鉴或重构等方法设计出有故事、有温度的视觉造型；第三，确定非遗文化创意产品的合适交互方式，并由此选择恰当的传感器；第四，结合图形化编程软件，进行模块化编程；第五，设计并生产出方便 DIY 体验并具有高附加值的非遗文化创意产品。

附录 1　基本 ASCII 码表

ASCII 值	控制字符	功能描述	ASCII 值	字符	ASCII 值	字符	ASCII 值	字符
0	NUL	空字符	32	space	64	@	96	`
1	SOH	标题开始	33	!	65	A	97	a
2	STX	正文开始	34	"	66	B	98	b
3	ETX	正文结束	35	#	67	C	99	c
4	EOT	传输结束	36	$	68	D	100	d
5	ENQ	请求	37	%	69	E	101	e
6	ACK	收到通知	38	&	70	F	102	f
7	BEL	响铃	39	'	71	G	103	g
8	BS	退格	40	(	72	H	104	h
9	HT	水平制表符	41	)	73	I	105	i
10	LF	换行键	42	*	74	J	106	j
11	VT	垂直制表符	43	+	75	K	107	k
12	FF	换页键	44	,	76	L	108	l
13	CR	回车键	45	-	77	M	109	m
14	SO	不用切换	46	.	78	N	110	n
15	SI	启用切换	47	/	79	O	111	o
16	DLE	数据链路转义	48	0	80	P	112	p
17	DC1	设备控制 1	49	1	81	Q	113	q
18	DC2	设备控制 2	50	2	82	R	114	r
19	DC3	设备控制 3	51	3	83	S	115	s
20	DC4	设备控制 4	52	4	84	T	116	t
21	NAK	拒绝接收	53	5	85	U	117	u
22	SYN	同步空闲	54	6	86	V	118	v
23	ETB	传输块结束	55	7	87	W	119	w
24	CAN	取消	56	8	88	X	120	x
25	EM	介质中断	57	9	89	Y	121	y
26	SUB	替补	58	:	90	Z	122	z
27	ESC	溢出	59	;	91	[	123	{
28	FS	文件分割符	60	<	92	\	124	|
29	GS	分组符	61	=	93	]	125	}
30	RS	记录分离符	62	>	94	^	126	~
31	US	单元分隔符	63	?	95	_		
127	DEL	删除						

附录2 C语言运算符的优先级与结合性

优先级	运算符	含义	运算对象个数	结合性
1	( )	圆括号		自左至右
	[ ]	下标运算符		
	->	指向运算符	2	
	.	成员运算符	2	
2	!	逻辑非运算符	1	自右至左
	~	按位取反运算符		
	++	自增运算符		
	--	自减运算符		
	+	正号运算符		
	−	负号运算符		
	(类型)	强制类型转换运算符		
	*	指针运算符		
	&	取址运算符		
	sizeof	长度运算符		
3	*	乘法运算符	2	自左至右
	/	除法运算符		
	%	求余运算符		
4	+	加法运算符		
	−	减法运算符		
5	<<	按位左移运算符		
	>>	按位右移运算符		
6	<	小于运算符		
	<=	小于或等于运算符		
	>	大于运算符		
	>=	大于或等于运算符		

续表

<table>
<tr><th>优先级</th><th>运算符</th><th>含义</th><th>运算对象个数</th><th>结合性</th></tr>
<tr><td rowspan="2">7</td><td>==</td><td>等于运算符</td><td rowspan="7">2</td><td rowspan="7">自左至右</td></tr>
<tr><td>!=</td><td>不等于运算符</td></tr>
<tr><td>8</td><td>&</td><td>按位相与运算符</td></tr>
<tr><td>9</td><td>^</td><td>按位异或运算符</td></tr>
<tr><td>10</td><td>|</td><td>按位相或运算符</td></tr>
<tr><td>11</td><td>&&</td><td>逻辑与运算符</td></tr>
<tr><td>12</td><td>||</td><td>逻辑或运算符</td></tr>
<tr><td>13</td><td>? :</td><td>条件运算符</td><td>3</td><td rowspan="2">自右至左</td></tr>
<tr><td>14</td><td>=、+=、-=、*=、/=、%=、
>>=、<<=、&=、^=、|=</td><td>赋值运算符</td><td>2</td></tr>
<tr><td>15</td><td>,</td><td>顺序求值运算符</td><td></td><td>自左至右</td></tr>
</table>

参考文献

[1] Brian W. Kernighan, Dennis M. Ritchie. The C Programming Language [M]. 2th ed. New Jersey: prentice hall, 1988.

[2] Paul Deitel, Harvey Deitel. C How to Program [M]. 8th ed. 北京：电子工业出版社，2017.

[3] 裘宗燕．从问题到程序：程序设计与C语言引论 [M]. 2版．北京：机械工业出版社，2011.

[4] 苏小红，孙志岗，陈惠鹏，等．C语言大学实用教程 [M]. 4版．北京：电子工业出版社，2017.

[5] 谭浩强．C程序设计 [M]. 五版．北京：清华大学出版社，2017.

[6] 董永建．信息学奥赛一本通（C++版）[M]. 南京：南京大学出版社，2020.

[7] 严蔚敏，吴伟民．数据结构（C语言版）[M]. 北京：清华大学出版社，2006.

[8] 叶安胜．鄢涛．C语言综合项目实践 [M]. 北京：科学出版社，2015.

[9] Kenneth Reek. C和指针 [M]. 徐波，译．北京：人民邮电出版社，2020.

[10] Peter Van Der Linden. C专家编程 [M]. 徐波，译．北京：人民邮电出版社，2020.

[11] Andrew Koenig. C陷阱与缺陷 [M]. 高巍，译．北京：人民邮电出版社，2020.

[12] 杨路明．C语言程序设计教程 [M]. 北京：北京邮电大学出版社，2018.

[13] 陈吕洲．Arduino程序设计基础 [M]. 2版．北京：北京航空航天大学出版社，2015.

[14] MassimoBanzi, MichaelShiloh. 爱上Arduino [M]. 3版．北京：人民邮电出版社，2016.